中国工程科技中长期发展战略研究项目

中国工程科技2035发展战略研究
——技术路线图卷（三）典藏版

工程科技战略咨询研究智能支持系统项目组
中国工程科技2035发展战略研究项目组　著
中国工程科技未来20年发展战略研究数据支撑体系项目组

電子工業出版社
Publishing House of Electronics Industry
北京 • BEIJING

内 容 简 介

本书是中国工程院和国家自然科学基金委员会联合组织开展的“中国工程科技 2035 发展战略研究”的成果。全书内容分两大部分，第一部分（第 1 章）主要介绍工程科技技术路线图的编制方法和工具；第二部分（第 2～18 章）主要汇总智能机器人、经济作物科技与产业、时间频率体系、中高山-浅覆盖区非煤固体矿产快速找矿勘查、竹建筑工程、天基海洋观测、先进轨道交通装备、中医药领域人工智能、科学仪器技术、空间信息网络安全与空间激光通信组网、绿色化工、稀土催化材料、金属矿深部多场耦合智能开采、土木工程施工安全、农业工程科技、水产种业、生殖健康维护与生殖医学 17 个工程科技领域面向 2035 年的技术路线图。

本书汇总的研究成果是对中国工程科技未来 15 年发展路线的积极探索，可为各级政府部门制定科技发展规划提供参考，还可为学术界、科技界、产业界及广大社会读者了解工程科技关键技术与发展路径提供参考。

图书在版编目（CIP）数据

中国工程科技 2035 发展战略研究：典藏版. 技术路线图卷. 三 / 工程科技战略咨询研究智能支持系统项目组等著. —北京：电子工业出版社，2023.9
ISBN 978-7-121-46435-5

Ⅰ. ①中… Ⅱ. ①工… Ⅲ. ①工程技术－发展战略－研究－中国 Ⅳ. ①TB-12

中国国家版本馆 CIP 数据核字（2023）第 183435 号

责任编辑：郭穗娟
印　　刷：北京缤索印刷有限公司
装　　订：北京缤索印刷有限公司
出版发行：电子工业出版社
北京市海淀区万寿路 173 信箱　　邮编 100036
开　　本：787×1 092　1/16　印张：26.5　字数：678.4 千字
版　　次：2023 年 9 月第 1 版
印　　次：2023 年 9 月第 1 次印刷
定　　价：198.00 元

凡所购买电子工业出版社图书有缺损问题，请向购买书店调换。若书店售缺，请与本社发行部联系，联系及邮购电话：（010）88254888，88258888。

质量投诉请发邮件至 zlts@phei.com.cn，盗版侵权举报请发邮件至 dbqq@phei.com.cn。
本书咨询联系方式：（010）88254502，guosj@phei.com.cn。

前　言

Introduction

工程科技是改变世界的重要力量，是推动人类文明进步的重要引擎。创新是引领发展的第一动力，是国家综合国力和核心竞争力的最关键因素。工程科技进步已成为引领创新和驱动产业升级转型的先导力量，正加速重构全球经济的新版图。

未来的几十年是中国处于基本实现社会主义现代化、实现中华民族伟大复兴的关键战略时期。在这一时期，中国工程院与国家自然科学基金委员会联合开展了“中国工程科技中长期发展战略研究”，其中包括“中国工程科技 2035 发展战略研究”，旨在通过科学和系统的方法，面向未来 20 年中国经济社会发展需求，勾勒出中国工程科技发展蓝图，以期为中国的中长期科技规划提供有益的参考。

“中国工程科技未来 20 年发展战略研究”是中国工程院与国家自然科学基金委员会联合部署的“中国工程科技中长期发展战略研究”的第二期综合研究。该战略研究以 5 年为一个周期，每 5 年开展一次。2015 年，启动了“中国工程科技 2035 发展战略研究”的整体战略研究。2016—2019 年，4 个年度分别启动 4 批不同工程科技领域面向 2035 年的技术预测和发展战略研究。

为切实提高“中国工程科技 2035 发展战略研究”中技术预见的科学性，中国工程院特别重视大数据、人工智能等在技术预见中的应用，于 2015 年启动了“工程科技战略咨询智能支持系统（intelligent Support System，iSS）”（以下简称 iSS）建设。该系统旨在利用云计算、大数据、人工智能 2.0 等现代信息技术，构建以专家为核心、以数据为支撑、以交互为手段，集流程、方法、工具、案例、操作手册于一体的智能化大数据分析战略研究支撑平台，为工程科技战略咨询提供数据智能支持服务。2017 年，启动了“中国工程科技未来 20 年发展战略研究数据支撑体系”项目。该项目属于“中国工程科技中长期发展战略研究”支撑项目之一，基于论文、专利等数据，旨在构建基于全球主要国家的“未来技术库”“科研项目库”“咨询报告库”“技术路线图库”，为中国工程科技中长期发展战略研究提供数据支撑。在 2018 年度面向 2035 年的工程科技领域发展战略研究中，工程科技不同领域项目组通过使用 iSS 提供的技术体系梳理、技术态势分析、技术清单制定、德尔菲法问卷调查、技术路线图绘制等功能模块，促进客观的数据分析与主观的专业研判相结合，提高了研究成果的前瞻性、科学性和规范性。

本书是在“中国工程科技 2035 发展战略研究”提出的中国工程科技若干领域发展愿景和任务的基础上，结合中国国情和发展需求，通过客观数据分析和主观科学研判相结合的方法，定位中国在全球创新“坐标系”中的位置，开展工程科技发展技术路线图设计，提出关键技术的实现时间、发展水平与保障措施，绘制若干领域面向 2035 年工程科技发展技术路线图。

本书作为“中国工程科技未来 20 年发展战略研究数据支撑体系”和“工程科技战略咨询智能支持系统”的系列研究成果，收录若干工程科技领域的技术路线图，以期指引中国工程科技创新方向，引导创新文化，保障工程科技发展战略的实施。本书主要汇编了智能支持系统支撑下 2018 年度的 17 个不同工程科技领域面向 2035 年的技术路线图咨询研究成果，绘制了智能机器人、经济作物科技与产业、时间频率体系、中高山-浅覆盖区非煤固体矿产快速找矿勘查、竹建筑工程、天基海洋观测、先进轨道交通装备、中医药领域人工智能、科学仪器技术、空间信息网络安全与空间激光通信组网、绿色化工、稀土催化材料、金属矿深部多场耦合智能开采、土木工程施工安全、农业工程科技、水产种业、生殖健康维护与生殖医学 17 个工程科技领域的技术路线图，明确 2035 年这 17 个工程科技领域的发展需求和发展目标，拟定领域发展的关键技术路径，提出应重点部署的任务，以及为实现目标所需要的政策、人才、资金等保障措施，全面勾画上述 17 个工程科技领域近期及远期的发展图景，以期为中国面向 2035 年工程科技各领域发展提供有益的借鉴和参考。

本书的出版得到了“中国工程科技中长期发展战略研究”各领域项目组和中国工程院战略咨询中心的大力支持，在此一并表示感谢。由于时间仓促，本书难免有疏漏，请广大读者批评指正。

目录

Contents

1

绪　论

从当前至 2035 年是中国现代化建设的关键时期。在这一伟大进程中，实施面向 2035 年的中国工程科技战略规划具有重要意义。

1.1 中国工程科技 2035 发展战略研究

自 2015 年起，中国工程院和国家自然科学基金委员会联合开展了“中国工程科技 2035 发展战略研究”，围绕中国经济社会发展中的重大工程科技问题，组织中国工程科技界的院士、专家对工程科技的长远发展方向提供战略性、综合性的决策咨询建议，为国家工程科技的系统谋划和前瞻部署提供参考，推动中国工程科技的创新发展，促进中国工程科技更好地服务于国家经济社会发展。

中国工程科技 2035 发展战略研究在 5 年的实施周期中，第一年围绕工程科技开展全面性研究，之后的 4 年每年度都围绕不同工程科技领域如综合交通、核能、农业工程等开展深入的领域研究，或围绕交叉领域如粮食生产系统适应气候变化、人工智能在中医药领域的应用等开展深入的跨领域研究。2016—2019 年共部署了 72 项（跨）领域研究项目，分布情况如图 1-1 所示。

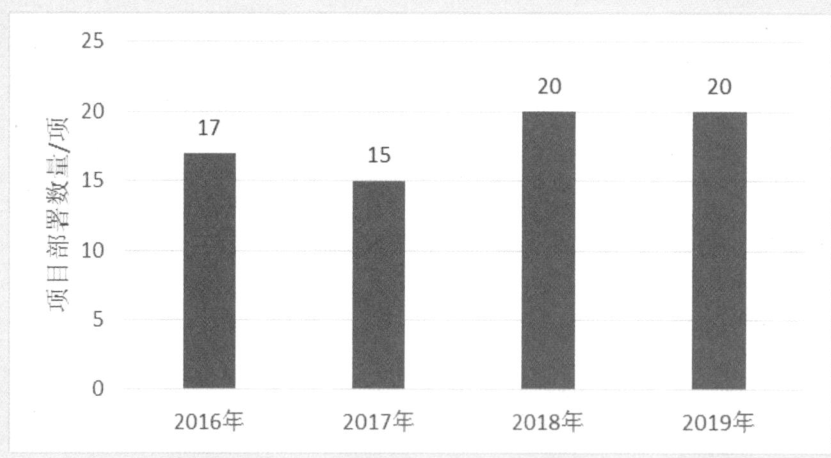

图 1-1 “中国工程科技 2035 发展战略研究”72 项（跨）领域研究项目部署情况

为提高研究的前瞻性、科学性和规范性，借鉴国内外科技战略研究的方法、理论和经验，“中国工程科技 2035 发展战略研究”引入了技术预见以及相关系统性定量分析方法，将需求分析、技术预见、经济预测与工程科技发展路径研究紧密结合，研究分析面向 2035 年的中国工程科技重要领域的发展规律和特点，制定工程科技领域的发展战略，提炼出具有引领性的重大工程和重大关键共性技术，明确各重要方向的阶段性发展目标、难点和技术路线图，提出基础研究方向部署建议以及人才、资金、政策等保障措施。

从实施效果来看，技术预见及相关方法为展望面向 2035 年中国工程科技的发展方向和重点任务、制定各领域技术路线图提供了丰富、翔实的支撑材料，进一步提高了研究的系统性和规范性。

1.2 工程科技战略咨询智能支持系统

“中国工程科技 2035 发展战略研究”通过专家研讨、德尔菲法问卷调查等途径广泛动员工程科技各领域的专家以及社会科学界的专家参与研究，集思广益，逐渐形成了一支推进工程科技发展的战略咨询力量，切实发挥战略研究对科技和经济社会发展的引领作用。

随着互联网信息技术的快速普及和深入发展，各类数据、信息、知识爆发式增长，对经济社会的方方面面都产生了深远的影响。习近平总书记强调，要建立健全大数据辅助科学决策和社会治理的机制，推进政府管理和社会治理模式创新。在此背景下，工程科技战略咨询研究作为支撑政府科学决策的重要手段，亟须在研究方式与方法上进行与时俱进的创新。同时，工程科技战略咨询研究往往聚焦国家经济社会发展中的重大问题及重大工程科技问题，研究内容范围广、层次高、格局大，单纯依靠专家研判，缺乏辅助的数据分析支撑，难以达到全面、客观的认识和分析，难以获得全局最优的结论。为此，基于数据多维度、多角度的科学论证已成为工程科技战略咨询的必备手段之一。

科学咨询支撑科学决策，科学决策引领科学发展。为提高工程科技战略咨询对科学决策的支撑力度和有效性，需要在发挥院士/专家战略思想和经验的基础上，借助人工智能、大数据、云计算等信息技术对海量数据进行检索、挖掘，从客观数据中识别工程科技的发展规律，从不同侧面进行全方位分析，利用专家与数据的交互，实现战略咨询的科学论证。

为强化战略咨询研究的数据支撑，中国工程院于 2015 年 7 月设立了“工程科技战略咨询研究智能支持系统”建设项目。该项目旨在构建以专家为核心、以数据为支撑、以交互为手段，嵌入咨询研究流程，集流程、方法、工具、案例、操作手册于一体，服务院士/专家开展战略咨询研究的工程科技战略咨询智能支持系统（intelligent Support System, iSS）。

iSS 在整合经济、产业等数据库的基础上，建立了 4 个特色数据库：全球科研项目库、全球未来技术库、全球技术路线图库和著名智库咨询报告库，可以对工程科技领域开展论文专利分析、基金分析、社会网络分析、聚类分析、共词分析、技术路径分析、思维导图制作、技术路线图绘制。iSS 支撑咨询研究的基本流程如下：首先，专家借助 iSS，围绕咨询项目所研究的问题全面收集各类相关数据；而后对这些数据进行多视角的专业化挖掘分析，形成基于数据的认识和知识。其次，引入相关专家/学者的智慧对这些认知进行研判，得到新认识、新框架、新思路，并丰富或修正数据分析的结果。最后，在问题导向下为宏观决策提供高质量、建设性的解决方案或政策建议。利用 iSS 开展战略咨询研究的关键是，专家的经验和见识在与客观数据的深度交互中升华为更加全面、更加深入的知识，这种交互过程不是一次性的，也不是线性的，而是螺旋式上升的。

iSS 自建成以来重点支撑了 2016—2019 年度中长期领域研究项目的技术预见任务。结合中长期项目的实际需求，工程科技战略咨询智能支持系统以文献、专利数据为基础，以文献计量、专利分析等方法为手段，通过全球技术清单扫描、院士/专家研讨并进行问卷调查、绘制技术路线图，为科学全面地识别领域优先发展技术方向和技术发展路线提供支撑。iSS 技术预见模块功能和流程如图 1-2 所示。

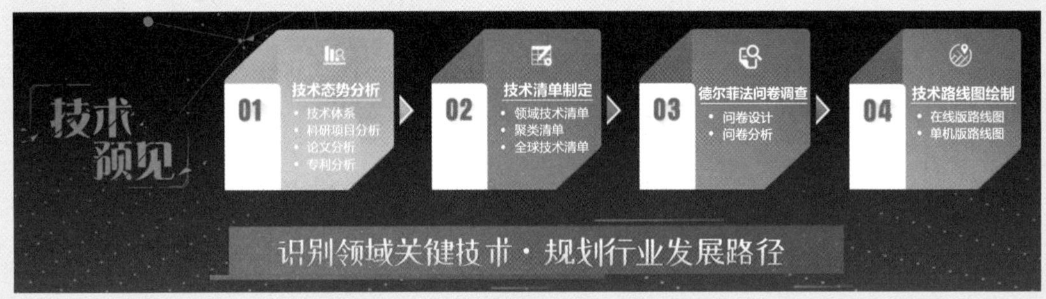

图 1-2　iSS 技术预见模块功能和流程

技术预见模块能够实现基于文献与专利统计的技术态势分析、技术清单制定、德尔菲法问卷调查及技术路线图绘制 4 个功能，具体如下。

1. 技术态势分析

技术态势分析的步骤如下：首先，确定技术体系，明确领域研究边界、分解领域的各项技术、梳理领域技术间的关联并对技术进行归纳和分类。其次，梳理各国政策规划，扫描全球本领域技术的发展形势。最后，基于论文专利、科研项目等数据，从国家、研究机构、研究方向等多个维度对研究领域进行分析，了解技术合作与竞争态势、全球各主要国家的技术优势对比、中国在该领域技术的优势和劣势，识别关键/共性/新兴/颠覆性技术，分析技术生命周期、技术演化轨迹与趋势。技术态势分析有助于厘清研究领域的演变历史和全球格局。

2. 技术清单制定

在技术态势分析的基础上，结合已确定的技术体系、文献与专利聚类结果、全球未来技术库相关技术清单，组织专家开展多轮讨论，进行删除、合并、补充和优化，形成备选技术清单。通过技术清单的制定，明确本领域未来工程科技发展的重点方向或关键技术。

3. 德尔菲法问卷调查

德尔菲法问卷调查是指针对备选技术清单中各项技术的技术效益、市场效益、国际对比、需求分析、研发基础和优势、实现时间、实现难度和制约因素等事项设计调查问卷，收集本领域专家的预判意见，并对调查结果进行汇总和统计分析，为战略研究选择重要方向和关键技术提供支撑。

4. 技术路线图绘制

技术路线图是规划技术未来发展路径的重要手段。在技术态势扫描与关键技术选择的基础上，分析本领域发展面临的经济社会需求，明确领域战略目标以及为实现目标需要实施的重点任务、外部资源的投入和保障措施，以此来指导国家或行业的领域布局和发展路径决策。

1.3 技术路线图

在支撑中国工程科技 2035 发展战略研究的系统性方法中，技术路线图是重要的方法之一。

1.3.1 技术路线图的发展历程

技术路线图是指特定技术的利益相关方共同制定该技术的发展目标，并确定该技术的实现路径、优先事项和时间框架，将发展的需求、任务、关键技术以及保障措施等关联起来并按照里程碑或时间节点分层展示，以实现对特定技术发展全方位认识的工具。从组织主体和应用范围角度来说，技术路线图分为企业技术路线图、产业技术路线图和国家技术路线图。企业、产业、国家技术路线图的分类也显示了技术路线图的发展历程。20 世纪，技术路线图首先由企业主导编制，随后扩展到产业领域，并最终在国家层面得到了应用。

通常认为，技术路线图起始于 20 世纪 70 年代后期美国的汽车行业。当时，美国部分企业在内部编制技术路线图，用于技术和产品规划。摩托罗拉公司是当时成功运用技术路线图的典型代表之一，为推动技术路线图方法的普及应用和发展发挥了关键作用。但最近的研究表明，技术路线图的雏形在 20 世纪 60 年代初就在技术型组织中出现了。例如，美国国家航空航天局、波音公司、通用电气公司、洛克希德公司、美国空军、罗克韦尔国际公司、美国能源部等组织在工业工程管理活动中先后使用了路线图工具。作为技术和产品规划的管理工具，技术路线图为组织管理者在解决远期与近期、战略与战术、商业与技术等方面的平衡问题提供决策依据。

随着科技在经济发展中的作用日益凸显，国家间的科技竞争日趋激烈，很多国家开始开展产业技术路线图的研究，以明确本国产业发展的瓶颈，把握产业发展的机遇，提升本国产业的竞争力。例如，1992 年，美国半导体工业协会组织完成了美国国家半导体技术路线图的制定；1998 年，美国半导体工业协会联合欧洲、日本、韩国、中国台湾的半导体工业协会共同发布了《国际半导体技术发展路线图》；2006 年，中国科学技术发展战略研究院发布了《中国半导体照明产业技术路线图研究报告》；2016 年，中国汽车工程学会发布了《节能与新能源汽车技术路线图》；从 2016 年起，中国光伏行业协会与赛迪智库每年修订发布《中国光伏产业发展路线图》等。这一系列产业技术路线图为引导各国产业发展指明了方向。

为了抢占国际竞争的制高点，各国科技管理部门引入技术路线图方法，明确世界科学技术发展的方向和动态。例如，作为促进加拿大产业创新战略计划的一部分，自 1995 年起，加拿大原工业部（Industry Canada）启动了技术路线图编制计划，组织完成了一系列不同领域的技术路线图，包括航空航天、铝加工和产品、电力、林业、地质、木材和木制品、医疗成像和金属制造。自 2000 年以来，加拿大又开始编制其他领域的技术路线图，包括生物制药、智能建筑、海洋工程和光子学。加拿大工业部编制技术路线图的宗旨是帮助产业识别和开发在高度竞争的全球市场中取得成功所需的创新技术。2002 年，韩国科技部发布了国家技术路线图，提出了未来 10 年韩国科技发展的 5 个情景构想和 13 个发展方向，以及实现这些构想所需的 49 个战略产品和需要开发的 99 项关键技术，并在国家层面制订了研发计划。日本经济产业省于 2000 年开始研制国家技术路线图，日本新能源产业技术综合开发机构（New Energy and Industrial Technology Development Organization, NEDO）和产业技术综合研究所（National Institute of Advanced Industrial Science and Technology, AIST）组织 25 个产业领域的专家绘制战略性技术路线图，并于 2005 年首次发布，之后每年修订更新，为在国家层面制定科技发展规划奠定基础。

在中国，2007 年，科技部首次开展了国家技术路线图研究，提出了未来 10～15 年中国科技发展的 30 项战略任务、优先发展的 90 项国家关键技术及 286 个技术发展重点，并对各项技术的重要性、研发基础、技术差距和实现时间等进行了综合分析，以时间序列系统地描述了各项战略任务的技术路线图，推进了国家中长期科学和技术发展规划纲要的实施。2007 年，中国科学院组织开展了能源、人口健康、农业、先进材料等 18 个重要领域面向 2050 年的科技发展战略路线图研究，提出了以科技创新为支撑的 8 大经济社会基础和战略体系，归纳了 22 项制约中国未来发展的关键科学技术问题，形成了《创新 2050：科学技术与中国的未来》系列报告。从 2009 年开始，中国工程院与国家自然科学基金委员会共同组织开展中国工程科技中长期发展战略研究，动员院士和专家面向未来 20 年国家经济社会发展需求，在有重要影响的工程科技领域开展战略研究。2016—2019 年度共组织开展了机器人、增材制造等 72 项（跨）领域战略研究，明确了相应领域的技术路线图，全面提升了中国工程科技水平和核心竞争力。

2015 年，中国工程院围绕“制造强国战略”确定的新一代信息通信技术产业、高档数控机床和机器人、航空航天装备、海洋工程装备及高技术船舶、先进轨道交通装备、节能与新能源汽车、电力装备、农机装备、新材料、生物医药及高性能医疗器械 10 大重点领域未来 10 年的发展趋势、发展重点和目标等进行了研究，提出了 10 大重点领域 23 个优先发展的方向和路径，汇编成《重点领域技术路线图（2015 年版）》，对指导市场主体开展创新活动，引导社会资本和资源向制造业汇集发挥了重要作用。该技术路线图根据市场和技术的变化情况每两年滚动修订一次。2018 年，新版技术路线图发布，该技术路线图在 2015 年版本的基础上根据 23 个方向的具体情况，补充了关键材料和关键专用制造装备等内容，进一步提高了指导的科学性、前瞻性、战略性，增强了指导的时效性和参考价值。

1.3.2　技术路线图的制定

与其他起源于学术界的管理方法不同，技术路线图是一种“应用实践”领先于“理论发展”的管理方法。因此，技术路线图没有明确的定义，其使用方式灵活多变，可以扩展到多个应用场景，如企业产品设计、技术研发、行业发展研究、国家战略规划等。

技术路线图的重要特征在于按照“需求/目标/路径/保障-时间”的二维框架，结构化、可视化展示影响技术发展的各种因素之间的关系，规划技术未来发展图景，促进利益相关者更好地达成共识。技术路线图的通用框架如图 1-3 所示。

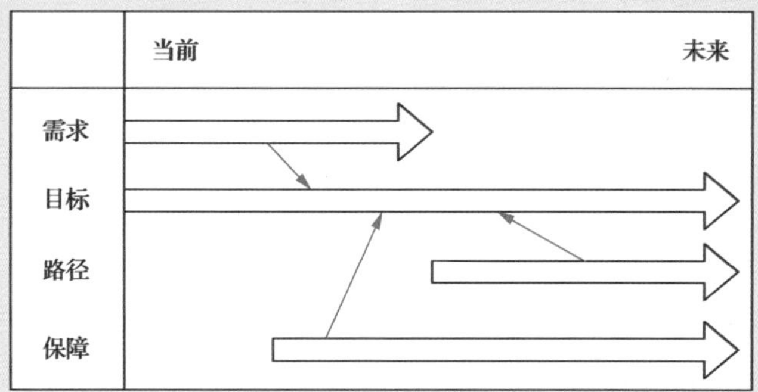

图 1-3　技术路线图的通用框架

从图 1-3 可以看出，在面向未来的技术发展路径规划中，首先需要对特定研究对象开展需求分析，了解用户、市场或国家对产品、技术或产业的具体要求，即回答“为什么”要开发该产品、“为什么”要研发该技术或“为什么”要发展该产业。其次，围绕需求确定发展目标，到未来不同时间节点将分别达到什么状态，即回答“做什么”。最后，围绕发展目标，确定实施路径，以及为实现目标需要投入的资源和保障措施，即回答“怎么做”。通过实施“为什么—做什么—怎么做”的全流程分析，明确未来技术发展的愿景和路径，达到促进利益相关者交流、增进各方共识、促进产业技术发展的目的。

技术路线图需要各利益相关方共同讨论达成共识，因此，技术路线图的制定过程比最终得出的技术路线图更重要。正如前文提到，技术路线图的形式灵活多样，因此其制定方法也多种多样，适用于不同应用场景的技术路线图绘制工具也五花八门。

1. 企业技术路线图的制定

在企业层面，美国摩托罗拉公司是正规化制定和应用技术路线图的典范。20 世纪 70 年代末，摩托罗拉公司为鼓励企业管理者适当地关注技术发展趋势，提供了一个预测未来技术的工具——技术路线图，包括新兴技术路线图和产品技术路线图两种类型。新兴技术路线图是由一个小型委员会针对特定技术集体讨论后而制定的，客观评价本公司在该技术方面的水平、竞争对手的水平、该技术的发展趋势等；产品技术路线图通过一套文件完整地描述公司产品的发展脉络和内外环境，将产品的计划、质量、技术路线矩阵、专利组合等方面逐一分析并汇总。

制定技术路线图通常需要动员大量的人力物力。规模较大企业的资源整合和组织能力是中小企业难以企及的。针对中小企业的特点和需求，2001 年，英国剑桥大学制造研究所技术管理中心（The Center for Technology Management within the Institute for Manufacturing at Cambridge University）开发了一种使用最少资源快速绘制技术路线图的方法“Technology plan”（简称 T-plan），这种方法把大企业制定技术路线图的复杂流程标准化和规范化。该组织为制作技术路线图提供分步实施指南和案例模板，以及配套的专业培训课程和咨询服务，应用对象包括从中小企业到跨国公司各种规模的组织。T-plan 方法的流程包括组织 4 次研讨会，由来自管理、技术、客户服务等各部门的人员共同参与，分别分析市场环境和业务驱动因素；识别产品特征、功能和属性；确定技术解决方案；根据研讨结果汇总和绘制技术路线图初稿。这样的研讨过程有利于促进整个组织的沟通对话，有利于各部门对组织未来发展图景达成共识，并采取目标一致的行动。

2. 产业技术路线图的制定

国际半导体技术路线图（International Technology Roadmap for Semiconductors, ITRS）是产业层面技术路线图的典型代表。

自 20 世纪 90 年代开始，美国半导体行业协会组织制定国家半导体技术路线图（National Technology Roadmap for Semiconductors, NTRS）的工作，并分别于 1992 年、1994 年和 1997 年发布了 3 次 NTRS。1998 年，美国半导体行业协会联合欧洲半导体工业协会、日本电子信息技术行业协会、韩国半导体行业协会、中国台湾半导体行业协会开展国际半导体技术路线图研究，在 1999—2015 年，每两年发布一次完整版本，并在偶数年份发布更新版本。

ITRS 采用国际技术工作组（International Technology Working Group, ITWG）评估分析、会议研讨、论坛交流的研究方式促进各界达成共识。来自工业界（芯片制造商、设备供应商、材料供应商、软件供应商等）和学术界（大学、科研机构）的专家按照技术主题被分成不同的技术工作组。各个工作组深入讨论交流，共同识别行业未来 15 年的关键技术挑战，评估未来的技术需求，提出可能的解决方案以及实现时间的规划，编制本技术主题的技术路线图。技术工作组分为两类，焦点工作组（Focus ITWG）和横向工作组（Crosscut ITWG），前者按照集成电路产品生产链的环节划分，包括设计、工艺、测试和封装；后者代表重要的支持活动，在多个关键节点上与产品生产链有交叉。随着行业的发展，技术主题日益复杂，国际技术工作组的数量也在变化，由 2001 的 12 个发展到 2013 年的 17 个。2015 年，技术工作组重组为 7 个焦点小组（Focus Team），有些焦点小组包含多个工作组（见表 1-1）。

表 1-1　2001—2015 年国际半导体行业技术路线图技术工作组的组成

<table>
<tr><th>技术路线图版本</th><th>焦点工作组/个</th><th>横向工作组/个</th><th>专家人数/人</th></tr>
<tr><td>2001 ITRS</td><td>8</td><td>4</td><td>839</td></tr>
<tr><td>2003 ITRS</td><td>9</td><td>4</td><td>936</td></tr>
<tr><td>2005 ITRS</td><td>11</td><td>4</td><td>1288</td></tr>
<tr><td>2007 ITRS</td><td>11</td><td>5</td><td>—</td></tr>
<tr><td>2009 ITRS</td><td>11</td><td>5</td><td>—</td></tr>
<tr><td>2011 ITRS</td><td>12</td><td>5</td><td>—</td></tr>
<tr><td>2013 ITRS</td><td>12</td><td>5</td><td>—</td></tr>
<tr><td rowspan="2">2015 ITRS 2.0</td><td>12</td><td>5</td><td rowspan="2">—</td></tr>
<tr><td colspan="2">7 个焦点小组</td></tr>
</table>

ITRS 是由每个 ITWG 编制的技术路线图组成的一套技术路线图报告，每个分报告以图表的形式展示本领域主要技术指标在未来 15 年不同时间节点的发展目标。ITRS 通过广泛调动全球半导体行业的专家和资源，促成各方对行业发展达成共识，为全球半导体行业的发展提供指南，引导行业参与者调整研发投资决策，促进利益相关者合作应对行业的技术挑战。

3. 国家技术路线图的制定

在国家层面，通常由各国的国家科技管理部门主导制定国家技术路线图。

韩国国家技术路线图是在 2002 年由韩国科技部组织实施的，共成立了 74 个技术路线图小组来制定关键技术的技术路线图，每个小组由 10 名左右来自产业界、学术界的技术专家组成，共有 751 名专家参与了技术路线图的制定。此外，韩国还发布特定领域的技术路线图，如国家纳米技术路线图、氢经济技术路线图等。

日本经产省和新能源与产业技术开发组织（New Energy and Industrial Technology Development Organization, NEDO）自 2005 年开始制定面向未来 20 年的技术战略图，每年滚动修订，先后发布了 6 个版本的技术战略图。日本的技术战略图包括主报告、产业应用指南、科研路线图，以及旨在提高公众认知的情景描绘等一整套产业技术创新战略管理解决方案。日本技术战略图的绘制是由 NEDO 领导下的工作小组通过头脑风暴或专题研讨等方式来开展的，例如，《技术战略图 2010》共吸纳了“官、产、学、研”各界 874 名专家参与编制。来自政府、科研机构、大学、企业的专家密切合作，就各领域未来发展的图景以及技术的发展水平和能力，充分交流意见，逐步形成共识。

在我国，中国科学院开展的“创新 2050 路线图”也是基于专家研讨的方式开展的。2007 年，中国科学院组织了 300 多位战略科技专家、管理专家和文献专家等通过集中讨论交流、专题研讨、研究组层面的交流研讨、相关研究组之间交流研讨、吸纳国内外专家的意见等方式，围绕中国从当前到 2050 年能源、水资源、矿产资源、海洋等 18 个重要领域开展了科技发展路线图战略研究，描绘了 18 个领域的需求、目标、任务、途径，重点刻画核心科学问题和关键技术问题。

可见，虽然技术路线图的制定方法随着制定主体的变化而变化，但万变不离其宗，技术路线图制定的关键核心元素是“专家”，前瞻性识别和评估技术的“起点—路线—终点”需要依靠具有相关技术知识和经验的专家，不同制定方法的区别在于专家组织方式的不同或专家参与程度的不同。

1.3.3 iSS 支撑技术路线图的绘制方法

在工程科技领域面向 2035 年的技术预见研究中，iSS 设计了相应的技术路线图框架，如图 1-4 所示。在该框架中，首先需要确定工程科技发展的需求和目标，然后明确为实现目标需要部署的基础研究、关键技术、重大工程等重点任务，最后提出保障重点任务实现的政策、资金和人才等措施。

iSS 支撑技术路线图绘制的作用体现在“辅助专家决策”，即通过大数据分析，为专家决策提供更全面的信息参考；通过智能化的人机交互，提高专家决策的工作效率。iSS 支撑技术路线图绘制的作用机制如图 1-5 所示。

为了避免单维数据带来的偏差，iSS 建立了包括论文、专利、基金、报告等数据在内的多源数据库，并集成了中国经济网（简称中经网）统计数据库、国研网统计数据库，以及世界银行等组织发布的产业、经济、政策数据。基于多源数据，iSS 引入了基于新一代人工智能方法的大数据挖掘技术对上述多源数据进行挖掘。例如，利用路径分析、主题河流图、交叉学科新兴技术识别等工具，分析技术的演化趋势。

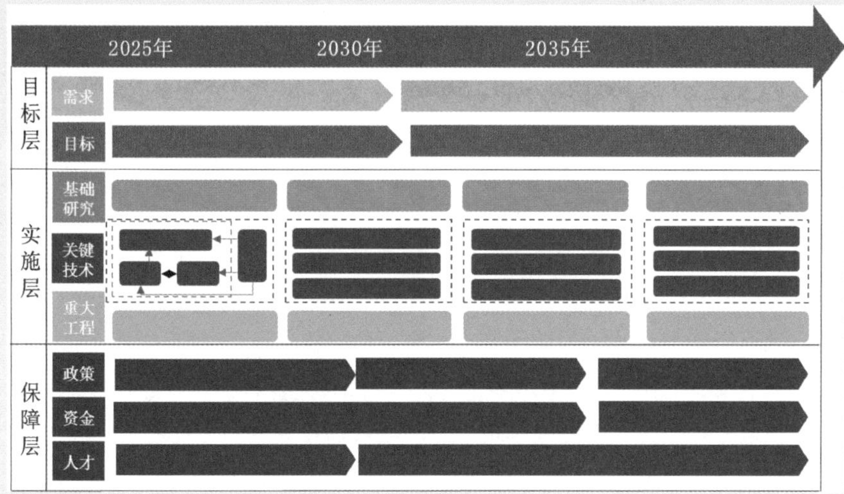

图 1-4 面向 2035 年的工程科技领域技术路线图框架

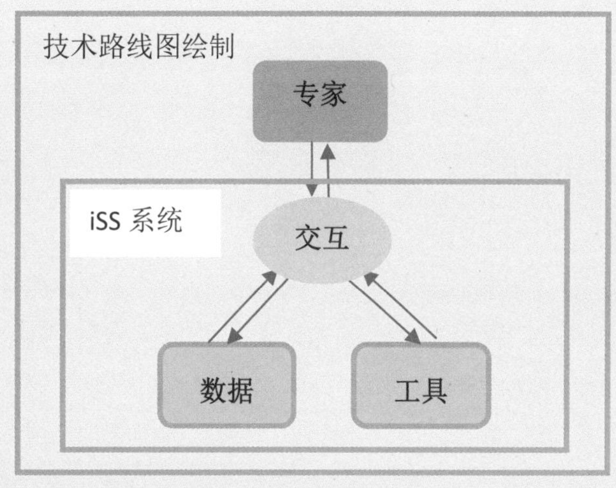

图 1-5 iSS 支撑技术路线图绘制的作用机制

在上述多源数据与分析工具的基础上，研究人员首先完成全面数据检索、聚类与分析，扫描技术领域发展态势和趋势，明确本领域技术发展的需求和目标；领域专家在数据分析结果的基础上，通过专家研讨与德尔菲法问卷调查等形式开展多轮关键技术清单遴选。然后，将数据分析结果与专家研讨形成的结果开展多轮交互，促进各方形成一致的意见。最终，所有分析结果集成在 iSS 中，完成技术路线图的绘制。

iSS 按照标准化的流程支持专家更全面、系统地把握本领域技术发展态势，降低由于专家领域背景不同带来的偏好性，并保证领域技术颗粒度的一致性。2017 年，iSS 首次在中国工程科技 2035 发展战略研究的 2016 年度项目中得到应用，并继续在 2017—2019 年度“中长期”领域研究项目中发挥了支撑作用。iSS 的应用，为展望未来 20 年我国工程科技的发展方向和重点任务、制定各领域技术路线图提供丰富翔实的数据支撑，切实提高了工程科技领域咨询研究的系统性、全面性和规范性。

当前，iSS 基于数据支持的技术路线图绘制方法与流程尚处于探索和应用的初级阶段，在数据挖掘方面对专家研判领域技术现状，从技术驱动角度获得关键技术提供了有效支撑。iSS 将继续探索数据分析流程模式、人工智能应用模式、专家数据交互方式，以期为中国的工程科技发展战略研究和技术路线图绘制提供更好的支撑。

经过 3 年的应用，iSS 取得了较好的成绩，已经能够基本满足工程科技领域技术预见研究的数据及其挖掘分析需求，能有效支撑专家扫描当前技术状态、研判未来技术发展趋势。未来，iSS 将继续拓展多源异构数据分析模型、机器学习技术应用场景、专家数据交互手段、智能辅助决策工具，并向高校、科研院所、科技智库、企业及社会公众完全开放，以期在开放中不断进步，不断为中国工程科技事业的发展提供更好的咨询支撑。

第 1 章编写组成员名单

组　长：周　济　钟志华

成　员：周　源　延建林　郑文江　穆智蕊　刘宇飞　邓万民　袁新娜

执笔人：穆智蕊　郑文江　刘宇飞

2

面向 2035 年的中国智能机器人发展技术路线图

2.1 概述

近年来，机器人技术发展日新月异，新技术的突破以及多学科技术之间的深度交叉融合推动机器人朝着智能化方向发展。机器人能够从事的工作越来越高级，从过去只能从事简单重复性劳动向能够互联、共享、人机协同方向发展。随着人工智能、新型材料、新型感知等新兴技术的进步以及新一代信息技术的发展，机器人将呈现出更加智能、灵活、高效、安全、与人共融等新特征，应用领域将更加广阔。

如今，一方面，中国劳动力成本持续攀升，人口红利逐步消退，生产方式向精益、柔性、智能转变，构建以智能制造为核心的新型制造体系迫在眉睫，同时智能矿山、现代农业、智能建筑等深入推进，对智能机器人的应用需求将快速增长；另一方面，中国正在步入老龄化社会，社会服务成本不断增长，随之出现的生活辅助、护理陪伴、医疗康复及社会服务的需求十分旺盛，智能机器人在很大程度上能够填补专业服务人员缺口，使人们的生活更加舒适和便利。智能机器人的市场潜力巨大，发展前景广阔。智能机器人的广泛应用将极大地解放社会劳动力，更加高效和便捷地完成繁重的重复性工作、基础服务性工作和高风险工作。其在为社会创造巨大经济效益的同时，也将有效改善和提升人类生活质量。我们应把握技术发展趋势，抓住产业发展契机，对智能机器人进行前瞻性布局，力争在国际竞争中赢得先机。

2.1.1 研究背景

改革开放以来，以劳动力优势为主要竞争手段的劳动密集型产业发展模式曾对中国经济快速增长起到十分重要的作用。但是，随着中国劳动力成本快速上涨、人口红利优势逐步消退以及新一轮科技革命和产业变革的兴起，中国制造业、服务业亟须转型升级，提高国际竞争力，传统的发展模式面临严峻挑战。为应对新的挑战，机器人已从“备选”成为“必选”。

然而，在巨大的市场前景和发展机遇面前，现有的机器人技术同样遇到了巨大的挑战。制造业向数字化、网络化和智能化方向发展，以及消费者对个性化、定制化、时效性的追求越发强烈，促使“多品种、小批量、迭代快”的柔性化生产应运而生，加之机器人越来越多地走进人类生活，成为人类生活、工作的亲密伙伴，对机器人灵活性、自主性、安全性、易用性的需求不断提高。机器人必须向具备更强的人机协作能力、可实现人机共融的智能化方向发展。

美国、日本、德国等工业发达国家已经将机器人产业的发展重心转移到实现机器人的“智能化”。美国早在 2011 年便提出计划，重点开发基于移动互联技术的第三代智能机器人。日本于 2015 年策划实施机器人革命新战略，目标是将机器人与 IT 技术、大数据、网络、人工智能等深度融合，建立世界机器人技术创新高地。德国为保持其制造业领先地位提出的“工业

4.0”规划，也将智能机器人和智能制造技术作为迎接新工业革命的切入点。中国在“863”计划、自然科学基金等科研计划的支持下，也已经开展了部分智能机器人技术与样机的研发工作。

为了在新一轮竞争中改变“跟跑”状态，中国必须在夯实现有机器人产业基础的同时，加紧布局智能机器人基础理论、关键前沿技术的研究以及科技成果的转化，有针对性地制定各项政策措施，推动中国智能机器人产业快速发展。

“面向 2035 的中国智能机器人发展战略研究”是中国工程院和国家自然科学基金委员会联合设立的中国工程科技中长期发展战略研究项目，由中国工程院院士、中国科学院沈阳自动化研究所研究员、博士生导师王天然牵头，其目的是密切跟踪研究全球智能机器人技术发展动态，研判智能机器人技术未来发展趋势和重点，围绕现实需求提出中国智能机器人产业中长期发展战略、目标、重点方向和措施建议等，形成中国智能机器人产业技术发展路线图。

2.1.2 研究方法

本项目采用文献计量分析法、专家头脑风暴法等，并通过资料收集、实地调研、专家研判相结合的方式，分析智能机器人技术及产业的发展规律，完成智能机器人技术细化清单的制定，绘制面向 2035 年的中国智能机器人发展技术路线图。

2.1.3 研究结论

面向 2035 年，中国应紧密围绕国民经济转型升级、人民日益增长的美好生活需求以及国家战略重大需求，构建智能机器人产业体系，努力将中国打造成世界领先的智能机器人研制和应用地。为实现这一目标，应在继续夯实现有产业基础的同时，加强前瞻性布局，加快机器人自主行为技术、人机交互与协作技术、多机器人智能协作技术、机器人生机电融合技术、机器人仿生技术、软体机器人技术、机器人自主编程技术、机器人环境认知技术、情感与意图识别技术等各项关键技术的突破，在创新能力提升、标准检测认证体系建设、人才培养等多方面采取相应措施，确保中国智能机器人产业的快速发展。

2.2 全球技术发展态势

2.2.1 全球政策与行动计划概况

面对巨大市场前景和重大发展机遇，世界各经济强国跃跃欲试，纷纷制定相关战略、计划及技术路线图，以抢占智能机器人发展的先机与主动权。

早在 2009 年，美国便发布了《机器人路线图：从互联网到机器人》，提出了机器人关键性技术及相关底层技术的近期和长期发展计划与目标。2011 年，美国启动了“先进制造业伙伴计划 1.0”，明确提出重点开发基于移动互联技术的第三代智能机器人；同年，在卡内基梅隆大学启动“国家机器人计划”，其目标是“建立美国在下一代机器人技术及应用方面的领先地位”。2012 年，美国编制了《先进制造业国家战略计划》，提出要发展先进机器人、智能制造等领域的平台技术。2013 年，美国发布了第 2 版“机器人技术路线图”，将智能机器人与 20 世纪互联网定位于同等重要地位，同时强调了机器人技术在制造业和医疗健康领域的重要作用。2016 年，美国推出了第 3 版“机器人技术路线图”，对无人驾驶、人机交互、陪护教育等方面的机器人应用提出了指导意见。2017 年，美国正式发布了《国家机器人计划 2.0》，致力于打造无处不在的协作型机器人，让协作型机器人与人类伙伴建立共生关系。2018 年 10 月，美国国家科学与技术委员会发布了《美国先进制造领先战略》，提出要在未来 4 年发展“先进的工业机器人”。2020 年 9 月，美国发布了第 4 版“机器人技术路线图”，对第 3 版“机器人技术路线图”进展的审查和评估进行了更新，总结了制造业、生活辅助品、物流、农业、医疗、安全、运输 7 个领域的社会驱动力，提出了成本、高混合度、安全性、易用性、响应时间、鲁棒性 6 个方面的挑战，最终将挑战映射到架构与设计实现、移动性、抓取和操作、感知、规划和控制、学习和适应、人机交互、多机器人协作 8 个机器人研究领域，突出了在新材料、集成传感、规划/控制方法等方面的新研究内容，以及多机器人协作、鲁棒计算机视觉识别、建模和系统级优化方面的新研发内容。

日本作为机器人第一大国，始终保持对机器人产业的高度重视，制定了机器人技术长期发展战略，同时，日本政府将机器人作为经济增长战略的重要支柱。2014 年 6 月，日本政府通过修订后的《新经济成长战略》，指出日本将加快研发护理、农业、建设等需求迫切的机器人，把机器人作为经济增长战略的重要支柱，通过发掘机器人的可能性，实现日本经济的增长。2015 年，日本制定了《机器人新战略》，提出未来 5 年日本将重点发展机器人产业，认为日本要继续保持“机器人大国”的优势地位，就必须策划实施机器人革命新战略，将机器人与 IT 技术、大数据、网络、人工智能等深度融合。该战略制订了详细的“五年行动计划”，日本将围绕制造业、服务业、农林水产业、医疗护理业、基础设施建设及防灾等主要应用领域，展开机器人技术开发、标准化、示范考核、人才培养和法规调整等具体行动。2018 年 6 月，日本政府在“人工智能技术战略会议”上推出了人工智能普及计划。该计划重点推动研发能与人类对话的智能机器人，并推动其在零售、服务、教育和医疗等行业的应用落地，尽早地解决劳动力成本和生产效率的相关问题。2019 年，日本政府与机器人技术相关的预算增加至 3.51 亿美元，旨在将其建成全球机器人创新中心。

在欧洲市场，机器人技术创新一直是欧盟数字化议程、第七研发框架计划和 2020 地平线项目资助的重点优先领域。2013 年，德国提出了“工业 4.0 战略”，将智能机器人和智能制造技术作为迎接新工业革命的切入点。该战略明确两大主题：一个是智能工厂，重点研究智能化生产系统及过程，以及网络化分布式生产设施的实现；另一个是智能生产，主要涉及整个企业的生产物流管理、人机互动以及 3D 技术在工业生产过程中的应用等。2013 年，法国推出了《法国机器人发展计划》，计划向机器人产业投资 1.296 亿美元。英国在 2014 年推出首个官方机器人战略 RAS2020，并投资 2.57 亿美元用于发展机器人和自主系统。2014 年，欧盟委员会宣布将与欧洲机器人协会合作启动“火花”计划（SPARC），到 2020 年投入 28 亿欧元用于研发民用机器人，机器人在制造业、农业、医疗、交通运输、安全等各领域的应用都被纳入该计划。2015 年，SPARC 发布了 2016 版“机器人技术路线图”，将机器人技术分为系统开发、人机交互、机电一体化、知觉、导航、认知 6 个技术集群，每个集群设置了相关的关键技术与方法，并且针对每个技术集群提出了阶段性目标。

在韩国，智能机器人被视为 21 世纪推动国家经济增长的 10 大“发动机产业”之一。在 2008 年 3 月，韩国制定了《智能机器人开发及普及促进法》，并于 2009 年 4 月公布了《第一次智能机器人基本计划》，逐步完成从传统制造型机器人向智能服务型机器人转变。2009 年，韩国发布了“服务机器人产业发展战略”，目标是成为世界机器人强国。2012 年，韩国发布了《机器人未来战略 2022》，提出要通过推动机器人与各个领域的融合应用，将机器人打造成支柱产业，重点发展救灾机器人、医疗机器人、智能工业机器人及家庭机器人，实现 all-robot 时代愿景。2013 年，韩国编制了《第二次智能机器人行动计划（2014—2018 年）》，明确要求 2018 年韩国机器人国内生产总值达 20 万亿韩元，出口额为 70 亿美元，占据全球 20%的市场份额，挺进“世界机器人三大强国”行列。2014 年 6 月，韩国推出了被誉为韩国版“工业 4.0”的《制造业创新 3.0 战略》。2015 年 3 月，韩国又公布了经过进一步补充和完善后的《制造业创新 3.0 战略实施方案》，这标志着韩国版“工业 4.0”战略正式确立。该方案提出了大力发展无人机、智能汽车、机器人、智能可穿戴设备、智能医疗等 13 个新兴引擎产业的具体措施，计划在 2020 年之前打造 10000 个智能生产工厂。2017 年，韩国发布了“机器人技术升级路线图”，提出在制造、物流、农业、医疗、安全、个人服务等领域推进机器人研发应用的重点方向。2018 年，韩国发布了《智能机器人产业发展战略（2018—2022 年）》，提出“以中小制造业为对象，开发普及智慧型协同机器人，促进中小制造业生产力提升，强化机器人产业创新能力，提高核心零部件国产化比重，扩大机器人产业市场规模，增强整个社会对机器人的认知度”。2019 年，韩国发布了《第三次智能机器人行动计划（2019—2023 年）》，将制造业、特定的服务机器人、下一代关键零部件和关键机器人软件列为重点领域。2020 年，韩国发布了《2020 智能机器人行动计划》，计划投资 1271 亿韩元支持 1500 台先进机器人在制造业和服务业应用，投资 59 亿韩元支持开发用于可穿戴、脊柱手术和停车等新服务领域的智能机器人，同时支持关键机器人部件和软件的本地化，在客户端演示机器人技术，以及 5G、人工智能和机器人的融合创新。

2.2.2 基于文献和专利统计分析的研发态势

1983—2018 年全球智能机器人研究论文发表数量变化趋势如图 2-1 所示，1970—2018 年智能机器人专利申请数量变化趋势图 2-2 所示。从图中可以看出，2000 年之后，智能机器人领域相关论文与专利申请数量均呈现快速上升态势，尤其是近几年增长速度明显加快（2018 年本领域的论文发表数量与专利申请数量较 2017 年有所下降，或因数据检索时仍有部分数据尚未收录到数据库中所致）。

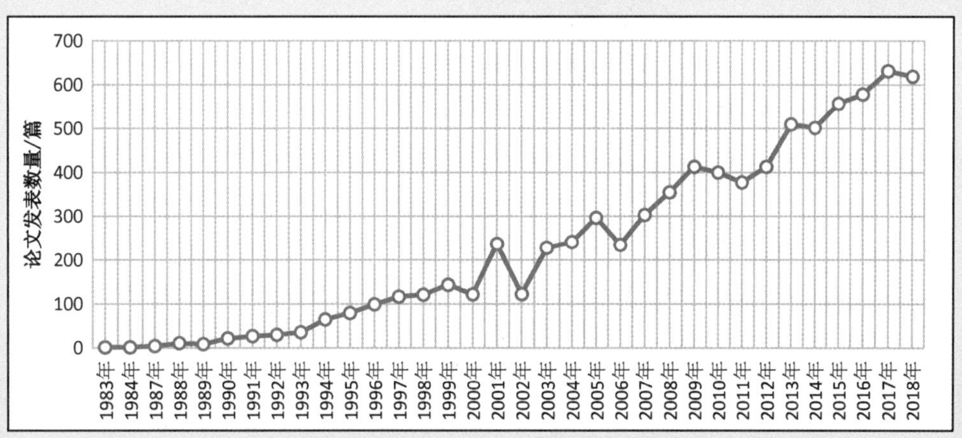

图 2-1　1983—2018 年全球智能机器人研究论文发表数量变化趋势

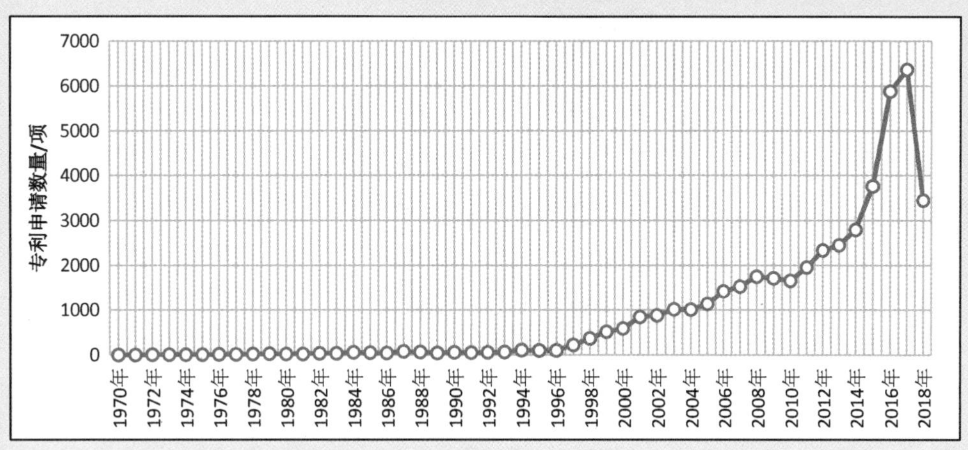

图 2-2　1970—2018 年全球智能机器人专利申请数量变化趋势

主要国家智能机器人研究论文发表数量和专利申请数量对比分别如图 2-3 和图 2-4 所示，美国、中国、日本、德国在智能机器人领域的研发实力较强，它们在智能机器人领域的论文发表数量与专利申请数量均处于全球前列。卡内基梅隆大学、麻省理工学院、密歇根大学、东京大学、中国科学院、慕尼黑工业大学、丰田、爱普生、安川、库卡、波音、iRobot 公司、山东鲁能智能科技、博世、欧地希等知名研究机构与企业均分布在上述国家。自 2008 年开始，中国在智能机器人领域的研究热度明显上升，中国在智能机器人领域的专利申请数量呈现明显增长趋势，并于 2015 年超越美国，位居全球第一，但是专利的来源主要集中在高校与科研院所。由此可见，中国智能机器人技术的研发主体仍为学术研究机构，产业化程度较低。

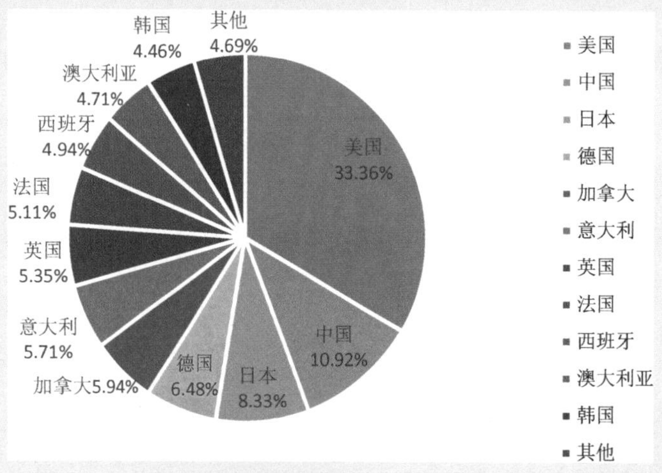

图 2-3　主要国家智能机器人研究论文发表数量对比

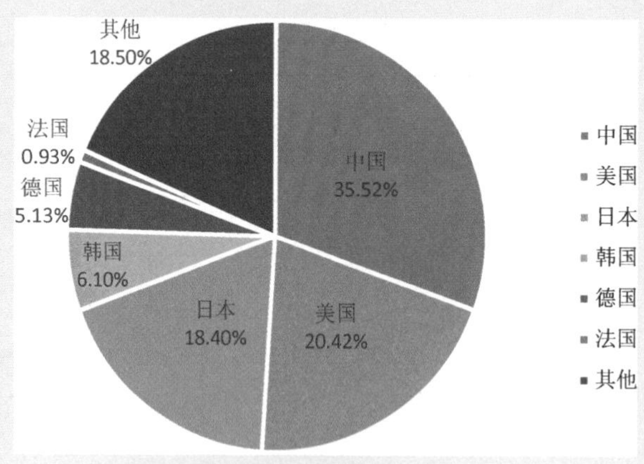

图 2-4　主要国家智能机器人专利申请数量对比

基于论文数据和专利数据的智能机器人技术领域关键词词云分别如图 2-5 和图 2-6 所示，从这两个图可以看出智能机器人技术布局情况。智能机器人领域的研究论文在路径规划、障碍回避、运动规划、控制系统、导航、定位、遥操作、计算机视觉、人机交互、人工智能等技术热点上较为集中；智能机器人领域所申请的专利在机器人系统、移动机器人、控制系统、智能、远程控制、图像传感器、驱动装置等方面较为集中。这些技术的研究与开发更加有利于推动机器人智能化程度的提高。

图 2-5　基于论文数据的智能机器人技术领域关键词词云

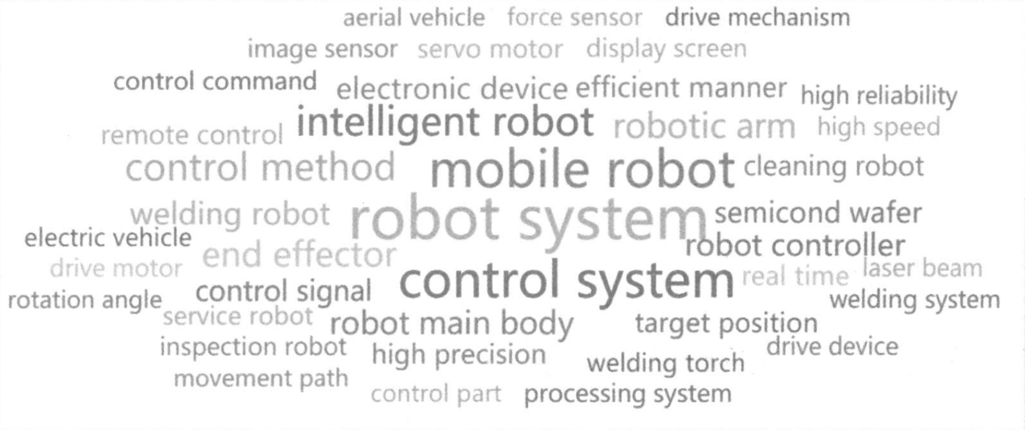

图 2-6　基于专利数据的智能机器人技术领域关键词词云

2.3　关键前沿技术与发展趋势

2.3.1　机器人自主行为技术

机器人自主行为技术是使机器人具备一定独立自主解决问题能力的技术，主要研究内容包括广义行为环境的感知与理解技术，解决机器人对动态以及非结构化环境的认知问题；机器人的自主学习技术，使机器人在与环境交互中能够自主地积累知识与经验，不断地提升其智能水平；面对复杂环境与任务的行为决策等。当前主要目标是能面对意外环境自主决定运动和完成计划外作业的能力，以便使机器人在变化的环境中，仍能完成使命。

2.3.2 人机交互与协作技术

人机交互与协作技术是使机器人能和人一起工作与活动，就像人类的师徒和伙伴一样，相互学习与协作的技术，是机器人进步的重要方向。当前的研究热点是使人和机器人同在一个物理空间分工完成给定的工作任务。为能够保证安全和分工作业，机器人必须对人的一些选定行为和作业对象具有足够的感知能力，必须具有相应的行为规则与动作规划能力。需要研究多模态人机交互方法与技术，包括基于语音指令集及机器人自主识别的语音交互技术、基于手势/姿态指令集及机器人自主识别的视觉交互技术、生机电融合交互技术，以及人机多层次指令融合技术等。

2.3.3 多机器人智能协作技术

随着机器人的应用领域不断扩大，无论在工业领域还是在危险环境作业，甚至在为个人/家庭服务的领域，都会要求机器人技术共同完成同一个使命任务。机器人之间如何协作是一个必须解决的问题。多机器人智能协作技术研究通过多传感器融合技术、智能伺服控制技术，实现复杂环境任务操作智能化和简单化；通过网络控制技术、多机器人系统技术、智能优化和协同技术，完成复杂大型任务的多机器人智能协作。

2.3.4 机器人生机电融合技术

机电系统对生物体结构、功能和工作原理的模仿或模拟无法使机器人具有生命系统的完整性能。生命与机电系统的融合是实现目标的有效手段。机器人生机电融合技术探索以生命机理为基础的生物感知与驱动理论，阐明生命感知的尺度效应，研究面向生机同体的物理接口与编码/解码技术、面向生物机电系统信息融合技术，实现生机电不同载体间信息的双向传递；实现机器人对人类意图的准确理解和人类对机器人运动的精确感知；基于生机电系统高度融合的新型感知器件，将生命系统优点与机电系统结合，全面提升机器人的感知性能。

2.3.5 机器人仿生技术

生物在复杂、动态、不确定的非结构化环境中表现出极强的适应性和生存能力。对自然界生物行为和功能的探索、模仿、综合、再现，是提升机器人的适应性、自主性、作业能力和机器智能水平的有效手段。机器人仿生技术主要探索和借鉴人类和动物以及其他动物的功能、结构、运动、感知、决策的机理，研究运动、机构与驱动仿生，功能与形态仿生，感知与交互仿生，行为规划与控制仿生和复杂环境适应能力仿生，形成新型高效的机器人机构、驱动、感知、控制、导航、智能、环境适应手段等，提升机器人的性能。

2.3.6 软体机器人技术

软体机器人技术是指采用流体、凝胶、形状记忆合金等柔韧性材料进行机器人研发、设计和制造的技术。软体机器人一般采用流体驱动、物理驱动、内燃爆破驱动等驱动方式，因其材料特性，有望在工业易碎品抓取、管道故障检查、医疗诊断、侦查探测等领域取得应用。但目前在材料、加工、自主控制等方面，软体机器人技术仍存在一定的缺陷并面临着挑战。需要解决的主要问题如下：研究新型柔韧材料，解决目前材料在应力、应变、使用寿命等方面存在的问题；强化仿生智能控制算法研究，通过有效计算控制机器人移动、机体刚度与形变程度，使之更好地适应多变的环境，并解决运用中不能实时控制的问题。

2.3.7 机器人自主编程技术

机器人自主编程技术是利用传感器的反馈信息自动生成作业程序的技术。当前，在机器人的应用中，手工示教编程仍占主导地位，但随着人们对产品质量和生产效率要求的提高，编程周期长、示教精度低的手工示教编程已不能满足需求，机器人自主编程取代手工示教编程成为必然发展趋势。该技术主要研究内容包括基于视觉反馈的自主编程技术、基于激光结构光的自主编程技术、多传感器信息融合自主编程技术等。

2.3.8 机器人环境认知技术

无论是完成使命还是自身保护，机器人能了解自身所处的环境是非常必要的，机器人的自主能力依赖于它对环境的了解能力。视觉感知、听觉感知和触觉感知是当前机器人了解外部世界的主要手段。此外，在虚拟环境中训练机器人是使其适应环境的一种高效途径。

2.3.9 情感与意图识别技术

情感与意图识别技术是指通过融合人类面部表情、语言特征、眼动状态和肢体动作等多类别状态特征，并且通过感知技术综合判断，实现对人类情绪甚至心理活动的有效识别，使机器人获得类似人类的观察、理解、反应和表达各种情感的能力。情感与意图识别技术在机器人辅助医疗康复、刑侦鉴别等领域具有较为广阔的应用前景。如何对获取的多模式情感信号（如面部表情图像、声音、心率、血压等）进行分析并推断出被观测者的情感状态是情感与意图识别技术的一个关键。

2.3.10 机器人技能型作业技术

机器人结构越来越灵巧，智能化程度越来越高，这是机器人的发展趋势。同时，要求机器人的作业能力更强、更灵活。当前，机器人技能型作业技术的研究重点是探索新的高强度轻质材料与新结构，进一步提高负载/自重比；发展一体化关节、灵巧手、柔性驱动机构、类人结构等。

2.3.11 机器人模块化与重构技术

面向多品种、小批量、柔性制造需求，开展一体化关节技术及工业机器人模块化研究。机器人模块化与重构技术要重点突破结构/驱动/感知/控制一体化关节设计、机器人模块化构型与运动学自动生成、自主重构理论与方法、机器人动力学建模与控制参数自整定、机器人运动轨迹规划与最优控制、人机交互与技能示教等技术，研制结构/驱动/感知/控制一体化关节及机器人模块化产品，面向典型应用开展示范，制定相关的技术标准。

2.3.12 面向制造的机器人即插即用技术

针对未来规模化工业生产的高灵活性、高适应性、高效率以及快速响应市场等需求，突破机器人模块化制造单元系统的适应性及模块化设计、以机器人为核心的自动化生产线快速可重构、机器人制造单元与 AGV 物流单元的动态调度与协调控制、矩阵式自动化生产的作业流优化等关键技术，研制面向工艺应用的机器人模块化制造单元系统，形成面向自适应与可重构生产线的机器人应用模式。开展应用示范，提供面向典型工业应用的机器人模块化制造单元系统及以其为核心的自动化生产线解决方案，并具备适应产品个性化及多样性的生产线快速重构部署能力。

2.3.13 机器人通信与网络化技术

随着现代工业和商业系统的持续发展，对机器人系统中应用共享数据网络的需求也与日俱增。通过共享的数字通信网络实现机器人各模块化关节之间、机器人之间或机器人与其他现场设备之间、机器人与远程或云端控制中心之间的数据通信、资源共享和相互协作，从而使得整体系统具有可扩展性好、可靠性高以及具备远程控制能力等优点。重点研究高通信带宽的实时网络技术、无线互联技术、网络系统的同步性问题（包括时钟同步和运动同步等）、网络安全问题、基于网络的遥操作技术等。

2.3.14 机器人安全、社会、伦理技术

近年来，机器人被广泛应用于地面运输、航空及核环境探测、医疗服务等众多领域，其安全性逐渐成为机器人研究的重要方向之一，研究内容包括通信安全、机器人系统安全、机器人功能安全、机器人安全性设计与评估、机器人失控的安全防范等。此外，随着机器人逐步进入人类社会，其与人类的交互不断增加，机器人伤人、机器人主体地位界定等引发了一系列新的伦理问题。需要充分梳理机器人逐渐深入人类社会过程中对人类社会产生的影响，分析这些关键技术改变人类社会的深层原因，对其可能产生的积极或消极的社会效应，特别是可能导致的各种尖锐的社会伦理问题进行评估，明确机器人的社会属性和主体地位，分析并重建社会和伦理责任体系，以充分发挥机器人的效益，并最大限度降低其风险。

2.3.15 机器人集群技术

随着机器人应用模式从单体到群体、机器人技术发展从单体自主适应到互联协作的总体趋势日益明显，将多个常规的、“低”智能的个体组成集群，并通过协同、合作实现系统整体智能，这一趋势逐渐受到关注与重视。其主要研究方向包括集群间的高效协同规则、集群智能涌现机理（模型与计算）等基础问题，以及机器人集群整体适应性、稳定性、自组织性等系统特性分析技术和面向典型应用的机器人集群系统实验及其智能涌现实现技术等。

2.3.16 机器人软件技术

机器人软件主要包括机器人操作系统、中间件和工艺软件等，集成机器人语言、人机对话、视觉识别及运动控制等核心技术，可以实现实体机器人的开发与智能应用。机器人操作系统技术包括任务分割与实时通信技术、实时数据分发与交互技术、机器人硬件即插即用式动态配置技术、机器人功能组件的标准化技术、机器人应用框架描述技术等。中间件技术即功能软件技术，工业机器人主要体现在高性能运动控制、标定与误差补偿、力位混合控制，机器人协同作业与调度，机器人示教/编程与监控诊断等；智能机器人主要体现在人工智能（AI）、人机接口（HMI）和 5G 通信能力，可以增强机器人对文字、语音、视觉、触觉等多维度信息的处理能力以及人脸检测和识别、人体跟踪、声音情绪识别、颜色识别、目标物体识别等智能感知和认知能力。工艺软件是人类作业经验的总结，这些经验形成专家库，用于提升机器人的焊接、搬运和装配等作业能力，使之具备端茶倒水、喂饭照顾和送药陪护等服务能力。需要突破机器人操作系统以及功能软件核心技术，开发通用型实时多任务机器人操作系统，以及面向工业、服务等机器人的系列化功能软件，建立开放式、模块化、标准化驱动组件与工艺软件库，构建机器人操作系统与功能软件的开发与测试平台，实现示范应用，拓展应用领域，扩大产业化规模。

2.4 技术路线图

2.4.1 发展目标与需求

1. 发展目标

1）2025 年目标

到 2025 年，初步形成智能机器人产业体系。

（1）智能机器人实现产品系列化，并实现一定规模的示范应用。

（2）智能机器人用关键零部件取得重大突破。

（3）做大做强一批整机生产、系统集成企业，有 1～2 家企业进入世界前五名行列。

（4）标准和检测认证体系初步建立。

2）2035 年目标

到 2035 年，成为世界领先的智能机器人研制和应用地。

（1）成为世界先进的机器人创新中心，基础前沿理论与技术取得重大突破，关键核心技术实现自主可控，部分智能机器人产品的综合指标达到国际领先水平。

（2）成为世界领先的机器人制造基地，形成若干具有国际影响力的智能机器人产业集群，实现智能机器人批量生产。

（3）成为世界最大的智能机器人应用市场，智能机器人实现大规模应用。

2. 需求

智能机器人在国民经济各领域的广泛应用不仅可以提高生产效率与产品质量，而且可以保障人身安全，改善作业环境，减轻劳动强度，对促进传统制造业技术改进与产业升级、推进中国经济结构战略性调整等具有重大意义。伴随智能制造、绿色矿山、农业现代化、建筑智能化等战略的深入实施，智能机器人在国民经济各领域的应用将更加普遍。

随着人口老龄化进程的不断加快、人口红利的逐渐消退，应用机器人作业将成为企业用来填补劳动力短缺、维持正常运营与发展的必然选择。此外，人口老龄化趋势的加快也催生了社会对老年人生活辅助、护理陪伴、功能代偿、无障碍出行、安全监控、医疗康复等方面的旺盛需求，面向老龄化的助老助残机器人、面向精准医学的医疗康复机器人等将存在巨大市场需求和发展空间。同时，伴随国民生活水平的不断提高，人们在消费服务、子女教育理念等方面也将迎来新一轮的升级。届时，传统的服务模式、教育方式可能会被彻底改变，基于机器人技术的智能化服务模式、教育方式则会被广泛接受，面向信息时代的教育娱乐机器人、用于人员密集的公共场所的迎宾导引机器人等产品市场将迎来快速增长期。

在极地科考、空间探索、国防安全、应急救援、极端环境作业等方面，智能机器人可以代替人类进入“特殊”环境进行作业，提高任务完成效率与质量，减少人员伤亡，降低风险，甚至可以完成人类不可能完成的任务。

2.4.2 重点任务

1. 重点产品

到 2025 年，自主品牌智能工业机器人具有视觉和力觉感知，可用于打磨、抛光、装配等作业，在汽车及零部件、电子电器、建材、航空航天、高铁、船舰等行业实现应用；个人/家用智能服务机器人可代替人类从事较复杂劳动；专业智能服务机器人形成不同应用场景下完整解决方案，在部分领域实现工程化应用；智能机器人用感知—传动—驱动一体化单元、高性能伺服电机和驱动器、传感器等核心技术取得突破。

到 2035 年，实现人机共融共生、智能交互、多机器人智能协作，自主品牌智能机器人智能作业技术广泛应用；新型传动/驱动机构和新型驱动材料、模块化器官等智能机器人用新型部件研制成功，并实现规模化应用。

2. 优先开展的基础研究方向

1）基于脑科学和脑认知的机器人智能技术

机器人自主适应复杂环境和任务，关键在于研究“基于脑科学和脑认知的机器人智能技术”。机器人只能通过行为体现智能，对其控制必须采用具有“智能特征”的“人机交互与自律协同”的模式。人类大脑的 90%以上用于控制双手，因此研究类脑控制系统“BROS”(Brain of Robotic Operating System) 是机器人智能行为产生的前提和基础。

基于脑科学和脑认知的机器人智能技术，需要在任务时变、指令时变、环境时变情况下解决人的指令、机器人自律、环境信息、作业任务之间的冲突，主要研究内容包括人脑与人的行为关系、人的行为来源与不变量、人如何用行为表达意图和情绪、机器人类脑控制系统框架、人机交互与自律协同控制、机器人内外部需求任务表达、机器人行为特征描述和分类、机器人“任务—感知—指令”与行为的“构态—末端—轨迹”特征之间的逻辑关联关系、机器人认知与逻辑判断和推理能力、智能机器人设计与控制技术等。

2）机器人新材料、新驱动、新感知、新机构技术

驱动和感知是机器人的核心要素。传统机器人的驱动主要是依靠金属材料构成的伺服电机，以及与之配套的位置、速度、力/力矩、视觉等感知单元，其本质上仍然是一台机器，在驱动方面能量转化效率低、自重/负重比大、缺乏本质安全，在感知方面缺乏高效及敏锐感知能力。智能机器人需要“人工肌肉”类驱动器，即在自重/负重比、刚柔特性、响应特性等方面更趋近于人类肌肉的驱动器。研制这类“人工肌肉”驱动器，以及与之相配套的类皮肤传感器、类肢体机构，需要以材料科学为支撑，与机器人学科的运动学/动力学建模、运动/行为规划与智能控制相结合，是未来的发展方向。

3）DNA 纳米机器人机理与模型研究

发挥微纳米机器人在微观世界中的作用，是机器人技术由宏观向微观发展的新方向。尤其在医疗和生物医药领域，DNA 纳米机器人将人类的感知能力延伸到微纳空间，提升了感知和检测细胞多维信息以及操控个体细胞的能力，在新药筛选和个性化疾病诊断和治疗方面具有重要的应用前景。在分子生物制作领域，DNA 纳米机器人包裹/携带药物，到达人体内的癌细胞处，进行药物的精准释放，从而进行基因和纳米级的微操作。

DNA纳米机器人可在外部施加的可调电场下进行精确的纳米级运动，将机器人的应用拓展到微观领域。未来需要重点研究机器人本体尺寸在微米级到纳米级的微纳米机器人技术，实现其在狭小空间的无线供能、精确运动控制、对纳米材料的抓取和定点放置功能；研究多纳米机器人的协调控制及自动化纳米装配制造方法，为从分子到宏观物体的跨尺度制造提供技术方案。

4）智能机器人云服务构建理论方法与框架研究

单体机器人的存储和计算能力都仅限于本机，而智能化则要求有更多的知识存储、检索以及推理计算能力，这一要求推动面向云服务的智能机器人成为未来的发展趋势和重要方向。云服务能够提供巨量的存储、便捷的信息检索以及强大的超级计算能力。机器人与云服务、大数据等相融合，可极大地提高智能化程度和降低成本，拓展机器人推理计算、知识获取、信息存储能力，快速便捷地实现机器人功能和性能的升级，实现更多的智能应用，满足不同用户的需要。由于处理复杂运算、存储巨量信息的“大脑”都在云端，故机器人自身只需要配备能执行交互命令、运动控制和数据传输的简单的、小型化低成本、低功耗处理器，从而可以极大地降低机器人的成本，拓展机器人应用范围。未来需要重点攻克的关键核心技术包括机器人云端大脑、安全运营专网、云端智能平台架构，云计算、云服务、边缘计算技术，云智能技术，基于云的知识图谱、动态不确定环境下的小样本推理与认知技术，面向智能机器人的混合云平台、网络实时、可靠接入技术，面向多应用场景的智能机器人云端数据库技术，运行参数、环境参数等巨量数据的获取、传输和云端存储技术，基于云端的高精度视觉引导、柔性抓取和操控技术等。

5）面向特殊作业服役的机器人极端环境基础性理论与技术

在极端环境下工作的机器人主要包括核极端环境下的检查和装配机器人、极端温度下的极地考察机器人、极端压力下的深海机器人、微重力高真空环境下的太空机器人、未知环境下的反恐和救援机器人、超（特）高压电力环境下的巡检和维护机器人等，用于解决极端环境下的工作问题和取代人类繁重工作，并完成极端环境下各种人类不可能完成或较难完成的作业任务。核环境、极端温度、极端电压、极端压力等外界恶劣环境将对机器人系统的感知、通信、决策与执行产生不可忽略的影响。这类机器人的关键核心技术包括机器人的本体模块化设计技术，感知与驱动一体化技术，机器人极端环境下的智能操作与实时控制技术，机器人环境感知识别技术，机器人脑控与认知学习技术，极端环境下的人机物共融、作业与服务协调技术，极端环境下的多机器人协作技术。

6）类生命机理研究

基于生命系统和机电结构深度融合的类生命机器人不是仿生学（biomimetics）意义上机电系统对生物体结构、功能和工作原理的简单模仿或模拟，而是在分子、细胞或组织尺度上将生命机能融入非生命机电系统。因此，若要实现具有类生命特征的驱动和感知功能，则需要采用具有特异性功能的生命细胞和组织作为物质基础，并向自然界具有特殊功能的生物借鉴功能结构，利用现代工程技术手段实现基于生机电融合和类生命机理的功能单元，主要研究方向包括基于类生命机理的驱动、基于类生命机理的感知以及实现类生命功能单元的共性使能技术。

7）机器人的智能发育

"劳动创造了人"，其本质的含义是指"劳动"这样一种人与自然相互作用的实践活动促进了人的智能发育。而"机器人的智能发育"本质上是在人的指导下，通过多领域大量应用，使得机器人"智能"程度不断提升的过程。相比于劳动对于创造人的重要性，不断涌现出的形形色色的机器人应用和与之带来的各类问题与挑战，是机器人智能发育的根本推动力。

机器人所要具备的智能应该包括以下 4 个方面：

（1）动态、非结构、人机共享环境的理解能力。

（2）人的行为意图认知能力。

（3）在上述环境、人的行为意图约束下机器人对自身行为的自主决策能力。

（4）机器人与机器人、机器人与人之间的安全协作控制能力。

所谓机器人的智能发育，是指机器人利用自身所具备的感知能力，在其与环境以及操作者的实时动态交互过程中，增量式、渐进地提升自身自主行为能力的过程。与传统的机器学习方法相比，智能发育需要具有以下特点使之更适合于机器人的知识获取与智能提升：具有类人的、无须大样本的学习模式；能够适应动态、不确定环境和非特定使命；具备长期、增量式的经验积累能力；具有鲁棒的知识组合，即"联想与推理"能力；可以与人的智能相融合，实现人的智能和"机器人智能"的高效协同。

2.4.3 技术路线图的绘制

面向 2035 年的中国智能机器人技术路线图如图 2-7 所示。

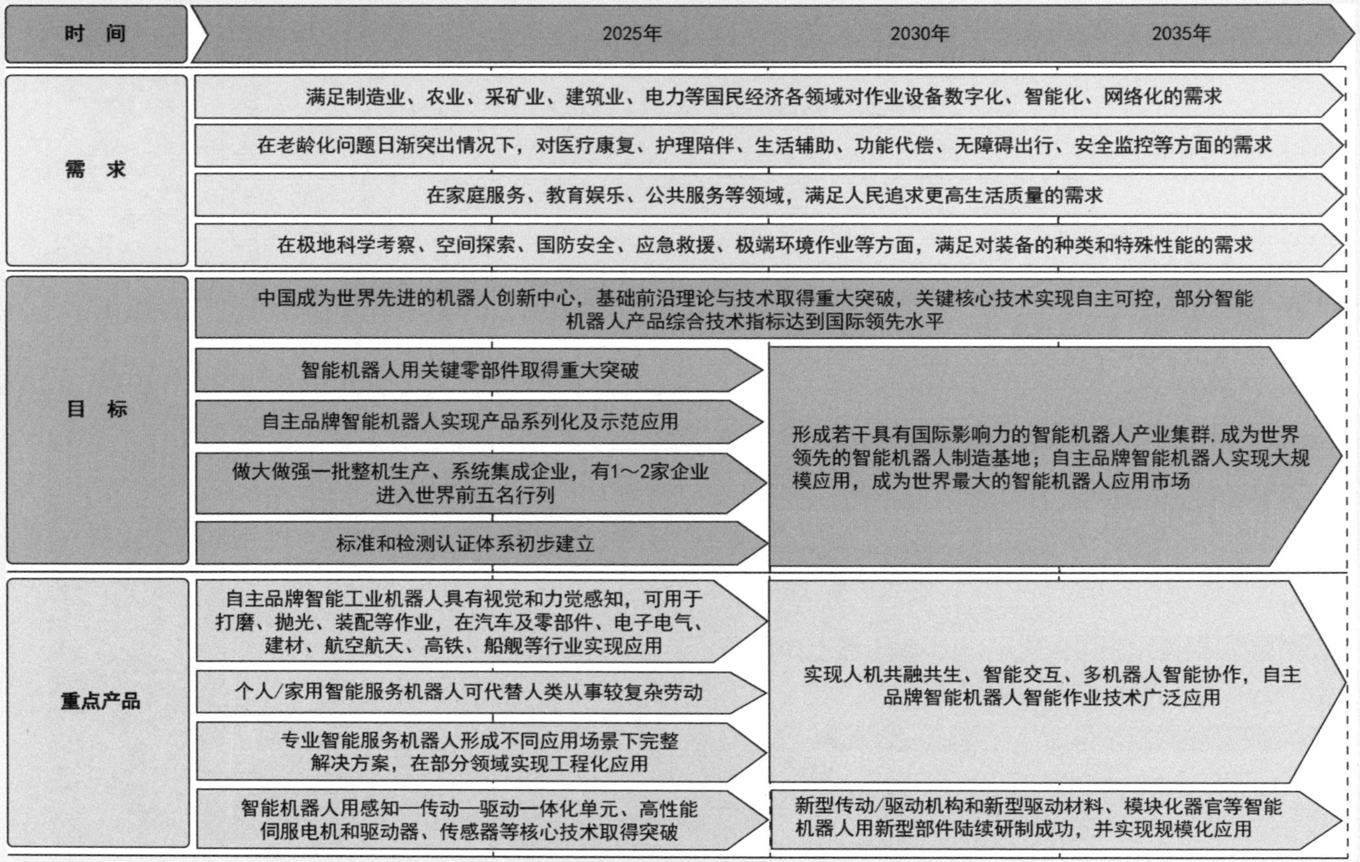

时　间	2025年	2030年　2035年
需　求	满足制造业、农业、采矿业、建筑业、电力等国民经济各领域对作业设备数字化、智能化、网络化的需求	
	在老龄化问题日渐突出情况下，对医疗康复、护理陪伴、生活辅助、功能代偿、无障碍出行、安全监控等方面的需求	
	在家庭服务、教育娱乐、公共服务等领域，满足人民追求更高生活质量的需求	
	在极地科学考察、空间探索、国防安全、应急救援、极端环境作业等方面，满足对装备的种类和特殊性能的需求	
目　标	中国成为世界先进的机器人创新中心，基础前沿理论与技术取得重大突破，关键核心技术实现自主可控，部分智能机器人产品综合技术指标达到国际领先水平	
	智能机器人用关键零部件取得重大突破	形成若干具有国际影响力的智能机器人产业集群, 成为世界领先的智能机器人制造基地；自主品牌智能机器人实现大规模应用，成为世界最大的智能机器人应用市场
	自主品牌智能机器人实现产品系列化及示范应用	
	做大做强一批整机生产、系统集成企业，有1～2家企业进入世界前五名行列	
	标准和检测认证体系初步建立	
重点产品	自主品牌智能工业机器人具有视觉和力觉感知，可用于打磨、抛光、装配等作业，在汽车及零部件、电子电气、建材、航空航天、高铁、船舰等行业实现应用	实现人机共融共生、智能交互、多机器人智能协作，自主品牌智能机器人智能作业技术广泛应用
	个人/家用智能服务机器人可代替人类从事较复杂劳动	
	专业智能服务机器人形成不同应用场景下完整解决方案，在部分领域实现工程化应用	
	智能机器人用感知—传动—驱动一体化单元、高性能伺服电机和驱动器、传感器等核心技术取得突破	新型传动/驱动机构和新型驱动材料、模块化器官等智能机器人用新型部件陆续研制成功，并实现规模化应用

图 2-7　面向 2035 年的中国智能机器人技术路线图

时间	2025年 / 2030年 / 2035年
关键技术	机器人自主行为技术
	人机交互与协作技术
	多机器人智能协作技术
	机器人生机电融合技术
	机器人仿生技术
	软体机器人技术
	机器人自主编程技术
	机器人环境认知技术
	情感与意图识别技术
	机器人技能型作业技术
	机器人模块化与重构技术
	面向制造的机器人即插即用技术
	机器人通信与网络化技术
	机器人安全、社会、伦理技术
	机器人集群技术
	机器人软件技术
基础研究	基于脑科学和脑认知的机器人智能技术
	机器人新材料、新驱动、新感知、新机构技术
	DNA纳米机器人机理与模型研究
	智能机器人云服务构建理论方法与框架研究
	面向特殊作业服役的机器人极端环境基础性理论与技术
	类生命机理研究
	机器人的智能发育
战略支撑与保障	落实“智能机器人”重点专项及“智能制造和机器人”重大工程
	建立国家机器人创新中心 → 建立智能机器人重点产业园区和应用示范区，推进智能机器人试点示范
	建立国家机器人检测与评定中心 → 加强国家机器人检测与评定中心建设，满足智能机器人产业发展需求
	加强智能机器人设计、制造标准及重点应用标准的研究和制定
	加强国际交流与合作
	建立高等院校、科研机构与企业联合培养人才的新机制

图 2-7　面向 2035 年的中国智能机器人技术路线图（续）

2.5 战略支撑与保障

2.5.1 加大政策扶持力度

国家政策支持，是加速技术突破与产业发展的重要前提。智能机器人属于国家战略性新兴产业，是多项前沿技术融合和综合实力的体现，国家应在资金、税收等各个方面加大政策扶持力度，支持中国智能机器人技术的研发及产业发展。同时，借鉴先进发达国家发展智能机器人的经验，结合中国产业特点及面临问题，加强顶层设计，成立国家层面的智能机器人产业发展领导小组，全面统筹协调全国各方优势资源与力量，在智能机器人技术路线图框架下共同发力，推动中国智能机器人产业朝着正确的方向发展下去。

2.5.2 加快提升创新能力

坚持创新驱动发展导向，加强创新能力建设。充分发挥国家机器人创新中心、工程中心、重点实验室等的作用，加强智能机器人基础理论与前沿技术研究，不断提升技术创新及服务能力。支持重点企业建设技术中心、工程研究中心、工程实验室等研发机构，增强企业原始创新能力。建立多方联动协同创新机制，引导智能机器人、人工智能、5G 通信等跨领域协作，提升协同创新能力。坚持面向世界科技前沿，面向国家重大需求，依托“智能机器人”重点专项、“智能制造和机器人”重大工程等，加快核心技术的突破。建设智能机器人重点产业园区和应用示范区，推进智能机器人试点示范，加快科技成果转化步伐。

2.5.3 加快标准、检测认证体系建设

进一步加强国家机器人检测与评定中心能力建设，满足智能机器人产业发展需求。加强智能机器人设计、制造标准及重点应用标准的研究，优化国家标准和地方标准布局，加强团体标准和行业标准制定，推动企业标准化工作，建立合理的智能机器人标准体系；积极参加国际标准制定，提升中国在国际标准领域的话语权和影响力。

2.5.4 积极开展国际交流与合作

在标准制定、知识产权、检测认证、科技合作等方面，广泛开展国际交流与合作，拓展合作领域。支持国内外企业及行业间开展多种形式的技术交流与合作，做到“引资、引智、

引技”相结合。鼓励国外企业与机构在中国设立机器人研发机构、教育培训中心等，鼓励国内企业在欧美等发达国家设立研发机构，鼓励高校、科研机构、企业和行业组织加强国际交流与合作，合力攻克智能机器人关键共性技术，共同推动智能机器人产业高质量发展。

2.5.5 加强人才培养

建立高校、科研机构与企业联合培养人才的新机制，通过“产、学、研”结合或“科、教、产”联合等方式，培养各类高素质人才。通过建立智能机器人领域科研人才专家库，建立健全智能机器人科技人才激励机制，优化创新人才成长环境，着力培养一批高水平科研带头人，培养能够承担智能机器人技术及产业发展重大项目的高层次创新队伍。根据需求，在高校设置与智能机器人技术相关的专业，培养研究生以上的高学历人才。

小结

近年来，机器人与新一代信息技术、新材料、新型传感、人工智能等技术的融合，推动了智能机器人的诞生与发展。相较于传统机器人，智能机器人拥有更加强大的“大脑”和“感觉器官”，具有更大的灵活性、自主性、安全性和机动性。随着机器人智能化程度的不断提高，其应用领域不断扩展，在工业生产、社会服务、教育娱乐、海洋开发、宇宙探测、国防安全等各个领域，智能机器人都有着广阔的发展空间和应用前景。

智能机器人时代已经来临，中国作为世界重要的机器人应用市场，将迎来巨大的发展机遇和挑战。本章通过系统梳理主要国家/地区智能机器人发展战略/路线及全球智能机器人技术发展态势，深入分析中国市场需求及现有产业基础，为实现到 2035 年使中国成为世界领先的智能机器人研制和应用地的目标，需要对智能机器人发展进行前瞻性布局，重点支持基于脑科学和脑认知的机器人智能技术，机器人新材料、新驱动、新感知、新机构技术，DNA 纳米机器人机理与模型研究，智能机器人云服务构建理论方法与框架研究，面向特殊作业服役的机器人极端环境基础性理论与技术，类生命机理研究，机器人的智能发育等基础理论研究；突破以下关键技术：机器人自主行为技术，人机交互与协作技术，多机器人智能协作技术，机器人生机电融合技术，机器人仿生技术，软体机器人技术，机器人自主编程技术，机器人环境认知技术，情感与意图识别技术，机器人技能型作业技术，机器人模块化与重构技术，面向制造的机器人即插即用技术，机器人通信与网络化技术，机器人安全、社会、伦理技术，机器人集群技术，机器人软件技术。在创新能力提升、标准检测认证体系建设、人才培养等方面给予重要支撑与保障，确保中国在智能机器人的全球竞争中占据有利位置。

第 2 章编写组成员名单

组　长：王天然

副组长：宋晓刚

成　员：赵　杰　韩建达　王田苗　陶　永　杨　扬
徐　方　王杰高　许　雄

执笔人：陈　丹　贾彦彦　雷　蕾

3

面向 2035 年的中国经济作物科技与产业发展技术路线图

3.1 概述

经济作物在中国农业中占有十分重要的地位，是人类生存最基本、最必需的生活资料，是关系到中国十几亿人饮食、穿衣等生活质量提高的大问题。经济作物的生产对中国工业尤其是轻工业的发展具有举足轻重的作用，同时也是出口、创汇、增加国民经济收入的主要来源。但目前中国经济作物存在着种植农户技术不过关、原料品质差、机械化程度低、成本高、产业链短、附加值低、科研方向与市场需求脱节等严重问题。因此，及时明确全球经济作物科研与产业领域存在的问题、研究热点和前沿技术及其发展态势，提出适合中国未来经济作物科技和产业的发展战略，对促进优化经济作物生产结构、区域布局，提高经济作物生产的集中度，建立优势核心产业基地，提高经济作物的有效供给能力具有重大意义。

3.1.1 研究背景

经济作物一般指为工业特别是轻工业提供原料的作物，按其用途又分为纤维作物、油料作物、糖料作物、嗜好性作物、药用植物等。为了研究的需要，本项目把经济作物按其用途分为纤维作物、油料作物、糖料作物进行研究。改革开放以来，中国经济作物的种植面积稳步增加，产量大幅度提高，经济作物产业正在从粗放式经营向规模化、集约化、现代化方向转变。

3.1.2 研究方法

本项目在实际调研、文献和专利分析的基础上，参考国外先进的成果和经验，针对目前中国主要经济作物的发展现状，结合全球技术清单库，逐步筛选出经济作物初级、中间和最终技术清单，并在经济作物咨询报告的德尔菲法问卷调查基础上，进行了深入探讨分析。具体研究方法如下：

（1）实地调研。针对目前中国棉花、油菜、花生、甘蔗和麻类主产区进行实地现状调研，明确了中国经济作物科技和产业存在的问题。

（2）文献和专利统计分析。本项目以棉花、油菜、花生、甘蔗和麻类为关键词，基于 Web of Science 和中国知网数据库，分析了国内外相关学术论文和专利申请动态。

（3）依托 iSS，结合中国经济作物的发展态势，筛选出中国经济作物科技与产业未来发展的前沿领域。

（4）专家论证。组织院士、专家集中研讨，深入讨论中国经济作物科技与产业发展思路和目标。

3.1.3 研究结论

本项目通过分析最近 20 年经济作物领域的论文发表和专利申请情况，针对目前中国经济作物（纤维作物、油料作物和糖料作物）的发展现状、制约因素及科技需求等因素，并结合目前的最新前沿技术，明确了未来中国经济作物发展的主要目标，参考全球技术清单库，得出了未来中国经济作物发展的重点任务：高产、多抗、优质且适于机械化作业的经济作物品种选育、经济作物全程机械化生产短板研究和绿色高效新技术集成与示范推广。通过发展目标、重点任务及保障措施三个层面，逐层细化，最终构建了面向 2035 年的中国经济作物科技和产业发展技术路线图。该技术路线图对延长经济作物产业链、提升价值链、实现双链共舞、扎实推进农业供给侧改革具有很重要的借鉴作用。

3.2 全球技术发展态势

3.2.1 全球政策与行动计划概况

1. 欧盟

欧盟共同农业政策自实施以来，对促进欧洲农业复苏、稳定农产品市场、推动欧洲经济一体化发展发挥了重要作用。农业资金投入大幅度增长，农业投入占欧盟总财政支出的比重由 2005 年的 24.1%上升到 2013 年的 48.1%，几乎翻了一番。欧盟的“地平线 2020 计划”更是将农业科研项目的重要性提到了前所未有的高度。农业科研项目将围绕提升农业生产力、自然资源可持续管理与利用、食品质量与安全等重点领域展开，以期通过这些领域的研究与创新解决欧洲以及全世界农业生产所面临的气候变化、环境污染和资源紧缺等问题。欧盟对科技创新的支持主要是通过框架计划，整合欧洲科技资源、促进各成员国协同研究与创新，形成整合优势，驱动科技发展。

2. 美国

美国的农业科技和农业生产居世界前列，这得益于美国完整的农业科研、推广与教育体系。2018 年，美国农业法案颁布，其作用体现在以下 4 个方面。

（1）加大了补贴力度。设置了“直接补贴”“营销贷款补贴”和“反周期补贴”三重防线，对种植油料作物的农场主提供了严密的收入安全保护。

（2）增加农业综合开发支持力度。通过有效的立法和行政措施，制止公民对水、土等自然资源的破坏性利用，保护自然资源，维护农业生产和人类及其他生物的生存环境。

（3）实行对油料制品的出口促进政策。以项目方式为油料制品的出口提供支持；增加了促进油料制品出口的投资，该投资主要用于加强国内市场的流通和海外市场的开拓；及时调整出口策略，将出口地区转向发展中国家和中等收入国家；努力迫使别国降低进口关税，减少农业补贴等。

（4）扶持龙头企业。美国政府不仅在税收和信贷上给予企业大量支持，还通过政治、外交等各种手段，为企业开拓全球市场提供帮助。长期高强度的支持，使美国农民和油料产业大受其益，一是提高了油料产品的市场价格优势，促进了国际市场的拓展；二是让本国农业结构更趋合理，稳定了油料生产。

3. 印度

印度是全球棉花和糖料的生产国，它主要通过实施最低支持价格政策提供补贴，该政策与中国实行的保护价收购政策非常类似。印度政府还通过生产性投入补贴、国家纤维政策、市场投放配额制度等措施，保护本国棉花和食糖产业的发展。

4. 日本

日本之所以能成为少数实现跨越中等收入陷阱从而进入高收入国家行列的后发展国家，其中重要原因之一，就是在日本农业政策支持下，日本农业现代化的实现及农户收入与工业高速发展时期的城镇居民家庭的收入实现了同步增长。日本在 2016 年 11 月，推出了“农业竞争力强化计划”。该计划对降低生产资料价格、改革农产品流通和加工的结构、强化人才能力、完善战略性出口体制、建立原料原产地标识制度、建立收入保险制度、修改土地改良制度、完善农村就业结构等 13 个方面进行了改革，提升了农业竞争力。在农业科技发展方面，日本农业科技教育体系完善，运行机制完整，日本农业科技创新体系在研发、产出、推广等不同阶段都有一个较为完整的运行机制。

3.2.2 基于文献和专利统计分析的研发态势

1. 论文趋势分析

1990—2019 年全球经济作物科学研究论文发表数量变化趋势如图 3-1 所示。论文趋势分析结果表明，在这期间，该领域论文整体呈快速增长趋势；2009—2015 年，论文每年增长速度变慢但年度论文发表数量维持在高位，每年发表论文 2 万篇左右；2015 年之后，年度论文发表数量呈逐年下降趋势。说明经济作物科学研究在 1990—2009 年活跃度逐年快速增加，在 2009—2015 年维持高度活跃态势，2015 年之后，论文发表数量减少，可能是由于研究方向细化，不能很好地追溯相关研究成果。1941—2020 年各国在经济作物科学研究领域的论文发表数量分析结果（见图 3-2）表明，中国在该领域的论文发表数量最多，共 243879 篇。美国、印度和巴西在该领域的论文发表数量排第 2～4 名，分别为 25567 篇、9162 篇和 8795 篇。其余国家在该领域的论文发表数量在 5000 篇以下。

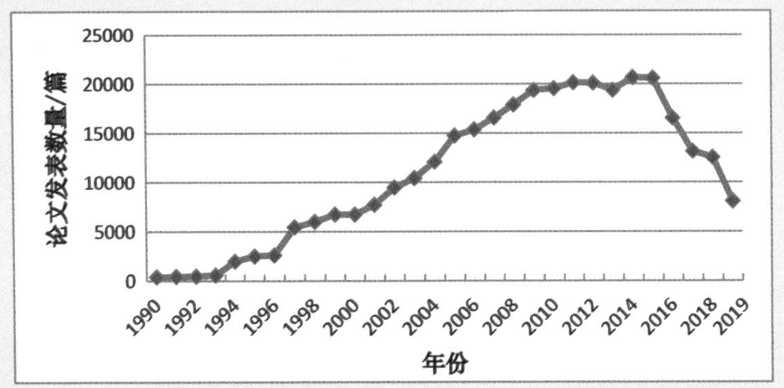

图 3-1　1990—2019 年全球经济作物科学研究论文发表数量变化趋势

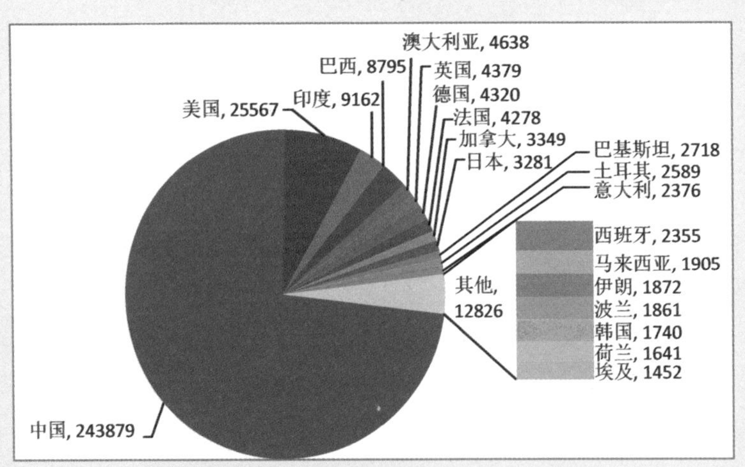

图 3-2　1941—2020 年各国在经济作物科学研究领域的论文发表数量分析（单位：篇）

1990—2019 年，各研究机构在经济作物科学研究领域的论文发表数量分析如图 3-3 所示。其中，中国农业科学院发表的经济作物科学研究论文数量最多。发表该领域论文数量超过 1500 篇的研究机构还有美国农业部农业研究所、中国科学院、圣保罗大学。

基于论文的词云分析（见图 3-4）结果表明，在经济作物科学研究中棉花、油菜、花生、甘蔗、甘蓝型油菜等是热点研究作物，产量、cotton fabric（棉织物）、sugarcane bagasse（甘蔗渣）、栽培技术等是热点研究方向。

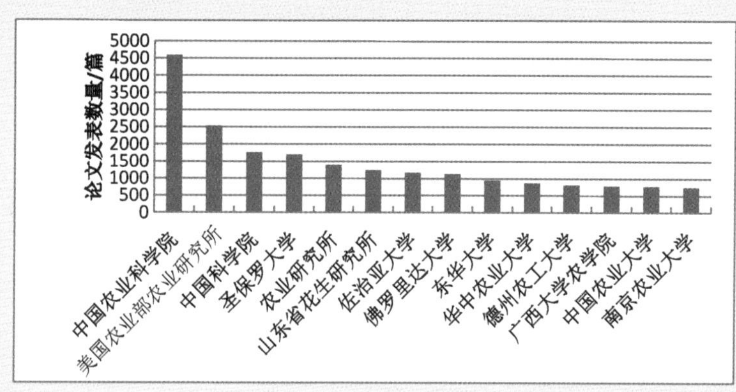

图 3-3　1990—2019 年各研究机构在经济作物科学研究领域的论文发表数量分析

图 3-4　基于论文的词云分析

2．专利趋势分析

从图 3-5 可知，1989—2018 年全球经济作物科学研究领域的专利申请数量总体上呈上升趋势。其中，2006 年、2009 年和 2014 年该领域专利申请数量略微下降，2018 年该领域的专利申请数量最高，达到 16006 项。

1989—2018 年世界各国在经济作物科学研究领域的专利申请数量占比（见图 3-6）表明，近 30 年该领域专利申请数量最多的国家是中国，共 29443 项，占全球该领域专利申请数量的 27%。专利申请数量排第 2～4 名的国家分别是日本（15678 项）、韩国（11821 项）、美国（8172 项）。排名前 15 的国家占全球该领域专利申请数量的 92.01%，说明该领域的专利申请主要集中在少数国家。

1989—2018 年世界主要国家在经济作物科学研究领域的专利申请数量变化趋势（见图 3-7）表明，中国在该领域的专利申请数量呈逐年稳步增加趋势，已连续数年居世界首位，而其他国家在该领域的专利申请数量近年都呈逐渐减少的趋势。说明中国在该领域的专利申请数量仍将保持首位，并且占全球比重持续增加，在经济作物方面的科研实力将会进一步增强。

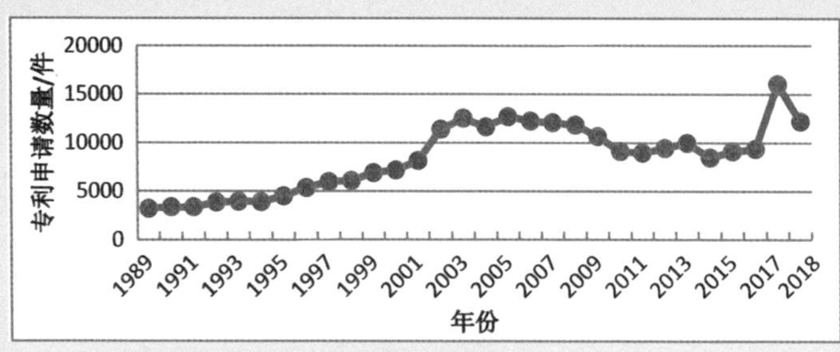

图 3-5　1989—2018 年全球经济作物科学研究领域的专利申请数量变化趋势

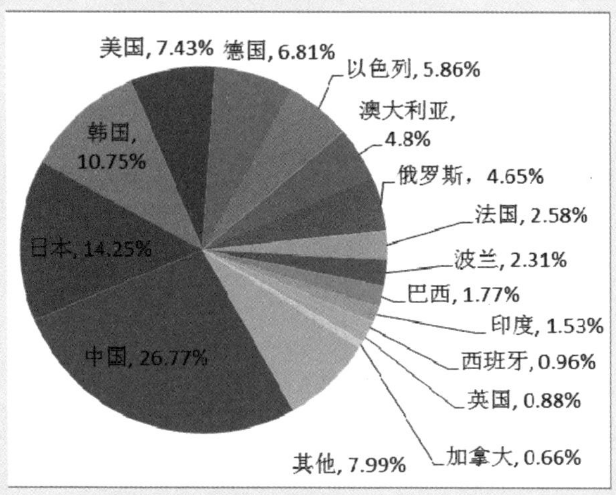

图 3-6　1989—2018 年世界各国在经济作物科学研究领域的专利申请数量占比

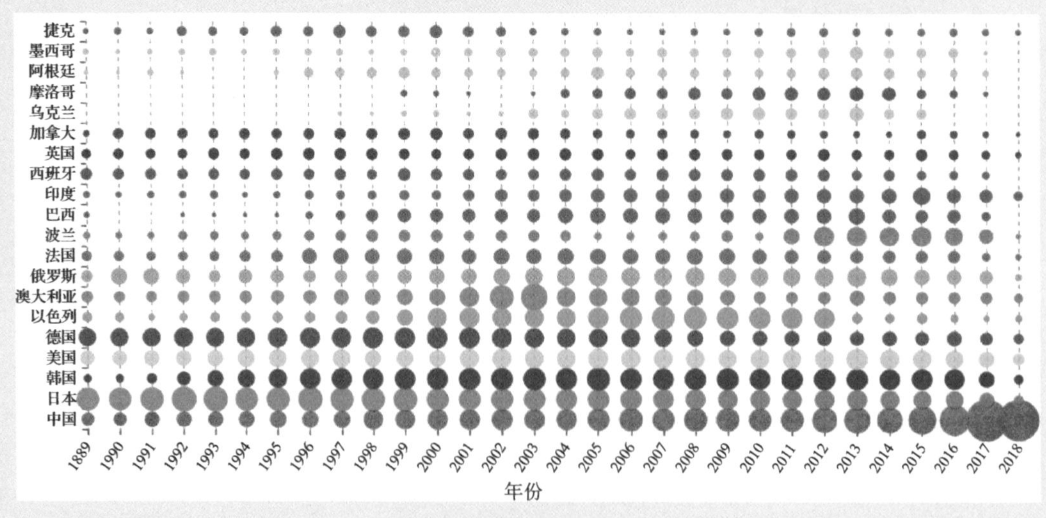

图 3-7　1989—2018 年世界主要国家在经济作物科学研究领域的专利申请数量变化趋势

3.3 关键前沿技术与发展趋势

3.3.1 育种理论、方法和材料的创新研究

1. 新型育种体系的构建

以先进的系统工程科学思想为指导，以遗传学、育种学、信息论、运筹学等学科为理论基础，以生物技术、工程技术、信息技术、管理技术等为技术支撑，在育种体系的规划、设计、构建、应用、评价、优化乃至重构过程中不断综合应用最新科学成果，协调系统中的“物理、事理、人理”，既关注系统整合也关注技术提高，形成适合国情且先进高效的经济作物新型育种体系。

2. 分子标记辅助育种

基因定位的结果主要是基于分离群体和自然群体分别进行连锁分析和关联分析得到的，然后在基因定位的基础上进行功能标记的开发。采用与目标基因紧密连锁的分子标记，筛选具有特定基因型的个体，并结合常规育种方法选育优良品种，如花生高油酸功能标记、棉花功能标记。

3. 转基因育种

转基因育种是指按照预期目标，对生物体特定基因进行修饰改造，通过遗传转化，将目的基因导入待改良作物基因组内并使之表达，从而培育出作物新品种的过程。转基因育种具有以下技术优势：可定向实现作物育种目标；提高选择效率，加快育种进程，缩短品种选育周期。

4. 基因编辑育种

基因编辑育种是指对特异性结构识别靶位点进行定点编辑，定向改良植物性状，从而进行育种。基因编辑技术包括锌指核酸酶（ZFN）、转录激活子样效应因子核酸酶（TALEN）、CRISPR/Cas9 系统。

5. 全基因组选择育种

可以同时对多个性状进行选择，并显著地提高选择的效率。相对于分子标记辅助育种，可有效地降低成本。随着高通量测序技术的发展，植物参考基因组、规模化单核苷酸多态性（SNP）标记分型技术和计算机演算方法的不断完善，全基因组选择将成为作物遗传育种的有效手段。

3.3.2 绿色高效栽培技术体系研究

新时代推动经济作物绿色发展，必须加快科技创新，建立以农业投入品安全无害、资源利用节约高效、生产过程环境友好、质量标准体系完善、监测预警全程到位为特征的经济作物绿色高效栽培技术体系。

1. 耕地质量提升与保育技术研发

需要研发的具体技术包括合理耕层构建及地力保育技术、经济作物生产系统少耕/免耕地地力提升技术、经济作物秸秆综合利用及肥水高效技术、有机物还田及土壤改良培肥技术、土壤连作障碍综合治理及修复技术等。

2. 环保高效肥料、农业药物与生物制剂研发

需要研发的具体产品包括高效液体肥料、水溶肥料、缓/控释肥料、有机无机复混肥料、生物肥料、肥料增效剂、新型土壤调理剂等，以及高效低毒低风险化学农药、新型生物农药、植物免疫诱抗剂、害虫理化诱控产品、种子生物制剂处理产品和天敌昆虫产品等。

3. 化肥农药减施增效技术研发

需要研发的具体技术包括智能化养分原位检测技术、基于化肥施用限量标准的化肥减量增效技术、基于耕地地力水平的化肥减施增效技术、新型肥料高效施用技术、无人机高效施肥施药技术、化学农药协同增效绿色技术、农药靶向精准控释技术、有害生物抗药性监测与风险评估技术、种子种苗药剂处理技术、天敌昆虫综合利用技术、作物免疫调控与物理防控技术、有害生物全程绿色防控技术、农业生物灾害应对与系统治理技术、外来入侵生物监测预警与应急处置技术。

4. 水肥高效利用技术

（1）针对水肥一体化装备智能化程度低、控制精度差、关键部件不匹配、农机农艺不配套等问题，开发高性能专用控制器、智能化操控软件，开发种类齐全、性能可靠的灌溉/施肥关键零部件，研究分布式环境监测技术及农艺配套措施，集成智能水肥一体化系统及装备。

（2）开展不同作物水肥利用交互作用的分子生物学规律研究。

5. 绿色增产增效技术模式

需要研发的具体模式包括用养结合的种植制度和耕作制度、雨养农业模式、东北玉米大豆合理轮作、间作制度与模式、华北玉米花生/玉米豆类间轮作模式、禾本科豆科牧草轮作模式、重金属污染区稻-油菜降镉增效优化技术和轮作模式、增产增效与固碳减排同步技术。

6. 智慧型农业技术

（1）农业遥感与立体监测技术研究。基于空天地三位一体的遥感监测体系，针对经济作物种类、品种、品质、作物生理与生长状态、病虫害等，开展经济作物多源信息融合的数据采集与分析，引入机器学习等算法，构建经济作物生长信息的动态监测与反馈，建立作物水、肥、病虫害图像获取、筛选、清洗、融合、分类、标识等预处理方法和标准，实现经济作物遥感与立体监测系统。

（2）农业传感器与智能终端设备及技术。综合利用机械、电子、光学、传感、定位、通信等技术，研制农机物联网智能终端设备，结合地理信息系统（GIS）、全球卫星定位系统（GPS）、无线通信技术，实现经济作物农机作业综合信息感知、智能控制与联机协作、任务收发、机械手调度、统计分析和绩效管理等。

（3）农业农村大数据采集存储挖掘及可视化技术。

7. 农业资源环境生态监测预警机制研究

研发应用一批耕地质量、产地环境、面源污染、土地承载力等监测评估和预警分析技术，完善评价监测技术标准，基本建立以物联网、信息平台和 IC 卡技术等为手段的农业资源台账制度，基本完善农业绿色发展的监测预警机制。

3.3.3 农机农艺融合研究

以农机农艺融合、机械化信息化融合、农机服务模式与农业适度规模经营相适应、机械化生产与农田建设相适应为路径，以科技创新、机制创新、政策创新为动力，补短板、强弱项、促协调，推动农机装备产业向高质量发展转型，推动农业机械化向全程全面高质高效升级。

（1）加强农艺技术研究，将机械适应性作为科研育种、栽培和养殖方式推广的重要指标，有针对性地示范推广农机农艺融合紧密的机型、经济作物品种和种植养殖方式。

（2）加强农机技术研究，抓紧油菜、甘蔗、花生、棉花生产等薄弱环节机械技术及装备研发，适应农业规模化、精准化、设施化等要求，加快开发多功能、智能化、经济型农机装备设施。

（3）加强农机农艺技术集成，针对重点薄弱环节，制定和完善区域性农机化技术路线、模式和作业规范。制定科学合理、相互适应的农艺标准和机械作业规范，完善农机、种子、土肥、植保等推广服务机构紧密配合的工作机制，组织引导农民统一作物品种、播期、行距、行向、施肥和植保，为机械化作业创造条件。

3.4 技术路线图

3.4.1 需求分析

1. 中国经济作物发展存在的突出问题

1）劳动力资源约束导致经济作物增产难度日益加大

随着城镇化和工业化进程的加快，农村劳动力转移的数量不断增加。相关数据显示，在农村劳动力中，16～29 岁、30～39 岁、40～49 岁和 50 岁以上的劳动力比例分别为 26.4%、19.0%、25.3%和 29.3%。农村青壮年劳动力的大量转移使得农业陷入劳动力短缺、农业基础设施建设与修复不足、土地撂荒等困境。此外，农民受教育程度的普遍偏低使得其在农业新技术和新知识的接受和获取方面存在认知障碍，增大了农业向市场化、产业化迈进的难度，不利于中国经济作物产业的可持续发展。

2）经济作物产业机械化和规模化程度低，竞争力不足

目前，中国经济作物种植多以家庭小生产为主，户均种植规模小，机械化程度低。与先进农业大国相比，中国经济作物生产方式落后，规模小、劳动效率低、生产成本比较高。同时，劳动力价格上涨，经济作物综合生产成本持续上涨，与种植小麦、玉米、水稻等机械化程度高、用工少、收入稳定的农作物相比，经济作物比较优势减弱，很多农民放弃经济作物种植，改种其他农作物。同时，现有栽培技术与大型收获机械不适应，农机农艺配套、品种与机械化配套等问题严重，进一步阻碍了中国经济作物的发展。

3）经济作物产业链不完整

中国经济作物加工企业与原料基地、产品加工、后续应用加工之间未能很好地结合，未能形成一条完整的产业链，致使有些加工企业因原料缺乏而开工率不足，有的产品生产出来却因后续应用加工缺乏而滞销，致使经济作物整个产业链无法形成畅通的闭环，严重影响经济作物的效益。

2. 经济作物可持续发展需求迫切

2012 年，国务院办公厅印发的《全国现代农作物种业发展规划（2012—2020 年）》明确指出，要加快开展棉花、油菜、花生、甘蔗、麻类等 15 种重要经济作物相关种质资源的搜集、保存、评价与利用，挖掘高产、优质、抗病虫、营养高效等具有重大应用价值的功能基因；坚持常规育种与生物技术相结合，培育适宜不同生态区域和市场需求的农作物新品种；开展种子（苗）生产轻简化、机械化、工厂化以及加工储藏、质量检测、高产高效栽培、病虫害防控、品质测试等相关技术研究，实现良种良法配套。2016 年 8 月国家发展改革委、农业部（现为农业农村部）、国家林业局（现为国家林业和草原局）三部门联合发布的《全国大宗油料作物生产发展规划（2016—2020 年）》要求，加快良种良法研究推广，提高单产水平和品质；着力加强农机农艺融合，提高主要油料作物生产全程机械化水平，实现节本增效；着力推进产业化经营，提高组织化程度和规模化水平，促进油料作物生产持续稳定发展。

2019 年 12 月 10 日，农业农村部在山东省寿光市召开全国经济作物高质量发展与农机农艺融合推进落实会，要求各级农业农村部门要充分发挥本地资源禀赋特点和经济作物的优势，牢牢把握高质量发展的要求，以农业供给侧结构性改革为主线，以绿色发展理念为指引，以农机农艺融合为突破口，加快经济作物绿色高质高效发展，为推进农业高质量发展探索路径、积累经验。

3. 经济作物可持续发展需要解决的重大问题

党的“十九大”提出实施“乡村振兴战略”，产业兴旺是实施“乡村振兴战略”的关键，提高棉、油、糖等经济作物的供给质量，通过走绿色发展、质量兴农之路，提高棉、油、糖等经济作物的核心竞争力和生产效率，是未来经济作物的发展方向。针对以上发展方向，中国经济作物科技发展需要解决以下重大问题：如何利用新型育种技术与传统技术相结合，选育高产、多抗、优质的新品种；如何加快农机农艺技术研究与集成，构建绿色高效栽培技术体系；如何完善经济作物产业链，提高产业附加值，以实现经济作物绿色高质量发展。

3.4.2 发展目标

经济作物产品是居民消费不可缺少的重要商品，是充分发挥中国传统优势的战略商品。因此，面向 2035 年中国对经济作物的需求以及需要解决的重大问题，应加大经济作物产业的政策支持与资金投入力度，以技术进步为突破口，以提高农民经济作物种植的经济效益为中心，以保障基本供给能力为核心，努力构建经济作物现代产业技术体系，提高经济作物综合生产能力，合理利用世界贸易组织（WTO）规则调节进出口，保持经济作物产品供求总量的基本平衡。

1. 2025 年目标

到 2025 年，基因编辑和基因选择育种技术已经在经济作物育种中得到广泛应用，中国经济作物育种水平和基础研究水平进一步提升；农机农艺已经实现融合，全程机械化栽培技术体系已经形成；科技水平和产业拥有自主知识产权。

2. 2035 年目标

中国经济作物基础研究水平和育种技术达到国际领先水平，经济作物全程机械化生产将得到大面积推广。经济作物全产业链构建完成，经济作物产量和产品基本满足国内需求，中国经济作物产品的国际影响力明显提升。

3.4.3 重点任务

1. 高产、多抗、优质且适于机械化作业的经济作物品种选育

在育种基础理论创新的基础上，综合运用多种新型育种技术，加强传统育种与现代高新技术的结合，选育以适应机械化作业为目标，兼顾高产、多抗、优质的经济作物新品种和专用型品种。

2. 经济作物全程机械化生产短板研究

聚焦经济作物机械化生产薄弱环节，重点提升油菜、花生、棉花主产区的机械化采收率。同时，加快高效植保、产地烘干、秸秆处理等环节与耕种收环节机械化集成配套。促进物联网、大数据、移动互联网、智能控制、卫星定位等信息技术在农机装备和农机作业上的应用。建设大田经济作物精准耕作等数字农业示范基地，推进智能农机与智慧农业、云农场建设等融合发展。

3. 绿色高效新技术集成与示范推广

开展保护性耕作、秸秆还田、精量播种、化肥农药减施、水肥一体化、农机农艺融合等绿色高效新技术的研究集成与示范推广。

4. 经济作物全产业链构建及示范

引进和吸收国内外经济作物加工技术，不断提高储藏、保鲜和深加工能力，拉长产业链条，提高产品附加值；健全市场体系，通过电商平台，进一步拓宽农产品销售渠道，完善物流设施建设，培育和提高市场主体的竞争力。

3.4.4 技术路线图的绘制

面向 2035 年的中国经济作物科技和产业发展技术路线图如图 3-8 所示。

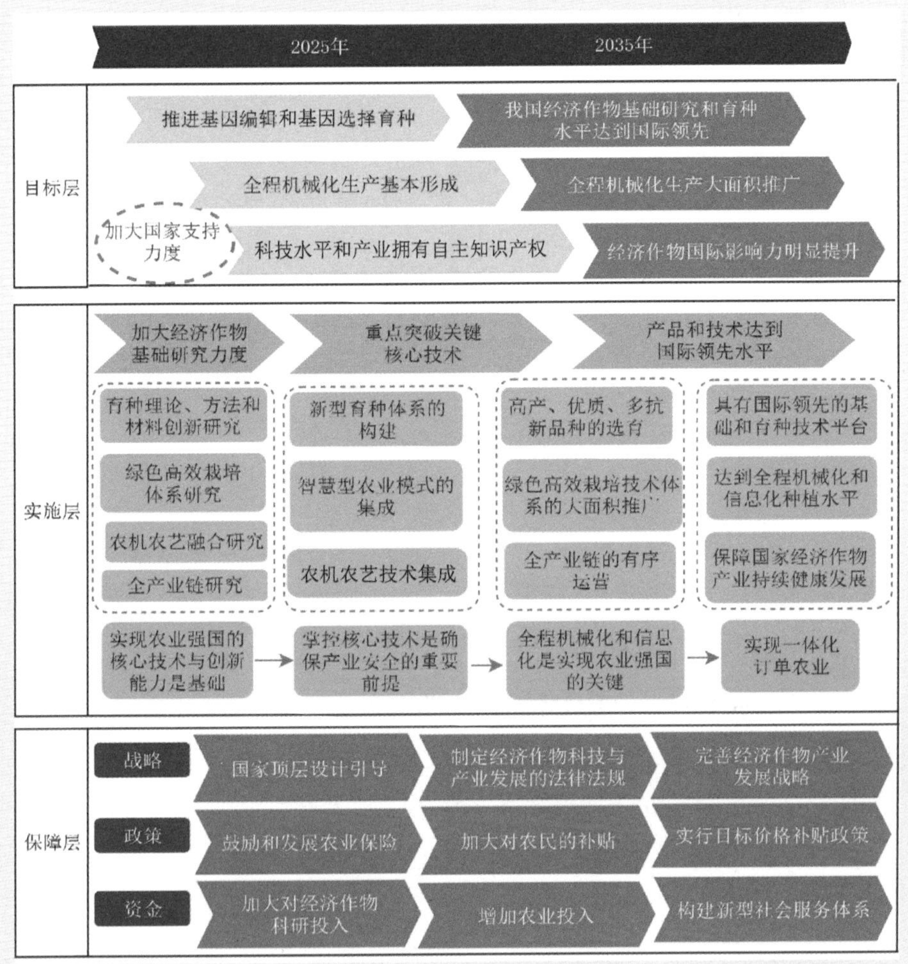

图 3-8 面向 2035 年的中国经济作物科技和产业发展技术路线图

3.5 战略支撑与保障

1. 推动国家顶层设计，完善经济作物发展战略

经济作物的生产对中国工业尤其是轻工业的发展具有举足轻重的作用，同时也是出口、创汇、增加国民经济收入的主要来源。因此，国家应加强经济作物发展战略的顶层设计，制定促进经济作物可持续发展的相关法律法规，充分引导经济作物科技和产业从业人员，制定和出台促进经济作物发展的战略，以推动经济作物科技和产业的快速发展。

2. 加大投入，着力提高技术进步

（1）加大科技投入，加强育种科研攻关，加快选育优质、专用、高产品种。大力推广配套高效栽培技术和测土配方施肥、病虫害综合防治等适用技术；推进经济作物产业机械化和信息化。提高棉、油、糖产业现代物质装备水平，加快开发多功能、智能化、经济型的棉、油、糖产业机械装备，提高棉、油、糖产业机械化水平。积极发展棉、油、糖信息化建设，加强棉、油、糖产业信息服务平台和涉农信息设施配套建设。

（2）增加农业投入，建设旱涝保收的现代农田。包括深耕和秸秆还田，特别是要清理农田残膜，减轻环境污染，不新增残膜；大力支持农业和工业相结合开发替代普遍地膜，开发农艺替代地膜技术。创新投入机制，逐步建立农业投入长效机制，特别是棉、油、糖等生产基础设施建设投入稳定增长的长效机制。

（3）加强农业公共服务能力建设，构建新型棉、油、糖社会化服务体系，健全基层农业公共服务机构，创新服务方式和手段，拓宽服务领域，提高服务的能力、层次和质量。加大棉、油、糖产业科技人员培训力度，提高农村劳动力教育水平。

3. 加大补贴和保险政策，确保农民种植积极性

确保农民种植的积极性，需要确保其收益能稳定提高，同时农产品可以顺利销售出去。因为中国已经加入世界贸易组织（WTO），很难通过贸易壁垒的方式阻止经济作物产品的进口，所以，以往那种单纯依靠价格支持的临储政策会使得国内外价差维持在较高的水平上，从而刺激进口量不断攀升。在临储政策失效时，通过价格支持来补贴农民收益的做法和效果也大打折扣。

因此，在确保农民种植收益方面，需要更多地采用能减少市场扭曲的政策。

（1）补贴和鼓励发展农业保险，包括自然灾害保险和价格保险。可以参照国际市场上农业保险方面成熟的经验。

（2）加大对农民的直接补贴，降低生产成本，包括农机补贴、种子补贴、科技研发、基础设施建设等。

（3）实行目标价格补贴政策，逐步替代当前的临储政策，即根据农民的种植成本和收益的合理目标，设定合理的目标价格，在市场价格低于目标价格时，通过给农民补贴差价来确保农民的最低收益。这一措施不会人为抬高国内市场价格，也不会刺激进口而冲击国内市场。

小结

本项目通过分析近 20 年经济作物科学研究领域论文发表和专利申请情况，针对目前中国经济作物（纤维作物、油料作物和糖料作物）的发展现状、制约因素及科技需求等因素，并结合目前的最新前沿技术，明确了未来中国经济作物发展的主要目标，参考全球技术清单库，得出了未来中国经济作物发展的重点任务。结合发展目标、重点任务及保障措施三个层面，逐层细化，最终构建了面向 2035 年的中国经济作物科技和产业发展技术路线图。该技术路线图的构建将推进经济作物产业高质量发展，为实现乡村振兴、决胜全面建成小康社会做出贡献。

第 3 章编写组成员名单

组　长：喻树迅

成　员：张新友　王汉中　徐景升　宋国立　彭　军　秦　华
　　　　张　雷　魏恒玲　顿小玲　代小冬　王寒涛　冯　震

执笔人：张　雷　王寒涛

4

面向 2035 年的中国时间频率体系发展技术路线图

4.1 概述

时间是人类最早感知的物理量之一。从远古到 20 世纪 50 年代，人类一直利用白天黑夜交替和四季循环的地球周期运动，进行时间的测量和记录。基于地球自转的时间称为世界时，基于地球公转的时间称为历书时，两者统称天文时。随着人类科学技术的进步，特别是原子钟技术的出现和发展，1967 年第 13 届国际计量大会决定用原子秒取代天文秒，将时间单位“秒”定义为铯原子基态两个超精细能级之间的跃迁频率上，开启了原子计时的时代。目前，时间频率已成为人类能够测量的准确度最高的物理量，出现了将其他物理量的测量转换为时间频率测量的发展趋势，大大提高这些物理量的测量准确度。

时间频率体系是现代国家战略基础设施之一。时间频率广泛应用于科学研究、国民经济建设和国防建设领域，同时影响着人们的日常生活。在科学研究中，时间频率的精密测量是物理学、天文学、自动控制、地球物理乃至生命科学研究不可或缺的支撑工具。在国民经济建设中，时间频率的准确测量支持众多基础产业，如交通运输、能源电力、金融、通信、网络、计算机等行稳致远、持续发展。在国防建设中，依赖于精密时间频率测量的卫星导航定位、航空航天、信息化作战、武器制导技术，在决定战争胜负中发挥着不可替代的作用。直接利用时间测量原理发展起来的卫星定位导航技术，除军事应用外，还广泛用于交通、通信、电力、金融、防灾救灾、精准农业各个领域，深刻地改变了人类的生产和生活方式。

时间频率是大国竞争的重要战略领域，全球主要发达国家在时间频率方面都投入了大量的人力、物力和财力，相关研究结果多次获得诺贝尔物理学奖。美国、俄罗斯、中国和欧洲等国家和地区先后建设卫星导航系统，使得时间频率技术的影响深入每个人的生活。在科技强国战略的指引下，本项目组把时间频率体系建设作为科技强国的重要方向，制定其技术发展路线图，实施创新驱动发展，实现时间频率研究和建设的整体突破和赶超，支撑国家的经济、科研、国防和民生健康发展。

4.1.1 研究背景

现行的国际通用时间为协调世界时（UTC），它的基础是国际原子时（TAI）。设在巴黎的国际计量局（BIPM）主持国际原子时合作，产生和保持国际原子时。国际原子时不定期地插入闰秒就是协调世界时。国际计量局定期通过时间公报（Circular T）向全世界发布协调世界时。

半个世纪以来，原子钟技术飞速发展。目前，微波原子喷泉钟频率不确定度达到 E-16 量级，光钟频率不确定度达到 E-18 量级。从 2020 年起，国际正式启动基于光频修改秒定义的研究，预示着时间频率新技术变革正在到来。

近年来，中国的时间频率技术取得长足发展。在北斗卫星导航工程等重大需求牵引下，中国原子时间基准技术与欧美国家的差距正在稳步缩小。但总体上看，中国原子钟技术仍落后于欧美。氢原子钟和铯原子钟等通用商品的守时原子钟的主要技术指标比国外最高水平相差半个数量级，可靠性和寿命问题没有根本解决。在研光钟种类多而全，但研究水平参差不齐，技术指标比国外普遍相差 1 个数量级以上。几种具有重要发展前景的光钟，如锶光钟、镱光钟等，系统的成熟程度和运行率仍然偏低。中国的原子钟和守时技术的自主可控面临风险。一方面，大量守时原子钟需要进口，另一方面，由于工业基础相对薄弱，关键器件受制于人。喷泉钟、光钟所依赖的激光器全部需要进口，超窄线宽激光所依赖的超稳腔材料和腔镜镀膜也不能满足国内需求。为了全面提升中国时间频率体系的水平，本项目组研究时间频率体系的发展方向和趋势，分析中国目前存在的各种问题，为今后中国时间频率体系的发展提供方向性指引。

4.1.2 研究方法

本项目通过文献调研和专家调研的方法，了解了全球时间频率发展的现状和未来的发展趋势，分析了中国时间频率体系建设对时间频率技术发展的需求，提炼出适合中国时间频率体系未来发展的技术方向，形成了基础科研与实际应用并重的时间频率科技发展战略。

文献调研采用以 Web of Science 数据库为科技文献数据源、以中国工程院的 iSS 为主要工具，分析了时间频率领域的文献数据，从不同维度对该领域进行了宏观分析，基本掌握了本领域的国内外动态。同时，调研了国际原子时（TAI）的发展和演变，分析了全球范围主要守时实验室原子时标的偏差对比、原子钟在协调世界时（UTC）计算中的权重变化以及各个国家守时钟的权重对比等。通过聚合与分类算法，进行深度挖掘，形成时间频率领域知识聚类图，筛选出本领域需要迫切发展的关键技术，形成技术清单。

通过调研对专家意见进行汇总和分析，进一步明确时间频率领域的发展方向、关键技术、核心产品、保障措施等。将文献调研结果结合专家意见，最终确定制定本领域技术发展路线图，明确中国时间频率体系的中长期发展战略规划。

4.1.3 研究结论

研究制定了中国时间频率体系的技术路线图，综合分析时间频率领域的需求和发展目标，形成独立自主的中国时间频率标准体系，满足国家战略性需求，满足导航定位系统的技术需求，以及在智慧城市、交通管理等领域的应用需求。从基础研究、核心技术和前沿研究 3 个方面，设计具体任务，分析关键技术，规划技术路线，最终实现发展目标。

4.2 全球技术发展态势

4.2.1 全球政策与行动计划概况

世界主要发达国家都建立了本国的时间频率体系。其中，美国和俄罗斯各自运行卫星定位系统，体系也更为完整合理。德国是国际原子时合作的比对中心，在时间频率研究方面有着雄厚的实力。下面以美国、俄罗斯和德国为例，介绍国际时间频率体系研究现状。

1. 美国时间频率体系

美国参加国际原子时合作的主要单位是美国国家标准与技术研究院（NIST）和美国海军天文台（USNO）。美国国家标准与技术研究院保持本地协调时 UTC（NIST），把它作为美国法定时间标准（Civil Time）。美国海军天文台保持 UTC（USNO），把它作为美国军用时间标准（Military Time）。上述两大守时机构互为补充，UTC（NIST）面向国家应用，UTC（USNO）为美军提供时统支撑。官方承诺 UTC（NIST）与 UTC（USNO）时差小于 20 ns。

美国国家标准与技术研究院直属美国商务部，职责包括建立国家计量基准与标准，发展为工业和国防服务的测试技术，提供计量检定和校准服务。NIST 的物理测量实验室时间频率处是国际时间频率研究的领先实验室之一，其自研的 2 台铯原子喷泉秒长基准装置的频率不确定度为（1~5）E-16，在国际原子时合作中参与驾驭国际原子时。他们保有高性能守时钟组，产生美国法定时间标准 UTC（NIST）。

美国国家标准与技术研究院的光学频率标准技术能力非常突出。目前，国际上有 5 个小组研制的光钟的频率不确定度达到 E-18 量级，其中有 3 个小组属于美国国家标准与技术研究院。科罗拉多大学和 NIST 联合实验室（JILA）的时间频率研究组引领着世界锶原子光晶格钟的技术发展，2015 年，锶原子光晶格钟自评定的频率不确定度为 2E-18。2018 年，美国国家标准与技术研究院报道了其研制的镱原子光晶格钟的频率不确定度达到了 1.4E-18，是迄今国际频率标准装置得到的最好频率不确定度指标之一。2019 年，这个小组向国际计量局报送了数据并参与驾驭 TAI，成为国际第三家报送光频次级秒定义数据驾驭 TAI 的小组。2019 年，NIST 发布的铝离子量子逻辑光钟最新评定的频率不确定度达到了 9.4E-19，这是目前国际最好的光钟频率不确定度评定结果。

USNO 隶属美国海军部，是世界上守时、授时、天体测量领域最权威的机构之一。根据 2020 年 2 月国际计量局官方网站信息，USNO 共 48 台原子钟（4 台自行研制的铷喷泉钟、32 台商品氢钟和 12 台 5071 商品铯钟）参与国际原子时合作，使得 UTC（USNO）一直保持全世界最稳定、最准确的时标。

由美国空军运行的全球卫星定位系统（GPS），时间溯源至 UTC（USNO），全天候全覆盖向全世界免费提供高准确授时和位置服务。1980 年，基于 GPS 共视法进行时间频率传递的原理首次被提出。20 世纪 90 年代初，GPS 覆盖全球，为美军提供定位和授时服务；20 世纪 90 年代中，GPS 免费向全世界开放。目前，GPS 仍然占绝大部分国际军用、民用定位和授时服务份额。

2018 年 12 月，美国总统特朗普签署了 Frank LoBiondo 美国海岸警卫队授权法案，要求美国交通部在两年内建立地面备用授时系统，确保在 GPS 信号被破坏、被干扰得不可用的情况下，继续为军事和民用用户提供不降级的授时信号。

2. 俄罗斯时间频率体系

1993 年 12 月俄罗斯颁布的《俄罗斯宪法》规定，俄罗斯的司法权包括测量标准、米制及计时计费等。1993 年 4 月俄罗斯颁布的《俄罗斯计量法》规定，通过国家时间频率及地球定位参数确定服务中心协调实现各地区、各部门的合作，从而保证时间频率测量及地球转动参数的统一。2001 年 3 月俄罗斯颁布的《俄罗斯国家时间频率及地球定位参数确定条例》规定，由国家物理技术和无线电工程计量研究院（National Research Institute for Physical-Technical and Radio Engineering Measurements）时间频率处负责建立与保持俄罗斯时标 UTC（SU）及标准频率。UTC（SU）是俄罗斯境内包括 GLONASS、空间地面通信及电视等传递和发播的唯一标准时间。

目前，UTC（SU）守时钟组由 13 台俄罗斯生产的主动型氢原子钟组成。UTC（SU）与 UTC 最大偏差优于 5 ns。国家物理技术和无线电工程计量研究院还有 3 个分支机构建有时标，分别有 4 台主动型氢原子钟。加上国家物理技术和无线电工程计量研究院本部的原子钟，全国计量系统共有守时氢原子钟 25 台，所有分支机构的时标均溯源至 UTC（SU）。

GLONASS 是俄罗斯建立的全球卫星导航系统。GLONASS 保有自己的时标，溯源到 UTC（SU）。2012 年，国际计量局在时间频率公报（Circular T）中开始发布基于 GLONASS 时间频率传递的时间比对结果和 TAI 计算结果，GLONASS 在高端时间频率传递和授时应用中占有一席之地。

国家物理技术和无线电工程计量研究院研制的第 2 台秒定义复现装置——铯喷泉钟评定 B 类不确定度为 2.5E-16，参与驾驭 TAI。国家物理技术和无线电工程计量研究院研制了 2 台紧锁铷喷泉钟，还正在研制另外 2 台，用于驾驭时标，提高 UTC（SU）的准确度和稳定性。

国家物理技术和无线电工程计量研究院从 2011 年开始研制锶原子光晶格钟，2015 年第一次自评定的频率不确定度达到 1E-16，目标频率不确定度为 E-17～E-18。

3. 德国时间频率体系

德国政府规定，德国计量院（PTB）保持的 UTC（PTB）为德国标准时间，负责整个德国的时间发布任务，监督德国超过 60 个经过认证的时间频率校准实验室。通过无线电波、网络、电话授时等进行标准时间发播。其中，长波授时 DCF77 不仅覆盖德国本土，而且覆盖整个西欧、南欧及非洲北部，服务超过 1 亿台设备。德国计量院为欧洲航天局（EAS）服务，给伽利略时标及大地勘测提供时间比对服务。

根据 2020 年 2 月国际计量局给出的原子钟数据，德国计量院共有 1 台商品铯钟、3 台商品氢钟、2 台热原子束铯钟参与守时，利用 2 台铯喷泉钟对钟组进行驾驭。其中 2 台热原子束铯钟为德国原秒长基准钟，基准钟参与守时报数也是德国计量院的优势之一。德国的 2 台铯喷泉钟的频率不确定度均达到 E-16，参与驾驭 TAI，并且可实现全天 20 小时以上的运行率，这使得德国计量院可以用相对少的商品钟组数量使 UTC（PTB）达到较高准确度及稳定度。

德国计量院是国际上最早开展光钟研制的单位之一，目前正在开展锶原子光晶格钟、钙原子光钟、镱离子光钟和铝离子光钟的研制，是国际上研究光钟种类最多的单位。同时，德国计量院开展了高离化态离子钟和原子核钟的理论和技术探索，其在低温超高稳定度硅超稳腔频率源的研究方面也走在国际最前列。2016 年，德国计量院研制的镱离子光钟频率评定的不确定度达到 3E-18，该光钟是国际上第二台进入 E-18 量级的离子光钟。

主要发达国家都在时间频率研究中投入了重要的力量。美国国家标准与技术研究院在时间频率研究方面已经产生了两位诺贝尔物理学奖得主，还有 3 位诺贝尔物理学奖得主为时间频率研究做出了重要贡献，其基础研究和实验技术均居国际领先地位，在未来光学频率基准和基于光学频率基准驾驭守时钟产生时标方面做出了非常突出的贡献。美国海军天文台拥有国际上规模最大的守时钟组，在 TAI 产生中占有的权重最大，尤其是其研制的冷原子喷泉守时钟性能优异，在商品氢钟之外另辟蹊径，为高水平的时标产生做出了开拓性的贡献。法国、德国、英国等国家在基准钟研究方面具备强大的实力，在喷泉钟和下一代光钟的研究和利用方面走在世界前列。日本的光钟研究和光钟驾驭时标成果引人瞩目。

4.2.2 基于文献分析的研发态势

1. 科技文献

以 Web of Science 数据库作为主要文献来源，本项目组收集整理了 1990—2019 年的时间频率相关科技文献。总体而言，全球相关研究机构在时间频率领域的论文发表数量呈逐年增长趋势，并且近年来涨幅较快。美国、中国、德国、日本、法国相关研究机构在时间频率领域的论文发表数量居前五位，它们也是世界范围内时间频率领域发展大国，其研究方向主要涵盖基准钟、守时钟、芯片钟、守时系统、授时系统、时间频率传递及比对等方面。

2. 国际原子时合作

目前，国际通用的时间是世界协调时（UTC），各守时实验室保持本地的协调世界时 UTC

（k），其中 k 为实验室代号。中国计量科学研究院保持的协调世界时为 UTC（NIM），它是中国官方授权的时标基准。

TAI 是由国际计量局组织的国际原子时合作（绝大多数是计量实验室合作）产生的结果。具体过程如下：分布在世界上 80 多个实验室的约 500 台原子守时钟利用全球导航卫星系统（GNSS）和卫星双向时间频率传递（TWSTFT）技术进行比对，各守时实验室将比对数据报送到国际计量局，由国际计量局通过加权计算对数据进行处理得到自由原子时（EAL）。EAL 可以视为一台虚拟时钟，由于多台守时钟数据的加权平均，因此 EAL 具有高可靠性和高稳定性。用秒定义的复现装置——基准钟定期驾驭校准 EAL，得到 TAI。从 2014 年 1 月到 2020 年 2 月，法国 LNE-SYRTE、德国 PTB、美国 NIST、英国 NPL、中国 NIM、意大利 INRIM、俄罗斯 SU、日本 NICT 和 NMJJ、印度 NPLI、瑞士 METAS 等守时实验室参与驾驭 TAI。能够常现驾驭 TAI 的守时实验室更加稀少，Circular T 数据显示，从 2016 年 1 月到 2020 年 2 月，只有法国 LNE-SYRTE、德国 PTB、意大利 INRIM、俄罗斯 SU、中国 NIM 这 5 家守时实验室持续驾驭 TAI，并且驾驭次数都超过了 20 次。法国和德国在喷泉基准钟研究方面有着很强的实力，两国参与驾驭 TAI 的总次数和连续性表现最佳。经过这几个守时实验驾驭的 TAI 不但稳定、可靠，而且准确，成为国际通用的协调世界时的基础。

国际计量局通过 Circular T 发布各守时实验室保持的 UTC（k）与 TAI、UTC 的时间偏差，从而保持全世界范围内时间频率的准确一致。国际计量局的国际时间频率公报及其附加数据中给出了各个守时实验室的时间频率数据，体现了各个国家的时间频率水平，下面依据国际时间频率公报发布的数据，对中国 NIM、中国 NTSC、美国 NIST、美国 USNO、俄罗斯 SU、德国 PTB 的原子时标进行比较，具体指标（2018 年 1 月—2020 年 2 月）见表 4-1。

表 4-1　国外 4 个先进守时实验室和中国 2 个守时实验室原子时标比较

守时实验室	时间稳定度/5d	时间偏差	权重（%）	
			2018 年	2020 年
中国 NIM	0.49ns	±5.2ns	5.38	7.12
中国 NTSC	0.79ns	±4.1ns	4.78	7.56
德国 PTB	0.14ns	±3.2ns	2.33	3.57
美国 USNO	0.22ns	±3.6ns	25.44	25.42
俄罗斯 SU	0.25ns	±3.4ns	14.06	11.49
美国 NIST	0.29ns	±5.3ns	6.13	4.43

UTC（k）性能的评判有两个技术指标，一个是与 UTC 的偏差，另一个是时间稳定度。目前各主要守时实验室产生的 UTC（k）与 UTC 的最大偏差基本控制在 5 ns 以内，反映了各国在控制本地时标的偏差方面都取得了很好的效果。在时间稳定度方面，由于国际上增加了

稳定度高的守时钟在计算 EAL 中的权重，因此各个国家普遍采用稳定度高的商品氢钟作为主要守时钟。同时，通过改进守时驾驭算法，使得本地时标的时间稳定度得到了很大的提升，但是各个守时实验室的时间稳定度水平还有不小的差距。其中，美国海军天文台（USNO）所维护的钟组规模最大，从而得到的时间稳定度指标很高；而德国 PTB 虽然守时钟组规模不大（权重不高），但是由于作为全球比对中心从而不包含链路噪声，并采用铯原子喷泉钟驾驭时标的方式产生本地 UTC，实现了很高的时间稳定度。

4.3 关键前沿技术与发展趋势

4.3.1 光频秒长复现技术

目前，秒长复现技术的前沿是原子光钟和离子光钟的研究，光钟性能不断提升。新概念光钟也在积极探索中。基准光钟信号的可用性问题、连续性问题得到解决，逐步走向应用。研究锶/镱原子光钟、镱/铝离子光钟和新概念光钟等，重点是改进频率不确定度、稳定度性能和提高系统的运行率，需要在未来修改秒定义之前获得多种可用的光频秒长复现，并用于驾驭国际原子时。守时光钟的研究需要与基准光钟的研究相匹配，技术路线包括基于原子谱线或超稳光学腔等。哪种光钟技术指标和运行可靠性具有优势，还在研究比较过程中，有计划地聚焦少数几种光钟技术的攻关是必要的。

4.3.2 高精度时标产生和保持技术

高精度时标产生和保持技术近期目标是原子喷泉钟驾驭微波原子钟守时系统，长期目标是光频守时系统。

以商品氢原子钟作为守时钟，以原子喷泉钟作为基准钟，用原子喷泉钟复现秒定义驾驭氢原子钟方案是继氢原子钟与铯原子钟联合守时之后的第二代守时技术。频率稳定度由氢原子钟决定，约为 3E-16；频率准确度由原子喷泉钟决定，约为 3E-16，原子喷泉钟可连续工作，通常运行率>90%/15d，系统守时能力达到运行 1 亿年误差不超过 1s 的水平。

采用 E-18 量级准确度光钟驾驭的 E-17 量级稳定度的超稳微波钟属于第三代守时技术。采用这种方案，守时能力主要由超稳微波钟的频率稳定度决定，可以达到 E-17 量级，相当于运行 10 亿年误差不超过 1s。

第四代守时系统为光钟复现秒定义驾驭守时光钟直接守时，这是我们目前能够想象的最高水平的守时系统。目前，光钟的准确度已经达到 E-18 量级。如果未来实现稳定度达到 E-18

量级的光频守时钟，那么基准光钟驾驭守时钟可能达到运行数百亿年误差不超过 1s 乃至更高的水平。

4.3.3 授时及时间校准技术

目前，授时及时间校准的渠道主要包括卫星、光纤、网络等。其中，利用卫星实现授时与校准成为主要渠道，在经济和国防建设中发挥着不可替代的作用。研究多渠道授时及时间校准中抗干扰、安全监测技术，推动国内各行业时间服务能力提升，是长期发展方向。

4.3.4 引力红移和潮汐频移修正技术

相对论频移影响频率基准复现秒定义的比对和测量量值。引力红移缘于地球引力。潮汐频移随时间变化，缘于太阳和月亮等天体导致的相对论效应。如果高精度的时间频率系统（无论是微波原子守时系统，还是光频守时系统）的频率不确定度优于 E-13，那么需要对引力红移进行评定和修正；如果其不确定度优于 E-17，还要对潮汐频移进行评定和修正。

4.4 技术路线图

4.4.1 发展目标与需求

实现高精度秒长复现技术，可改善频率不确定度、频率稳定度，提高系统集成度、可靠度和运行率。建成微波原子喷泉钟驾驭高性能微波氢原子钟守时系统，守时能力将达到 5E-16 量级。

应对以光频秒长定义为标志的时间频率变革，需要形成技术成熟的光钟技术，具备 E-18 量级准确度基准光钟复现秒定义的能力和 E-18 量级稳定度光频守时能力，建成中国独立自主的时间频率标准体系，满足国家战略性需求。针对北斗导航定位系统，需要实现高精度时间频率支撑技术。需要授时能力扩展，实现时间频率在国民经济各个领域，如交通运输、能源电力、金融、通信、网络等领域的推广应用。

4.4.2 重点任务

1. 基础研究方向

主要解决中国原子钟技术基础薄弱、核心技术受制于人的问题。突破光生微波源和低温蓝宝石微波谐振器技术，研究成果用于进一步改善原子喷泉钟的性能，并用作未来 E-17 量级稳定度微波钟的本振源，在 2035 年广泛用于原子喷泉钟和光钟研制。超窄线宽激光用作光钟的本振，属于原子钟领域的专业性技术，重点解决激光线宽压窄和工作可靠性问题，力争在 2025 年前后基本突破这些问题，在 2035 年前后全面满足应用需求。

超稳微波源用作微波原子钟本振，对改进铯原子喷泉钟、铷原子喷泉钟和超稳微波钟性能作用重大。研究光生微波源技术和低温蓝宝石微波谐振器两项技术。光生微波源采用超稳激光和飞秒光梳技术产生微波信号，低温蓝宝石微波谐振器采用低温蓝宝石腔的高 Q 值特性产生微波信号，微波信号具有短期稳定度高和相位噪声低的特点。研究工作重点关注稳定度、相位噪声和系统集成化小型化问题，力争在 2025 年前后基本突破这些问题，在 2035 年前后实现其在原子钟中的应用。

2. 核心关键共性技术

在光频秒长复现技术方面，开展锶原子光钟、镱原子光钟、镱离子光钟和铝离子光钟等研究工作，重点改进频率不确定度、稳定度性能和提高系统的集成度、可靠度和运行率。发展目标是在下一代秒定义之前获得多种可用的光频秒长复现产品，并力争在 2035 年用于第三代守时系统。

在高精度时间产生和保持技术方面，开展原子喷泉钟和超稳微波原子钟技术攻关，并利用光频原子钟研究成果，研制第三代守时系统。研究目标是在 2025 年前后建成原子喷泉钟驾驭氢原子钟守时系统，守时能力达到 5E-16 量级；在 2035 年前后，建成光钟驾驭超稳微波守时系统，守时精度达到 5E-17 量级。

在授时及时间校准技术方面，研究基于 GPS 共视法、光纤、自由空间和专用卫星等手段的比对与授时技术方案，突破终端抗干扰技术，实现安全监测。研究目标是在 2025 年前后实现关键技术突破，在 2035 年前后授时及校准服务能力的大幅度提高。

针对 E-18 量级不确定度时间频率比对和测量，解决相对论频移修正技术。发展目标是在 2025 年前后形成完备的理论和区域时变修正技术，服务于光钟驾驭超稳微波守时系统。

3. 前沿研究

原子钟和时间频率传递技术是建立高性能高可靠时标系统的基础，新原理基准钟、新原理守时钟、新原理时间频率传递技术是需要坚持发展的研究方向，主要包括各类高指标的基准钟、守时钟，量子时间同步技术、时间频率信号光纤以及自由空间传输技术等。

4.4.3 技术路线图的制定

面向 2035 年的中国时间频率体系发展技术路线图如图 4-1 所示。

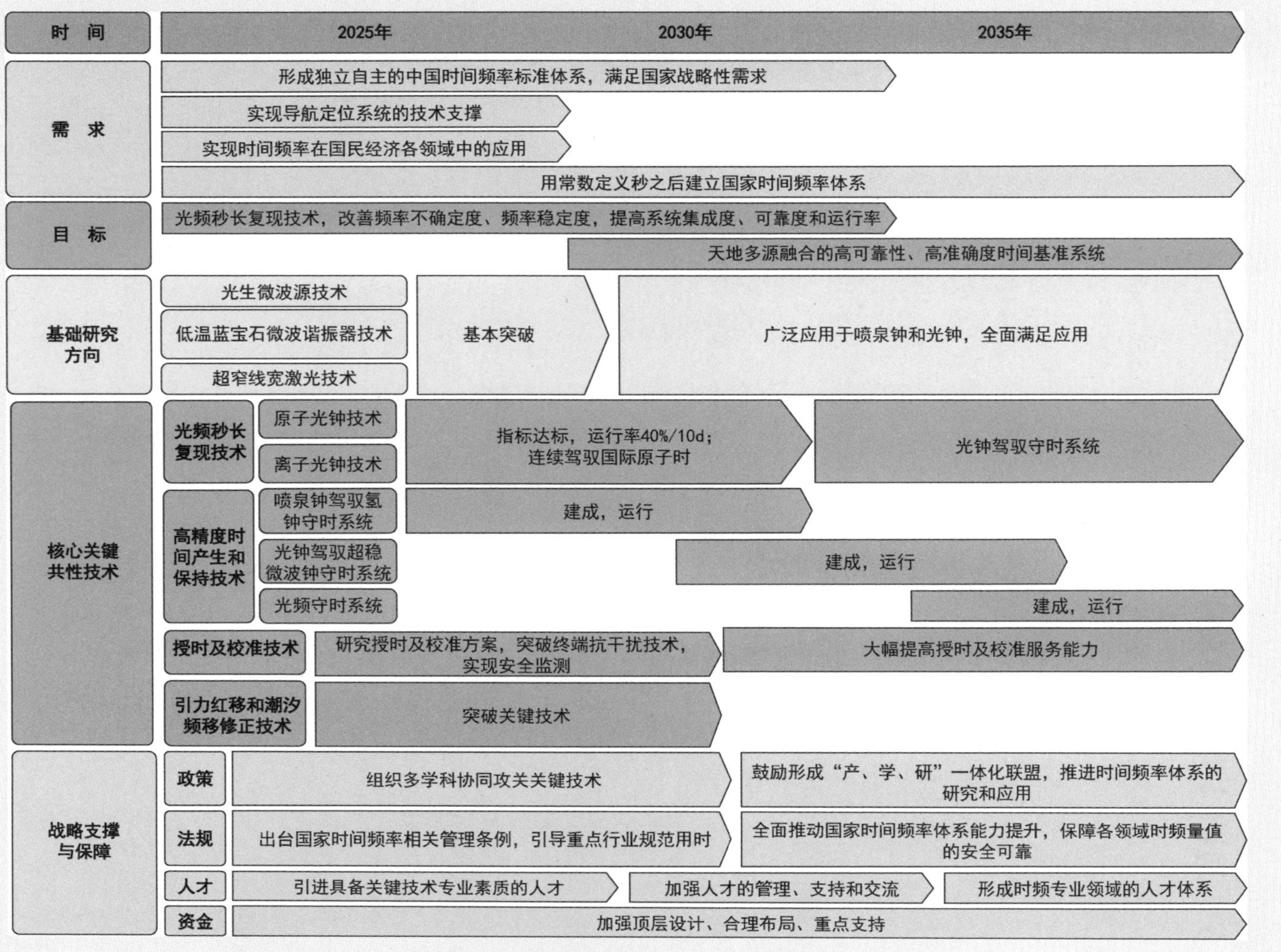

图 4-1　面向 2035 年的中国时间频率体系发展技术路线图

4.5 战略支撑与保障

中国的时间频率研究正在逐步上升到国家战略高度，需要更多的战略支撑和保障措施，包括政策、法规、人才和资金。

在政策方面，党的“十九大”报告指出，要加强应用基础研究，拓展实施国家重大科技项目，突出关键共性技术、前沿引领技术、现代工程技术、颠覆性技术创新，为建设科技强国、质量强国、航天强国、网络强国、交通强国、数字中国、智慧社会提供有力支撑。时间频率体系作为应用基础技术，需要落实具体措施，组织多学科、多领域和多家单位进行协同攻关关键技术，解决激光、微波源等原子钟方面的基础技术，摆脱对国外产品的依赖。时间频率体系的发展需要联合企业、研究单位和大学等不同主体，实现以市场为导向、“产、学、研”深度融合的技术创新体系。

在法规方面，出台国家时间频率相关管理条例，引导重点行业规范用时；持续推动国家时间频率体系建设能力提升，保障各个领域时间频率量值的准确、安全、可靠。

在人才方面，中国原子钟研究队伍庞大，但顶尖级人才偏少，国际影响力不够，需要引进具备关键技术专业素质的人才，缩短与国际时间频率前沿技术的差距。加强对人才的管理和支持，稳住人才队伍，形成时间频率专业领域的人才体系，培养和壮大具有国际水平的战略科技人才和高水平创新团队，有利于提升中国的创新能力。

在资金方面，强化顶层设计，聚焦国家战略需求，建立公开统一的科研管理机制，推动中国的科学研究创新驱动发展，赶超国际第一梯队水平。具体而言，针对基础性的关键技术突破，需要国家提供持续性的科研经费支持，通过国家重大科技项目，组织和引导企业参与时间频率体系建设，形成以企业为主体的产品研发和应用推广，促进科技成果转化，实现时间频率体系走向应用化。

小结

本项目通过调研全球主要国家发布的时间频率体系规划以及科技论文等资料，分析时间频率领域的发展态势。采用文献调研和专家意见调查相结合的方法，分析时间频率领域的前沿关键技术。研究制定了中国时间频率体系发展技术路线图，综合分析时间频率领域的需求和发展目标。从基础研究、核心技术和前沿研究 3 个方面，设计具体任务，分析关键技术，规划技术路线。提出关于中国时间频率体系建设的战略支撑和保障的建议，包括具体政策、法规、人才和资金方面的支撑。

以未来修改秒定义为标志的时间频率新技术变革正在到来，全球时间频率体系建设处于新的发展机遇期，中国应抓住这次难得的历史性机遇，坚持走中国特色自主创新道路，建立国际一流的时间频率体系，支撑中国全面科技强国建设。通过突破光频秒长复现技术、高精度时间产生和保持技术、授时及时间校准技术等，在基础研究、共性关键技术、前沿研究和战略支撑与保障方面进行技术和制度创新，到 2035 年，实现光钟驾驭超稳守时钟为基础的时标系统，时标不确定度达到 5E-17；高端时间频率设备摆脱对国外产品的依赖；形成中国特色的技术体系和人才培养体系；逐步完善法规和管理条例，实现中国时间频率体系的持续发展。

第 4 章编写组成员名单

组　长：李天初

成　员：梅刚华　房　芳　张爱敏　林弋戈　王玉琢　庄　伟

执笔人：梅刚华　林弋戈　王玉琢　庄　伟

5

面向 2035 年的中国中高山–浅覆盖区非煤固体矿产快速找矿勘查技术路线图

5.1 概述

5.1.1 研究背景

陆地地貌按形态特征分为山地、平原、高原、丘陵和盆地五大类，在中国分别占陆域面积的 33%、12%、26%、10%和 19%。中国传统非煤固体矿产找矿勘查主要集中在相对高差较小的低山、丘陵、高原的基岩出露区或部分出露区。而占据更大面积的中高山-浅覆盖区由于交通困难、覆盖层屏蔽影响等原因，勘查程度相对很低。根据区域成矿规律研究，中高山-浅覆盖区资源潜力巨大，有望成为破解中国矿产资源供给不足、增加资源储备的重要勘查区。

中高山区指海拔在 1000 m 以上的高地，其地形起伏大，相对高差在 200 m 以上，峰谷明显，一般多呈山链分布的地貌区域。而低山区海拔则低于 1000 m。覆盖区是相对基岩出露区而言的，浅覆盖区指第四系厚度小于 100 m 的地区，一般分布在丘陵、山前平原、盆地、高原等地区，又可进一步划分为沙漠、戈壁、森林、草原、黄土、风成砂土、冰川冻土等覆盖区。

非煤固体矿产特点是体积小，连续性差，开采难度大，因而长期以来在国际上的找矿勘查目标是“找大矿、找富矿、找浅矿”。中高山-浅覆盖区找矿的潜力很大，因此这类地区是全球最主要的找矿目标区。当前，国内外在找矿和评价方面出现的新方法和新设备不胜枚举，但在应用普及方面参差不齐。对中高山-浅覆盖区，也缺乏快速找矿勘查的有效方法、设备或其组合。学习先进环保理念，整合国内外先进技术，突破有关找矿设备的关键核心技术，在中高山-浅覆盖区选定有利成矿区带，开展找矿勘查，提高找矿效率，已迫在眉睫。

基于上述考虑，中国工程院成立了“面向 2035 的中高山-浅覆盖区非煤固体矿产快速找矿勘查战略研究”咨询项目。该项目针对中高山-浅覆盖区快速找矿这一课题，全面评估国内外在成矿理论、找矿技术和找矿设备等方面的现状，找出差距，提出实现技术突破的路径，意义重大。中高山-浅覆盖区非煤固体矿产快速找矿勘查技术路线图的制定，着眼于中国矿业未来发展规划，以紧缺大宗矿产和战略性关键矿产资源量为主要目标，联合高校以及科研院所协同研发，能有效地促进中国找矿勘查和装备研发的自主创新。在制定该领域技术路线图时，充分考虑中国现状、国际先进技术与装备进展、矿业发展规律性、未来勘查技术发展方向、技术研发风险等诸多因素，力求对中国找矿勘查产生指导意义，推进政府、高校、科研院所与勘查企业之间的交流合作，促进中国找矿勘查的创新发展。

5.1.2 研究方法

中高山-浅覆盖区非煤固体矿产快速找矿勘查技术路线图的制定，遵循“找矿勘查面临的挑战（现状）→快速找矿勘查蓝图的展望（未来）→发展目标→技术壁垒→研发需求与政策保障”的思路进行。技术路线图绘制流程：准备→开发实施（研讨分析）→绘制。

技术路线图规划方法为技术态势分析、技术清单制定、专家研判与头脑风暴法。在技术态势分析方面，从 3 个数据库进行专利和文献检索，这 3 个数据库为中国工程科技知识中心自有的文献数据库、Web of Science（WoS）数据库和 Derwent 数据库，围绕中高山找矿勘查、浅覆盖区找矿勘查、快速找矿勘查及找矿勘查技术新方法、新装备等关键点，展开文献分析研究，对文献进行了层次分析、聚类分析、主成分分析和因子分析法等，从全球、国家、研究者、研究方向等多个维度厘清中高山-浅覆盖区找矿领域过去、当前的宏观态势，了解中国目前在该领域的国际地位和竞争态势，识别快速找矿勘查领域发展趋势。

制定技术清单：初始技术清单来自专家意见或文献、专利分析。文献、专利分析主要是利用聚合与分类算法，对专利和文献的摘要与关键词进行深度挖掘，形成领域知识聚类图，然后深度融合专家智慧，逐步筛选出本领域关键的、迫切发展的技术，最后进行分析讨论，形成技术清单。

利用专家研判与头脑风暴法：将基于专利和文献的研发态势，把初始技术清单发给相关专家，然后组织小规模专家座谈会，鼓励专家随意畅想，积极思考，对未来矿业先进状况进行蓝图绘制，并结合当前实际，研判本领域近期、中期、远期可能需要的关键技术和装备。

5.1.3 研究结论

研究团队从适合中高山-浅覆盖区非煤固体矿产快速找矿勘查的视角切入，以资源需求、技术现状总结、未来技术愿景、发展目标、关键技术及装备研发需求为研究基础，结合科学分析和专家认识，制定出中高山-浅覆盖区非煤固体矿产快速找矿勘查技术路线图。通过研究发现，为保障国内资源储备并促进中国找矿勘查行业领先世界，中国政府需要从以下 5 个方面入手：

（1）将中高山-浅覆盖区作为中国未来解决紧缺大宗和关键金属矿产资源的主要选区，勘查支持力度向中高山-浅覆盖区倾斜。

（2）通过一系列项目支持，尽快形成中高山-浅覆盖区非煤固体矿产快速找矿勘查技术方法体系。

（3）多部门、多学科合作研发系列先进的找矿勘查装备。

（4）启动“面向 2035 紧缺战略性矿产找矿勘查”重大科技专项，加强理论创新和技术攻关，提升中国矿产资源安全保障力度。

（5）研究跨部门合作机制、技术应用鼓励机制及政策体系方面的配套管理政策，培养找矿勘查技术复合型人才及研发管理人才，培育 1～2 家设备研发及生产企业进入世界知名企业行列。

5.2 全球技术发展态势

5.2.1 全球政策与行动计划

近年来，随着战略性新兴产业的发展和壮大，世界各国对矿产资源的争夺逐渐由大宗矿产延伸到了稀有、稀散、稀土矿产（以下简称“三稀矿产”）等战略性新兴产业所必需的矿产，世界各主要国家或地区的矿产资源政策调整也大都由于对三稀矿产的争夺而引起。例如，美国、欧盟、澳大利亚、加拿大、英国等国家和地区近年来都围绕三稀矿产，发布了各自新的矿产资源政策，并及时调整或优化了相应的战略行动。然而，总的来看，在全球矿业市场中，三稀矿产在绝对经济量中的重要性仍较低。从全球矿产勘查投入比例来看，大宗矿产品依旧是全球矿产勘查的重点。

1. 全球矿产资源政策动向

1）美国

2008 年，随着战略性新兴产业的快速发展，美国又开始了新一轮的关键矿产研究，美国能源部、美国国防研究所、美国国家研究理事会等机构都发布了关键矿产研究报告。

2017 年以来，随着逆全球化趋势的加剧，中美贸易摩擦不断升温，美国政府签署了《保障关键矿产安全可靠供应的联邦战略》的第 13817 号行政令，强调保障美国对关键矿产的稳定供给。2018 年 2 月，美国内政部发布了《关键矿物清单（草案）》，列出了美国对外依存度高且对美国经济发展和国家安全至关重要的 35 种金属矿产。

2019 年 6 月，美国商务部发布《确保关键矿物安全可靠供应的联邦战略》报告，从科技研发、保障供应链安全、国际贸易、地质调查、矿业政策和人力资源等方面，提出了保障关键矿产供应安全的 61 项具体意见。

2）欧盟

鉴于关键矿产对欧盟制造业的战略重要性，欧盟于 2008 年启动了《原材料倡议》，关键矿产清单就是该倡议的一项重要成果，目的在于保障欧盟对于关键矿产的安全、可持续、可获得的供应。欧盟关键矿产清单共更新了 3 版，关键矿产种类从 2011 年的 14 种扩大到 2014 年的 20 种，2017 年，欧盟第三次更新了其关键矿产目录，关键矿产种类共 27 种。

欧盟主要从供应风险和经济重要性两个维度确定其关键矿产清单，该清单主要为欧盟在贸易、创新和工业政策等方面提供参考，以加强欧盟工业的竞争力。欧盟关键矿产清单每 3 年更新一次，以便反映生产、市场和技术研发趋势，而且每次更新都增加了所考虑的矿种。

3）澳大利亚

近年来，全球对澳大利亚包括关键矿产在内的矿产资源的需求逐渐增加。这为澳大利亚提供了一个新机遇，使其能够通过开发关键矿产吸引来自新兴市场的投资，使澳大利亚资源产业更加多样化，并充分发挥澳大利亚在全球资源部门的优势地位。然而，关键矿产的稀缺性特征使其更容易受到供应限制和短缺的影响，许多国家正在采取更具战略性的方法来确保这些矿产的供应安全，这些方法包括努力使供应多样化，并从其他国家采购关键矿产。

澳大利亚自由党针对关键矿产市场提出了关键矿产政策框架。战略目标是通过支持创新、吸引新投资和促进市场机会，创造发展这一新兴行业所需的条件，同时建成将新的关键矿产项目投入生产所需的基础设施。

4）加拿大

加拿大联邦/省/地区政府、矿业界、原住民和环境组织以及劳工代表于 1994 年签署了《白马矿业倡议（WMI）》。2018 年 3 月，加拿大自然资源部启动了《加拿大矿产和金属规划》编制工作，发布了《加拿大矿产和金属规划的讨论/征求意见稿》。2019 年 3 月加拿大正式发布了《加拿大矿产和金属规划》，该规划是加拿大矿产资源战略调整的最新成果，包括六大战略重点方向，分别是经济发展和竞争力、推进原住民参与、环境、科学技术与创新、社区、全球领导地位。

5）英国

英国于 2011 年、2012 年发布了风险矿产清单，2015 年更新了该清单，它是目前英国最新的关键矿产清单，共 41 种矿产/矿产组。与美国和欧盟不同，英国的风险清单矿产仅从供应风险指数的维度评价。英国认为，风险清单显示，由于一些矿产的储量和生产高度集中，且这些矿产可能受到地缘政治、资源民族主义、矿山罢工、自然灾害和基础设施可用性的供应中断，进而给国家经济和国防安全带来重要影响。

2. 世界主要国家和地区的矿产资源战略及行动计划

1）美国

在地质工作的战略行动及计划方面，美国主要通过提高识别和利用本国关键矿产的能力提升资源保障程度。发展目标如下：

（1）利用关键矿产的供应和消费数据制定指标，所制定的特定商品的缓解战略能够应对战略脆弱性。

① 根据矿产的供应、需求、生产集中度和当前政策优先事项的变化，定期更新关键矿产清单。该清单每两年审查一次，并在必要时进行更新。关键矿产清单的更新为该战略中各机构正在开展的其他工作提供信息。

② 对清单上的关键矿产进行分类并确定其优先次序，以提出特定矿产品的缓解战略。

③ 开展试点工作，跟踪全国关键矿产资产和关键矿产相关经济活动投资指标。

（2）开展关键矿产评估，并确定鼓励使用再生和非常规关键矿产来源的方法。

① 根据优先顺序，每两年至少对潜在矿床类型进行一次国家或区域的国内多矿产关键矿产评估。

② 开发关键矿产评价方法，描述和填图再生和非常规来源的关键矿产的潜力，并定期向关键矿产小组委员会提供状态更新。

③ 确定关键矿产潜在的重要的再生和非常规来源，以及提高国内回收率所需的技术发展。定期向关键矿产小组委员会提供状态更新。

④ 建议联邦机构采取适当措施，采购时使用再生和非常规来源的关键矿产品。

（3）改进美国及其沿海和海洋领土的地球物理、地质、地形和深海填图。

① 确定在陆地和海洋区域具有重要矿产潜力的优先区域。

② 根据现有数据集、关键矿产的预期密度、矿产的临界水平、供应链安全性、矿产需求以及对科学研究的影响，开展区域范围研究，确定关键矿产测绘项目并确定其优先顺序。

③ 制定并使用多机构协议来评估美国专属经济区的海洋矿产资源潜力。

（4）提高地球物理、地质、地形和深海数据的可发现性、可访问性和可用性。

① 继续采用数据救援计划，将纸质数据和难以获取的数据转换为更有用的形式，并更加关注与关键矿产有关的记录。定期向关键矿产小组委员会（CMS）提供状态更新。

② 通过新的或现有的联邦数据档案和传播门户网站，以易于使用的电子格式公开提供联邦政府机构生成的地球物理、地质、地球化学、地形和海洋测量数据。

③ 通过使用一个通用框架或一组标准支持数据开发和传播，提高数据的可发现性、可访问性和可用性。可以采用诸如地球观测数据共同框架等现有框架的最佳实践来实现这一目标。

④ 通过建立公私伙伴关系，增加政府对专有地图数据集的访问权限。定期向关键矿产小组委员会提供状态更新。

2）欧盟

GEOERA 计划由欧洲的国家和地区地质调查组织（GSO）提出，其总体目标是整合全球资源组织关于地下能源、水和原材料资源的信息和知识，支持可持续利用地下环境应对欧洲面临的重大挑战。该计划共设立了 4 大主题，分别为原材料、地下水、地质能源、信息平台，在 4 大主题下共有 15 个项目，分别针对各个主题进行欧洲范围内的研究。矿产资源方面的主要战略计划和行动计划如下：

（1）欧洲海底矿床。战略原材料和关键原材料的金属和地质潜力（MINDeSEA），旨在有助于更好地了解欧洲所有海域的海底金属矿床。

（2）欧洲智慧矿业项目（Mintell4EU），旨在改进欧洲原材料知识库，向最终用户传播欧洲原材料情报。

（3）欧洲装饰石材资源（EuroLithos），愿景是增加对欧洲天然石材使用的管理；预测和评估欧洲战略原材料（FRAME），旨在研究欧洲潜在的关键和战略原材料。

3）澳大利亚 UNCOVER 计划及其路线图

澳大利亚科学院在 2010 年建立的 Theo Murphy 智囊团（Think Tank）经深思熟虑后公布了深部探测（UNCOVER）计划，成为澳大利亚矿产资源方面的国家战略。第一步目标为“探索未来矿产资源，开发新矿山，使澳大利亚成为覆盖岩层以下勘探的领导者”，路线图的时间框架是从现在到未来至少 20 年，分短期、中期、长期目标。

短期目标：10 年内，在澳大利亚覆盖层岩石下发现新的重要矿床。

中期目标：20 年内，隐伏矿床研究区的发现成果至少可与现代、首次地表勘探相比。

长远目标：通过勘查澳大利亚未来的矿产资源，开发主要矿山，使其成为覆盖岩层以下勘探领域的领军者。

4）加拿大

近年来，加拿大联邦资助的地球科学倡议主要是能源及矿产资源地质填图计划（GEM 4）和靶区地球科学倡议（TGI）。GEM 4 显著推进了对加拿大北方地质知识的认识，支持加强资源勘探，并为平衡土地保护和负责任资源开发的土地利用决策提供依据。TGI 已更新了五次，TGI 第 5 阶段是一个合作式的联邦地球科学计划，为工业界提供新一代地球科学知识和创新技术，更有效地寻找隐伏矿床的靶区。

5.2.2 基于文献和专利统计分析的研发态势

本项目组先后用中国工程院知识中心平台、Web of Science 数据库和 Derwent 数据库，进行了快速找矿领域相关论文和专利数据检索。

在知识中心平台上，本项目组围绕中高山-浅覆盖区非煤固体矿产快速找矿勘查确立了检索方式，对主题进行关键词检索，共检索到相关 SCI 论文 12367 篇、中文论文 206303 篇、国外专利 23835 项、国内专利 925 项。由于用关键词对主题进行检索，因此无法区分不同行业不同学科，导致论文数量庞杂。例如，中文论文中遥感与红外光谱方面的论文就占了 176119 篇。考虑到遥感、红外光谱、地球物理、钻探等技术在不同行业中具有许多共性，作为共性技术前沿方法和应用的识别，对这些数据的分析仍然是有意义的。

本项目组后来在 Web of Science 数据库和 Derwent 数据库中进行了检索，针对中高山-浅覆盖区非煤固体矿产快速找矿技术检索到的信息不足 300 篇，又将检索范围扩大为非煤固体矿产找矿勘查技术，不再作中高山、浅覆盖或快速等限定，检索得到国外相关论文 38781 篇、相关专利 10644 项。以此作为当前非煤固体矿产找矿勘查技术分析的数据源。

本项目组用中国工程院战略咨询智能支持系统（iSS）中的技术态势分析之论文分析、专利分析工具进行数据分析，从全球、国家、研究者、研究方向等多个维度，探究快速找矿领域相关技术的当前宏观态势，并重点利用其词云分析、关键词-年代分析等工具，研判本领域技术演变与新出现的技术。

通过关键词词云分析发现，目前非煤固体矿产找矿勘查领域的技术热点主要包括三维可视化与三维地质建模、高光谱遥感、红外光谱、航空地球物理、无人机机载平台、野外现场快速测试分析仪器、自动钻进技术、定向钻进技术等。新出现并越来越重要的关键词包括人工智能、大数据、云计算、数字矿山、智慧矿山、智慧勘探等。

1. 三维地质建模与立体找矿

地质找矿方法的研究创新仍处于高位，但其发展势头在 2010 年达到顶峰之后，呈现大幅度的下滑。本领域的专利分析表明，中国在世界地质找矿机构数量上领先，并且中国机构专利占比最大，但数量仍不多，并且与排在中国名次之后的国家差距不大，仍需进一步努力。

在地质找矿方面，分形地质学（Geological Fract）、“三维建模”“三维可视化”等关键词出现的次数最多，表明在成矿预测方面越来越注重三维建模与分形数学研究。在三维建模研究方面，中国无论在专利申请数量方面还是论文发表数量方面，均占据优势。然而，在国际上广泛应用的三维建模软件主要是来自澳大利亚、加拿大等国（如矿山规划软件 Surpac, Micromine, Vulcan 或 Datamine）。这些三维建模软件在中国也有较多用户。中国研发的三维建模软件主要在中国小部分单位使用。成矿规律、成矿系列、矿床成因、找矿标志、矿床模型等，是找矿科学研究的主要内容。

2. 高光谱遥感、红外光谱与激光雷达找矿新技术

遥感技术仍在迅速发展，并且相关专利和论文数量不断攀升。相关机构不断布局专利和发表论文，产业也在快速推进。

从时间分布来看，遥感技术整体上呈稳步发展态势，从 20 世纪 90 年代开始迎来快速的

发展，该技术创新趋向活跃。从地区分布来看，遥感技术的相关专利申请主要集中在中国、美国、日本的一些机构中，这些国家的机构或创新能力相对较强或具备相当的技术优势。在研究方面，红外光谱、高光谱方面的文献及专利都比较多，研究相对成熟。当前，无人机/直升机机载高光谱遥感、航空快速高光谱遥感、光探测和测距激光雷达技术、地面红外光谱技术及数据处理软件，是近十几年的热点。

当今，遥感技术无论在空间分辨率、光谱分辨率和时间分辨率方面都已获得巨大的突破。民用卫星的空间分辨率已达 0.25 m，接近军用的最高水平；连续成像的光谱分辨率已达纳米级，非成像系统的分辨率更是高达亚纳米级；地球同步凝视成像型卫星可以在一定范围内将时间分辨率提到分甚至秒级；多卫星组网的方式也可以将时间分辨率大幅度提升；合成孔径雷达早已突破了云雾的限制，雷达的高精度编队运行提高了三维立体观测能力，为业务化监测地表形变提供了可能；激光雷达的应用为更高精度的地形测量奠定了基础。今后遥感技术发展可能已不是单一的技术，而是组合型发展。随着遥感技术的发展，遥感信息存储、处理与应用技术也得到不同程度的发展。目前，这些技术已经广泛应用于矿产资源调查、土地资源调查、地质灾害监测与环境保护等国土资源各个领域，并发挥着越来越重要的作用。

3. 机载平台多样化与仪器高精度化增强航空物探的重要性

地球物理找矿方法的创新仍是热点，发展势头有一定向上发展的趋势，相关文献和专利的数量不断攀升。但是不得不承认，美国在该领域仍旧占据数量优势，并且文献期刊及专利申请人等数据显示，中国在该方面与发达国家相比还有一定差距，需要不断地创新与实验。在中高山-浅覆盖区快速找矿勘查方面，航空物探扮演着举足轻重的作用。机载平台多样化与仪器高精度化是航空物探现在和未来的主要发展趋势。直升机/无人机机载快速航空重磁电放地球物理装备是研发的重点，如直升机瞬变电磁、航空重力梯度测量、无人机磁测等，都是当今地球物理探矿的热点方向。另外，需要研发更加简便的物探综合处理软件，使软件更加智能化、便利化。

4. 野外现场快速测试分析仪器是未来化探找矿的关键

近年来化探的发展十分迅速，尤其是近年来相关专利及论文的发表数量显著增加。随着技术的不断革新，相关领域研究的重点越来越集中在精细化、信息化、数字化等方面。目前，研究或探索能够实现野外快速地球化学勘查的关键技术或装备，如手持式多元素 X 射线荧光分析仪的应用，能够极大地加快化探数据采集，是未来化探能够在中高山区快速找矿勘查中应用的关键。因此，轻便、多功能的野外现场快速测试分析技术与装备是未来仪器装备研发的一个主要方向。地气测量在未来浅覆盖区快速找矿勘查中有广阔的应用前景。除此之外，还需要研究简便的化探综合处理软件，及快速圈定地球化学综合异常的新方法。

5. 自动钻进与定向钻进是目前钻探技术关注焦点

从目前总体情况来看，近些年钻探技术发展十分迅速，相关专利技术提升得相当快，中国的钻探技术正在赶超世界水平。从论文发表数量来看，钻孔技术朝着矿床深部不断发展。因此，在今后的工作中应从中国经济增长的阶段性特点出发，不断发展和适应新技术，优化地质钻探作业结构，促进地质钻探产业的良性发展。

从关键词词云分析结果来看，未来需要研究以下几个方面技术：适应不同地质地貌景观区快速勘查的浅层钻探与定向钻探技术与装备；解决自动控制模块轻便化的问题，研发自动钻进和定向钻进控制软件及便携式自动化岩心钻机；通过自适应钻进、自动提升、自动加减钻杆，实现高效钻进与特定景观区及特定矿床相适应的快速钻探技术方法体系，优化快速钻探技术路线。

6. 智慧勘探与智慧矿山是发展趋势和发展新契机

随着计算机科学技术、网络技术、人工智能、大数据、云计算等现代信息技术的迅速发展，近 10 年智慧勘探与智慧矿山逐渐成为发展热点。

综上所述，目前在非煤固体矿产快速找矿领域，高光谱遥感、红外光谱、无人机机载平台、航空物探仪器、野外快速测试分析仪器、自动钻探和定向钻探、智慧勘探等方向的技术仍在迅速发展，并且相关专利和论文数量不断攀升。相关机构继续发布论文并布局专利，产业快速推进。未来非煤固体矿产快速找矿勘探智能化和自动化程度越来越高。中国也需尽快研发相关新型仪器设备，筛选具有应用前景的方法技术或技术组合，优化和规范相关技术环节，形成一套具有先进科学性和广泛实用性的找矿策略。

5.3 关键前沿技术与发展趋势

1. 矿床地球化学前沿技术

矿床地球化学是矿床学研究最重要的组成部分，随着分析测试技术的发展，其在矿床学研究中发挥着越来越重要的作用。近年来，随着分析技术方法的快速发展，非传统同位素分析技术、微区元素及同位素分析技术、高温高压模拟实验技术等方面的研究取得了长足进步，这些技术将在未来矿床地球化学研究中发挥重要作用，主要表现在以下 4 个方面：

（1）随着非传统同位素分馏机理的不断完善和储库同位素组成的建立，非传统同位素尤其是金属同位素在未来矿床地球化学示踪成矿物质来源和成矿过程中将发挥重要作用。

（2）高精度年代学的发展将为巨量物质富集成矿时限、多金属矿床组合的时间联系以及区带尺度成矿演化过程及其深部动力学背景等诸多方面的研究带来新的增长点。

（3）实验地球化学和微区分析技术的发展使未来矿床地球化学将成矿作用的研究从定性的、对始态和终态的物质组成的研究转向定量精细刻画整个成矿过程。

（4）微区分析技术+Python+人工智能+大数据分析，将推动指针矿物学及其他地球化学指标在找矿勘查中发挥越来越重要的作用。

2. 遥感前沿技术

随着电磁波广谱探测装备的研制，以及大数据和智能化计算机技术的普及，遥感找矿技术发展过程从目视解译正在逐步过渡到智能化识别。当前正在发展以互联网技术、5G 无线通信技术为纽带，首先利用卫星遥感和雷达技术进行选区，其次利用机载遥感和雷达实现区中选带，再次利用地貌遥感实现带上选点，最后用岩心光谱扫描识别地下蚀变带，形成天空地智能化遥感立体勘查技术。遥感找矿技术总体发展趋势如下：

（1）由单一遥感信息提取和目视解译的识别技术逐步发展到综合高分力、超光谱、雷达、太赫兹、中红外和远红外/热红外遥感多元识别技术。

（2）由红外光谱逐渐发展到成像光谱。

（3）由地表识别技术逐步发展到揭“盖层”技术。

总之，对遥感找矿来说，地质为根本，装备为工具，信息提取是灵魂。利用有用的电磁波谱范围内的信息识别技术，识别隐藏在遥感大数据中的找矿信息。

3. 地球物理前沿技术

地球物理方法较多[重-磁-电-震-放射性-热流]，仪器设备多种多样，应用领域很宽广（能源-矿产-地下水-各类工程探测与检测-地灾-国防安全等）。虽然应用领域不同，但是地球物理各方法的前沿技术主要集中在仪器设备制造、数据采集、处理和解释 4 个方面。总体来说，仪器设备向高精度、多功能、自动化、智能化、轻便化发展；采集技术向高效率、高密度（2D-3D）、高信噪比、多方位（海陆空地）发展；处理技术向多参数联合、可视化和立体化发展；解释技术向多方法、多尺度、多参数约束和大数据、人工智能化发展。

在矿产资源快速找矿和勘查评价领域，需要针对不同的地质目标或矿床类型，依据经济有效性原则和具体地质地貌等条件选择适宜的方法技术和方法技术组合。

在中高山区地形复杂地区，宜采用相对轻便的方法技术，航空地球物理（重-磁-电-放射性及遥感）技术适用于高效普查，无人机航磁、地面甚低频电磁法、放射性能谱法、伪随机电磁法和高精度磁法适用于专项重点剖面检查。

在浅覆盖区，可采用传统的地面或航空重磁电技术开展普查和大比例尺查证，针对不同的目标地质体，采用金属矿产地震技术、大功率激电探测、频谱激电法（SIP）、磁电流法、电磁法（如广域电磁法、可控源音频大地电磁法、音频大地电磁法、大地电磁法、瞬变电磁法等）、高密度电法、密集台阵技术，通过综合精测剖面探测，配合地质化探缩小找矿靶区及目标地质体范围、确定目标地质体的空间分布，指导钻探工程验证。

4. 智慧勘探与智慧矿山技术

智慧勘探充分利用人工智能、大数据、云计算等技术进行地质信息处理挖掘，圈定异常靶区，指导钻探验证。智能勘探能够全面评估各种数据，决策更加科学。它在油气勘探方面率先应用，目前在非煤固体矿产快速找矿方面刚刚兴起，尚未形成可靠的软件系统。智慧勘探涉及的主要技术包括知识模型、协同研究、业务微循环、信息技术、探测技术、通信（网络）技术、智能数据库技术、找矿决策、智能钻探、虚拟存储技术、大数据、云计算等。华东有色地勘局于 2013 年自主研发了“智慧勘探”系统，该系统是中国在智能勘探方面首次全面开发的尝试。

智慧矿山利用物联网、云计算、虚拟现实、数据挖掘等技术实现矿山生产流程的智能化决策和管理。智慧矿山可有效解决矿山开采中的效率、安全和效益问题，它以煤炭行业为先导，尚处于系统解决方案讨论与模块开发阶段，在金属矿山方面刚被提及，尚无系统解决方案。智慧矿山涉及的主要技术包括虚拟现实、物联网、感知矿山、信息化、数据挖掘、定位、大数据、自动化、云计算、信息系统、三维可视化、扁平化管理。

智慧勘探与智慧矿山是未来矿业发展新的契机。人工智能、云计算、大数据、物联网和虚拟现实技术是共性和前沿的信息科学技术，而基于大数据的信息挖掘、知识发现、专家系统是跨专业研究的交叉热点。

5.4 技术路线图

5.4.1 需求分析

1. 国家资源需求

随着中国经济的持续快速发展，对矿产资源需求不断增加，大宗矿产（如铜和富铁等）对外依存度持续升高，原有的优势矿产（如锡和钽等）变成紧缺矿产，新兴战略资源钴对外依存度超过 90%。资源供给严重不足，不仅制约中国持续发展，而且危及国家经济安全。在中国，基岩裸露的低山区露头矿、半露头矿和浅表矿发现难度越来越高，向中高山-浅覆盖区下部找矿成为一种越来越受重视的选择。因此，在中高山-浅覆盖区开展快速找矿勘查极大概率地成为破解中国矿产资源困境、增加资源储备的重要途径。

2. 国内行业需求与未来发展需求

中国矿业产值占国内生产总值（GDP）的比例达 7%，是国民经济中的一个重要行业。当前，随着国力的增长，中国矿业公司正积极走向海外。在国际矿业市场，矿业巨头掌握全球资源命脉。例如，国际上三家铁矿石供应商（BHP billion、Rio tinto、CVRD）高度垄断全球富铁矿石，2009 年和 2020—2021 年他们曾迫使中国接受矿石大幅度涨价，中国矿业公司盈利空间高度压缩。着眼于当前及未来，矿业公司之间的竞争已不仅仅是产品的竞争，而是整个产业链的竞争。只有掌握各类关键矿石资源和勘查技术装备，才能提高矿业公司核心竞争力。全球矿业已经向智慧勘探方向发展，大数据、人工智能、云计算、移动互联等现代信息技术与矿业发展开始融合，智慧勘探、智慧矿山、矿业物联网等快速兴起。同时，人们也越来越关注矿业带来的环境污染问题，低碳化、绿色矿业、无废料矿山、洁净矿山等相继提出，各国对矿业制定了更加严格的环保条例。未来矿业越来越向绿色、安全、智能、高效方向发展。在附加各项要求的同时，如何降低勘查费用成为制约矿业公司未来找矿勘查投入的主要问题。可知，随着矿业转型升级的深入推进，对新技术的需求越来越大，对依靠核心技术提升创新能力的要求也越来越高。

矿山企业受市场影响，有其自身无法克服的缺陷，政府能对市场与矿山企业的缺陷予以规避，将企业与国家的当前利益和长远利益、局部利益与整体利益结合起来，保障中国矿产企业持续健康发展。加快矿产勘查与开发方法和技术升级，可以为中国矿产企业建立竞争优势。

5.4.2 发展目标

从国内生产总值来看，中国已是全球第二大经济体，并且经济规模仍在不断增长，在可预期的未来中国矿产资源需求将长期处于高位。为保障经济健康发展和国家战略安全，降低对外高度依赖矿产因国际供需波动对中国的影响，开展大宗矿产和关键矿产找矿、增加资源储量十分必要。在传统找矿勘查区域发现矿产难度越来越高的情况下，向中高山-浅覆盖区找矿成为未来增加中国矿产资源储量的重要途径。目前，全球矿业处于低谷期，正是加快矿业政策调整和技术、装备研发实现直道超车的机遇期。中国已启动了深地资源勘查开采重点专项，中高山-浅覆盖区非煤固体矿产快速找矿勘查与深地勘查形成有效互补，并且考虑到中高山-浅覆盖区找矿更易突破，应将其作为未来找矿的首要战略选择。在科技创新推动下，未来中高山-浅覆盖区找矿勘查愿景将向快速、低成本、智能、绿色、安全的方向发展，各种无人机、直升机、小型固定翼飞机会成为野外数据采集的重要平台，并且实现一般化学成分的便携式仪器野外现场直接分析测试，人工智能、大数据、云计算、物联网等现代信息技术与矿产勘查实现融合，数据自动化处理和自主决策开始出现，智慧勘探逐步摆脱人类干涉开启真正智能。中国中高山-浅覆盖区非煤固体矿产快速找矿中长期发展主要集中在以下 3 个方面：

（1）成矿规律和找矿理论研究持续创新。区域成矿规律研究更加详细，成矿带的立体构成、多时代叠加演化得到细致解剖。主要矿种的矿床模型研究将进一步深化，找矿模型更易操作使用，找矿标志更加全面和易识别。

（2）研发用于大型-超大型矿产识别的系列关键技术及装备。自主知识产权找矿勘查设备研发需跨学科、跨部门合作，由政府推动在大型或超大型矿产识别的遥感识别关键技术及装备、浅表红外矿化识别关键技术及装备、航空重磁电放地球物理关键技术与装备、地面地球物理勘查技术及装备、地球化学勘查关键技术与装备、快速钻探控制关键技术及装备等方面加大投入。未来找矿勘查仪器设备向轻便化、自动化、智能化、高精度、多功能发展，信息采集技术向高效率、高信噪比、多方位发展，数据处理技术向多种数据融合、可视化和立体化发展，解释技术向人工智能化发展。

未来找矿勘查将会越来越解放人力，野外作业的无人机、直升机、小型固定翼飞机等平台将会多样化发展，而其中综合性矿产勘查无人机的设计与制造将处于十分突出的位置。飞行作业的频繁性要求中国空管方面尽快制定相应合理管理法规、条例，便于飞行作业能够及时开展，并且不影响国家安全。

（3）研究形成中高山-浅覆盖区非煤固体矿产快速找矿勘查技术方法体系。需要突破一系列信息提取、弱信息增强、信息融合、智能化分析技术，开发数据处理软件集成系统，提出新型找矿勘查方法，对勘查方法进行组合和优化，创建中高山-浅覆盖区高效、快速找矿技术及集成。

实现上述中长期目标，离不开专业型人才，未来需要培养找矿勘查技术复合型人才及研发管理人才。国家需要在跨部门合作机制、技术应用鼓励机制及政策体系方面出台配套管理政策，确立重点项目，在中国中高山-浅覆盖区开展快速找矿勘查技术与装备应用示范。要向世界推广中国找矿勘查技术与装备，未来还需要至少培育 1 ~ 2 家设备研发、生产企业，使之进入世界知名企业行列。

5.4.3 关键技术与装备

中国在未来中长期需要突破系列关键技术，研发多种快速找矿勘查装备，开展中高山-浅覆盖区非煤固体矿产快速找矿勘查应用示范。

1. 地质找矿理论与方法

在地质找矿理论与方法方面需要重点研发的任务如下：深化中高山-浅覆盖区成矿规律研

究，完善与深化找矿勘查模型、矿床组合模型研究，加强矿物微区找矿矿物学研究，开展蚀变矿物、副矿物找矿矿物学与大比例尺地质填图找矿预测技术研究。

2. 遥感、红外光谱与雷达

在遥感、红外光谱与雷达方面的重点研发任务如下：多源遥感综合找矿信息智能化分析技术、隐伏区遥感找矿信息提取技术；航空/航天高光谱矿区蚀变矿物填图和矿体探测技术；近红外光谱识别岩石中蚀变矿物技术、中红外/热红外光谱识别矿物和岩石技术、钻孔岩心红外光谱/成像光谱扫描进行三维蚀变矿物填图技术；激光雷达三维建模与立体地质解译技术、极化雷达/干涉雷达岩性识别与构造解译技术。在装备方面，需要改进国产便携式红外光谱采集仪和岩心红外光谱扫描仪，使之达到国际领先水平；开发出具有自主知识产权的地质光谱分析软件；研制出具有自主知识产权的高光谱成像光谱仪；开发出高光谱数据处理集成软件系统。

3. 地球化学

在地球化学方面的重点研发任务如下：矿物地球化学勘查技术，进一步发展和完善土壤和岩屑多元素勘查地球化学技术，冰积物、冲积物重砂矿物找矿技术，高精度测氡技术，浅覆盖区找矿同位素示踪技术，浅覆盖区找矿核素示踪技术。在装备方面，需要研制现场快速高精度测氡仪器和便携式高精度现场分析测试装备。

4. 地球物理

在地球物理方面的重点研发任务如下：航空放射性能谱（铀、钍、钾）测量技术、高精度放射性能谱（铀、钍、钾）测井技术、大功率正交场源张量可控源音频大地电磁法、大功率音频大地电磁法、坑内大功率激电探测、大功率测井技术、浅覆盖区隐伏矿地球物理弱信息提取技术、地球物理数据处理的全自动技术、地球物理找矿异常解释的全自动化技术。在装备方面，需要研制新型高精度航空电磁测量装备、新型高精度航磁测量装备、新型高精度航空重力测量装备、新型地球物理测井装备、实现测井装备智能化、开发出航空-测井地球物理数据处理集成软件系统、实现数据处理软件系统智能化。

5. 钻探

在钻探方面的重点研发任务如下：中心取样快速钻探技术、声波振动快速取样钻进技术、轻便取样钻机、铝合金钻杆、连续油管钻探技术及装备。研发便携式多功能浅钻、定向钻装备，样品自动采集—碎样—分样系统，与快速测试装备无缝连接，实现快速钻探和识别含矿异常。

6. 航空与无人机平台

在航空与无人机平台方面的重点研发任务如下：综合性矿产勘查无人机设计制造技术；航空物探、航空化探和航空高光谱数据采集平台系统研究，提高采集精度，降低采集成本，实现快速采集。

7. 综合信息找矿技术与智慧勘探

在综合信息找矿技术与智慧勘探方面的重点研发任务如下：充分结合移动互联、人工智能、大数据、云计算等现代信息技术，研发信息挖掘新技术，形成具有自主知识产权的解释处理软件，实现部分数据处理和解译的现场化、自动化。研究地质、遥感、物探、化探等不同学科的多元信息融合技术。

8. 快速找矿技术集成创新

对快速找矿技术进行集成研究，探索最优的快速找矿技术组合，构建综合找矿信息三维地质模型，快速发现地表或近地表矿体，形成一套中高山-浅覆盖区快速勘查技术体系。

5.4.4 快速找矿示范工程建议

提出“面向 2035 紧缺战略性矿产找矿勘查”重大科技专项建议。

（1）在新区找矿，通过深化不同区带成矿规律研究，结合航空地球物理-遥感矿化信息高精度识别技术及大数据智能预测技术，在中高山-浅覆盖区开展靶区优选和立体找矿。

（2）在已有矿山周围找矿，针对不同类型矿床及矿床组合的特点，研发提出矿床组合模型，结合地球物理、地球化学、红外光谱、钻探技术和蚀变矿物学等技术创新，开展隐伏矿体精准定位。

（3）突破瓶颈，自主研发国际先进找矿勘查仪器设备。

5.4.5 技术路线图的绘制

面向 2035 年的中国中高山-浅覆盖区非煤固体矿产快速找矿勘查技术路线图如图 5-1 所示。

时间		2025年　2030年　2035年
需求	资源需求	中国大宗矿产（如铜、富铁）和部分新兴战略性矿产资源对外依存度畸高，危机国家资源能源安全
	行业需求	中国现有的找矿理念、找矿技术和勘查设备等方面与国际先进水平差距较大
	未来趋势	中高山-浅覆盖区找矿潜力很大，快速找矿勘查技术体系和关键装备是核心问题
目标	中高山-浅覆盖区快速找矿勘查	形成中高山区快速找矿勘查技术方法体系
		形成浅覆盖区快速找矿勘查技术方法体系
		制订装备研发计划 → 研发出具有自主知识产权的先进找矿勘查设备
		培育至少1～2家设备研发、生产企业进入世界知名行列
关键技术	找矿理论与方法	完善矿床找矿模型，建立一批矿床组合模型
		深化中高山区和浅覆盖区成矿规律研究
		提出矿床的找矿矿物学标志，揭示其影响因素
		创建大比例尺地质填图找矿预测技术
	遥感、红外光谱与雷达	高光谱蚀变矿物填图和矿体预测技术
		红外光谱识别矿物、岩石及蚀变矿物填图
		雷达数据构造解译、岩性判别与三维建模技术
		隐伏区遥感找矿信息提取技术
		多源遥感综合找矿信息智能化分析
	地球物理技术	覆盖区隐伏矿地球物理弱信息提取技术
		地质-地球物理三维建模技术
		地球物理联合反演技术
		数据处理与异常解释的全自动化技术
	地球化学技术	纳米地球化学探测技术、分子水平地球化学探测技术、生物地球化学探测技术
		覆盖区隐伏矿地球化学弱信息提取技术
		地球化学大数据智能分析技术
	钻探技术	快速钻探动力系统、冷却系统、轻量化、高强度钻探原材料
		自动控制技术
	综合信息找矿技术	地质、遥感、地球物理、地球化学等多元信息融合技术、智能提取技术
	智慧勘探	发展找矿勘查的大数据、云计算、知识模型、找矿决策等各项技术 → 具有自动数据处理、决策能力的勘查系统

图 5-1　面向 2035 年的中国中高山-浅覆盖区非煤固体矿产快速找矿勘查技术路线图

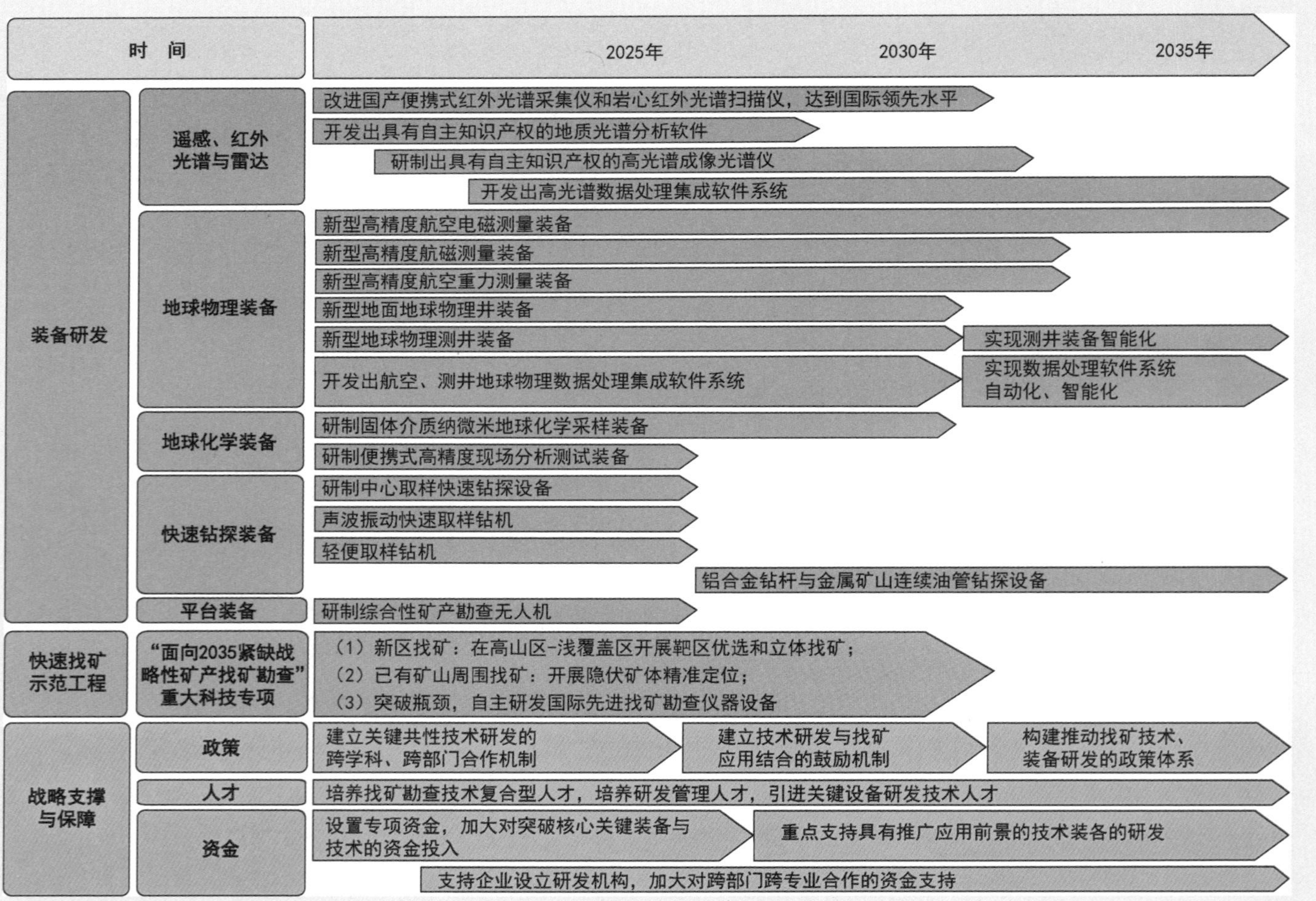

图 5-1　面向 2035 年的中国中高山-浅覆盖区非煤固体矿产快速找矿勘查技术路线图（续）

5.5　战略支撑与保障

1. 建立“产、学、研”联合攻关机制

不断完善和发展“产、学、研”有机结合推动自主创新的机制，探索并建立中高山-覆盖区非煤固体矿产找矿勘查技术创新战略联盟。进一步增强对“产、学、研”联合创新的支持，加强对地勘单位、企业、科研院所以及有关高等院校技术创新力量的组织和协调，联合进行技术研发，推进快速高效找矿方法组合、矿产勘查核心技术装备的应用和转化。

2. 探索研究项目多元化投入途径

利用多元化渠道增强对项目工作的经费投入。除了国家财政预算科研经费，还应积极与矿产勘查企业合作开展联合科技攻关，创新科研组织方式、资金投入方式，以便及时、有效地将研究成果转化为找矿突破成果。

3. 加强国际科学技术合作

鼓励和支持科技人员在相关国际组织中任职，鼓励科技人员积极参与国际矿产勘查理论研究和技术研发工作。加强对关键、先进矿产勘查技术的引进吸收，推动国际先进技术的合作研究、转化应用和高层次科技人才引进和交流。

4. 加强大数据、云计算、无人机等先进技术的应用

探索大数据、云计算等先进信息技术在找矿勘查中的应用，探索构建“智慧勘查”预测系统，利用先进技术增加矿产勘查成功率。加强无人飞行器的应用，尤其是一些工作人员难以到达的边远地区，提高矿产勘查效率，提升矿产勘查质量。

小结

本章通过比较研究发现，中国在勘查地球化学领域处于世界领先地位，在矿床模型研究、区域成矿规律研究、航空地球物理勘查技术与部分浅钻技术方面已基本实现与国际“并跑”，在大型-超大型矿产的遥感识别、浅表红外矿化识别、地面地球物理勘查、先进钻探、快速分析测试等技术与装备方面还处在“跟跑”状态。本课题组对以上各种技术与装备的未来发展趋势进行了前瞻性判断后发现，在智慧勘探方面国内外均处于起步阶段，这是中国未来实现赶超的重要契机。

未来，中高山-浅覆盖区找矿勘查愿景将向快速、低成本、智能、绿色、安全的方向发展，

各种无人机、直升机、小型固定翼飞机将成为野外数据采集的重要平台，可实现一般化学成分的便携式仪器野外现场直接分析测试；人工智能、大数据、云计算、物联网等现代信息技术与矿产勘查实现融合，数据自动化处理和自主决策开始出现，智慧勘探逐步摆脱人类干涉，开启真正智能。中国中高山-浅覆盖区非煤固体矿产快速找矿勘查近期和中期发展目标体现在 3 个方面：成矿规律和找矿理论研究持续创新，研究形成中高山-浅覆盖区非煤固体矿产快速找矿勘查技术方法体系，研发用于大型或超大型矿产识别的系列关键技术及装备。基于上述发展目标，本项目组研究地质找矿的新理论与新方法，明确快速找矿技术集成创新等各领域的重点研发任务，提出了“面向 2035 紧缺战略性矿产找矿勘查”重大科技专项建议，并阐述了应用目标、工程科技目标和主要技术与装备研发任务。

第 5 章编写组成员名单

组　长：毛景文

执笔人：毛景文　段士刚　谢桂青　姚佛军　杨宗喜　刘　敏

6

面向 2035 年的中国竹建筑工程发展技术路线图

竹材作为一种天然可再生建筑材料，符合当前世界各国所提倡的低碳和低能耗理念，可为全球建筑工程的可持续发展开辟一条新的探索途径。本章在重点分析全球竹建筑工程概况的基础上，根据中国竹建筑工程的发展特点为其制定未来 15 年的发展目标，并为面向 2035 年的中国竹建筑工程发展制定相应的技术路线图。

6.1 概述

全世界因工业革命而导致的环境污染问题不断加剧，近几十年来世界各国都在积极推动各种可再生材料的应用和发展。竹子是世界上生长速度最快的植物之一，生长 3 ~ 5 年就可成材，具有轻质、高强度的结构性能，被建筑师们称为“植物钢筋”，是一种可持续且环境友好的可再生建筑材料。其广泛地分布在亚洲-太平洋地区、美洲地区和非洲地区，作为一种传统建筑材料已有几千年历史。但是，直到最近三四十年，人们才逐渐开始大规模地从现代建筑材料的角度去重新认识竹材，现代竹建筑工程的应用和发展也因此具有了研究的必要价值和意义。

6.1.1 研究背景

中国工程科技中长期发展战略研究项目之一：“面向 2035 年的中国竹建筑工程发展战略和关键技术研究”的主要目的是在全球竹建筑工程发展的背景下，为中国竹建筑工程的发展制定战略目标和设定关键技术研究方向。

据不完全统计，全球超过 50 个国家在实际工程案例中应用过竹材：在地震多发的国家和地区，抗震性能良好的竹材为当地人提供了临时或永久的安全庇所；在发展中国家，因人口众多而导致的住房短缺问题亟待解决，竹建筑成为一种有效解决方案为上百万低收入家庭提供了体面住房；在拉美和亚洲国家，利用圆竹建造的现代公共建筑风格优雅别致，成为城市和乡村建设中靓丽的风景线；在欧美国家，主要使用由中国生产出口的工程竹材作为许多大型公共建筑的室内外装饰材，竹材的天然纹理和质地备受建筑师和使用者青睐。

中国拥有世界上最大的竹林面积和最丰富的建筑用竹种资源，对发展现代竹建筑产业具有极大的资源优势。在中国，除使用形态优美的圆竹来设计和建造现代建筑外，工业化制造加工的工程竹材已被大量应用在公共建筑和城市环境中，并被大量出口海外。此外，近年来中国每年木材需求缺口均在 1 亿立方米以上，充分利用竹材可以很好地弥补木材市场缺口，提高本地化材料利用，减少进口木材的使用。因此，非常有必要为中国现代竹建筑工程的发展制定一个相对长期的战略目标和一条切实可行的技术路线。

6.1.2 研究方法

本项目采用文献分析、专家问卷和实地调研 3 种方法相结合，设定未来 15 年中国竹建筑工程的发展目标，并制定中国竹建筑工程发展的技术路线图。技术路线图的制定需要清晰地回答 3 个核心问题：

（1）我们在哪儿（了解项目现状）？

（2）我们要去哪儿（找出未来发展方向）？

（3）我们要如何到达（提出合适解决路径）？

首先，我们以全球现有竹建筑相关英文论文和专利信息为主要研究对象，采用文献量化分析法分析全球竹建筑工程的研究、应用和发展现状，制定出全球技术清单。其次，在全球信息中提取出中国竹建筑工程发展的相关内容，拟定专家问卷和实地调研路线，针对中国展开具体的调查分析。再次，结合专家咨询意见和实地调研考察结果，进一步完善中国竹建筑工程研究、应用和发展现状，并以 5 年为一个时间段，将 2020—2035 年划分为 3 个阶段，制定中国未来 15 年竹建筑工程发展的分步目标和最终目标。最后，利用技术路线图法（Technology Roadmapping Method，TRM）为面向 2035 年的中国竹建筑工程发展制定完整的技术路线图。

本项目主要使用中国工程院战略咨询智能支持系统（Intelligent Support System for Strategic Studies，iSS）完成相关分析，包括技术态势分析、技术清单制定、德尔菲法问卷调查和技术路线图绘制。

6.1.3 研究结论

本项目组经过系统调查和分析，得到了全球竹建筑工程发展现状：首先，主要竹产国和众多竹产品消费国对该领域的相关研究、应用和发展非常积极；其次，近 10 年来竹建筑相关论文发表和专利申请数量的急剧上升表明了该方向是研究和应用的热点，全球竹建筑产业在未来具有很大的发展空间；最后，目前中国在该领域的研究、应用和发展具有绝对领先优势。结合系列专家问卷和实地调研，为面向 2035 年的中国竹建筑工程的发展设立了 3 个最终发展目标——发展“绿色环保高性能的现代竹建筑工程”成套技术、竹建筑在全国范围内得到较广泛的推广与应用、巩固中国在世界竹建筑领域的领军优势。为实现以上 3 个目标，需要发展 5 项关键前沿技术、完成 4 项重点任务，以及提供 6 项战略支撑与保障。

6.2 全球技术发展态势

6.2.1 全球政策与行动计划概况

目前，因为竹建筑应用规模较小，尚未成为各国的主流建筑，所以各国尚未直接出台促进竹建筑产业发展的专项政策法规。但是，竹产业相对发达的国家和地区对竹材作为绿色建材的发展趋势和潜力已达成共识。例如，中国在 2005 年后出台了 10 多项有关促进绿色建筑产业发展的政策法规，鼓励在竹资源丰富的地区发展竹制建材和竹结构建筑。并且，由于中国木材资源的缺乏，加之竹材与木材的相似性，因此中国出台的《关于加快推进木材节约和代用工作意见》中也提到了鼓励竹制品的使用。

此外，从近年全球木结构建筑的应用和推广政策（包括 2009 年加拿大不列颠哥伦比亚省通过的 *Wood First Act* 等）来看，许多国家都正在逐步放开对木结构建筑层数的限制，允许建造更高的木结构建筑。这个发展趋势将大力促进低碳可再生材料的运用，为全球建筑业的节能减排贡献力量，极大缓解未来城市压力。因此，遵循木结构建筑的应用推广政策与行动计划，在适宜国家和地区发展竹结构建筑也应具有相当潜力。

6.2.2 基于文献和专利统计分析的研发态势

本项目主要针对全球竹建筑工程相关科研论文进行量化分析，以了解研究现状、热点和趋势等。同时针对市场上竹建筑相关专利信息，利用统计方法使其转化为具有纵览全局及预测功能的信息，用于了解市场现状、热门产品和未来需求等。

1. 论文统计分析

本项目使用 Web of Science（WoS）中的 Web of Science Core Collection（WoSCC）数据库，利用 iSS 功能进行论文统计分析。论文检索时间范围为 1976—2019 年，从数据库中共检索了 1921 篇论文。在检索时，关键词设为“bamboo & architecture”“bamboo & structure”“bamboo & construction”“bamboo & housing”或“bamboo & building”。由于英文“structure”的检索内容包含部分竹材纳米结构论文，在筛选文献时已将这部分数据去除。

图 6-1 是 1976—2019 年全球竹建筑领域的论文发表数量变化趋势，反映了全球该领域论文发表数量随时间的变化趋势。通常情况下，数量增多代表该领域技术创新趋于活跃；数量平稳代表该领域发展趋于稳定，技术研究进入瓶颈期，技术创新难度增大；数量下降代表该领域被淘汰或被新技术取代，社会和企业创新动力不足。整体来看，全球竹建筑相关论文

发表数量逐年增加的趋势明显，表明相关研究正在大量开展，并且技术创新处于活跃期。2017—2019 年，该领域论文发表数量持续上升，分别为 190 篇、202 篇和 257 篇。此外，竹建筑相关论文发表数量在 2008 年后开始明显上升，表明全球该领域在 2010 年前后开始活跃，说明这个时期该领域进入一个创新阶段，这与新兴的工程竹材作为建材在全球的应用和发展密不可分。

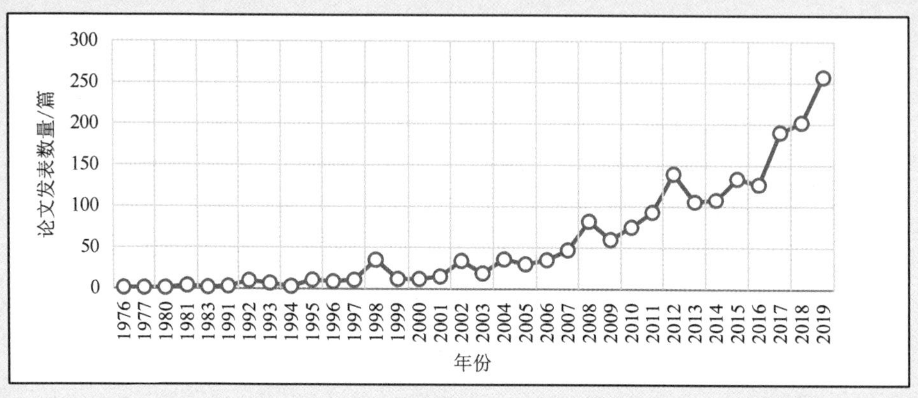

图 6-1 1976—2019 年全球竹建筑领域的论文发表数量变化趋势

iSS 中的论文统计分析结果可从不同角度进行分类，如国家、年份、机构等。中国等 12 国在竹建筑领域的论文发表数量变化趋势如图 6-2 所示。通常情况下，论文发表数量的多少代表国家对本领域的重视程度和研究支持力度，也反映了该国在本领域的技术发展状况和国际地位。图 6-2 选取了论文发表数量较多的前 12 个国家，这些国家在本领域的论文发表数量总和占全球本领域论文总量的 98%。其中，位于前 3 位的中国、美国和日本分别发表了 854 篇、333 篇和 126 篇论文。中国在本领域的论文发表数量占全球本领域论文总量的 45%，说明中国在本领域的研究具有绝对的领先优势。

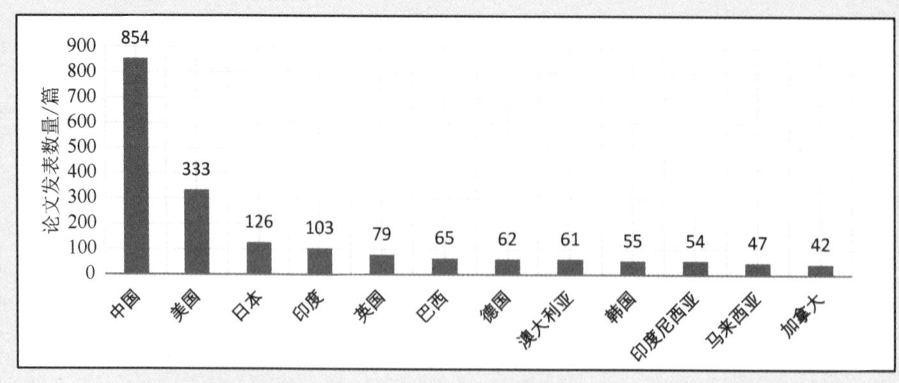

图 6-2 中国等 12 国在竹建筑领域的论文发表数量变化趋势

本章以 2008 年为时间节点，按照 1976—2008 年以及 2009—2019 年两个时间段，探讨各国竹建筑领域论文态势分析，并分别选取论文发表数量排前 10 名的国家进行比较，如图 6-3 所示。1976—2008 年，论文发表数量排前 3 名的国家分别是美国、中国和日本。这些论文以圆竹建筑为主，也有少量关于工程竹材研究的文章。这与工程竹材在当时还未被大量使用，以及与中国在 2009 年前竹建筑研究和应用工作基本停滞的情况吻合。而 2009—2019 年，中国在本领域的论文发表数量已远超美国跃居第一位，论文发表数量超过全球本领域论文总量的一半。这说明 2008 年后中国在本领域投入了大量的科研力量，工程竹材作为一种新兴建材引起了科研工作者的广泛兴趣在这一时间段凸显出来。此外，1976—2008 年，论文发表数量排前 10 的国家中没有东南亚国家，而 2009—2019 年，马来西亚和印度尼西亚跻身前列，表明这些国家也逐渐开始从现代建筑材料的角度去研究和应用竹材。

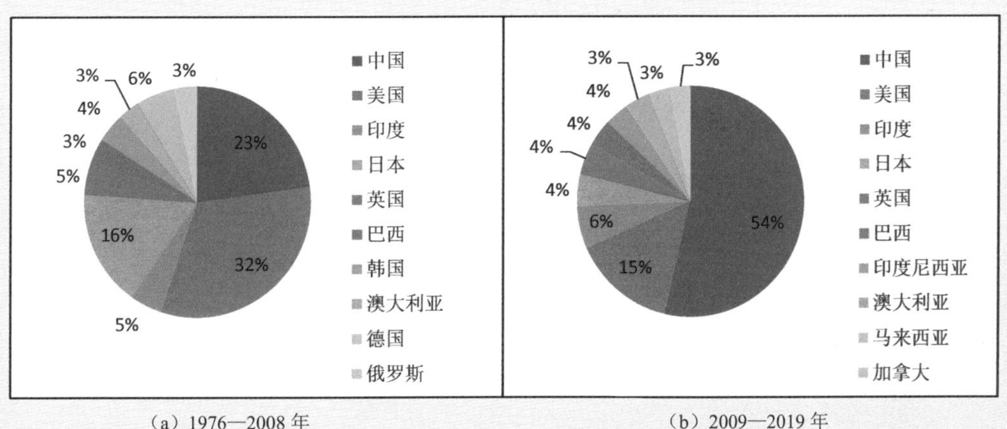

（a）1976—2008 年　　（b）2009—2019 年

图 6-3　分时段的各国竹建筑领域论文发表态势分析

图 6-4 是 iSS 给出的基于竹建筑领域论文统计分析的国家合作网络图，每个节点代表一个国家，节点间的连线代表国家之间的合作。节点越大，代表该国论文发表数量越多；节点间的连线越粗，代表两国之间的合作频率越高。从图 6-4 中可以发现，中国与美国的节点比其他国家大，两国发表的相关论文数量占据大部分。中国、美国与其他国家之间均有许多连线，表明这 3 个国家与其他国家的合作比较频繁。而中国和美国之间的连线最粗，表明两国的合作频率最高。

将机构所发表论文按照数量进行排序，得到竹建筑领域论文发布机构分析图，如图 6-5 所示。该图反映了不同机构在本领域技术的发展现状、技术领先程度和国际地位。中国在本领域的论文发表数量占全球本领域论文发表总量的 45%，排名前 9 的机构均为中国机构，分别是中国科学院、国际竹藤中心、南京林业大学、北京林业大学、湖南大学、浙江大学、中国林业科学研究院、宁波大学和华南理工大学。其中，4 个机构为林业系统科研机构或以林业为特色的大学，其余 5 个为综合性科研机构或大学。

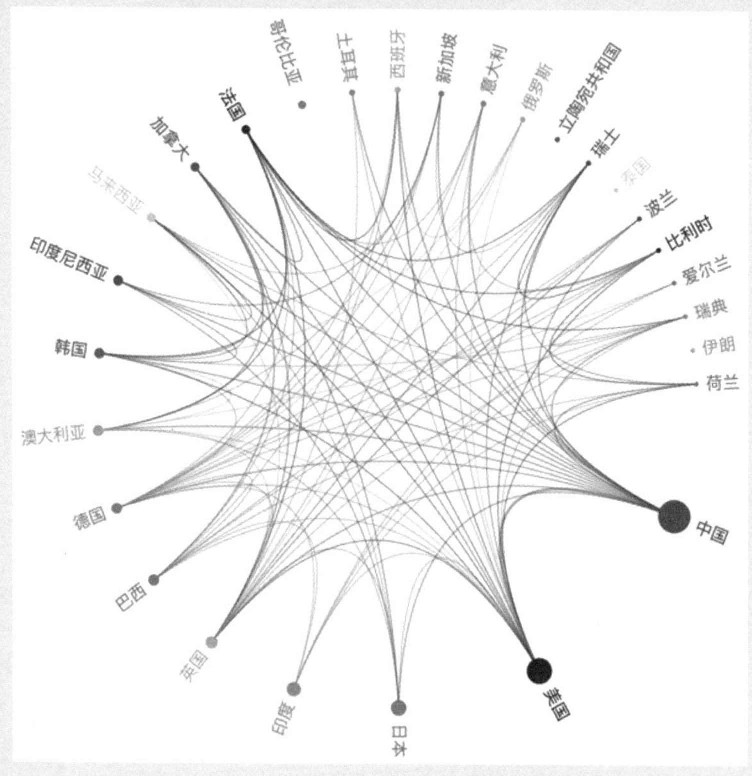

图 6-4 竹建筑领域论文分析国家合作网络图

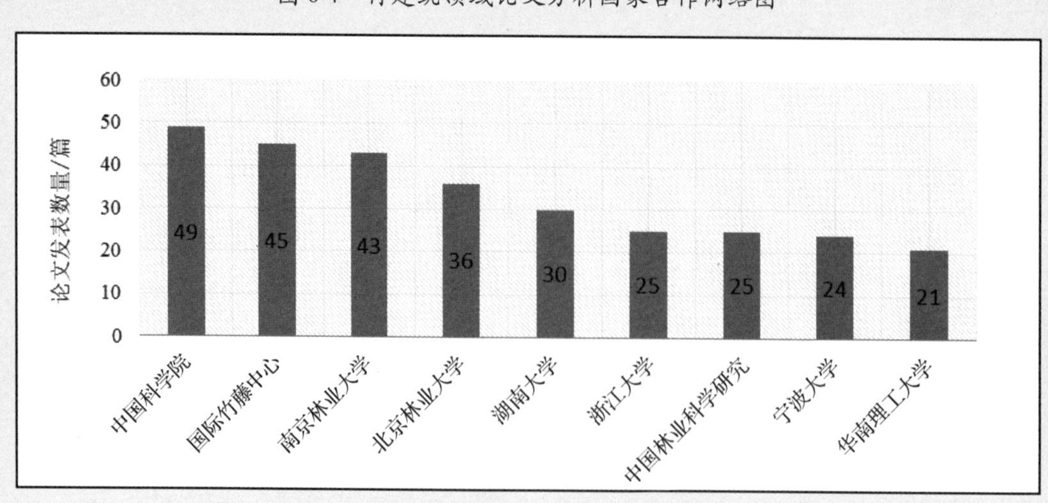

图 6-5 竹建筑领域论文发布机构分析

关键词词云分析是为了解数据库文献中所出现关键词的频率，进而快速获知本领域主要研究热点和方向。本项目针对 1921 篇竹建筑相关论文关键词进行了分析，选取了前 8 个频率最高的关键词进行列表，如表 6-1 所示。可以看出，大多数论文研究了竹材的力学性能，这也是建筑材料最核心的性能。由于竹材是一种复合材料，其性能主要取决于内部的微结构和纤维性能，所以相关研究也较多。此外，因竹材性能与木材相似，故许多研究也常常将两种材料进行对比。

表 6-1　竹建筑相关论文关键词词频分析结果

关键词	频率/次
Mechanical Property（力学性能）	270
Behavior（性能）	125
Wood（木材）	98
Performance（效能）	95
Composite（复合物）	86
Strength（强度）	69
Microstructure（微结构）	67
Fibers（纤维）	59

2. 专利统计分析

专利统计分析的主要目的是为了解竹建筑在市场上的应用情况，该方法也是一种获知本领域领先国家、机构或专家信息的好方法。经过专利统计分析得到的资料，可用来理解目前本领域现状，也可获知本领域遭遇的瓶颈等，有助于提供发展战略和技术的研究。仍然采用 iSS 对竹建筑相关专利进行量化分析，所得结果也可根据国家、年份、关键词的频率等分类，从多个角度进行解读。

专利统计分析使用的数据库为 Web of Science（WoS）里的德温特专利索引（Derwent Innovations Index, DII）。这一数据库整合了德温特世界专利索引（Derwent World Patents Index，DWPI）与专利引文索引（Patents Citation Index，PCI），提供全球专利信息，包含了 50 多家专利机构。在专利统计分析中，时间范围锁定为 1976—2019 年，所使用的关键词与论文统计分析相同，勾选 Construction Building Technology 科目领域，筛选只与竹建筑相关的专利。从数据库中总共获取了 4231 项专利进行量化分析。

1976—2019 年全球竹建筑相关专利申请数量变化趋势如图 6-6 所示。图 6-6 表明，竹建筑相关专利申请数量在 2006 年后开始飞跃增长，数量最多的 3 年分别是 2016 年、2017 年和 2018 年，申请数量分别为 451 项、472 项和 475 项。2019 年竹建筑相关专利申请数量偏低的原因可能是数据信息滞后。从全球本领域的专利申请数量变化趋势可以看出，竹建筑是一个蓬勃发展的领域。

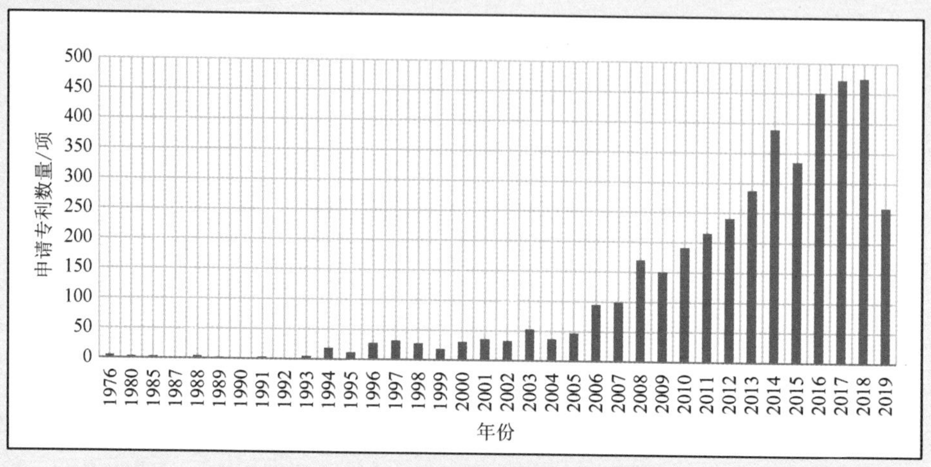

图 6-6　1976—2019 年全球竹建筑相关专利申请数量变化趋势

图 6-7 所示是各国竹建筑相关专利申请数量占比情况，申请专利数量排前 5 名的国家依次为中国、日本、韩国、美国和德国。中国共申请了 3366 项竹建筑相关专利，占全球竹建筑相关专利总量的 82%，排名第二的日本共申请 405 项竹建筑相关专利，占全球竹建筑相关专利总量的 10%，这两个国家就占了全部竹建筑相关专利申请数量的 92%。对比各国竹建筑相关专利申请和论文发表数量，中国均排名第一，在科学研究和产业发展方面均居领先地位。日本虽然在竹建筑相关论文发表数量上排名第三，但是在专利申请数量上排名第二，这说明日本可能更注重研究成果的技术转化。

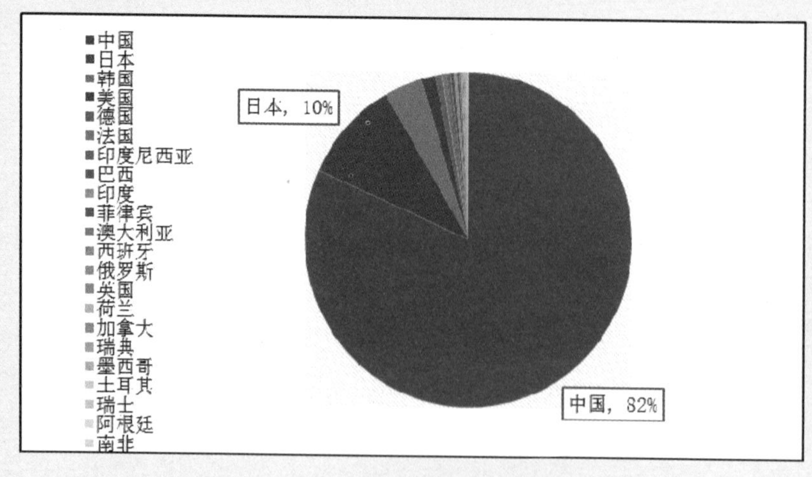

图 6-7　各国竹建筑相关专利申请数量占比情况

图 6-8 所示为竹建筑相关专利申请机构分布及排序，从图 6-8 可知，专利申请数量排前 8 名的机构均分布在中国，包括 6 个大学和 2 个企业。这说明中国大学不仅在论文发表上成绩突出，在专利申请方面也有杰出贡献。

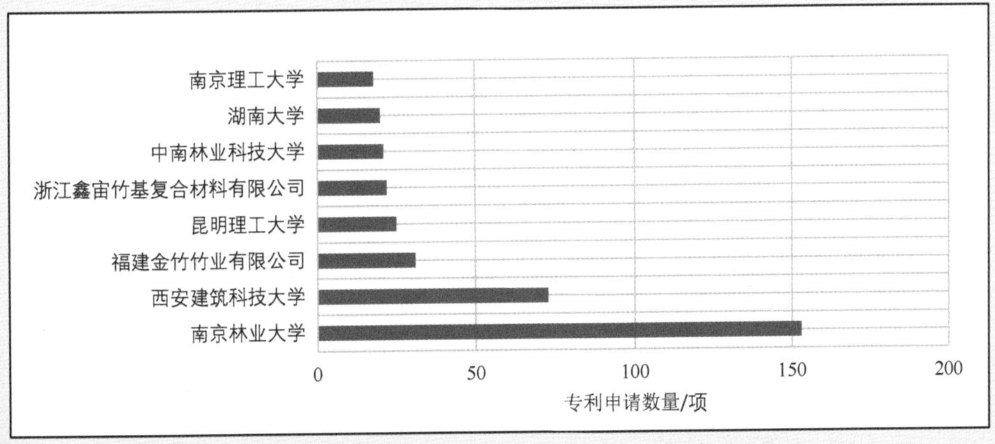

图 6-8 竹建筑相关专利申请机构分布及排序

6.3 关键前沿技术与发展趋势

6.3.1 技术体系和全球技术清单

在 iSS 中建立了中国竹建筑工程技术体系，如图 6-9 所示。其中包含 6 个一级体系，分别是竹资源和建筑用竹种、建筑用竹材、施工工艺、胶合材料、技术标准、政策执行和能力建设。每个一级体系又包含若干二级体系和三级体系，例如，胶合材料一级体系包含有机胶和无机胶两个二级体系，无机胶二级体系包含高性能无机胶的研发、无机胶与竹材的黏结性能及其评价，以及无机胶对竹材防火性能和耐久性能提升技术 3 个三级体系。完整的技术体系包括竹建筑工程相关的主要技术清单。

表 6-2 为 iSS 所提供的与竹建筑相关的全球技术清单，呈现主要国家政府部门和研究机构所资助的与竹建筑有关的科研方向及其技术清单。从表 6-2 中可以看出，与竹建筑有关的大部分研究在中国开展，资助方主要包括中国科学院、中国工程院、科技部和国家自然科学基金委员会，技术清单主要集中在绿色建材、再生材料、生态建筑、村镇建筑、绿色建筑、低碳和节能特点、工业化建筑部件等方面。此外，英国和泰国对该方向的研究也有较大支撑。

图 6-9　中国竹建筑工程技术体系

表 6-2　与竹建筑相关的全球技术清单

国　别	单　　位	领　　域	子领域	技术清单
中国	中国科学院	材料科学与技术	无机和陶瓷材料	绿色建材成为未来建筑材料的主导产品
中国	中国科学院	材料科学与技术	无机和陶瓷材料	城市建筑垃圾的循环再生技术获得突破
中国	中国科学院	资源与环境技术	生态	生态建筑得到广泛应用
中国	中国科技部	农业	村镇宜居社区与住宅建设	村镇绿色建筑综合防灾减灾技术
中国	中国科技部	能源	节能、储能和分布式供能	建筑节能技术
中国	中国科技部	城镇化	建筑工程技术	低碳建筑设计技术
中国	中国科技部	城镇化	建筑工程技术	建筑构部件标准化设计技术
英国	—	—	轻量型基础设施	建筑及建筑材料
泰国	—	—	材料技术包括能源和环境技术	绿色建筑技术
中国	中国工程院	中长期战略规划——城镇化与基础设施	城市与建筑	智能型性能数据导向绿色建筑全过程优化关键技术
中国	中国工程院	中长期战略规划——城镇化与基础设施	土木与材料	建筑结构的质量与安全监控预警技术
中国	国家自然科学基金委员会	工程与材料科学部优先发展领域	绿色建筑设计理论与方法	建筑形体、空间、平面和构造与绿色建筑评价指标体系的耦合作用规律
中国	国家自然科学基金委员会	工程与材料科学部优先发展领域	绿色建筑设计理论与方法	不同地域绿色居住建筑模式、公共建筑和工业建筑绿色设计的原理、方法、技术体系和评价标准
中国	中国工程院	全球工程研究前沿	土木、水利与建筑工程	绿色乡土建筑
中国	中国工程院	全球工程研究前沿	土木、水利与建筑工程	基于全寿命周期的绿色建筑设计方法

6.3.2　中国竹建筑工程关键前沿技术

根据文献量化分析并结合技术体系和技术清单，面向 2035 年的中国竹建筑工程关键前沿技术如下：

1. 可持续竹林资源管理和建筑用竹材产品开发

全球竹林资源分布广泛，竹材种类超过 1600 种，不同竹种其力学性能各不相同。一方面，需要针对竹林进行可持续资源管理以保证竹材原材料的性能质量；另一方面，需要发掘不同的建筑用竹种并开发多样的建筑用竹材产品。按照建筑材料功能的不同，可分成结构材料、围护和装饰材料以及其他功能材料。其中，结构材料可以采用圆竹和工程竹材。圆竹的定义是保留竹子原本的植物性状将其直接作为建筑用材，而工程竹材则是利用胶合工艺将开片或疏解后的竹子进行集成或重组，如胶合竹、竹集成材和重组竹等。围护和装饰用竹材多为工程竹材，在竹建材市场的占有率超过 90%，包括室内外地板、非结构墙体材料、吊顶材料等。

目前，针对材料的研究主要集中在力学性能、耐久性能、防火性能和长期性能等方面。尽快掌握各种材料的各项性能指标，有助于竹建材的工业化生产和竹建筑工程实践的开展。

2. 工程竹材用绿色环保、耐久性能和防火性能优异胶黏剂的研发

在工程竹材使用胶黏剂方面，目前使用的主要为脲醛、酚醛树脂等有机胶黏剂。有机胶与竹材之间的黏结性能良好，但是在生产和使用过程中，会造成环境污染，并且防火性能和耐久性能比较差。因此，需要研发高耐候性能的有机胶，并对其有害物质释放量、耐老化性能和耐火性能展开系统研究。此外，迫切需要开展竹建筑用绿色环保、耐久性能和防火性能优异的无机胶黏剂的研究和开发。在无机胶黏剂的研究方面，由于无机胶与竹材之间的浸润性和亲和性较差，因此实现无机胶与竹材之间的良好黏结是最核心的问题，无机胶对竹材纹理的覆盖遮挡也是要解决的关键问题。此外，还需要系统研究采用无机胶所生产的工程竹材的制备工艺，及其相应的力学性能、耐久性能和防火性能。

3. 创新结构体系和装配式施工工艺

对于圆竹结构，需利用圆竹等本身优良的结构特性，在成束使用、关键节点、弯曲成型等方面实现技术突破，包括成束圆竹共同工作的基础理论、金属节点连接件和高性能内填物的研发。工程竹材因其材料性能的稳定性，更能满足现代建筑对可靠性方面的要求。工程竹结构的创新利用属于前沿技术，包括高性能的节点连接形式、高效能的组合截面构件（箱形、工字形、桁架、竹-木或竹-钢复合材料构件等），以及多样化的结构设计体系。可以同时借鉴工程木结构和钢结构的研究和应用经验，开创工程竹材特有结构体系，以及竹–木、竹–钢或竹–混凝土组合结构体系，充分利用工程竹材的力学性能和节能特点，实现工程竹材在未来多高层、大跨和空间结构方向的创新利用。提升竹建筑全产业的工业化程度，探索提升装配式建筑的关键技术，包括构件和部品制作的工厂化、装修材料的集成化、现场施工的拼装化，减少竹建筑工程的人力和成本，全面提升竹结构建筑的优势。

4. 基于性能化的竹建筑防火设计研究

在圆竹材料的防火、耐火性能方面的研究几乎是空白的，对工程竹材的研究也较少。目前针对竹材耐火性能的研究主要集中在两个方面，一是竹材及竹结构构件在高温下的力学性能研究，二是对阻燃剂及阻燃措施的研究。将竹材作为一种建筑结构材料，必须满足消防安全的要求：当建筑发生火灾时，主要受力构件的承载力需要在所要求的极限耐火时间内不发生变化，保证结构在坍塌前人员有足够的逃生时间。因此，基于性能化的竹建筑防火研究显得尤为重要，包括竹材在高温下的力学性能、如何通过阻燃剂提高竹材的阻燃性能、如何合理规划竹建筑的防火分区，以及自动喷淋系统等主动措施的布置和使用等。

5. 完善的竹建筑技术标准体系建设

目前，现代竹建筑的工程实践还相对较少，并且多是临时性建筑，很大程度上是因为缺

少完善的竹建筑技术标准体系。而实践的不足又反过来制约了技术标准的完善和发展。目前的竹结构建筑技术标准多是参考木结构建筑的规范和技术标准。虽然竹材和木材在性能上具有相似性，但不完全相同。需要系统地建立完善的竹结构标准体系，包括竹材力学性能试验标准，竹结构产品标准，竹结构设计标准，竹结构建筑施工、验收和评价标准等。通过大量工程实践，检验和完善各项技术标准，形成理论指导实践、实践再提升理论的良性循环。

6.4 技术路线图

6.4.1 发展目标与需求

竹建筑工程领域将以“绿色环保高性能的现代竹建筑工程”作为核心发展目标，到 2035 年力争达到如下发展水平：研发成功一系列创新型的竹建筑用材、结构体系、施工方案和完备的技术标准体系，取得包括绿色环保高性能胶黏剂在内的关键核心技术，并在全国范围内得到较广泛的推广与应用，扩大竹材替代部分木结构建筑材料的份额，让竹建筑成为被大众广泛接受的选项之一，继续巩固中国在世界竹建筑领域的领军优势。以 2025 年、2030 年和 2035 年为 3 个里程碑时间节点，按照技术路线图分阶段完成各项重点任务，从而最终完成竹建筑工程领域的发展目标。

6.4.2 重点任务

为了达到上述竹建筑工程的未来发展目标，面向 2035 年的竹建筑工程领域的重点任务如下：研发绿色环保、耐久性能和防火性能优异的建筑用竹材；建立建设领域完善的竹建筑技术标准体系；建立能抵御各种灾害的创新竹建筑体系和制订装配式施工方案；推进全国范围内多种体系、多应用场景和较大规模的竹建筑示范工程。

1. 研发绿色环保、耐久性能和防火性能优异的建筑用竹材

绿色环保是建设领域面向 2035 年发展的主旋律，无论是圆竹还是工程竹材都应满足高性能、低能耗、长寿命、耐火性好等要求。高性能、环保的竹材处理加工技术以及工程竹材用新型胶黏剂的研发尤为关键，这些技术能提升竹材的力学性能、防火性能和环保性能，延长其使用寿命，使竹建筑更具发展优势。借鉴正交胶合木（CLT）的成功经验，研发性能优异的正交胶合竹产品，扩展竹材在高层、大跨建筑中的应用。对工程竹材而言，还应优化其制备加工工艺，降低材料加工成本，使其在主流建筑市场具有价格竞争优势。此外，保证竹材在加工、使用和回收过程中对环境零污染，实现竹建筑生命周期内全过程绿色环保，也是未来竹建筑发展的必然趋势。

2. 建立建设领域完善的竹建筑技术标准体系

标准是工程建设的重要技术依据和准则，对保障工程质量安全、推广应用先进技术、提升国家和企业核心竞争力意义重大。目前，竹建筑技术标准体系尚未建立，大多数出版标准都是林业领域标准，建设领域标准严重缺乏，不能实现土建基本程序中的闭环，竹建筑的合法性难以保障，严重阻碍了竹建筑的推广应用。建议加强竹建筑技术标准体系的顶层设计，支持科研人员尽快将科研成果转化为标准规范，调动企业参与标准制定的积极性。

3. 研发具有抵御各种灾害能力的创新竹建筑结构体系和装配式施工成套技术

竹建筑是天然的装配式建筑，根据圆竹或工程竹材特点进行理论和试验分析计算，确定新型竹结构体系关键技术，提升其抵御地震、台风和火灾等多种灾害的能力，通过系统技术集成，研发符合现代竹建筑全生命周期特点的成套结构体系、建造技术和回收系统。此外，还可根据竹材特点，与其他常用建筑材料结合，发展竹-木、竹-钢、竹-混凝土组合结构体系，发挥不同材料各自优势，带动竹建筑的发展；还要研发针对竹建筑的质量和安全监控技术，确保新型竹建筑结构体系满足安全、适用和耐久的需求。

4. 推进全国范围内多种体系、多应用场景和较大规模的竹建筑示范工程

在材料研发、标准完善和创新建筑体系的支撑下，可在全国开展较大规模的竹建筑示范工程。选择圆竹结构、工程竹结构等建筑体系，在住宅、公共建筑、桥梁等多种应用场景，采用多高层、大跨、空间等复杂结构形式，形成多种多样的竹建筑工程实践，示范各项新研发的技术，在实践中积累经验，检验标准的可用性和先进性，提出更新、更高效、更环保的建筑用竹材需求、竹结构设计和施工技术需求。

6.4.3 技术路线图的绘制

技术路线图是一个过程工具，帮助梳理行业在未来一定时间段内的终极发展目标和需求，并识别在此过程中所需的重点任务、关键技术和支撑保障。技术路线图主要分为目标层、实施层和保障层 3 个层级。目标层表示该领域所希望达到的最终目标，实施层表示为达到该目标所需完成的重点任务和关键性技术研究，保障层则表示为快速、顺利发展该领域所需的支撑措施。各层级之间用箭头相互指向，代表层级之间的相互联系。

面向 2035 年的中国竹建筑工程发展技术路线图如图 6-10 所示。值得注意的是，该技术路线图中多个层级的内容均包含不确定性，相互间也有较为复杂的影响关系。目前制定的技术路线图基于对中国竹建筑工程领域的认知，需要根据时间发展适时地进行更新。

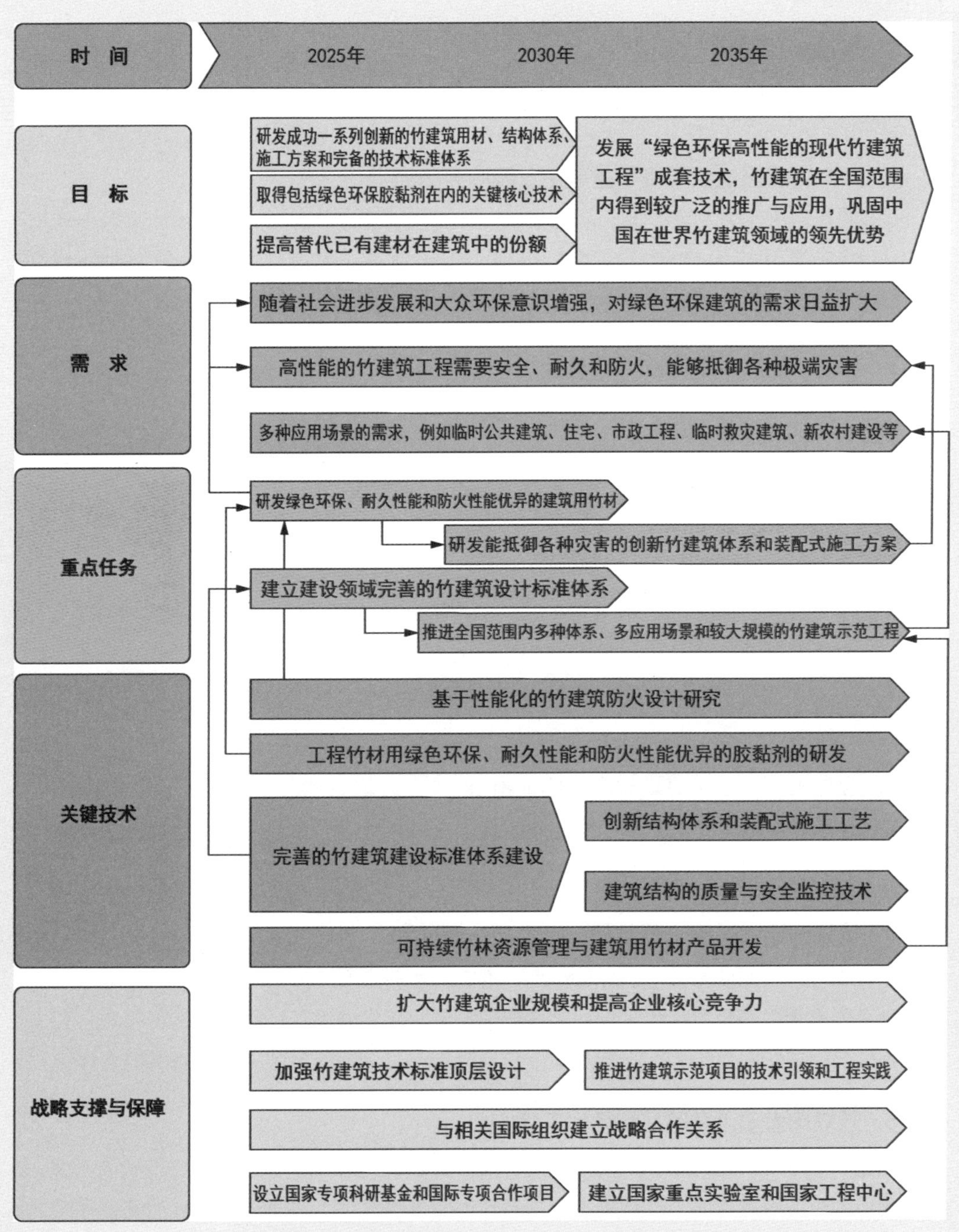

图 6-10 面向 2035 年的中国竹建筑工程发展技术路线图

6.5 战略支撑与保障

1. 扩大竹建筑企业规模和提高企业核心竞争力

企业是中国竹建筑产业发展的核心动力，中国竹企业规模属于中小型。国家和地方政府应通过提供相关政策支持、扩大投融资渠道和设立企业专项基金等措施，重点支持核心企业扩大规模、加大研发和提高核心竞争力。

2. 加强竹建筑技术标准顶层设计

打破住建、林业和应急等部门的行业壁垒，加强竹建筑技术标准的顶层设计，并努力推进各专项标准的制定或修订。在相关大学和执业资质教育和考试中，增加竹建筑及其技术标准考核内容，让更多专业技术人员了解竹材这种传统材料的现代化用法，并在更多的工程实践中将其作为选项之一 。

3. 推进竹建筑工程示范项目的技术引领和工程实践

在政府主导的公共建筑、应急用房、安居工程、节能改造、新农村建设和市政设施等项目中，选择一定比例的项目进行竹建筑应用综合示范，全面评估发展竹建筑工程所带来的环境、经济和社会综合效益。

4. 与相关国际组织建立战略合作关系

建议中国与总部设在北京的国际竹藤组织建立长期战略合作关系，加强中国与其他竹产国、竹建筑产品消费国之间的交流合作，促进中国对外技术输出和产品贸易。

5. 设立国家专项科研基金和国际专项合作项目

建议中国国家专项基金（科技部基金、国家自然科学基金等）为竹建筑开放专门研究项目，鼓励国内相关科研机构和企业加大关键前沿课题研发力度，巩固中国在该领域的领先地位。建议与相关国际机构合作，开放国际专项合作项目，召集全球顶尖专家共同合作。

6. 建立国家重点实验室和国家工程中心

建立 1～2 个国家重点实验室和国家工程中心，针对建筑用竹材连续自动化生产设备、无害化用胶、耐久性能和防火性能等方面的技术难题进行攻关，对竹建筑设计和建造体系进行系统研究。

小结

本项目组经过系统调查和分析，总结出全球竹建筑工程发展现状：

（1）主要竹产国和众多竹产品消费国对该领域的相关研究、应用和发展非常积极。

（2）近 10 年来竹建筑相关论文发表数量和专利申请数量的急剧上升，表明该方向是研究热点，全球竹建筑产业在未来具有很大的发展空间。

（3）中国目前在该领域的研究、应用和发展具有绝对领先优势。

结合系列专家问卷和实地调研，为面向 2035 年的中国竹建筑工程发展设立了 3 个最终发展目标 —— 发展“绿色环保高性能的现代竹建筑工程”成套技术、竹建筑在全国范围内得到较广泛的推广与应用、巩固中国在世界竹建筑领域的领先优势。为实现以上目标，需发展以下 5 项关键前沿技术：可持续竹林资源管理和建筑用竹材产品开发、工程竹材用绿色环保、耐久性能和防火性能优异胶黏剂的研发、创新结构体系和装配式施工工艺、基于性能化的竹建筑防火设计研究、完善的竹建筑技术标准体系建设。需要完成以下 4 项重点任务：研发绿色环保、耐久性能和防火性能优异的建筑用竹材；建立建设领域完善的竹建筑技术标准体系；研发具有抵御各种灾害能力的创新竹建筑体系和装配式施工成套技术；推进全国范围内多种体系、多应用场景和较大规模的竹建筑示范工程。需要提供以下 6 项战略支撑与保障：扩大竹建筑企业规模和提高企业核心竞争力；建立国家重点实验室和国家工程中心；设立国家专项基金和国际专项合作项目；加强竹建筑技术标准顶层设计；推进竹建筑示范项目的技术引领和工程实践；与相关国际组织建立战略合作关系。

第6章编写组成员名单

组　长：陈肇元

成　员：杨　军　闫振国　邵长专　张　鑫　刘巧玲　闫　凯　刘可为

执笔人：杨　军　刘可为　刘巧玲　邵长专　蒋为安

7

面向 2035 年的中国天基海洋观测发展技术路线图

7.1 概述

习近平总书记指出："建设海洋强国，必须进一步关心海洋、认识海洋、经略海洋，加快海洋创新步伐，推动中国海洋强国建设不断取得新成就。"

21 世纪是海洋世纪，开发海洋、保护海洋成为全球发展新的机遇与挑战。天基海洋观测是快速、高效、稳定获取全球海洋环境、资源、目标态势等信息的高新技术。以海洋卫星为代表的天基海洋观测体系已成为服务国家海洋强国建设、拓展蓝色经济空间、维护国家海洋权益、推进海洋高新技术发展的有力技术支撑，是当前和今后海洋前沿技术和工程的主要发展领域。本研究紧紧围绕面向 2035 年国家海洋强国建设和经济社会发展对天基海洋观测的需求，通过对现阶段中国海洋遥感技术现状以及国际发展趋势的综合分析，提炼出天基海洋观测的核心关键技术与前沿科技工程，构建面向 2035 年的中国天基海洋观测体系及其发展技术路线图，并提出战略支撑和保障的建议。

7.1.1 研究背景

党的"十八大"做出了建设海洋强国的重大部署，党的"十九大"又强调要加快建设海洋强国。促进海洋经济发展、海洋生态文明建设以及深度参与全球海洋治理是海洋工作的"三大聚焦"。上述海洋工作的开展和完成离不开全面、精准、高效的海洋环境、资源和人类活动信息的支撑，以海洋卫星为代表的天基海洋观测体系以其站得高、看得远、看得全的优势，成为不可替代的有效掌握海洋环境信息的高技术手段，在海洋强国建设和中国经济社会发展中发挥着重要作用。当前，海洋资源的开发、海洋权益的维护、海洋生态文明的建设对海洋卫星的发展提出了更高和更紧迫的应用需求。围绕这些应用需求，国家规划了一系列包括海洋卫星的发展规划，通过《国家民用空间基础设施中长期发展规划（2015—2025 年）》《陆海观测卫星业务发展规划（2011—2020 年）》《"十三五"航天发展规划》《海洋卫星业务发展"十三五"规划》的实施，使天基海洋观测有效服务于中国海洋强国战略在海洋资源开发、海洋环境保护、海洋防灾减灾、海洋权益维护、海域使用管理、海岛海岸带调查和极地大洋考察等方面的重大需求，兼顾气象、农业、环保、减灾、测绘、交通、水利等行业应用需求。

到 2020 年，中国天基海洋观测将基本建成系列化的海洋卫星观测体系、业务化的地面基础设施和定量化的应用服务体系；到 2025 年，将形成上、下午双星组网，大幅宽、高精度、高时效的海洋水色水温观测能力，具备全球 1 天 2 次的探测覆盖能力；实现全球海浪谱信息的空间连续获取能力，实现中尺度海洋动力现象的观测和 6 小时全球海面风场的观测，形成中国自主的空间海洋盐度探测能力，为用户提供高时空分辨率海洋动力环境信息，进一步完善中国自主卫星对海洋动力环境全要素信息的获取能力；实现全球范围海面目标、海洋现象和地形特征的大范围、高精度、高时效的监视监测。

中国正处于加快实施海洋强国建设和“一带一路”倡议促进经济社会转型升级的关键时期，这些都对发展天基海洋观测技术提出了紧迫的需求。通过开展面向 2035 年的天基海洋观测前沿科技工程发展战略研究，紧紧围绕应用需求和技术瓶颈，探索多星组网观测体系、综合卫星平台技术、新型遥感载荷技术和多要素、高精度、高时空分辨率海洋卫星产品体系，从中国工程院的高度提出指导意见和政策建议，推动天基海洋观测技术的发展和完整海洋遥感立体观测体系的构建，提高认识海洋和经略海洋的能力，这将在新时代建设海洋强国和全球海洋治理进程中发挥出重要作用。

7.1.2 研究方法

在研究方法上采用文献计量、专利分析、未来愿景、需求分析、头脑风暴法和专家研讨会等相结合的技术预见实践方法，主要使用中国工程院战略咨询智能支持系统（intelligent Support System for Strategic Studies，iSS）完成相关数据处理。首先，通过专家研讨确定了天基海洋观测前沿科技工程发展技术体系和研究范畴。其次，通过文献计量、专利分析和专家研讨完成相关领域技术发展现状的调研分析；基于未来愿景和需求分析系统，梳理和预测了中国经济社会发展对天基海洋观测的具体需求；通过头脑风暴法和专家研讨会，论证分析了面向 2035 年的天基海洋观测技术发展态势，收集、整理和筛选了关键前沿技术。最后，通过进一步的专家研讨和论证，研究并提出了面向 2035 年的中国天基海洋观测重点任务建议并绘制本领域的技术路线图。

在研究方法上，既着重发挥文献计量、专利分析和技术路线图绘制等方法的客观性、量化性、可视性优势，也意识到文献和专利信息呈现的更多的是已取得的研究成果，从某种角度而言是“过去式”或“完成式”的信息，单纯依靠这些数据预测未来发展，尤其是中长期发展趋势，是存在局限性的。因此，在研究过程中也着重进行了大量的专家研讨和论证，充分归纳整理专家意见和建议并快速迭代优化，充分发挥领域内专家的前瞻性、专业性和预见性优势，将专家主观前瞻性和数据客观定量性分析相结合，取得了良好的研究效果。

7.1.3 研究结论

全球天基海洋遥感技术持续业务化发展，稳定地满足业务应用需求。在海洋遥感应用上，欧美等国家和地区十分注重保持观测数据的稳定性和持续性，在接续已有 Jason 系列（美国和法国合作研制）、Sentinel 系列（欧洲）、ALOS 系列（日本）、GEO-KOMPSAT 系列（韩国）、Ocean Satellite-3A 系列（中国）等卫星计划的基础上，更多地纳入气象、资源环境等领域的卫星，实现海洋领域的应用。但是，现有观测载荷获取的海洋环境信息比较单一，不能同步获取多元多种信息，不能同步覆盖观测区域，时空分辨率还需提高。其中，全球具备海洋水色观测能力的卫星有 20 多颗，卫星星源多，海洋、陆地、气象、资源等领域的卫星都具备海洋水色观测能力。不足之处是分辨率大多为百米，不具备次表层水体观测能力；全球风场的观测首选载荷为微波散射计，具备同时提供风速和风向信息的能力，中国 HY-2 卫星系列、中法海洋卫星及其后续卫星都搭载微波散射计。另外，中国的气象卫星系列也搭载微波散射计。全球对地观测体系中海面风场的观测能力强，卫星多，但目前运行的微波散射计对风场空间分辨率多为 25km 左右，需进一步开发满足业务需求的更高分辨率微波散射计；有效波高的观测主要依靠雷达高度计实现，但相邻轨道间距过大，不能实现宽刈幅观测，不能获得波长、波向等全面的海浪信息。现在能够连续获取海浪谱信息的只有中法海洋卫星中的海浪波谱仪，但刈幅不到 200km，需进一步提高覆盖范围，增大观测刈幅；对海面地形（海面高度）、全球海平面的观测在目前能形成业务能力的只有雷达高度计，合成孔径雷达（SAR）卫星和重力星等其他方式作为补充。但在宽刈幅、高分辨率观测方面存在短板；海流目前只能通过干涉 SAR 进行有效观测，但无法实现全球全天时连续观测。雷达高度计能够获取大尺度地转流信息，但无法满足近海实际业务需求；具备全球海水观测能力的卫星最多，有微波和光学遥感器、极轨和静止轨道卫星等多种数据源不同分辨率的海温数据。但具备全天候、全天时观测的微波载荷少且空间分辨率还有待提高；目前在轨海洋盐度观测卫星只有一颗，后续中国将发射一颗，国外已无后续海洋盐度观测卫星发射计划。海洋盐度观测卫星还具备陆地土壤湿度的探测能力，但土壤湿度探测所需的分辨率要求更高；目前水深测量只有通过 SAR 和光学手段才能实现，只能获取浅水地形信息，对大洋水深/地形利用星载遥感方法还在探索阶段，雷达高度计具备相应的探测能力，但缺乏足够的大洋水深/地形的实测数据进行验证；海冰信息通过大部分遥感方法都可获取，利用 SAR 可以获取海冰类型、厚度和边缘线等精细的海冰信息，利用激光测高仪可以获取冰盖的高程信息，其他遥感方法的空间分辨率低，需加强多种观测方法的联合应用。获取极地海冰信息最有效的方式是采用专用的极地观测卫星，从轨道和载荷配置方面进行优化设计，目前还没有这类卫星在轨，俄罗斯计划发展该类卫星，但还未具体实施。

根据各国的天基海洋观测计划，海洋卫星在未来一段时间内仍保持稳定持续的发展态势，其观测目标和观测范围进一步拓展，包括空间分辨率、时间分辨率和辐射分辨率等在内的卫星性能不断提升，卫星系统和载荷观测模式呈多样化发展。同时，各国还十分注重国际合作，共同开展卫星的研发。中国的海洋卫星发展也应该从国情出发，紧扣国家战略和应用需求，合理开发和利用现有资源，进一步在基础、核心和共性关键技术方面取得突破，努力提质增效，夯实基础，补齐短板，强化卫星天地一体化综合效能的发挥。

7.2 全球技术发展态势

7.2.1 全球政策与行动计划概况

天基海洋观测的发展大致分为 3 个阶段：起步探索阶段（1960—1978 年）、试验应用阶段（1978—1999 年）、业务化应用阶段（1999 年至今）。当前，天基海洋观测正处于向全球高精度无缝实时观测体系发展、注重应用效能转变的关键时期，世界海洋和航天强国均非常重视天基海洋观测技术的发展，纷纷出台相关指导性政策并积极开展多样式的行动计划。

1. 美国

美国在轨和后续卫星中具备海洋观测能力的卫星有 25 颗，其中在轨卫星 8 颗，后续卫星 17 颗。这些卫星具有种类多、数量多、技术指标先进、系列化的特点。除了部分卫星由美国国家航空航天局（NASA）和美国国家海洋和大气管理局（NOAA）等机构自主研制开发，大多数卫星采用与欧洲气象卫星开发组织（EUMETSAT）、欧洲航天局（ESA）、法国国家空间研究中心（CNES）、英国、日本等组织和国家联合的方式共同研发。卫星系列有 Jason 系列（Jason-2，Jason-3）、联合极轨卫星系统（JPSS-1~4）、地球静止轨道环境业务卫星（GEOS-R，GEOS-S，GEOS-U）、重力卫星系列（GRACE-Follow-on，GRACE-II）、激光测高卫星（ICESAT-2）。主要载荷有固态雷达高度计、新体制 Ka 波段（26.5～40GHz）高度计、可见光/红外成像辐射计、先进微波探测仪、盐度计、先进基线成像仪、重力探测仪、多波段 UV/VIS 光谱仪、中分辨光谱辐射计、地球静止轨道（GEO）成像光谱仪、激光雷达等。新型卫星有 ICESat-2，其配备先进地形激光测高系统（ATLAS）；还有 SWOT 卫星，配备 Ka 波段干涉雷达高度计。这些卫星观测的海洋环境要素有海面高度、海面风速、有效波高、海面温度、海洋水色、海冰面积、边缘线和厚度、海洋盐度、重力场、中尺度和亚中尺度流场、溢油等。

2. 欧洲

欧洲航天局在轨和后续卫星中具备海洋观测能力的卫星有 15 颗，其中在轨卫星 5 颗，后续卫星 10 颗。这些卫星种类齐全，系列化，基本都由欧洲航天局和欧洲气象卫星开发组织等欧洲范围内的研究机构研发。欧洲成系列的卫星主要有哥白尼计划的 Sentinel 系列、Metop 系列、CryoSat 等。载荷主要包括传统雷达高度计、合成孔径雷达高度计、L 波段合成孔径微波辐射计、C-SAR、多光谱成像仪、微波散射计、先进高分辨率辐射计、先进微波探测仪等。获取的主要海洋信息包括海洋盐度、海面高度、海流、冰盖高程、海冰信息、海洋水色、海面风场、有效波高、波浪谱和重力场等。截至 2019 年底，欧洲航天局研发的土壤温度和海洋盐度观测卫星（SMOS）仍正常在轨运行。欧洲气象卫星开发组织负责和参与研发的卫星有 14 颗，其中在轨卫星 3 颗，后续卫星 11 颗。欧洲气象卫星开发组织负责 METOP 系列卫星的研发，也参与其他卫星的研制。主要卫星载荷有微波散射计、雷达高度计、辐射计和成像光谱仪等。这些卫星获取的主要海洋信息是海面风场、海洋水色、海面高度、海面温度、海平面变化等。

法国国家空间研究中心没有单独研发海洋卫星的计划，它采取合作的方式参与了 7 颗卫星的研制。其技术优势主要为雷达高度计的研制和 DORIS 精密定轨，负责 Jason 系列、Sentinel 系列卫星和印度 SARAL 卫星中的雷达高度计的研制，并提供高度计卫星的 DORIS 定轨技术。Jason 系列卫星中的固态雷达高度计和印度 SARAL 卫星中的 Ka 波段雷达高度计由国家空间研究中心研制。中法海洋卫星中的海浪波谱仪由国家空间研究中心研制，其他均由中方研制。

意大利有在轨卫星 4 颗，后续卫星 2 颗。全部卫星均为合成孔径雷达卫星，均为 X 波段。另外，为阿根廷的 SAOCOM 系列卫星研制了 L 波段合成孔径雷达。这些卫星观测的海洋信息主要是海冰信息，包括其面积、边缘线、类型和厚度。

德国研发的卫星多为系列化 X 频段合成孔径雷达卫星，有 TanDEM 系列卫星，其将扩展 L 波段观测能力。这些卫星观测的海洋信息主要有海流和海冰面积、类型等。

英国在 2014 年 7 月发射新技术验证星 TechDemoSat-1，星上接收全球导航卫星系统（GNSS）发射信号，反演海面风速和波高等信息。原计划 2017 年发射的 NovaSAR 卫星推迟，目前正在研制，主载荷是 S 波段合成孔径雷达，并搭载船舶自动识别系统（AIS）。英国参与了美国后续 SWOT 卫星的研制。

3. 中国

中国天基对地观测体系按海洋水色卫星星座、海洋动力卫星星座和海洋监视监测卫星 3 个系列发展。截至 2019 年底，中国共有 5 颗海洋卫星在轨运行，其中海洋水色卫星星座 1 颗（HY-1C）、海洋动力卫星星座 3 颗（HY-2A、HY-2B、CFOSAT）、海洋监视监测卫星 1 颗（GF-3）。这些卫星搭载了海洋水色水温扫描仪、海岸带成像仪、紫外成像仪、星上定标光谱仪、雷达高度计、微波散射计、扫描微波辐射计、校正微波辐射计、合成孔径雷达、数据收集系统和船舶自动识别系统，实现了对全球海洋水色、水温、海面风场、海浪、海上目标、海冰、海岛海岸带等多种海洋信息业务化。在 2025 年前，中国还计划发射十余颗海洋卫星，中国天基海洋观测已进入高速化、体系化、业务化发展的关键时期。

4. 其他国家

俄罗斯在轨和后续卫星有 10 颗，其中在轨卫星 4 颗，后续卫星 6 颗。俄罗斯卫星成系列发展，有 Meteor 系列（气象卫星，共 5 颗）、Elektro 系列（静止轨道卫星）、Resurs-系列（共

5 颗）、Kondor 系列（合成孔径雷达卫星）、Arctic 极地系列卫星（共 3 颗）。这些卫星的主要载荷有合成孔径雷达、微波扫描成像仪、多光谱扫描成像辐射计、多通道中远红外辐射计、高光谱成像仪和微波散射计等。计划发射的极地系列卫星，采用高椭圆轨道，搭载多光谱扫描成像辐射计。这是全球唯一的极地观测系列卫星。

印度在轨和后续卫星共 14 颗，专门规划和实施了海洋卫星计划。海洋卫星系列主要用于海洋水色、海面风场和海面温度的观测。用于海洋观测的微波遥感载荷有合成孔径雷达、雷达高度计、微波散射计和微波辐射计，其中，Megha-Tropiques 星上的 MADRAS（微波辐射计）和 SARAL 星上的 AltiKa（Ka 波段雷达高度计）由法国研制。RISAT 系列卫星和 NISAR 卫星主要载荷为 C 波段、X 波段和 L 波段合成孔径雷达。L 波段合成孔径雷达卫星中的 RISAT-1 系列卫星和 NISAR 卫星，用于海冰观测；RISAT-2 系列卫星为 X 波段合成孔径雷达，可用于溢油观测。

日本具有海洋观测能力的卫星有 7 颗，目前 6 颗卫星在轨运行，1 颗 ALOS 后续卫星已经立项。全球变化观测任务卫星系列中 GCOM-W、GCOM-W3 和 GCOM-C2，后来 GCOM-C3 取消；全球降雨观测（GPM）卫星星座计划取消。日本卫星成系列发展，有 GCOM 系列、ALOS 系列、GPM 系列和葵花（Himawari）系列。卫星载荷主要有微波辐射计、降雨雷达、合成孔径雷达、第二代全球成像仪等。这些卫星观测的主要海洋要素有海面温度、海洋水色和海冰信息。

阿根廷与美国联合研发的 SAC-D/Aquarius 卫星在 2011 年 6 月发射，用于全球海洋盐度的观测，该星已到寿命。目前阿根廷没有卫星在轨，后续规划了 7 颗卫星，均为系列卫星。其中，SAC-E 系列卫星主要载荷为近红外/短波红外相机、热红外相机，用于观测海洋水色水温。在其后续卫星中没有延续 SAC-D/Aquarius 卫星海洋盐度观测的计划。SARE-2A 系列卫星主要载荷为高分辨率光学相机，用于海洋测深。阿根廷与意大利合作研发的 SAOCOM 系列卫星主要载荷为 L 波段合成孔径雷达，用于观测海面地形/海流、海面风速、冰盖高程、积雪厚度及其面积、海面面积、边缘线和厚度。

韩国具备海洋观测能力的卫星只有静止轨道卫星 COMS 和 GEO-KOMPSAT，其中 COMS 在轨运行，载荷为 GOCI（静止轨道海洋水色成像仪）和 MI（气象成像仪）；其后续系列卫星 GEO-KOMPSAT-2A 和 GEO-KOMPSAT-2B 分别搭载 Advanced MI 和 Advanced GOCI，用于海洋水色水温观测。

加拿大具有海洋观测能力的卫星是 RADARSAT 系列卫星，其后续 3 颗卫星组网观测的 RCM 卫星于 2019 年 6 月 12 日成功发射。卫星搭载合成孔径雷达，RCM 卫星还搭载船舶自动识别系统。

7.2.2 基于文献统计分析的研发态势

SCI 学术论文作为主要科研成果的载体，能很好地反映出本领域的研究态势，本节以科睿唯安公司的 Web of Science（WOS）数据库作为数据源，通过制定检索式总共检索论文数据 34279 条，借助 iSS 提供的论文分析工具，对天基海洋观测领域的论文数据进行处理与分析，部分主要内容如下。

1. 全球研究趋势分析

1966—2019 年全球天基海洋观测领域论文发表数量变化趋势如图 7-1 所示。从图 7-1 可以看出，1966—1997 年，关于天基海洋观测的研究处于起步阶段，进展缓慢；这一时期关于天基海洋观测、遥感卫星的论文发表数量均小于 500 篇，表明关于天基海洋观测的研究处于一个探索和基础知识积累阶段。1998 年，关于本领域的论文发表数量首次突破 500 篇，有了质的飞跃，说明在 1991—1998 年关于天基海洋观测的研究处于快速成长阶段，在技术方面取得了一定的突破，也有了一定的研究成果。1999—2018 年，关于天基海洋观测的研究处于快速发展阶段，论文发表数量逐年增长；截至 2018 年的论文发表数量已是 1998 年的 7 倍，说明该时间段本领域无论是在技术方面还是应用方面都取得了巨大突破（本文献研究于 2019 年中开展，因此 2019 年关于天基海洋观测领域的论文发表数量无法统计完全，上述趋势分析统计时间截至 2018 年）。

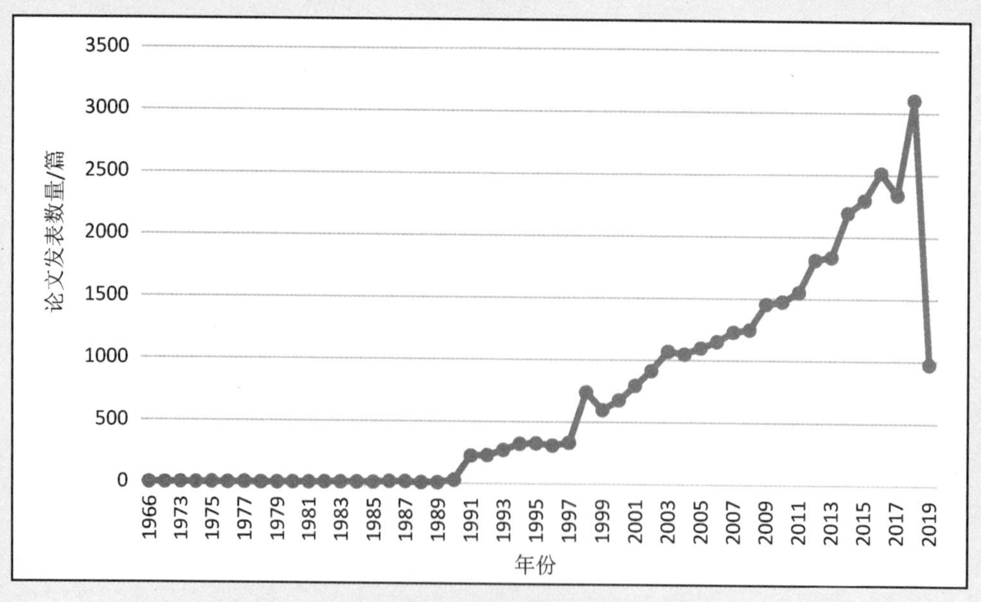

图 7-1　1966—2019 年全球天基海洋观测领域论文发表数量变化趋势

2．各国研究趋势对比分析

排名前 10 的国家在天基海洋观测领域的论文发表数量占比饼状图如图 7-2 所示，论文发表数量变化趋势气泡图如图 7-3 所示。从图 7-3 中可以看出，10 个国家关于天基海洋观测研究的论文发表数量都在逐年增加，从 1998 年开始增长迅速。虽然中国在本领域的论文发表数量低于美国，但是无论在技术上还是应用上中国都在努力追赶，曾一度接近美国且与美国的差距远小于其他国家与美国的差距。

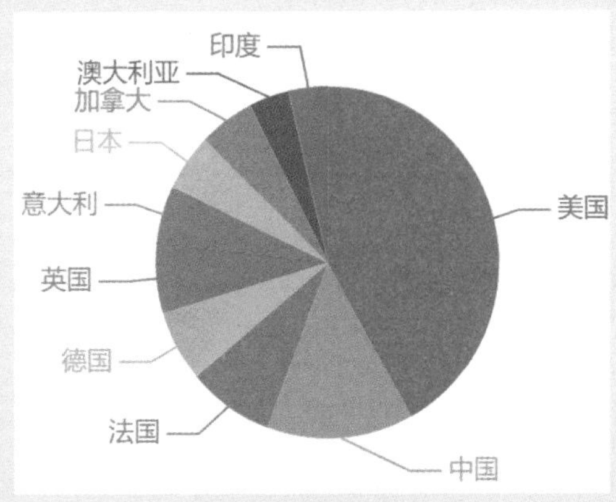

图 7-2 排名前 10 的国家在天基海洋观测领域的论文发表数量占比饼状图

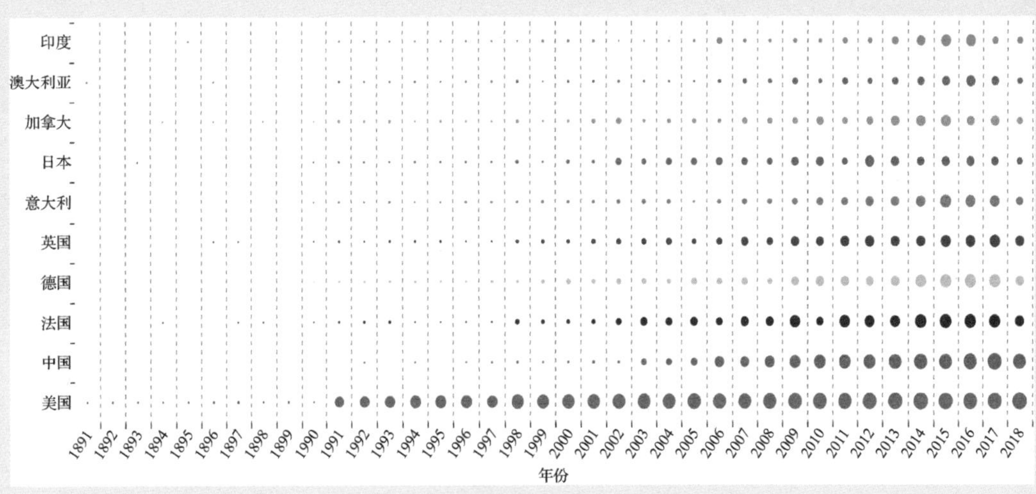

图 7-3 排名前 10 的国家在天基海洋观测领域的论文发表数量变化趋势气泡图

3．研究热点分析

词云可以反映一个领域的研究热点和研究主题。从图 7-4 所示的天基海洋观测研究词云可以看出，该领域的关键词是“remote sense”，数量为 2268 个。该关键词与研究主题较为契合，因为遥感卫星是获取海洋观测数据的重要途径，对海洋遥感卫星相关技术的研究也是该领域的重点和难点。其他出现数量较多的关键词分别是“sea ice”“wind speed”“Ocean Color”等，这些正是天基海洋观测领域的主要研究方向。

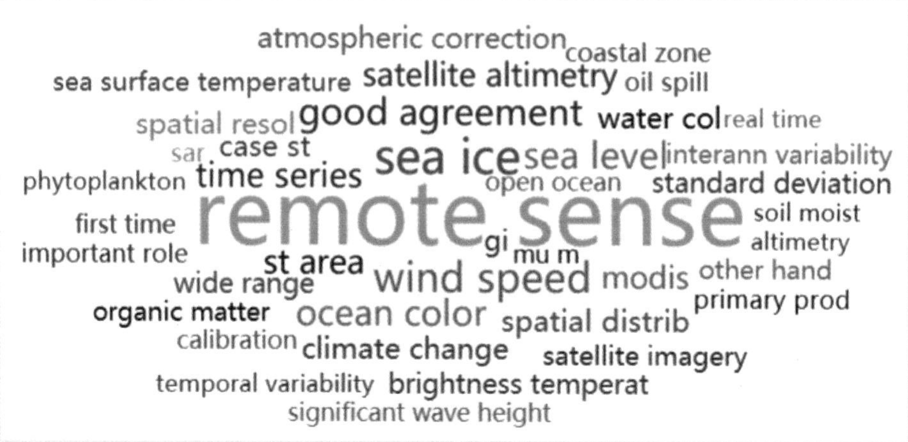

图 7-4　天基海洋观测研究词云

7.2.3　中国天基海洋观测存在的不足

目前，中国难以实现从光学辐射和几何分辨两个维度同时提升针对全球水体的精细化观测能力，增加了数据融合应用的难度。水色观测视场边缘区域变形较大，影响使用效能；大视场对于杂光、偏振难以控制，影响视场内不同位置的辐射特性；超大幅宽对一次扫描图像上的地球上不同成像位置的光照条件不一致引起图像辐射亮度差异，从而给数据处理和应用带来挑战。载荷观测模式单一，只有传统观测模式，无对近海和极地的专用观测模式；载荷的刈幅窄，观测效能不高；在大洋的观测精度高，而在近海的观测受陆地、岛屿的影响大。观测数据空间分辨率还需提高，还未实现高分辨率海流的业务化连续观测。全球海流观测能力不足，近海流场观测分辨率和精度不高。缺少海洋次表层和海底地形的有效观测手段，极地综合观测能力不足，缺少分辨率高、时效性好的海冰信息和海洋环境信息。多源海洋环境信息融合产品种类少，空间分辨率还不能满足区域的海洋业务需求。

7.3 关键前沿技术与发展趋势

7.3.1 基础关键技术

1. 海洋偏振遥感机理和弱光照海洋水色探测方法

重点攻克高轨道凝视成像海洋水色观测技术、遥感器偏振响应校正技术、在轨辐射定标技术等技术难点，突破海洋偏振遥感机理和弱光照海洋水色探测算法，实现高时间分辨率的水色要素动态变化特征观测，形成海洋水色卫星仿真系统和水色卫星资料处理体系。

2. 星载激光雷达海洋探测机理和信息提取技术

通过研制机载海洋激光探测系统和海洋激光卫星仿真系统，验证星载海洋激光雷达的工作机制，提高海洋激光遥感机理的认知，发展星载激光雷达的遥感海洋信息提取技术，具备海洋水色要素剖面分布、浅海水深和底质特征的激光探测能力，为揭示温跃层结构及其相关动力学特征和海洋食物链及其生态系统的特征与规律提供技术支撑。

3. 新型微波遥感载荷探测机理和信息提取技术

加强新一代宽刈幅干涉成像高度计、全极化微波散射计和综合孔径辐射计等新型微波遥感载荷机理研究，拓展遥感载荷观测功能，形成天地一体化技术指标，建立具备亚中尺度海面高度、海面风场、流场、海面温度和海洋盐度等海洋动力环境信息获取能力的反演算法。

4. 基于天基观测的全球海底观测技术

探索新理论与新方法支持的海洋要素遥感组合探测机理，开展遥感探测海洋水下目标遥感特性研究和数据处理技术研究，形成海洋目标立体监测的基础能力。研究天、空、海协同海洋要素探测方法与系统，支持对水下目标探测体系的形成与建设，形成水下环境信息获取的海洋立体监测能力。

7.3.2 核心关键技术

1. 混合基线干涉海洋动力与海上目标探测技术

针对混合干涉基线观测的特点和优势，开展基于混合基线的交轨和顺轨相位分离技术研究；发展海面流场和海面高程的高精度同步反演技术；探索基于混合基线干涉测量的海洋现象提取技术。针对海冰、船只、石油平台和吹填岛礁等典型海上目标，发展混合基线干涉合成孔径雷达数据处理技术和海上目标三维信息提取技术，实现对海上目标的精确探测与识别。

2. 近岸水体环境遥感精细探测技术

光学和微波遥感受陆地影响，难以获得精确的近岸水体环境信息。而近岸水体作为航行受限区域，亟须高精度的遥感产品。因此，需发展面向近岸海域的水体环境信息微波和光学遥感提取技术，实现近岸水体环境的高精度、精细化遥感探测。

3. 主被动海洋光学遥感融合反演技术

通过联合激光雷达主动探测的水体多波段廓线信息，将海洋水色参数反演的经验算法提升为解析算法，大幅度降低遥感产品的不确定性。同时，将传统水色遥感从海表面的二维分布提升为探测水体内部的三维空间遥感，提高海洋环境安全信息保障能力，实现海洋水色遥感的跨越式发展。

4. 宽刈幅风场、海浪、海流信息同步获取技术

从海洋卫星的载荷配置、载荷技术指标、数据处理技术和应用方面开展系统研究，通过单颗卫星实现对千公里刈幅的海面风场、海浪、海流信息的同步获取，提升卫星观测效能；为海洋数值模式提供全面快速同步的多种海洋动力环境初始场信息，提高卫星应用效能。

5. 面向全球海洋遥感观测的虚拟组网与融合产品制作技术

综合利用国内外多源卫星遥感手段，发展满足不同应用需求和多源卫星联合观测作用最大化的海洋遥感观测虚拟组网及高时空分辨率全球海洋遥感观测融合产品制作技术，为海洋科学研究、海洋业务化数值预报和海洋经济发展等提供所需的高时空分辨率海洋遥感监测数据服务。

6. 卫星遥感海洋灾害快速监测一体化服务技术

针对风暴潮、海冰、赤潮、绿潮、海岸侵蚀等海洋灾害预警监测的需求，发展主被动遥感融合的海洋灾害高精度监测技术、高低轨道卫星协同的海洋灾害快速监测技术，突破海洋卫星在轨处理和产品快速制作技术，开发卫星遥感海洋灾害快速监测和应用服务系统，具备算法自动化、产品批量化、传输实时化和应用工程化的功能，并选择中国近海海洋灾害多发区开展应用示范。

7.3.3 共性关键技术

1. 多星观测天地一体的体系效能仿真评估技术

建立多星组网天地一体化仿真推演系统，实现全球海面及水下重点海区多要素立体观测仿真推演；针对海洋观测特点开展效能评估指标体系构建方法研究，给出海洋观测体系评估指标体系，以及各指标的量化表征方法、评估手段；为海洋观测体系的统筹规划提供顶层设计支持。

2. 星上快速数据处理技术

面向大气海洋环境监测与预警服务对参数星上快速处理的需求，突破数据预处理、海洋环境参数快速反演、海洋灾害快速检测、星上处理平台与算法映射等关键技术，实现典型海洋环境信息产品的星上实传，有效提高数据产品时效性，减少地面数据处理时间，满足海洋灾害动态监测和灾情评估等应用需求，为新型海洋遥感卫星的星上处理系统实现与应用提供关键技术支持。

3. 基于大数据的海洋遥感信息智能提取技术

目前，海洋遥感观测数据已具备大数据的特点，然而，当前针对海洋动力/水质环境参数、海上目标、海洋灾害和海岛海岸带要素的遥感监测技术，还无法充分挖掘和利用巨量的遥感观测数据中所蕴含的信息，以致监测结果的准确性和自动化程度都难以满足应用需求。因此，应发展并突破基于大数据的海洋遥感监测技术，提升对上述海洋信息的高精度、智能化提取水平。

4. 基于云平台的海洋遥感移动端信息服务技术

海洋环境和遥感数据需依托高性能计算平台进行存储和计算。卫星、舰船、无人机（船）等装备搭载的计算设备性能有限，无法实时处理所采集的巨量数据，对海洋环境动力变化规律进行实时预测。研发面向普适设备的轻量化智能海洋环境数据处理技术、构建普适的轻量化智能数据处理系统，是海洋环境规律变化实时预报的技术基础。

5. 星地一体化海洋遥感辐射校正与检验技术

研究适用于中国新一代自主海洋卫星的海洋水体、大气光学和微波辐射传输模型，研发地面真值-卫星入瞳处探测辐射值之间的仿真系统，利用自主定标检验场网实时观测的海洋环境参数，建立自主海洋卫星星载遥感器在轨替代定标和寿命期内的在线辐射性能跟踪系统。

7.4 技术路线图

7.4.1 发展目标与需求

1. 需求分析

1）建设海洋强国对天基海洋观测提出新要求

党的“十九大”报告中指出，坚持陆海统筹，加快建设海洋强国。天基海洋观测在促进海洋经济发展、推动海洋生态文明建设、深度参与国际海洋治理等方面发挥重要的技术支撑作用，必须加强卫星、载荷和数据处理的原始创新能力，强化遥感机理研究和数据处理研究，集中力量攻克新型遥感载荷星地一体化指标设计和数据反演算法研究的瓶颈问题，为有效认识和了解海洋提供可靠的技术支撑。此外，还必须进一步提升卫星海洋应用的自主创新水平，观测要素全面拓展、观测精度大幅度提高、观测手段补齐短板、观测时效有效提升，形成海洋观测卫星多要素、高精度、全覆盖的综合观测能力；提高卫星数据产品定量化应用、快速分发和全球服务能力，使中国海洋卫星与卫星海洋应用进入“快车道”和世界先进行列，逐步实现从“跟跑、并跑”向“并跑、领跑”的转变，为国家的军民需求提供可靠的信息服务。

2）海洋观测卫星平台发展需求

未来，海洋观测卫星将呈现星座组网运行、观测应用多样、观测数据量大、数据时效性要求高等特点。利用天基信息服务网络为海洋观测卫星提供精密定轨、测控通信及信息传输等服务，是提升未来海洋观测卫星整体效能的重要技术途径。天基信息服务网络还可以为海洋观测卫星提供可全球动态随遇申请的高速信息传输服务，使海洋观测卫星获得的高附加值数据和信息能够实时回传并分发给地面管理中心和用户，实现天基海洋观测数据的最大应用效能。随着在轨干涉测量技术的高速发展，对有效载荷/机械系统的在轨高精度展开与位姿精度保持控制技术的需求日益迫切，为满足中国下一代天基海洋观测卫星平台的需求，必须突破干涉基线在轨构建技术，解决有效载荷/机械系统的在轨高精度位姿需求问题。随着空间任务数量的不断增加和在轨任务类型的不断扩展丰富，未来卫星对星载电子信息系统势必会提出更高的要求，高性能、小型化、高功能密度、可扩展、抗辐射、自主可控将是面向2035年的星载综合电子系统的必备特点。

3）海洋业务应用需求

（1）海洋动力环境观测需求。海洋动力环境信息的需求主要体现在观测空间尺度和观测要素两个方面。

垂直流向方向上空间尺度小于 100km 的强海流（如黑潮、墨西哥湾流、南极绕极流等）及其锋面不稳定过程拥有大部分的海洋动能，如何全面、定量化观测这些海洋现象成为新的海洋科学命题。海洋中，空间尺度为 10～100km 的混合过程在质量、热量、盐和营养物质传输中非常重要，定量化刻画需要持续监测，但对这些过程的全天时全天候监测目前尚无有效手段。近岸区，10～100km 尺度的上升流对海洋生物、生态系统及污染物扩散的影响。在开阔海域，营养物质的垂向传输大约有 50%发生在 10～100km 尺度，在研究该尺度海洋现象的生成和发展时，现有卫星观测技术手段均不能满足这些垂向传输过程的监测需求。

海面风场作为海洋环流的主要驱动力，其重要性已被广泛认识，风场调制着海洋与大气之间的热通量、水汽通量、气溶胶粒子通量等，进而调节海洋与大气之间的耦合作用，最终确定并保持全球或区域的气候模式。风速的分布决定波高的分布以及海洋涌浪的传播方向，并能预测涌浪对船只、近岸建筑以及海岸带的影响。高精度、高空间分辨率海面风场监测对理解海洋与大气之间的相互作用、防灾减灾和海上安全等领域至关重要。海面温度是影响海洋动力环境和海洋生态环境的重要因素。全球高精度海面温度对海洋和气候的了解至关重要，是决定海气界面水循环和能量循环的重要参数。

（2）海洋水色环境观测需求。当前，海洋资源的开发、海洋权益的维护、海洋生态文明的建设对海洋卫星的水色探测能力提出了更高和更迫切的应用需求。观测要素需全面拓展，传统的观测以叶绿素分布、悬浮泥沙、水体大气辐射校正、水色水温监测等为主，需要向更全面、多维度和中大尺度要素观测方向演进，如气溶胶、二氧化碳通量、内陆水体、海洋生物种类等。观测精度需要大幅度提高，传统几何观测精度和辐射观测精度偏低，需在大幅度提升窄带观测通道的信噪比、动态范围等辐射性能的同时，提升几何分辨率到数十米级的观测水平。观测手段需要补齐的短板：目前主要依靠被动光学探测，需要增加偏振、激光等探测手段，实现对观测要素的多维度探测，作为被动光学的补充。现有的遥感手段仅能探测海洋表层水色信息，而对水面以下的信息无法获取，这成为估算全球浮游植物生物量和净初级生产力误差的主要原因，严重制约了水色遥感在海洋初级生产力、海洋碳循环和气候变化响应研究中的进一步作用。另外，在极地海洋生态环境探测方面，数据获取能力明显不足，需进一步系统研究低太阳高度角、海冰影响下的极地海洋光学卫星遥感机理和核心算法，探索极地海洋浮游植物生物泵效率、陆源物质入海通量、海-气（CO_2）通量等遥感提取模型，实现极地海洋生态环境的高时空分辨率观测，为极地和全球变化研究奠定数据基础。

（3）海洋环境预报需求。海洋模式初始场的质量直接影响预报质量，这已被大量的研究结果证明。卫星遥感技术的迅速发展，为相关研究提供了丰富的海洋观测数据，卫星资料的准实时性为资料同化系统的实时运行提供可靠的资料保障，也为海洋资料同化开启了新的研究领域。中国的海洋动力环境卫星微波散射计提供的海面风矢量数据，为数据同化提供了一个重要数据源。但是，微波散射计对海面风速的有效观测范围为 2～24m/s，对台风等大风环境做数值同化预报时不能直接使用。海面高度、海浪、海面温度等海洋动力环境要素同化都会碰到类似的问题，例如，海浪同化时，仅有星下点观测，没有波向、盐度和海流；海面温度同化时，温度的观测精度和分辨率不够等。迫切需要能观测高空间分辨率、高精度、宽刈幅、测量范围大的新型海洋动力环境卫星来满足海洋动力环境数值同化预报的需要。

（4）水下/海底感知能力需求。目前，水下/海底的探测仅限于海洋浅水区域，200m 水深以上很难通过遥感手段实现观测。需要大力探索新理论与新方法支持的海洋要素遥感组合探测机理，开展遥感探测海洋水下目标遥感特性研究，建立并实现多维海洋要素信息获取平台，形成海洋目标立体监测的基础能力。海洋疆域安全保障特别是海底安全的保障是未来遥感发展的重中之重，应加强海洋遥感数据同化新技术和新模式的研究。加强跨学科的应用研究，把水声技术与天基海洋观测结合起来，实现遥感数据在水声技术中的应用。建立海洋水下环境动态信息库，实现海洋环境要素信息融合，为海洋经济和海洋军事应用提供动态实时信息。

2. 发展目标

紧紧围绕海洋强国建设、蓝色经济发展、全球海洋安全保障等国家需求，有序推进天基海洋观测体系建设。

到 2025 年，基本建成功能齐全的天基海洋观测体系。研制与发射 3 个系列海洋卫星，实现中国海洋水色卫星星座、海洋动力卫星星座和海洋监视监测卫星 3 个系列同时在轨组网运行、协同观测，形成对全球海域多要素、多尺度和高分辨率信息的连续观测覆盖能力，综合观测水平进入全球对地观测体系先进行列。

到 2035 年，具备完善高效业务化运行的天基海洋观测体系。完善海洋卫星观测体系，海洋水色、海洋动力和监视监测卫星的遥感载荷实现更新换代，具备全球海洋环境多要素、多维度、多尺度和高时空分辨率的高效、连续、稳定业务化观测能力，满足各项应用对全球海洋环境信息的业务需求。到 2035 年左右，中国应在海洋卫星技术、载荷技术、数据处理技术和应用技术方面处于世界的前列。在天基海洋遥感观测体系构建和应用效能方面达到世界先进水平。

7.4.2 重点任务

1. 建立全球自主海洋卫星综合高效观测体系

发展高轨道光学、微波和激光雷达海洋遥感卫星，提升低轨道卫星观测能力。建成海洋卫星高、低轨道配合，太阳和非太阳同步卫星搭配，具备低、中、高分辨率观测能力的完整天基海洋观测体系，实现大、中、小尺度海洋环境信息同步获取，海洋表层、次表层和海底信息同步观测能力。

2. 研制新一代高效能海洋观测卫星平台

建立多星观测天地一体化的效能评估体系，为卫星的顶层设计和观测效能的发挥提供技术支撑。突破干涉基线在轨构建技术，解决有效载荷/机械系统的在轨高精度位姿需求问题。研制新一代自主可控的星载综合电子系统，实现多链路测控基带及射频、数据管理、热控、电源管理、导航定位、情报收集、战术分发、空间网络接入、有效载荷管理等。具备星上数据快速处理能力，提高海洋环境信息获取时效。

3. 强化建设海洋卫星地面系统

完善全球海洋卫星接收站网建设，形成中国近海及周边海域和全球大洋数据实时接收和传输能力。建成功能齐全的海洋卫星数据中心，具备同时对 10 颗以上卫星数据协同处理能力，制作的海洋环境数据产品精度高、种类全，信息丰富，具备全球数据分发能力。基于中国自主海洋卫星，统筹利用气象、陆地等国内外各类遥感卫星资源，强化建设卫星海洋应用综合服务能力，提升海洋数据基础服务能力。

4. 推进卫星海洋应用体系建设

以服务海洋生态文明建设为核心，面向海洋资源开发、海洋环境保护、海洋防灾减灾、海洋维权执法等业务需求，加快构建卫星海洋应用体系，全面提升海洋监管能力和治理能力现代化支撑作用，推进海洋卫星在气象、水利、国土、测绘等多行业、多领域中的应用推广，更好地服务“海洋强国”国家战略。

5. 完善海洋遥感数据标准化体系

海洋遥感大数据的多源异构和多模异类等特性给大数据的交换共享、协同机制、系统互操作等带来了障碍，因此，需要研究完善海洋遥感大数据的标准化策略，即基于海洋遥感大数据建立有关数据定义和术语、用例和需求、数据安全和隐私、大数据技术路线、参考体系结构等相关标准，要求该标准规范能够在海洋遥感应用中满足可用性、可互操作性、开放性、可移植和扩展性等需求。

7.4.3 技术路线图的绘制

面向 2035 年的中国天基海洋观测发展技术路线图如图 7-5 所示。

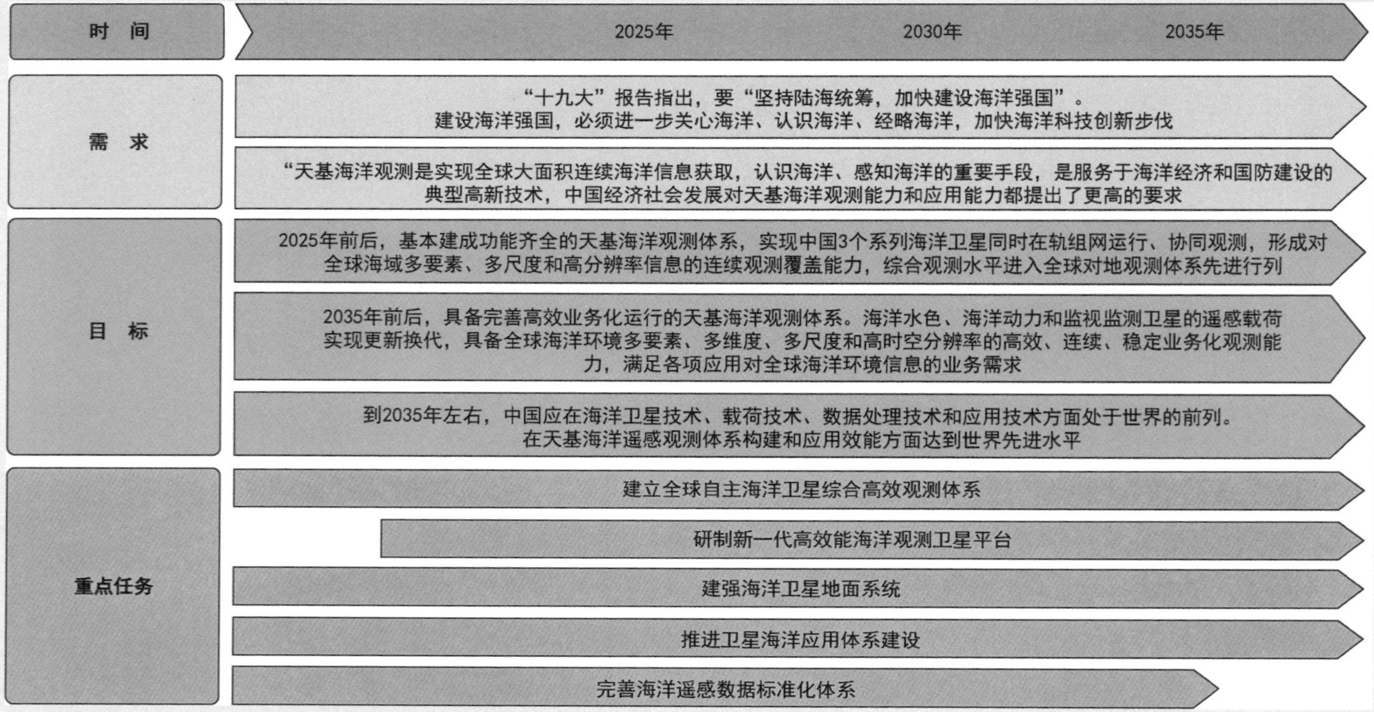

时　间	2025年　2030年　2035年
需　求	“十九大”报告指出，要“坚持陆海统筹，加快建设海洋强国”。建设海洋强国，必须进一步关心海洋、认识海洋、经略海洋，加快海洋科技创新步伐
	“天基海洋观测是实现全球大面积连续海洋信息获取，认识海洋、感知海洋的重要手段，是服务于海洋经济和国防建设的典型高新技术，中国经济社会发展对天基海洋观测能力和应用能力都提出了更高的要求
目　标	2025年前后，基本建成功能齐全的天基海洋观测体系，实现中国3个系列海洋卫星同时在轨组网运行、协同观测，形成对全球海域多要素、多尺度和高分辨率信息的连续观测覆盖能力，综合观测水平进入全球对地观测体系先进行列
	2035年前后，具备完善高效业务化运行的天基海洋观测体系。海洋水色、海洋动力和监视监测卫星的遥感载荷实现更新换代，具备全球海洋环境多要素、多维度、多尺度和高时空分辨率的高效、连续、稳定业务化观测能力，满足各项应用对全球海洋环境信息的业务需求
	到2035年左右，中国应在海洋卫星技术、载荷技术、数据处理技术和应用技术方面处于世界的前列。在天基海洋遥感观测体系构建和应用效能方面达到世界先进水平
重点任务	建立全球自主海洋卫星综合高效观测体系
	研制新一代高效能海洋观测卫星平台
	建强海洋卫星地面系统
	推进卫星海洋应用体系建设
	完善海洋遥感数据标准化体系

图 7-5　面向 2035 年的中国天基海洋观测发展技术路线图

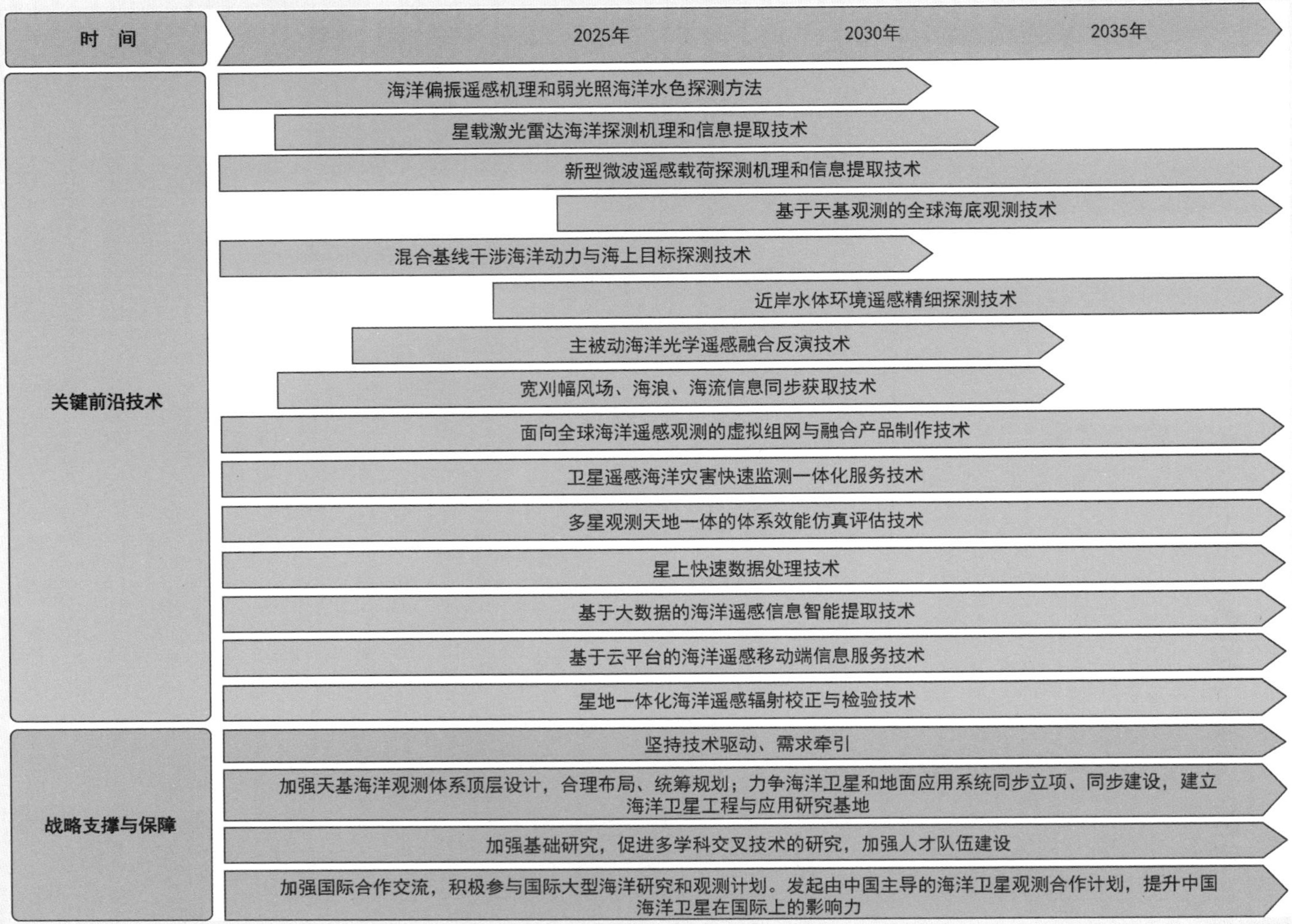

时 间

2025年 2030年 2035年

关键前沿技术

海洋偏振遥感机理和弱光照海洋水色探测方法

星载激光雷达海洋探测机理和信息提取技术

新型微波遥感载荷探测机理和信息提取技术

基于天基观测的全球海底观测技术

混合基线干涉海洋动力与海上目标探测技术

近岸水体环境遥感精细探测技术

主被动海洋光学遥感融合反演技术

宽刈幅风场、海浪、海流信息同步获取技术

面向全球海洋遥感观测的虚拟组网与融合产品制作技术

卫星遥感海洋灾害快速监测一体化服务技术

多星观测天地一体的体系效能仿真评估技术

星上快速数据处理技术

基于大数据的海洋遥感信息智能提取技术

基于云平台的海洋遥感移动端信息服务技术

星地一体化海洋遥感辐射校正与检验技术

战略支撑与保障

坚持技术驱动、需求牵引

加强天基海洋观测体系顶层设计，合理布局、统筹规划；力争海洋卫星和地面应用系统同步立项、同步建设，建立海洋卫星工程与应用研究基地

加强基础研究，促进多学科交叉技术的研究，加强人才队伍建设

加强国际合作交流，积极参与国际大型海洋研究和观测计划。发起由中国主导的海洋卫星观测合作计划，提升中国海洋卫星在国际上的影响力

图 7-5　面向 2035 年的中国天基海洋观测发展技术路线图（续）

7.5 战略支撑与保障

（1）坚持技术驱动、需求牵引。面向自然资源调查、海洋生态文明建设、海洋综合管理、海洋经济发展和海洋国防安全，兼顾其他行业应用需求，建设产品丰富、服务高效、应用广泛，涵盖卫星遥感、导航定位和通信的卫星海洋应用体系，以满足海洋公共服务为主，兼顾军事需求，引导和培育卫星海洋应用产业发展。

（2）加强天基海洋观测体系顶层设计，合理布局，统筹规划。强化对前沿性、基础型、关键性和共性技术研究的支持力度，优化资金配置，形成多渠道、多层次、多元化的投入保障机制。力争海洋卫星和地面应用系统同步立项、同步建设，建立海洋卫星工程与应用研究基地，为卫星应用需求论证、卫星体系的优化、星地一体化技术、载荷配置和数据处理及应用提供技术支撑。

（3）加强基础研究，加大对海气界面过程遥感探测机理的研究力度，加深对新载荷遥感机理的理解和对海洋现象的认识。促进多学科交叉技术的研究，加强海洋遥感与海洋声学、海洋生物、海洋地质等多学科多领域的交叉融合，协同创新，引进和培养急需紧缺人才，破解共性和瓶颈技术，推动中国天基海洋观测技术高质量发展。加强人才队伍建设，大力培养海洋卫星和卫星海洋应用方面急需的技能型专业人才，鼓励和支持建立“产、学、研”紧密合作关系，共同培养创新型人才。建立健全人才培训体系，针对涉海部门开展全面的海洋遥感与业务应用培训，为国产海洋卫星的发展和应用建立全方位、多层次的人才队伍。

（4）加强国际合作交流，积极参与全球综合地球观测系统（GEOSS）、全球海洋观测系统（GOOS）、全球实时海洋观测计划（ARGO）、全球海洋碳观测系统（GOCOS）、综合海洋观测系统（IOOS）、欧洲海洋观测与预报服务系统（MyOcean）和欧洲海洋观测数据网络（EMODNET）等国际大型海洋研究和观测计划。发起由中国主导的海洋卫星观测合作计划，鼓励更多的科学家加入，提升中国海洋卫星在国际上的影响力。

小结

中国正处于加快实施海洋强国建设和“一带一路”倡议、促进经济社会转型升级的关键时期，这对发展天基海洋观测技术提出了紧迫的需求。通过开展面向 2035 年的中国天基海洋观测的前沿科技工程发展战略研究，紧紧围绕应用需求和技术瓶颈，探索多星组网观测体系、综合卫星平台技术、新型遥感载荷技术和多要素、高精度、高时空分辨率海洋卫星产品体系，提出指导意见和政策建议，推动天基海洋观测技术的发展和完善海洋遥感立体观测体系的构建，提高认识海洋和经略海洋的能力，这将在新时代建设海洋强国和全球海洋治理进程中发挥出重要作用。

天基海洋观测在促进海洋经济发展，推动海洋生态文明建设，深度参与国际海洋治理等方面发挥重要的技术支撑作用，必须加强卫星、载荷和数据处理的原始创新能力，强化遥感机理研究和数据处理研究，集中力量攻克新型遥感载荷星地一体化指标设计和数据反演算法研究的瓶颈问题，为有效认识和了解海洋提供可靠的技术支撑。必须进一步提升卫星海洋应用的自主创新水平，观测要素全面拓展、观测精度大幅度提高、观测手段补齐短板、观测时效有效提升，形成海洋卫星多要素、高精度、全覆盖的综合观测能力；提高卫星数据产品定量化应用、快速分发和全球服务能力，使中国海洋卫星与卫星海洋应用进入“快车道”和世界先进行列，逐步实现从“跟跑、并跑”向“并跑、领跑”的转变，为国家的军民需求提供可靠的信息服务。

第 7 章编写组成员名单

组　长：蒋兴伟　姜景山　龚惠兴

成　员：林明森　张庆君　毛志华　陶邦一　黄海清　王天愚　许　可
危　峻　贾　宏　张　欢　张有广　安文韬

执笔人：张有广　安文韬　毛志华　许　可　危　峻　张　欢

8

面向 2035 年的中国先进轨道交通装备发展技术路线图

8.1 概述

先进轨道交通装备是干线铁路、城际铁路和城市地铁所需各类装备的总称，是国家公共交通和大宗运输的主要载体，主要包括干线铁路、城际和城市地铁的运载装备、通信装备、运控装备和路网装备。加快中国先进轨道交通装备与基础设施建设是解决人们出行和重大货物运输的有效手段，同时也是稳增长、调结构，增加有效投资，扩大消费，既利当前更利长远的重大举措。

8.1.1 研究背景

先进轨道交通装备是高端装备制造业的重点发展方向之一，是中国实施“制造强国”和“交通强国”战略的重要支撑，发展先进轨道交通高端装备制造业对带动中国产业结构优化调整、提升制造业核心竞争力具有重要的战略意义。

本章在“中国工程科技 2035 发展战略研究”的基础上，以创新驱动、“制造强国”“交通强国”和“一带一路”倡议为指引，进行深化研究，开展先进轨道交通装备领域产业发展动态、技术发展趋势、重大行动计划研究，并针对本领域存在的问题及发展需求提出相关政策措施建议，为科学制定先进轨道交通装备制造业的发展规划、支撑国家重点领域的发展计划提供决策支持。

8.1.2 研究方法

本章采用文献分析法、专利分析法、总结归纳法、跨学科研究法、德尔菲法（专家调查法）等方法，从背景、现状、技术路线图和战略支撑保障等方面开展分析研究，形成创新性的研究成果。本章研究流程如图 8-1 所示。

1. 文献综合分析法

利用互联网数据库（如 CNKI、万方等）资源，查阅先进轨道交通装备前沿创新技术相关文献，结合各国政府针对本行业的前瞻性政策和激励措施，分析本行业的基本发展现状，提炼出本行业未来发展需求、产业路径和技术趋势，形成本章的主体结构。

2. 专利分析法

根据轨道交通行业发展热词，检索本领域关键前沿技术相关专利，利用统计学方法将检索结果转化为具有总览全局和预测性功能的发展信息，为本章的重点研究内容和未来研究预测提供决策支持。

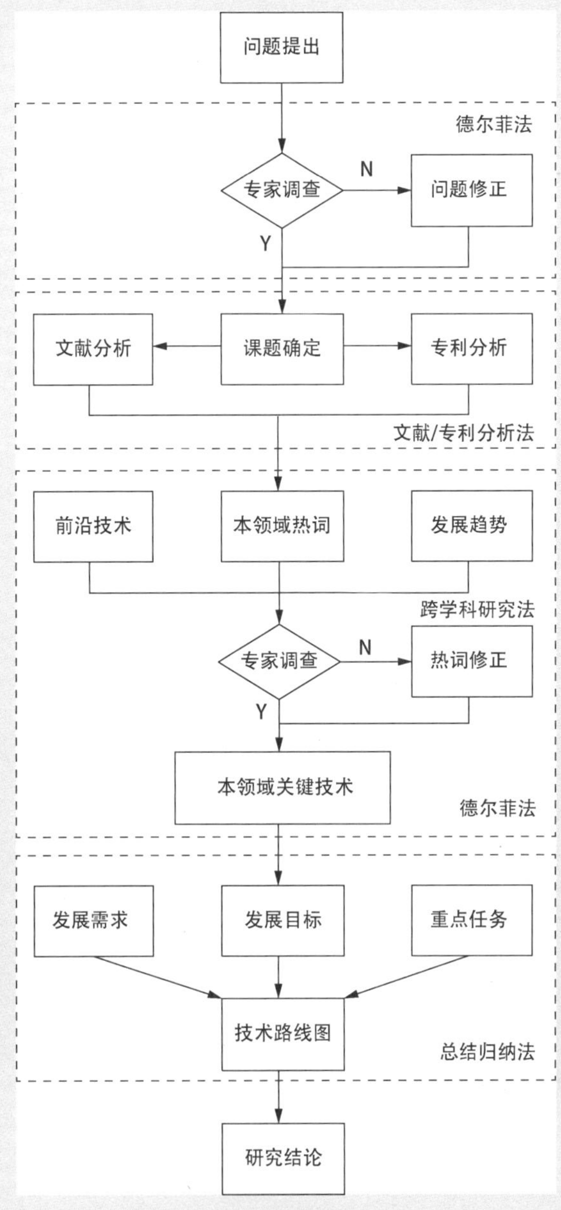

图 8-1　研究流程

3. 总结归纳法

列举当前主要国家在先进轨道交通领域的相关政策，总结归纳出本领域的关键技术、未来发展目标、重点任务和技术路线图，最终形成本章的基本研究结论，提出创新性的研究观点。

4. 跨学科研究法

先进轨道交通装备是一个多学科交叉融合的综合性领域，以大数据、人工智能、工业互联网等为代表的创新技术的快速发展将对该领域的未来发展产生重大影响。本章通过分析前沿科技创新发展方向，结合各学科之间交叉渗透趋势，探索其对轨道交通装备领域关键技术的影响，从而预见未来轨道交通的技术创新方向。

5. 德尔菲法

以“轨道交通”和“装备创新”为关键词，向行业内权威专家进行技术咨询，通过对咨询意见的反馈和反复修订，最终形成统一的结论性观点，为本章的研究方向、技术预测提供指导方向。

8.1.3 研究结论

轨道交通具有安全、舒适、准时、速达、运输能力大等特点，是最适合中国国情的交通运输方式。中国先进轨道交通装备制造业是创新驱动发展的典型代表，是中国高端装备制造领域自主创新程度最高、国际创新竞争力最强、产业带动效应最明显的产业之一。

全球轨道交通装备产业绿色化、智能化、高速化趋势越发明显，以零阻力为终极目标的非接触轨道的磁悬浮列车，以能源多样性存储、供给和使用为特征可满足不同需求的新能源列车，以适应不同轨距、电压制式和运营环境为目标的互联互通列车，都可能引发轨道交通装备领域技术和产业变革。

面向 2035 年，中国应重点实施绿色、智能轨道交通装备创新工程，发展绿色、智能轨道交通装备产品，打造支撑原始创新的轨道交通试验能力建设，实现全球领先。

8.2 全球技术发展态势

以中国高铁和城市地铁为代表的新兴工程科技的发展，向世界展示了轨道交通的巨大魅力。轨道交通装备领域的传统强国纷纷加紧了面向未来工程科技应用的研究，世界正在重新定义轨道交通在交通体系中的价值、作用和地位。

8.2.1 全球政策与行动计划概况

下面以欧洲、日本、美国和中国为例，介绍全球政策与行动计划概况。

1. 欧洲

欧洲以构建单一运输区为目标，提倡建立一体化、互联互通、可持续发展的综合交通系统。轨道交通作为欧洲经济发展至关重要的运输骨干，面临着当前既有路网重要运输走廊和线路区段的运能已趋于饱和，以及用户对提供环保、高效、智能和综合的交通解决方案的期望不断增加的诸多挑战。为应对这些挑战，实现欧洲运输一体化，2011 年欧盟委员会制定了《单一欧洲运输区路线图：迈向竞争和资源高效的交通运输体系》这一顶层发展规划，强调要重点发展铁路运输，提出到 2050 年的铁路发展目标。在 2014 年，欧盟启动了 Shift2Rail 计划，旨在通过技术创新实现规划目标。

2. 日本

日本国民的日常交通出行高度依赖轨道交通，但本国的铁路运营公司众多、线路标准不一、铁路基础设施和装备年久老化。同时，日本也面临地震/强风等自然灾害频发、本国能源严重短缺、人口老龄化导致未来劳动力严重短缺等问题。此外，日本政府积极响应联合国倡导的“可持续发展目标”（SDG），提出“社会 5.0”。日本轨道交通的政策和科研计划主要围绕促进安全、环保、便捷、可持续发展等来制定。在干线路网等基础设施方面，依据《全国新干线铁道整备法》，日本在不断完善轮轨高速铁路路网建设的同时，着手建设东京—大阪之间时速为 438km 的高速磁悬浮铁路。强化人口占日本总人口 60%左右的东京、名古屋、大阪三大都市圈不同铁路公司之间的列车跨线互通运营，进一步完善车站等无障碍化设施建设，实现快速便捷交通。日本国土交通省编制的《生产率革命专项计划》支持进行铁路防灾减灾、基础设施和装备智能运维、列车无人驾驶、无线通信列车控制等技术的研究和应用。其制定的《环境基本计划》围绕节能减排，在铁路方面重点支持蓄电池、燃料电池、混合动力等高效节能机车车辆和各种储能节能装备、节能材料的应用，推动客运和货运由汽车运输向铁路运输方式转变，对节能减排均提出了明确的量化目标。

3. 美国

美国铁路运营里程超过 25 万千米，居世界第一。同其他各经济大国一样，交通拥挤、环境污染、风险事故、基础设施老旧等现象在美国也普遍存在。如何改善交通状况使之跟上经济发展的节奏成为美国特别关注和亟待解决的课题。从长远看，美国铁路主要面临的挑战如下：

（1）对城际铁路的速度和服务质量要求将继续增加。

（2）铁路货运需求的提升，由此加大缓解货运阻塞点和解决客货运冲突的难度。

（3）铁路安全问题。

4. 中国

中国轨道交通装备体系完整、技术先进、安全可靠。近年来，路网规模不断扩大，既有/在建高铁和城市轨道交通运营里程居世界第一，装备产业正朝着“高速、重载、绿色、环保、智能、安全”的技术路线持续发展。为推动国家综合立体交通体系建设，构建互联互通、创新发展、多式联运的综合交通体系，中国出台了一系列政策，发布了一系列规划文件，推动以轨道交通为骨干的交通体系建设。2019 年 9 月 19 日，发布的《交通强国建设纲要》旨在构建安全、便捷、高效、绿色、经济的现代化综合交通体系。“新基建”也将城际高速铁路和城际轨道交通列入未来发展的重点领域，通过快速抢占全球新一代信息技术的制高点，带动轨道交通迈向高质量发展。

8.2.2 基于文献和专利统计分析的研发态势

论文统计分析主要基于 iSS 中的 SCI 数据库，围绕先进轨道交通装备领域开展科研论文量化分析，了解该领域的研究现状、技术热点和发展趋势等，为关键前沿技术的提炼提供支撑。专利统计分析主要是通过先进轨道交通装备领域的专利申请数量和主要申请国家分布情况，论证各个国家在先进轨道交通装备领域的技术创新能力和投入力度。

1. 论文统计分析

1）全球研发态势分析

全球研发态势分析主要分析本领域年度论文发表数量的变化趋势。通常情况下，论文数量逐渐增多，代表该年份本领域技术创新趋向活跃；论文数量趋于平稳，则表示本领域技术研究进入成熟期，技术创新研究难度逐渐增大；论文数量下降，代表本领域技术被淘汰或被新技术取代，社会和企业创新动力不足。图 8-2 是 1981—2019 年全球先进轨道交通装备领域论文发表数量变化趋势，从图 8-2 可以看出，近 40 年来，本领域的论文发表数量总体上呈上升趋势，整体处于技术创新活跃期。

2）主要国家研发态势分析

1981—2019 年中、美等 9 国在先进轨道装备领域的论文发表数量变化趋势如图 8-3 所示。通常情况下，一国在本领域的论文发表数量的多少，体现该国对本领域的重视程度和创新力度，也反映其在本领域的技术发展状况和国际地位。从图 8-3 可以看出，在先进轨道交通装备领域，中国、美国、日本和德国均是技术研究活跃度非常高的国家，与当前本领域的技术发展态势和相应的技术实力基本相符。

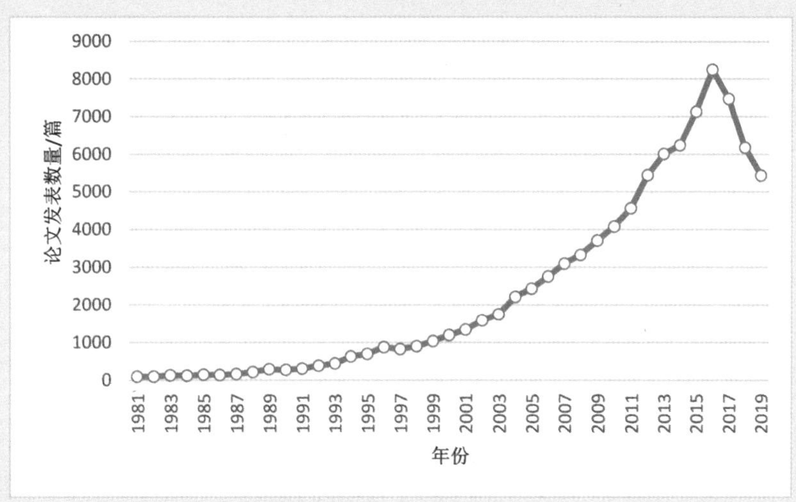

图 8-2　1981—2019 年全球先进轨道交通装备领域的论文发表数量变化趋势

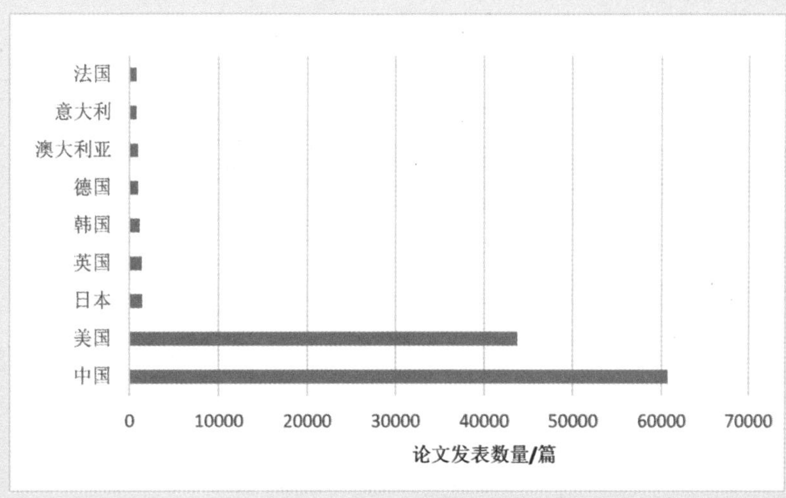

图 8-3　1981—2019 年中、美等 9 国在先进轨道交通装备领域的论文发表数量变化趋势

3）时间-关键词分析

时间-关键词分析（见图 8-4）主要以时间为线索，梳理出先进轨道交通装备领域的关键研究点，从而得出本领域热点研究方向和热度变化情况。从图 8-4 可以看出，1990—2019 年，本领域热点研究方向主要有磁悬浮、永磁电机、智能传感、稀土永磁、列车安全、SiC、RAMS（4 个字母分别是可靠性、可有性、可维修性和安全性英文的首字母）等。其中，列车安全、人工智能、永磁、磁悬浮、智能传感等在最近几年的研究热度呈上升趋势。

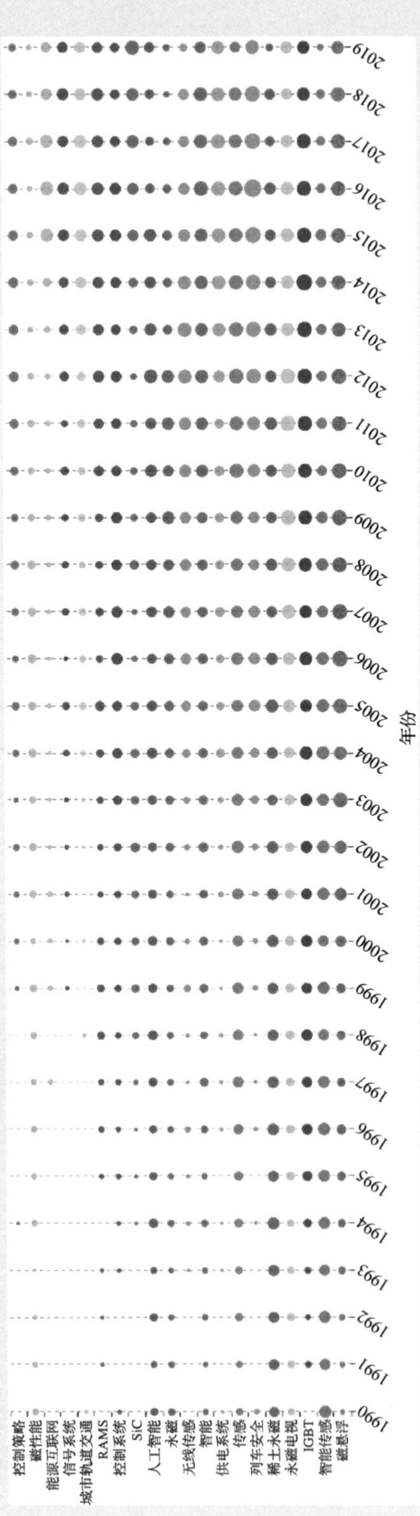
控制策略
磁性能
能源互联网
信号系统
城市轨道交通
RAMS
控制系统
SiC
人工智能
永磁
无线传感
智能
供电系统
传感
列车安全
稀土永磁
永磁电机
IGBT
智能传感
磁悬浮
1990 1991 1992 1993 1994 1995 1996 1997 1998 1999 2000 2001 2002 2003 2004 2005 2006 2007 2008 2009 2010 2011 2012 2013 2014 2015 2016 2017 2018 2019
年份

图 8-4 时间-关键词分析

4）合作共现分析

合作共现分析是指基于文献数据中的国家信息，分析国家之间的合作关系，代表国家的点越大，说明该国家在本领域的论文发表数量越多，反之越少；国家之间的连线越粗，代表两个国家之间的合作关系越近，反之越远，如图8-5所示。从图8-5可以看出，中国、美国、日本在本领域的文献共现数量最多，并且中国和美国、日本之间的合作频率要远高于其他国家。

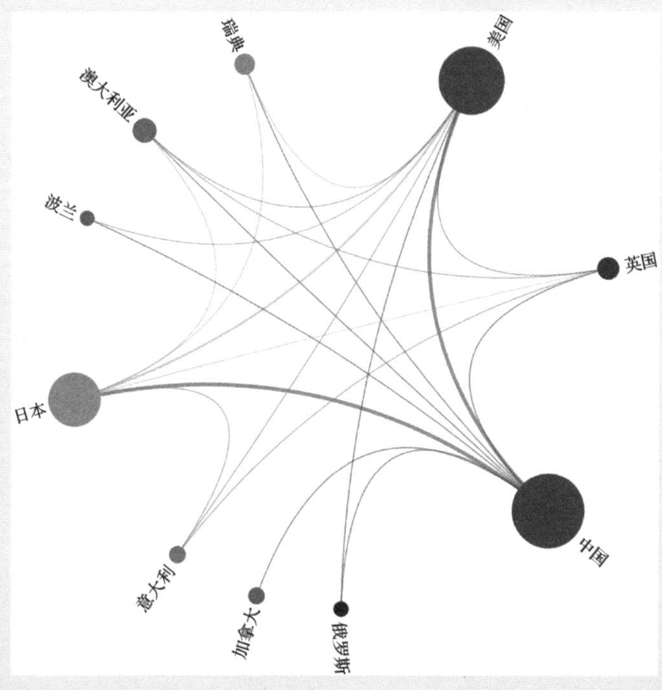

图8-5　国与国之间合作关系分析

5）主题河流分析

主题河流分析是指基于文献数据中的国家、时间、关键词信息，梳理本领域历史技术热点方向和整体演变趋势，分析每个国家在本领域的研究重点和趋势，如图8-6所示。从图8-6可以看出，中国在先进轨道交通装备领域的研究几乎覆盖了所有的热点领域，包括永磁、智能传感、SiC、磁悬浮、列车安全等。

6）共现网络分析

共现网络分析是指基于文献数据中的关键词信息（作者关键词、标题+摘要关键词），根据关键词出现频次和共现次数表示词与词之间的关系，最终通过计算词与词之间的远近关系，形成不同类别聚类网络，如图8-7所示。从图8-7可以看出，当前先进轨道交通装备领域聚类网络主要分为列车安全、智能传感、永磁、磁悬浮等。

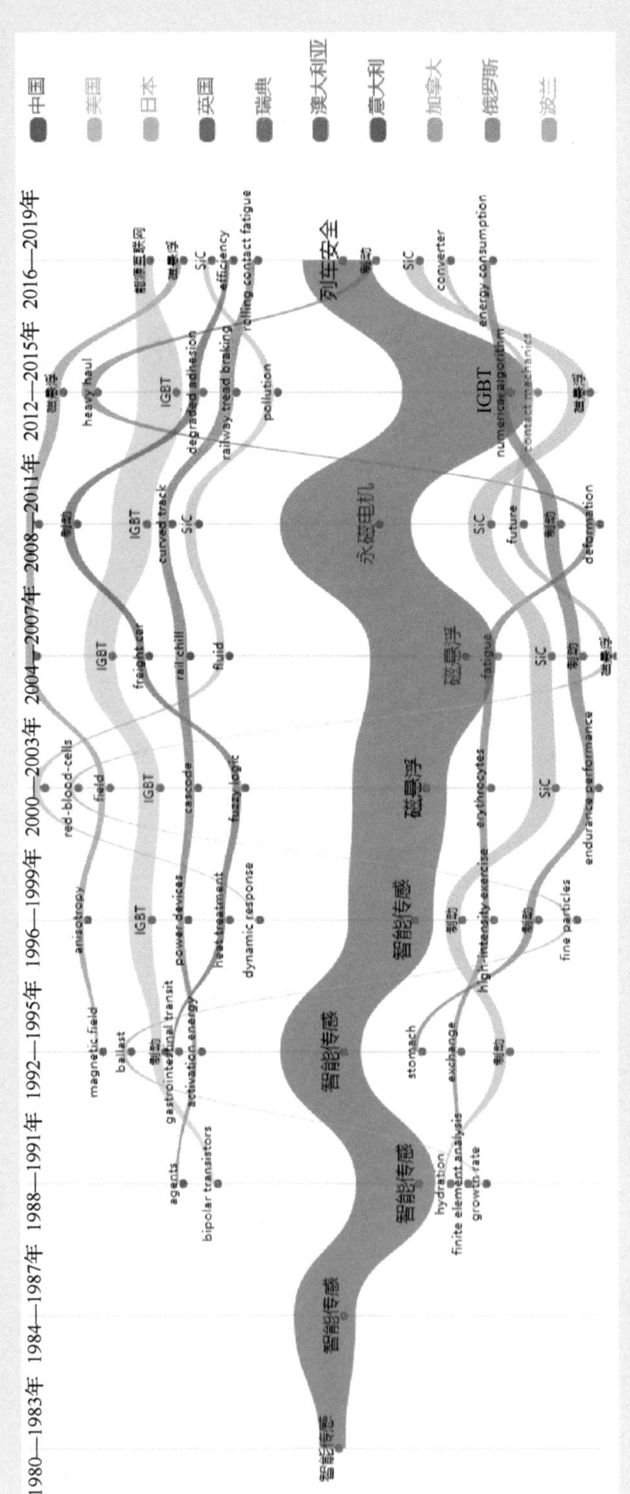
中国
美国
日本
英国
瑞典
澳大利亚
意大利
加拿大
俄罗斯
波兰
1980—1983年
1984—1987年
1988—1991年
1992—1995年
1996—1999年
2000—2003年
2004—2007年
2008—2011年
2012—2015年
2016—2019年
智能传感
永磁电机
磁悬浮
列车安全
IGBT
SiC
制动
agents
bipolar transistors
hydration
finite element analysis
growth rate
magnetic field
ballast
gastrointestinal transit
activation energy
stomach
exchange
anisotropy
power devices
heat treatment
dynamic response
high-intensity exercise
fine particles
red-blood-cells
field
cascode
fuzzy logic
erythrocytes
endurance performance
freight car
rail chill
fluid
fatigue
curved track
future
deformation
heavy haul
degraded adhesion
railway tread braking
pollution
numerical algorithm
contact mechanics
efficiency
rolling contact fatigue
converter
energy consumption

图 8-6 主题河流分析

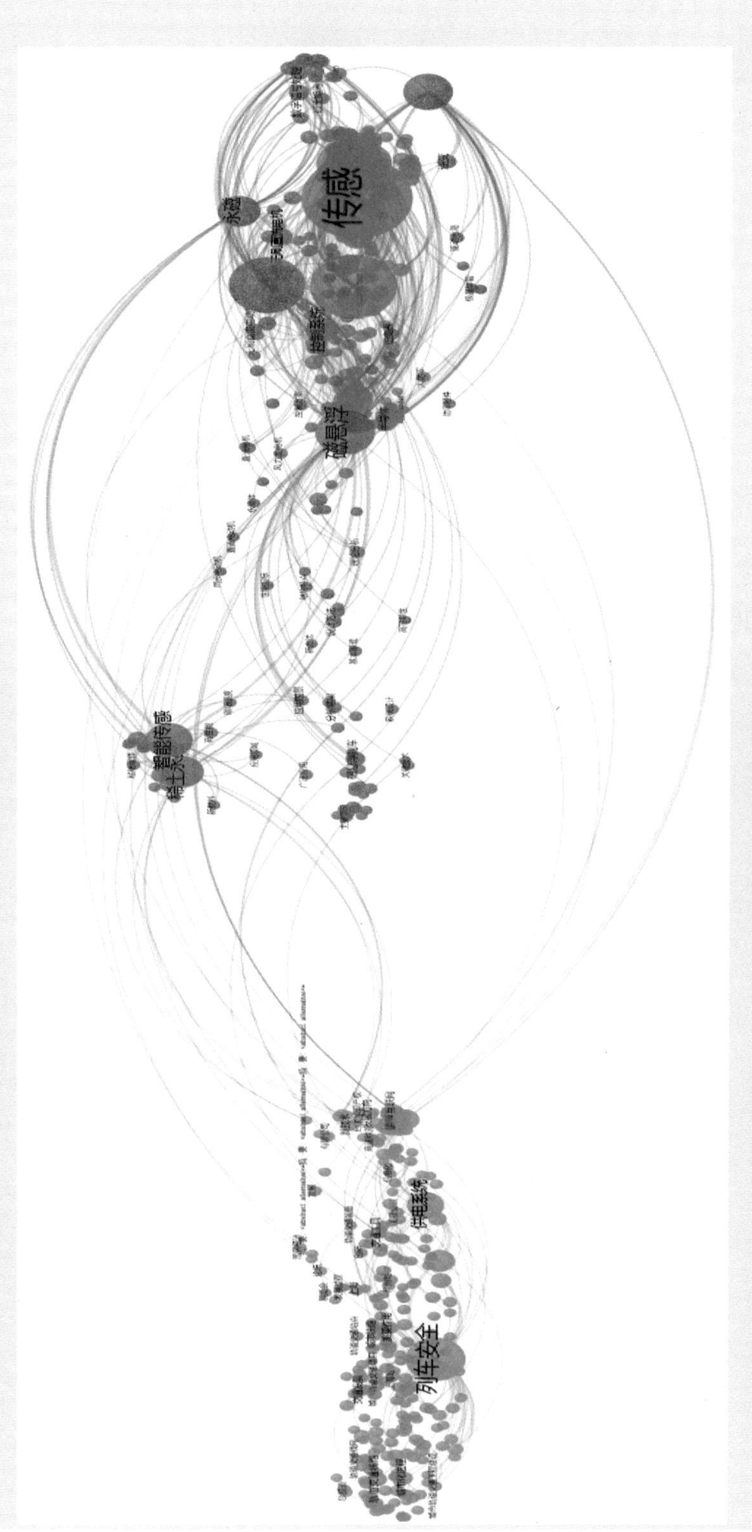

图 8-7 共现网络分析

7）关键词词云分析

关键词词云分析结果体现行业研究热点和趋势，关键词的数量越多，说明该词热度越高，是当前研究的重点。先进轨道交通装备领域的词云分析如图 8-8 所示。从图 8-8 可以看出，智能传感、磁悬浮、永磁电机、无线传感、能源互联网、稀土永磁材料、SiC、智能控制、路权、供电系统、客流预测等是当前轨道交通领域的重点研究对象和未来的重点发展方向。

图 8-8　关键词词云分析

2. 专利统计分析

1）全球研发态势分析

全球研发态势分析是指基于某一时间段先进轨道交通装备领域专利数据，分析相关专利申请数量随时间变化的趋势（见图 8-9），揭示本领域的总体研究趋势。从图 8-9 可以看出，先进轨道交通装备领域的专利申请数量整体增长趋势明显，从 2014 年开始呈现爆发式的增长。

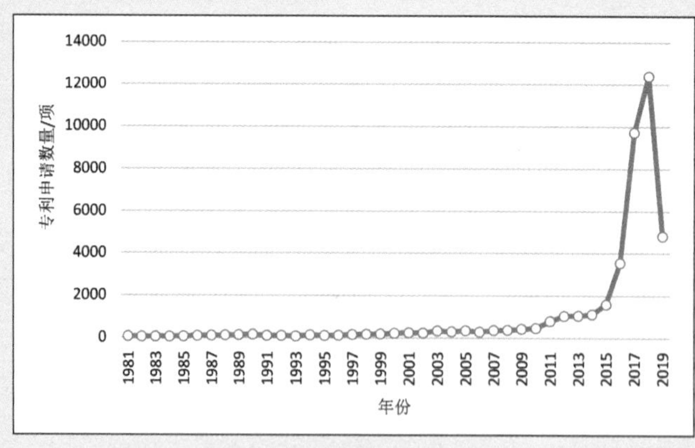

图 8-9　1981—2019 年先进轨道交通装备领域专利申请数量随时间变化的趋势

2）时间-国家（或组织）分析

时间-国家（或组织）分析是指通过先进轨道交通装备领域专利申请数量排名前列的国家的专利申请数量随时间变化的情况，从侧面反映该国在本领域的技术活跃度，如图 8-10 所示。从图 8-10 可以看出，1981—2019 年，德国和美国在先进轨道交通装备领域的专利申

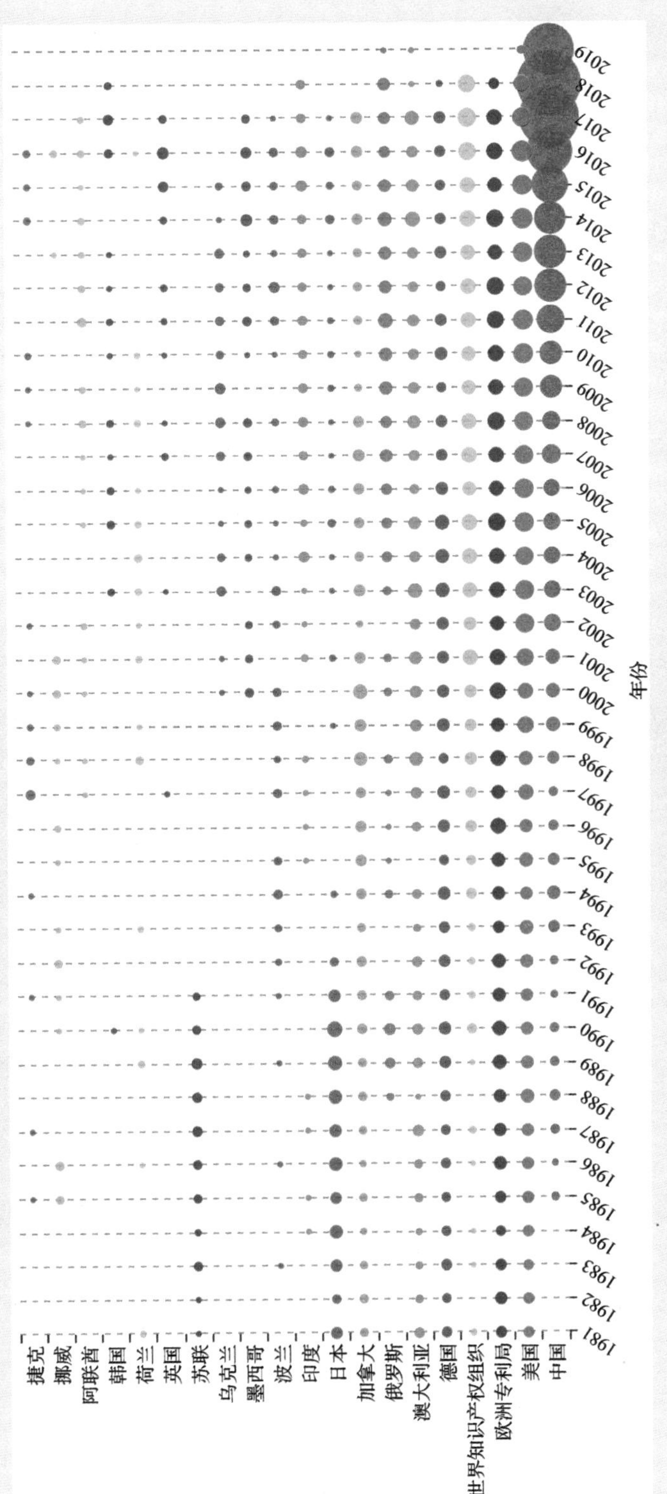

图 8-10 时间-国家（或组织）分析

请数量基本保持稳定态势，增速相对缓慢。中国在本领域的专利申请数量增幅最大，特别是 2015 年之后的几年，几乎呈现指数式增长，从侧面反映了近年来中国在轨道交通领域研究的投入力度、科研实力和技术活跃度。

8.3 关键前沿技术与发展趋势

根据 8.2.2 节的分析结果，结合当前轨道交通领域的传统强国、重点企业和科研院所在本领域的重点研究方向，总结归纳出本领域关键前沿技术。

8.3.1 高压、高频、耐高温器件技术

SiC 材料比 Si 材料具有更大的禁带宽度、更高的临界击穿场强、更高的电子饱和漂移速度和更优的热导率，这些优良的材料特性使 SiC 器件具有更低的开关损耗，能够在更高温度、更大功率和更高频率下工作。利用这些特性，可以大幅度减小电源系统体积和质量，提高系统效率、过载能力和可靠性。未来 20 年，在该领域主要发展以下两个方面技术。

1. 高频率碳化硅金属–氧化物场效应晶体管（以下简称 SiC MOSFET）器件技术

高频率 SiC MOSFET 器件有利于电力电子器件向高压、高频率、低损耗方向的发展。SiC MOSFET 将推动电力电子技术向 100kHz 以上频率发展，中国加强高频率 SiC MOSFET 器件的发展，将推动本国轨道交通电力电子技术的整体发展，推动本国国民经济的发展与经济转型。

2. 10kV 以上的高压碳化硅绝缘栅双极型晶体管（以下简称 SiC IGBT）器件技术

国际上 10kV 以上的 SiC IGBT 器件已有一定的研究基础，Cree 等公司研制的 SiC 电力电子变压器容量为 1 MV · A。中国加速 10kV 以上的 SiC IGBT 器件的研究，将有力地推动本国智能电网输配电和轨道交通电力电子变压器等技术的发展。

8.3.2 高功率密度、高可靠性、低损耗芯片与模块技术

IGBT 是第三代功率半导体的核心器件，凭借其输入阻抗高、导通压降小、工作频率高、驱动简单等优势，广泛应用于国民经济的各行各业，市场前景十分可观。

1. 极限 IGBT 芯片技术

为了进一步逼近芯片的阻断电压与导通压降之间折中关系的理论极限，需重点关注精细

沟槽栅技术和超结、半超结相关IGBT技术。

2. 芯片集成技术

（1）IGBT功率集成技术，包括逆导IGBT和逆阻IGBT。

（2）IGBT的功能集成技术，主要是指在IGBT芯片上集成温度传感器和电流传感器等功能，或者将驱动芯片与IGBT芯片集成。

3. 基于全铜工艺的IGBT模块技术

在这个方面，国外开展了广泛的技术研究与产品开发工作，国内起步较晚，但有望在5年内取得全面基础研究和产业化关键技术突破，增强IGBT模块技术和产品的国际竞争力。

4. 大容量高功率密度封装结构与技术

国外主流厂家纷纷推出新型封装结构与技术。中国的针翅散热等技术已经起步，应加快大容量高功率密度封装结构与技术研发及配套材料的技术研究。

5. IGBT压接式封装技术

压接式封装有利于器件散热，降低杂散电容和电感，并且其短路失效特性适应串联应用工况。该类器件在高压直流电源（HVDC）、智能电网、新能源等领域会有广泛的应用前景。

8.3.3 智能传感器技术

智能传感器是具有信息处理功能的传感器，带有微处理机，具有采集、处理、交换信息的能力，是传感器集成化与微处理机相结合的产物。研制轨道交通用智能传感器，对提高工作效率、减少维护成本、降低系统复杂性和简化系统结构具有重要的意义。智能传感器主要实现以下技术功能。

（1）具有自校零、自标定、自校正功能。

（2）具有自动补偿功能。

（3）能够自动采集数据，并对数据进行预处理。

（4）能够自动进行检验、自选量程、自寻故障。

（5）具有数据存储、记忆与信息处理功能。

（6）具有双向通信、标准化数字输出或者符号输出功能。

（7）具有判断、决策处理功能。

8.3.4 动力型储能电源技术

动力型新能源是指非常规能源，是区别于轨道交通传统能源的其他能源形式，主要包括燃料电池、蓄电池、超级电容、飞轮储能等清洁环保、节能高效、储能容量大的动力型储能电源，未来在先进轨道交通装备领域有广阔的应用前景。主要包括以下技术功能。

（1）高能量和高功率。

（2）高能量密度。

（3）高倍率部分荷电状态下（HRPSOC）的循环使用。

（4）工作温度范围宽（−40～65℃）。

（5）使用寿命长，要求使用 10 年及以上。

（6）安全可靠。

8.3.5 基于车联网的混合路权运行控制技术

出于安全考虑，中国现有的有轨电车普遍采用独立路权模式，整体资源利用率不高。随着车联网技术的发展，为保证高效安全的混合路权模式实施，需要解决的主要技术有基于车联网的轨道交通通信信号技术及系统组成、高速运行的车辆通信模式与通信协议、轨道车辆和普通车辆的定位优化技术、基于车联网的道口控制通信技术和基于车联网的优先级别信号控制技术、准入/准出信号的动态控制和优化以及信号控制的安全保障技术。

8.3.6 轨道交通非接触式供电技术

非接触式供电技术可以有效提高电气设备供电的灵活性与安全性，有效避免接触网、受流轨等接触式供电方式存在的不足，使得电能应用更为广泛。该技术是目前供电领域的研究热点，主要涉及现代电力电子技术、磁性材料技术、电磁感应技术以及现代控制技术的多个领域。加强轨道交通非接触式供电技术研究和应用，可彻底解决断线、接触电火花、线路磨损、雷击干扰断电和意外触电等接触式供电方式存在的弊端，研究意义重大，应用前景广阔。

8.3.7 轨道交通能源互联网关键技术

能源互联网通过电力电子技术、信息技术和智能化技术，将大量由分布式能量采集装置和分布式能量储存装置构成的新型电力网络节点互联，实现信息和能量的双向按需实时对等交换和共享。轨道交通能源互联网通过优化系统节能水平，改善系统供电品质，实现轨道交通系统智能化，进一步提高轨道交通系统的经济效益，是维持社会可持续发展的重要举措，也是决定未来中国能否成功抢占全球轨道交通市场，赢得全球竞争的关键所在。

8.3.8 超高速磁浮交通系统关键技术

随着中国超长距离高速轨道交通的发展和建设需求的不断提高，以超高速磁浮为代表的高速交通系统成为中国应对国家战略需求和国际竞争的重大战略性研究课题。其关键技术和核心系统包括自主化的混合型悬浮系统、自主标准的车载电气系统、网络控制与诊断系统；基于 IGBT/IGCT 的变流器自主化牵引供电系统；自主化的运控系统和车地控制系统；复杂地质线路轨道系统、全天候条件系统特性、功能保障、服役安全及全系统集成技术。为保障超高速磁浮交通系统的高速、安全运行，应抓紧开展适应复杂地质、全天候运行条件下新一代超高速磁浮交通系统关键技术研究和核心系统研制。

8.3.9 高性能复合材料应用技术

车辆结构的轻量化是现代车辆制造技术所追求的目标。复合材料的增强纤维、树脂基体也应具有不同的性能。针对壁板类部件，可采用轻量化的夹层结构复合材料；针对车架等在持续振动、冲击等载荷作用下的部件，需要开发具有阻尼减振降噪功能一体化的复合材料；针对内饰板、客舱地板等典型部件，除了力学性能要求，还需要复合材料满足阻燃、逸出有害气体及生物防护等安全性要求。针对这些不同工况、不同材料，需要进一步开展相关研究工作，以支撑高性能复合材料在先进轨道交通装备领域里的应用。

高性能复合材料的结构、功能特性及其无可比拟的可设计性为持续扩大其在先进轨道交通装备领域里的应用奠定了坚实的技术基础，应从以下 7 个方面开展研究工作：

（1）复合材料加工装配技术研究。

（2）复合材料装配用金属零件的处理。

（3）轨道交通用复合材料修补技术研究。

（4）轨道交通用复合材料构件无损检测技术。

（5）轨道交通用复合材料构件舒适性研究。

（6）新型复合材料构件成型技术研究。

（7）低成本制造技术研究。

8.3.10 稀土永磁材料应用技术

以钕铁硼永磁材料为例。目前，钕铁硼永磁材料主要应用于新能源和节能环保领域，如风力发电、节能电梯、变频空调、新能源汽车和传统应用领域，而且新的应用领域还在不断拓宽。钕铁硼永磁材料凭借其优异的性能，在世界范围内引起强烈反响，目前正处于迅速发展的新时期。永磁电机具有能耗低、体积小、噪声低、功率高等优点，随着永磁电机技术的不断发展，其在先进轨道交通装备上的应用将是一种趋势。同时，稀土永磁材料在先进轨道交通装备领域的应用必将发挥更大的作用。

8.3.11 高性能轻金属材料应用技术

要实现轨道交通装备高速化和节能化发展，减轻运载装备自身的质量是关键。借助轻量化，可有效降低能耗、降低车辆振动能量和车内外噪声，减少轮轨磨耗、减少维修量等。在满足使用要求的前提下采用轻量化的车辆，可有效降低其全生命周期成本，改善机车机动性能，提高发车运营效率，大大提高客货运载能力。

轨道交通装备的高速化对结构材料的服役性能要求也发生了重大变化，对高性能轻金属材料的制备和加工等提出了迫切需求，如铝合金、钛合金、镁合金、多孔泡沫金属等的制备和加工。

针对不同高性能轻金属材料及其制品面向轨道交通的服役要求，建议开展下列使役行为的理论和技术研究，包括多场耦合下的断裂规律与理论、超长寿命疲劳的规律和机制、特殊环境下的疲劳规律和机制，构件的延寿技术；特殊和极端工况下减摩耐磨性能与机制、环境友好的润滑剂和添加剂；材料的防腐蚀处理技术等。

8.3.12 列车系统集成技术

1. 更高速技术

基于中国高速列车的速度领先优势，研发客运专线运行速度达 400km/h 以上、既有线路运行速度达 200km/h 以上的高速列车，满足旅客快速旅行需求，持续保持中国在先进轨道交通装备领域的领先地位，主要研究在现有线路运行速度提升后列车的平稳性设计和曲线通过技术、大容量制动系统、空气噪声控制、振动控制等技术。

2. 列车全生命设计技术

以控制全生命周期成本为目标，研究列车全生命周期设计管理技术，综合考虑列车的技术性能、系统部件的制造成本、检修维护周期设置与成本、产品的可靠性能，进行集成管理，实现列车的最优匹配，降低全生命周期成本设计，提高产品竞争力。

3. 列车噪声控制技术

开展国际标准轨道车辆噪声源识别与控制技术的研究，分析和掌握欧洲线路条件下噪声源频谱特性及传播规律，制定车内外噪声控制管理规范。从噪声源控制、传播途径控制、特殊区域和薄弱环节设计控制等进行隔音降噪措施研究。

4. 列车灵活编组技术

研究适应列车灵活编组的车型配置、多流制动力单元配置、部件模块化配置、网络控制系统拓扑结构等关键技术；研究车间风挡、管路、车端电气连接、高压接头等快速连接解编相关技术。

研究制动系统最小编组单元及单元级控制技术，研究制动系统网络快速自动配置及列车级控制技术，研究适应不同编组模式的制动控制技术（列控、车控、架控、轴控），研究适应不同编组模式的制动系统配置技术。

5. 轨道交通互联互通技术

目前，全球各国轨道交通运营模式存在各项差异。轨道交通“互联互通”是指轨道交通网络运营模式的相互兼容，不同国家的轨道交通网存在轨道、车辆、供电、信号、通信、车站、运营组织等方面的不同，要通过跨国轨道交通互联互通技术实现“互联互通”运营。

跨国轨道交通互联互通技术包括适应不同轨距（1000mm、1435mm、1520mm、1676mm）的转向架、适应不同供电制的电力牵引系统、适应不同通信信号制式的列车控制系统、适应不同限界的车站上下客系统、适应不同列车运营调度的控制系统等。

目前，世界上还没有可以正式投入运营的轨道交通互联互通装备，但这方面需求迫切，尤其在中国提出“一带一路”倡议以后，中国先进轨道交通装备要“走出去”，使得沿线国家的轨道交通实现互联互通运营的需求十分迫切。

6. 快速货运技术

依托高速列车技术，利用高速铁路设施，开行高速货运列车，满足快运物流市场需求成为铁路运输公司一项快速增长的业务。以法国、德国为代表的国家已经开始运用高速铁路运送特快邮件和包裹。随着中国经济的快速发展和高铁技术的成熟，开行高速货运列车将成为必然趋势。在高速基础上主要研究载重设置与轻量化控制、货运装卸、保温保鲜设计、空重车控制等快速货运技术。

7．大轴重货运电力机车技术

建立 30 吨轴重货运电力机车系统的研究开发平台，研制适用于 30 吨轴重重载需求的电力机车主变流器及其控制系统、主变压器及冷却系统、高强度电力机车车体及钩缓系统、制动系统、转向架等关键部件及系统，并最终完成具有自主知识产权的 30 吨轴重货运电力机车样车。

8．能源综合控制与回收技术

应用智能化技术，以最佳节能为目标，根据列车运行线路条件、气候条件、客流量等，对列车的牵引、空调、照明、车门开关、能量回收与存储等进行综合控制，在最大程度上实现节能。结合轨道交通车辆制动安全要求，持续研究列车摩擦制动、再生制动、涡流制动、电阻制动等方式，研究耗能型、馈能型、储能型等能量回收技术，进行合理匹配，实现系统最优。

8.3.13 列车走行部关键技术

1．磁悬浮技术

磁悬浮交通就是利用电磁铁将车辆悬浮在轨道之上，在运行中没有轮轨的接触。磁悬浮交通最大的特点是运行中车辆完全脱离传统的轮轨接触，噪声极低，仅为空气摩擦声和电气等噪声，无黏着限制，可实现最大的启动加速度和制动减速度，可在大坡度线路运行，机械振动小，舒适性、平稳性高，维修费用低。磁悬浮车辆研究的核心技术为磁悬浮转向架技术及悬浮控制系统技术。

2．铰接技术

采用转向架铰接技术，在中低地板车辆上，可有效减少高地板区域，并可减少转向架数量，降低成本。

采用铰接技术，可提升车辆的曲线通过能力，降低车体下部气动阻力，从而降低运行阻力。

3．防脱轨技术

脱轨性能是轨道交通车辆重要的安全指标之一，对脱轨机理、列车与线路的匹配、列车参数设计、脱轨性能的评估与检测需持续深入研究。防脱轨装置的设置能为列车提供安全保障，需要深入研发。

4. 多形式导向技术

跨座式单轨车辆是骑在轨道梁上运行的，其轨道由预应力混凝土制作，车辆运行时走行轮在轨道上平面滚动，导向轮在轨道侧面滚动导向。悬挂式单轨车辆悬挂在轨道的下方运行，其轨道多由箱形断面钢梁制作。走行轮沿轨道走行面滚动，导向轮沿轨道导向面滚动导向。单轨交通的车辆采用橡胶轮，与传统轮轨地铁相比，具有爬坡能力强、通过曲线能力强、启动/制动加速度大、运行噪声低、平稳性好等优点。其核心技术为具有承载、导向、稳定功能的走行部系统技术。

8.3.14 轻量化技术

轻量化技术主要是指通过结构优化和新材料与新装备应用等途径进行减重的技术。结构优化是利用有限元和优化设计方法设计更合理的车体和转向架结构，使零部件薄壁化、中空化、复合化，如中空车体型材、空心化车轴等结构。此外，应用最新材料研发成果也是实现轻量化的重要手段。

8.3.15 高效牵引传动技术

1. 多制式供电技术

通过研究车辆采用的AC 25000V、DC 1500V和DC 3000V等牵引供电制式等，以满足干线铁路及城市铁路互联互通要求。

2. 永磁电机技术

牵引传动系统是轨道交通车辆的机电能量转换单元，其性能在某种程度上决定了轨道交通车辆的动力品质、能耗和控制特性，是轨道交通车辆节能升级的关键。永磁电机具有能量密度高、能耗低、加速性能好、过载能力强、控制特性优异等优点。德国、日本、法国等国正在积极研制以永磁电机为核心的牵引传动系统。开发以永磁电机为核心的牵引传动系统，实现传统异步传动系统的替代升级正在成为世界轨道交通车辆技术竞争的焦点之一。

3. 直线电机技术

直线电机驱动列车具有运行曲线半径小、爬坡能力强、运行噪声小、运行平稳、节能等优点，适用于城市铁路系统。直线电机技术主要研究直线电机设计、特性评价、高频电力转换技术以及直线电机无间隙弹性轴悬技术、气隙控制关键技术。

4. 新能源动力技术

混合动力列车是采用多种能量转换器来提供驱动力的，区别于单一动力源系统的关键是通过车载能量存储装置替代架空电网提供动力，并可实现对制动时产生的能量回收和再利用。柴油发动机、蓄电池、超级电容、燃料电池可以提供驱动力，蓄电池、超级电容、飞轮等装置可以存储能量。目前，研究较多的是柴油发动机与储能装置（蓄电池、超级电容等）的混合动力技术。

储能装置和能量管理策略是混合动力列车的关键技术。目前，蓄电池、超级电容、燃料电池等装备的性能指标基本能满足应用要求，但可靠性与经济性是制约其大规模应用的瓶颈。能量管理策略可以使主动力源工作在最高效率点，将多余能量及制动时产生的能量存储到储能装置中（蓄电池、超级电容等）并优先使用存储能量。日本和欧美发达国家都在积极致力于新能源以及混合动力车的研发和设计，并已成功研制出太阳能列车和混合燃料列车、混合动力机车等试验样车。在中国，这项技术近年来同样得到了重视，国内许多科研院所、高校都在致力于混合动力应用于铁路机车的关键技术研究。

5. 综合节能控制技术

开发车辆主回路和地面用电设备耗能模拟系统，定量/定性地提出解决问题的对策和系统节能方案；通过提升牵引传动系统的效率和提高车辆轻量化程度，降低空气阻力，进一步降低车辆运行能耗；进一步提升再生制动利用率，降低机械制动频率。

8.3.16 列车安全技术

1. 主动安全技术

从信号和列车控制系统、故障检测报警和制动系统设计性能方面，进行动车组防撞防脱集成设计。开展转向架运行状态监测自动报警装置的控车策略研究，设置转向架运行状态监测报警系统（转向架失稳检测、轴承温度、空气弹簧压力等）。

2. 被动安全技术

耐碰撞安全设计目的是在列车与障碍物碰撞后，保证列车车体结构的完整性和乘员的生命安全。目前，汽车行业以及低速客车、地铁车辆的碰撞安全设计标准及其技术较为成熟，但高速列车由于运行速度高、能量巨大，故不同运行条件下考虑的碰撞速度、障碍物不同，同时要兼顾高速列车结构设计的轻量化。基于不同运输需求，制定碰撞设计边界条件、确定碰撞设计方法、开发高吸能量的耐冲击结构是碰撞安全设计的长期课题。

3. 防灾减灾技术

快速、准确地确定自然外力和受害状况，及时进行防灾控制和运行限制，主要包括自然灾害感知系统，风险分析和评价系统，运行限制，大规模地震的早期恢复；构成要素的可靠性提高；防脱轨的车辆结构及轨道结构的设置，提高碰撞安全性；基于人为因素的安全性提高和列车控制的智能化。

4. 安全评估技术

安全评估是现代先进安全生产管理的重中之重。针对轨道交通特点，建立轨道交通装备的危险危害因素分析方法、安全评价的原理与模型，不断优化安全评价的方法以及安全对策。从动力学、流固耦合、弓网关系、车下设备悬挂等方面，结合理论分析、仿真计算、试验验证进行技术研究，系统梳理及评估列车安全性指标。

8.3.17 列车智能技术

1. 超高速轨道交通 5G 应用技术

为符合未来超高速轨道交通安全、高效能、可持续、互操作的发展方向，满足轨道交通相关装备和系统安全、绿色、智能、体系化、国际化的需求，未来的基于 5G 的车地无线传输网络需提供一个多业务、多接入技术、多层次覆盖的移动通信平台。而如何将这些特点有机地融合并合理利用，为未来超高速轨道交通提供最强的网络能力等，并为乘客提供最佳的网络业务体验是首要的挑战。

与此同时，支撑 5G 的新传输技术与组网方式，将带来设备实现复杂度大、设备研发成本、网络建设和运营维护等全新挑战；而基于统一的通信协议标准设计，支持广泛的业务灵活性，对未来通信系统协议和技术设计都带来挑战。

鉴于超高速轨道交通未来无线通信业务对带宽、时延、移动性要求苛刻，尤其是超低时延和高速移动性需求，其网络架构必须有较大调整才能满足，包括模块化设计和网络结构进一步扁平化。

2. 智能化（物联网）技术

充分利用智能化技术的发展，研究轨道交通列车走行、牵引、制动等关键系统部件动态监控、智能诊断与途中预警技术，实现事故主动预防与故障快速处置。

8.3.18 RAMS 技术

当前，由于轨道交通装备具有运行工况复杂、加速试验要求高、运行安全风险严格受控等特点，导致在如何精确地设计、预测和验证轨道交通装备寿命，并以此为基础对轨道交通装备的可靠性（R）、可用性（A）、可维修性（M）和安全性（S）进行规划和控制等方面存在较大困难。

针对上述需求，轨道交通装备 RAMS 技术体系在研发阶段和运行阶段亟待解决的关键技术如下：

1. 产品研发阶段关键 RAMS 技术

（1）基于实测数据的产品非高斯试验应力谱建模技术。

（2）基于累积损伤等效的加速退化寿命验证试验设计技术。

（3）基于性能退化的产品寿命延长技术。

（4）基于性能退化的产品加速筛选技术。

2. 产品运行阶段关键 RAMS 技术

（1）基于多元损伤协变量的使用故障率建模技术。

（2）基于使用故障率的产品维修需求预测技术。

（3）基于产品运行强度的检修策略优化技术。

（4）时变应力下产品剩余寿命预测技术。

8.4 技术路线图

8.4.1 发展目标与需求

当前，全球正在出现以信息网络、智能制造、新能源和新材料为代表的新一轮技术创新浪潮，全球轨道交通装备领域也在孕育新一轮全方位的产业变革。开展轨道交通装备的数字化设计、智能化制造、信息化服务和智慧化运维是未来先进轨道交通装备技术和产业发展的大势所趋。

到 2035 年，中国先进轨道交通装备制造业将形成完善的、具有持续创新能力的体系，总体上升级为“智能化一代”；在主要领域全面推行智能制造模式，拥有一批高端产品和核心技术；主导国际标准制定，具备成熟的产业链、完善的基础配套能力和世界领先的出口能力，占据全球制造和服务产业链的高端地位。先进轨道交通装备主要产品达到国际领先水平，建成全球领先的现代化轨道交通装备产业体系，占据全球产业链的高端位置。

8.4.2 技术路线图的绘制

面向 2035 年的中国先进轨道交通装备发展技术路线图如图 8-11 所示。

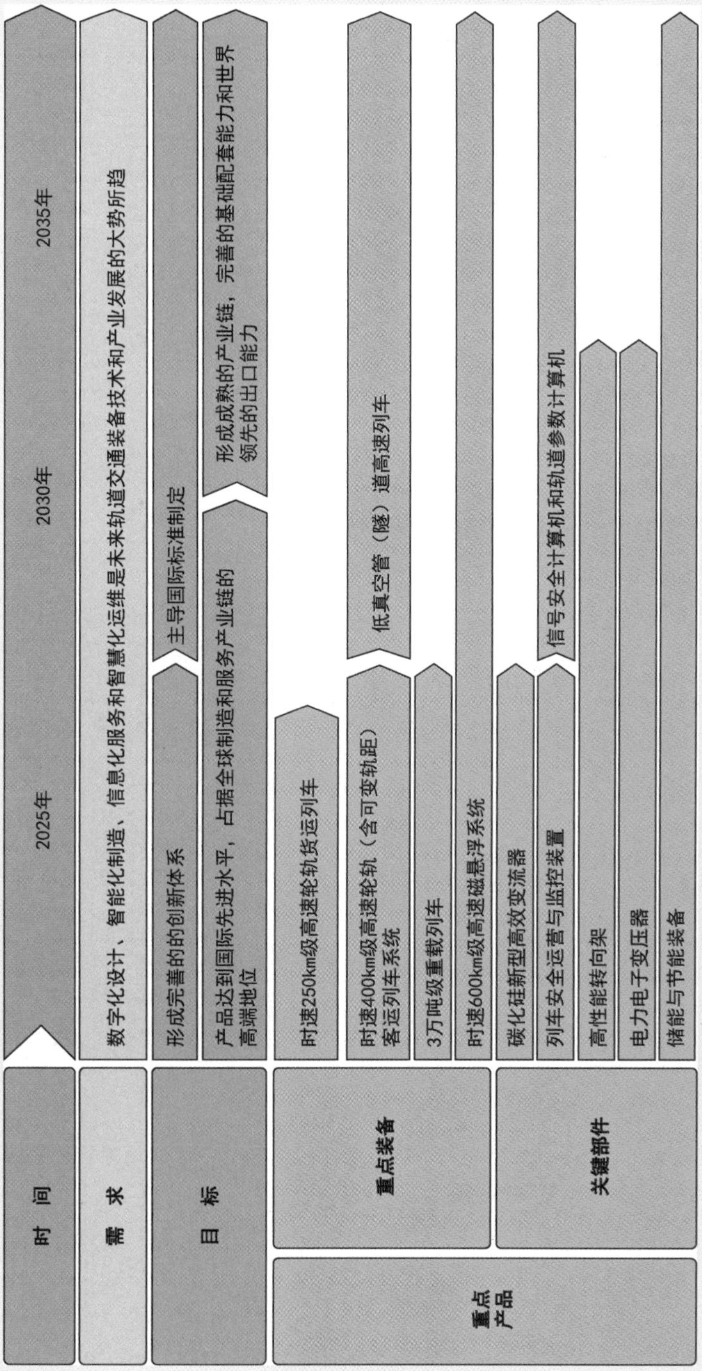

时间		2025年	2030年	2035年
需求		数字化设计、智能化制造、信息化服务和智慧化运维是未来轨道交通装备技术和产业发展的大势所趋		
目标		形成完善的的创新体系	主导国际标准制定	
		产品达到国际先进水平，占据全球制造和服务产业链的高端地位	形成成熟的产业链，完善的基础配套能力和世界领先的出口能力	
重点产品	重点装备	时速250km级高速轮轨货运列车		
		时速400km级高速轮轨（含可变轨距）客运列车系统	低真空管（隧）道高速列车	
		3万吨级重载列车		
		时速600km级高速磁悬浮系统		
	关键部件	碳化硅新型高效变流器		
		列车安全运营与监控装置	信号安全计算机和轨道参数计算机	
		高性能转向架		
		电力电子变压器		
		储能与节能装备		

图 8-11　面向 2035 年的中国先进轨道交通装备发展技术路线图

时间	2025年	2030年	2035年
关键技术	高压、高频、耐高温器件技术		
	高功率密度、高可靠、低损耗芯片与模块技术		
	智能传感器技术	列车智能技术	
	动力型储能电源技术		
	基于车联网的混合路权运行控制技术		
	轨道交通非接触供电技术		
	轨道交通能源互联网关键技术		
	超高速磁浮交通系统关键技术		
	高性能复合材料应用技术		
	稀土永磁材料应用技术	高效牵引传动技术	
	新型车辆车体技术	高性能轻金属材料应用技术	
	列车系统集成技术		
	RAMS技术		
	列车走行部关键技术		
示范工程	基于应用牵引的轨道交通“四基”创新生态打造		
	基于数字驱动的轨道交通装备智能化生态圈构建		
	基于原始创新的先进轨道交通装备试验能力建设		
战略支撑与保障	搭建全球科创中心	形成面向全球、服务全行业的合作、开放、共赢的创新平台体系	
	完善基础配套能力	培养一批“高、精、特、专”的配套产品企业群体	
	促进技术向标准转化	完善轨道交通装备产品技术标准体系	
	强化科技人才支撑		

图 8-11 面向 2035 年的中国先进轨道交通装备发展技术路线图（续）

8.4.3 重点任务

面向 2035 年，中国轨道交通装备工程科技重点任务主要集中体现在以下 3 个方面：

（1）集中力量持续研发谱系化的高效率、大运能、安全舒适、全天候、环境友好、具有全球竞争力和中国标准的高端装备及工程配套技术设备。服务于以“八纵八横”为骨干的国家路网建设，服务于工业化和城市化发展，发挥对中国社会经济又好又快发展不可替代的全局性支撑作用。

（2）与相关产业领域紧密协同实现国家对轨道交通装备关键核心技术领域和“四基”的充分掌握，研发一批新材料、新能源、新器件、新系统，并在轨道交通装备领域实现应用。积极参与并逐渐主导制定领域内新技术新产品的系列标准，掌握领域内国际话语权，引领全球轨道交通装备的技术发展。

（3）轨道交通高端装备的研制要与智能制造和数字化工厂的发展相协同，实现智能装备全部由智能工厂制造，组装制造能力可快速复制到全球，提高产品质量，提高技术门槛，提高制造效率，降低过程成本，在“中国铁路走出去”过程中满足所在国家对“市场换技术”本土化制造的需求，服务“一带一路”目标。

此外，中国轨道交通装备工程科技需要持续构建一个开放协同、一体化、全球化、高效率的科技创新体系；做到科技资源的全球化布局和运用，以全球视角完成市场研究与需求挖掘、产品规划与研发布局、试验验证与技术迭代，把知识产权的管理和运用覆盖到全球。

1. 基础研究方向

1）高性能器件技术研究

重点研究开发大功率电力电子器件、智能传感器、动力型储能器件（石墨烯储能器件、超级电容、燃料电池、蓄电池、飞轮储能）、微机网络接口器件、车辆轴承、轨道交通设备用气动元件、密封件和液压器件等。

2）高性能基础材料技术研究

重点研究和攻关高性能复合材料、高性能轻金属材料、SiC 材料、高温超导材料、稀土永磁材料、碳纤维增强材料、IGBT 芯片封装及基板材料、石墨烯、高磁通铁磁材料、低合金高强韧铸钢、高密封材料、强绝缘材料、多功能复合材料和仪表功能材料等；工艺材料包括模具钢、新型焊接材料、超硬刀具材料及环境友好型涂料和润滑剂等。

3）基础工艺技术研究

重点开发先进、绿色的铸造工艺技术、焊接工艺技术、热处理工艺技术、锻压工艺技术、表面处理工艺技术、切削加工、无损检测及电子产品制造等特种加工工艺技术。

（1）绿色铸造工艺技术。针对机车车辆齿轮传动内外部品质越来越高的制造要求，采用金属型低压铸造工艺技术，提高铸件品质，并减少污染排放。研究铸型（芯）激光烧结堆积成型技术以及复合成型技术，实现机车车辆复杂曲面铸件无模化铸造。

（2）焊接工艺技术。加强激光焊接工艺技术研究，将激光焊接工艺技术的应用范围由少量不锈钢城市铁路车体扩大到干线高速动车组和客车车体。推广搅拌摩擦焊工艺技术，使之成为动车组、城市铁路车辆大部件长直焊缝的主流焊接工艺技术。

（3）热处理工艺技术。研究适用于中小模数齿轮的双频感应热处理技术、大断面高强度铝合金型材的热处理技术等。

4）关键技术基础研究

主要开展 RAMS、大数据、人工智能、空天车地移动通信与控制、云技术、真空管道技术、列车系统集成技术、牵引传动技术、控制技术、走行部关键技术、轨道交通能源互联网关键技术和轨道交通关键结构件 3D 打印等技术研究。

2. 重点产品

1）重点装备

实现 3 万吨级重载列车、时速 250 km 级高速轮轨货运列车等方面的重大突破；研发时速 400 km 级高速轮轨（含可变轨距）客运列车系统、时速 600 km 级高速磁悬浮系统、低真空管（隧）道高速列车等装备。

2）关键系统

需要开展轨道交通装备绿色制造基础理论和共性技术研究及典型绿色、智能装备研制，如碳化硅新型高效变流器、电力电子变压器、高性能转向架、储能与节能装备、列车安全运营与监控装置、信号安全计算机和轨道参数计算机等，推进现代信息技术在轨道交通装备研究开发、生产制造、检测检验、运营管理等各个环节的应用。

3. 示范工程

通过研发计划的优先布局和示范工程，系统性地谋划具有颠覆性原始创新的轨道交通装备能力建设。推动中国在轨道交通系统绿色智能、安全保障、综合效能提升、可持续性和互操作等方向，形成包括核心技术、关键装备、集成应用与标准规范在内的成果体系，满足中国轨道交通作为全局战略性运输骨干网的高效能、综合性、一体化、可持续发展需求，具备国际竞争优势。

1）基于应用牵引的先进轨道交通装备“四基”创新生态打造

在国家或行业层面，组建由主机企业、关键系统企业、核心零部件企业和材料研发制造企业共同参与的先进轨道交通装备“四基”产业发展联盟，集中力量化解非自主的芯片、零部件、软件配套供应链风险，构建完整试验验证体系，大力推进国产配套供应链培育及批量应用，营造良好的产业发展环境。

2）基于数字驱动的先进轨道交通装备智能化生态圈构建

围绕由智慧高铁、城际铁路、智慧城轨等构成的绿色智能交通网络，为其提供智能轨道交通系统解决方案，实现端到端的准时旅客运输，让旅客体验幸福安全的旅行。瞄准新一代信息技术、人工智能、智能制造、新材料、新能源等世界科技前沿，加强对可能引发交通产业变革的前瞻性、颠覆性技术研究。推动大数据、互联网、人工智能、区块链、超级计算等新技术与交通行业深度融合。推进数据资源赋能交通发展，加速交通基础设施网、运输服务网、能源网与信息网络融合发展，构建泛在先进的交通信息基础设施。构建综合交通大数据中心体系，深化交通公共服务和电子政务发展。

3）基于原始创新的先进轨道交通装备试验能力建设

建设基于原始创新的先进轨道交通装备试验能力，是支撑轨道交通装备领域可持续发展的核心力量和取得未来竞争新优势的关键所在。在既有技术集成和研发必要技术的基础上，建设完全不依赖于既有轨道交通运营资源，可以对各种导向运输系统单元技术、系统技术和体系化技术进行实验、试验、测试、评估和认证的功能综合、条件完备、场景可配置的国家实验基地，具备向全球展示中国轨道交通技术的能力、为全球面向或相关于导向运输系统的科技创新提供全生命周期支撑服务的能力，解决极端恶劣自然灾害条件下的轨道交通运输系统安全型和可靠性问题，适应“一带一路”沿途及中国复杂多变的地形、气候条件，使中国成为全球唯一具备此能力的国家。

8.5 战略支撑与保障

为推进和保障轨道交通工程科技重点任务的实施，研究其所需要的政策、科研环境和保障条件，对比研究国内外工程科技及其相关产业的发展政策和管理机制，提出推动与支持中国工程科技发展的政策工具及管理措施。

8.5.1 搭建全球科创中心

以企业主体，建设面向全球的先进轨道交通装备科技创新中心，形成面向全球、服务全行业的合作、开放、共赢的创新平台体系，为开拓国内外市场提供强力支撑。

8.5.2 完善基础配套能力

中国轨道交通装备高端的基础零部件的配套水平相对较低，产业核心基础器件体系对轨道交通装备主机产业的支撑不足，应加强培养形成一批“高、精、特、专”的配套产品企业群体。

8.5.3 构建国际标准体系

中国轨道交通装备在设计、制造和认证等方面缺乏规范、统一和完善的标准体系，标准的适用性、配套性和时效性有待进一步完善。国家要鼓励有实力的单位牵头制定国际标准，促进技术转化为标准、国内标准转化为国际标准，进一步完善轨道交通装备产品技术标准体系。

8.5.4 强化人才科技支撑

贯彻落实国家创新驱动发展战略，对接制造强国战略、交通强国战略和“一带一路”倡议，加大基础研究和科研攻关，着力推进以轨道交通装备关键技术创新为重点的装备自主化及产业高端化集群发展，全面提升自主创新能力和产业高端化水平，积极推动装备“走出去”。加强人才队伍和国家重点实验室等创新平台建设。同步推进“互联网+轨道交通装备”建设，完善公共信息服务平台，推进轨道交通与其他运输方式的公共服务信息共享，配套运用先进适用技术装备，发展智能化轨道交通装备，促进铁路运输、服务方式、经营模式等发展方式深刻变革，全面提升轨道交通装备现代化水平。

小结

中国轨道交通装备制造业经历 60 余年的发展，已经形成了集自主创新、配套完整、设备先进、规模经营的集研发、制造、试验和服务于一体的轨道交通装备制造体系。特别是改革开放以来，在“高速、重载、快捷”技术路线引导下，中国已经发展成为世界轨道交通装备制造第一大国，并朝着“绿色、智能”方向快速发展。面向 2035 年的中国先进轨道交通装备发展技术路线图汇聚了行业内院士和专家的智慧，本项目组重点从产业发展现状分析入手，梳理了全球产业发展现状，通过文献分析法、专利分析法、总结归纳法、跨学科研究法和德尔菲法等方法的运用，提炼出了需要重点发展的技术方向，提出了产业发展战略与目标，以及面向 2035 年的战略重点任务、技术路线和保障措施等。

第 8 章编写组成员名单

组　长：丁荣军

成　员：刘友梅　钱清泉　张新宁　王勇智　冯江华　刘海涛　陈高华
杨　颖　贾利民　张卫华　龙志强　林国斌　荣智林　梅文庆
徐绍龙　韩　亮　闵永智　胡　淼　袁文静　向超群　于天剑

执笔人：韩　亮　胡　淼　袁文静　向超群　于天剑

9

面向 2035 年的中医药领域人工智能发展技术路线图

9.1 概述

中医药学的特色优势和科学内涵需要借助现代科技手段实现创新性转化和创造性发展，这样才能在更广范围内得到认可和推广，更好地为“健康中国”和人类健康服务。人工智能的发展和应用将引发新一轮技术革命，颠覆传统行业并催生新的业态，也必然对中医药发展带来巨大挑战和机遇。为了贯彻落实国务院颁布的《健康中国 2030 规划纲要》和《新一代人工智能发展规划》，基于互联网大数据衍生的云计算、人工智能等新技术和新产品正在加速与中医药结合，推动中医药现代化实现跨越式发展。本章以“继承好、发展好、利用好”中医药为宗旨，研究人工智能技术对中医药发展可能带来的冲击、挑战和重大机遇，谋划面向 2035 年人工智能技术与中医药学融合发展的可行性和未来前景，提出发展战略和应对策略。通过调研国内外人工智能技术与中医药学融合发展现状和趋势，利用文献和专利统计分析、技术清单制定、德尔菲法问卷调查等方法，结合中医药学智能化发展的愿景与需求，针对中医诊疗智能化、中医药制造智能化和中医药健康服务智能化发展 3 个领域，解析与国际先进水平存在的差距，进行技术预见，汇聚中医药领域人工智能发展思路、战略目标及总体架构，提出中医药领域人工智能发展重点、发展方向、关键技术及保障措施。

9.1.1 研究背景

坚持中西医并重、传承发展中医药事业是“十九大”的重要部署，充分体现了党中央对中医药发展的高度重视，为我们在新时代推动中医药振兴提供了遵循、指明了方向。国务院颁布的《中医药发展战略规划纲要（2016—2030 年）》与《中华人民共和国中医药法》，标志着中医药发展成为国家战略，中医药进入全面发展新时代。

中医药现代化是时代发展的必然，习近平总书记在致信祝贺中国中医科学院成立 60 周年的贺信中指出“希望广大中医药工作者增强民族自信，勇攀医学高峰，深入发掘中医药宝库中的精华，充分发挥中医药的独特优势，推进中医药现代化，推动中医药走向世界，切实把中医药这一祖先留给我们的宝贵财富继承好、发展好、利用好，在建设健康中国、实现中国梦的伟大征程中谱写新的篇章”。中医药诊疗的个体化辨证论治思维是现代医学尤其是精准医学发展的目标，利用最新科技，尤其是大数据和人工智能才能更好地揭示中医药个体化辨证论治的规律，提升中医药制造质量和健康服务能力。

9.1.2 研究方法

围绕本项目所研究的问题全面收集各类相关数据和相关现象，然后进行专业化的挖掘、整理、分析，形成客观的认知和知识，再引入相关专家、学者的智慧对这些认知进行研判，得到新认识、新框架、新思路，并丰富数据分析基础，最后在问题导向下提出解决方案或政策建议，为宏观决策提供高质量、有建设性的报告。

1. 查阅资料，进行文献统计分析

本项目课题组结合研究内容，组织专门人员，系统查找梳理相关研究，针对中医药数据的特点，抽象出对应的模型，研发相应的主索引，优化数据流转的过程，运用 iSS，针对不同文献数据源的特点，进行信息资料的收集和分析，确保本课题引用的数据资料客观公正、真实可信。

2. 德尔菲法问卷调查（汇聚专家智慧的预测法）

基于文献计量学统计分析结果，面向领域专家发送技术清单调查问卷，征求领域专家意见，对专家意见汇总，通过集成众多专家的经验、学识和智慧，形成相对统一的判断意见，为本项目研究内容的技术预测、评估、决策、管理沟通和规划制定等提供科学支持。进一步明晰本领域发展方向、关键技术、核心产品、保障措施等，支撑专家研讨和调研报告撰写。

3. 深入研讨，定量分析

在调研报告起草过程中，适时组织召开不同层面、相关领域的研讨会，邀请专家、学者、专业人士、企业和群众代表等相关人员参加，就相关问题进行深入交流研讨，形成合理化的意见建议，使调研报告更具前瞻性、针对性。

9.1.3 研究结论

本项目通过分析中医药行业诊疗、制药、服务的现状，即中医药个体化诊疗精确度、中医药四诊客观化数据采集的准确度、中医药制药及智能装备的先进度、医疗服务管理的成熟度、疗效评价体系的匹配度、医患沟通的舒适度及中医药文化传播的专业度等各方面内容，分析了该行业存在的发展瓶颈，讨论了利用人工智能技术解决这些问题的策略，分析了人工智能在中医药诊疗、制药、服务等模式改革中的应用前景。梳理得到了当前中医智能诊疗与中医药智能制造领域国际先进水平与前沿问题，以及中国在本领域的技术发展水平、行业现状和差距。研判了人工智能技术与中医药融合发展方向及其智能化应用的技术策略、优化方法和政策建议。制定了面向 2035 年的中医药领域人工智能发展技术路线图，梳理出各阶段重点基础研究项目、关键科学问题、产业发展思路等。

9.2 全球技术发展态势

9.2.1 全球政策与行动计划概况

近年来，科技大国纷纷布局人工智能领域。2016 年，美国白宫公布的两份报告——《白宫为未来人工智能做好准备的报告》和《美国国家人工智能研究与发展战略计划》，分别明确强调人工智能为医疗带来的社会意义和经济价值使人工智能医疗领域具有非常乐观的发展前景，要在医学诊断等领域开发有效的人类与人工智能协作的方法，当人类需要帮助时，人工智能系统能够自动执行决策和进行医疗诊断。2017 年 3 月，法国发布的《法国人工智能战略》指出，“在国家健康数据研究所的基础上，法国优先发展卫生健康领域，并将成立真正意义上的‘卫生健康数据中心’，该数据中心包括医保报销数据、临床数据和科研数据等，并最终实现数据开放”。2017 年 3 月，日本发布了《人工智能技术战略》，该战略将医疗健康及护理作为人工智能的突破口；为应对快速老龄化社会的到来，日本基于医疗、护理系统的大数据，将建成以人工智能为依托、世界一流的医疗与护理先进国家。2019 年 12 月 17 日，韩国政府公布《人工智能（AI）国家战略》，以推动人工智能产业发展，该战略旨在推动韩国从“IT 强国”发展为“人工智能强国”，从 2020 年起，韩国在高校增设人工智能专业。

中国首次正式在人工智能领域进行系统部署的规划文件是 2017 年 7 月 8 日国务院发布的《新一代人工智能发展规划》(以下简称《规划》)。《规划》指出，到 2030 年，中国人工智能理论、技术与应用总体上要达到世界领先水平。在《规划》提出的六大重点任务中，智能医疗作为其中一个重要的应用领域受到了极高的重视，其发展方向被确定如下：“推广应用人工智能治疗新模式新手段，建立快速精准的智能医疗体系。探索智慧医院建设，开发人机协同的手术机器人、智能诊疗助手，研发柔性可穿戴、生物兼容的生理监测系统，研发人机协同临床智能诊疗方案，实现智能影像识别、病理分型和智能多学科会诊。基于人工智能开展大规模基因组识别、蛋白组学、代谢组学等研究和新药研发，推进医药监管智能化。加强流行病智能监测和防控。”

智能制造与连续制造等先进制药方式在国外得到重视、研发、应用与推广，对于提高药品质量和生产效率、监管效率、行业可持续发展都具有重要意义。现代制药产业也面临从传统的批量式生产向连续制造模式转型的机遇与挑战。2004 年，美国食品药品监督管理局(Food and Drug Administration，FDA）将过程分析技术（Process Analytical Technology，PAT）作为新药开发、生产和质量保证的行业指南，积极推动针对医药原料及加工过程中的关键质量性能特征来设计、分析和控制生产过程，以确保最终产品的质量。2010 年前后，在线控制和监测方法在设备上的嵌入与整合技术得到迅速发展，质量源于设计（Quality by Design，QbD）

的制约理念也让建立模型预测和实验设计等方法更好地与制药生产过程联系起来，使连续制药终成现实。美国相关政府机构以及 FDA 对连续制药异常重视。2014—2015 年，FDA 连续两年分别资助罗格斯大学结构化有机颗粒系统研究中心 50 万美元和 490 万美元用于扩大连续制药的研究。

纵观世界各国在人工智能上的一系列战略政策布局，不难发现，拥有人工智能技术或在应用领域具有优势的国家均快速做出反应，并基于自身国情制定出一系列相关医疗领域的人工智能应用战略。未来，人工智能技术将会成为全球医疗领域重要的应用及发展方向。

9.2.2 基于文献和专利统计分析的研发态势

结合文献与专利统计分析得到人工智能技术在中医智能诊疗、中医智能服务、智能制药等领域的发展趋势，开展中医药领域人工智能技术预见分析。以“人工智能”“中医诊疗”“医疗服务”“医疗健康”等为关键词在 SCI 和德温特专利数据库进行检索，分别获得近 10 年相关文献 25601 篇、专利 3807 项。通过综合分析，明确人工智能作为中医药领域人工智能技术热点和关键点的发展现状及趋势。

1. 全球研发态势分析

2000—2020 年“全球研发态势分析”主要分析全球中医诊疗、医疗智能服务领域论文发表数量变化趋势，如图 9-1 所示。

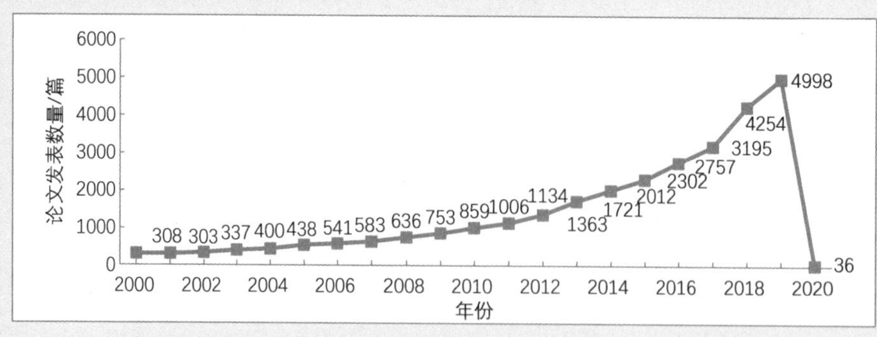

图 9-1 2000—2020 年全球中医诊疗、医疗智能服务领域论文发表数量变化趋势

图 9-1 中的论文发表数量是以“医疗服务质量智能管理”“疗效评价智能技术”“文化传播智能技术”及“医患交流智能技术”为关键词检索得到的 2000—2020 年 SCI 论文统计数量。可以看出，自 2014 年开始相关研究论文发表数量明显提升；2017—2019 年发布的论文数量最多，形成加速发展趋势，说明各个领域进入新一轮高速发展模式。由于论文见刊时间周期等影响公开数据的统计，因此导致在与年份有关的分析中并未展示全部量集，前瞻性可

参考前两年数值。

2. 专利申请国家/地区分析

对 3807 项专利进行统计分析得出，中国在本领域的专利申请数量最多，为 1391 项，其次是美国，为 1072 项；世界知识产权组织、日本、韩国、欧洲专利局等的专利申请数量排名前 10，如图 9-2 所示。中国和美国在本领域的专利申数量分别占全球相关领域所有专利申请总量的 36.53%和 28.15%，是本领域专利活跃程度较高的主要地区，发展态势比较突出，为各自的国际竞争力及市场布局等奠定基础。

作为创新领域技术发展的热点和关键点，人工智能技术在中医药领域的融合应用不仅创造了开发新技术和知识的机会，成为科技发展新的增长点，还成为改变一个地区乃至国家定位医疗产业创新的重要驱动力。

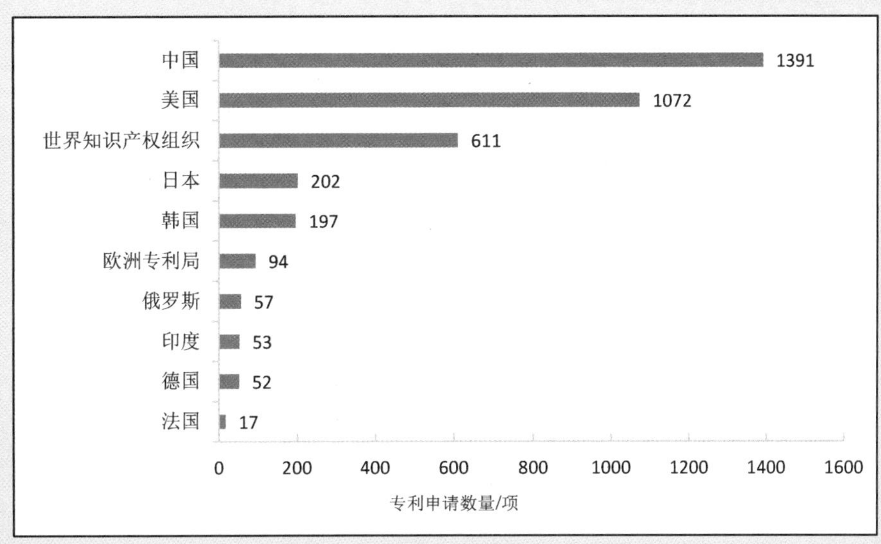

图 9-2 全球中医药领域人工智能专利申请数量排名前 10 的国家/组织

3. 主要专利申请人/机构分析

主要专利申请人/机构的专利申请数量可以反映出一个产业领域的技术开发程度、投入程度，对专利申请人/机构的分析更能真实地反映国内外技术竞争格局。通常认为拥有的专利申请数量较多的申请人/机构的创新能力相对较强或具备相当的技术优势。图 9-3 所示为全球中医药领域人工智能专利申请数量排前 10 的申请人/机构，图中每个数据点代表该申请人总共申请了多少项专利。

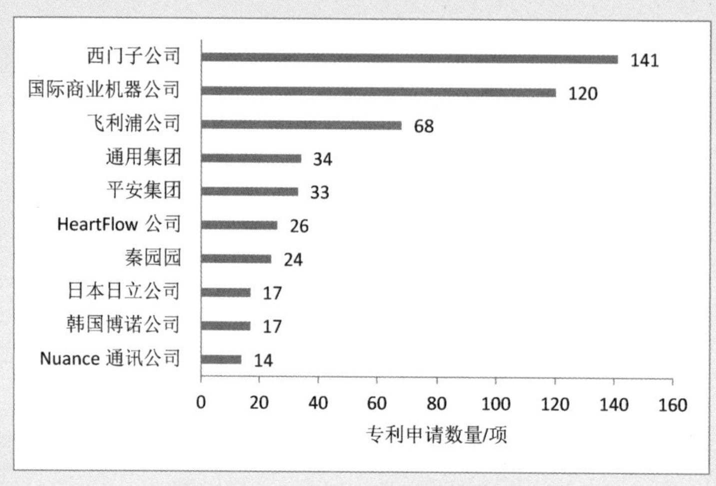

图 9-3　全球中医药领域人工智能专利申请数量排前 10 的申请人/机构

由图 9-3 可以发现，在申请人/机构中有科技巨头、行业巨头、医疗信息化企业和人工智能技术企业，这反映出人工智能在医疗行业的应用以满足核心人群和主体参与者的研发需求，中医药领域人工智能技术的研发主体不再集中于医疗背景的行业院校相关机构，这些申请人/机构为医疗体系的改革突破以及创新发展注入了新的活力。从图 9-3 可以看出，西门子公司（SIEMENS Inc.）、国际商业机器公司（International Business Machines Corporation，IBM）、飞利浦公司（PHILIPS Inc.）申请的专利数量较多，分别为 141 项、120 项、68 项。其中，企业专利申请人为 9 个，4 个为美国公司，可见欧美国家的相关企业在本领域具有显著优势。中国在本领域的专利申请人为 2 个，其中 1 个为企业、1 个为自然人，回顾上一节分析情况——中国人工智能技术在医疗应用方面的专利申请数量多，对比排名差距，说明中国在本领域的专利申请人/机构构成比欧美较为分散，单位申请人能力与国际前沿水平相差较大。

4. 热点发展方向

专利是科技创新的源泉，而专利指标是反应创新过程的重要指标。随着专利申请数量、优先权量的加速增长，掌握前沿领域及关键技术的专利权成为世界各国/地区相互竞争的热点。

通过深入调研人工智能技术在中医药领域的专利具体应用情况，反映国内外在医疗健康领域技术能力的累积程度，剖析国内外同行在哪些技术领域从事创新及行业动态，为中医药智能化技术创新发展提供战略参考。

表 9-1 所列为中医药领域人工智能 IPC 分类。由表 9-1 可知，中医药领域人工智能专利

技术主要分布在包含专门用于处置或处理医疗或健康数据的信息和通信技术、电数字数据处理、诊断、外科等小类。其中，医疗专业性相关的专利数量较多；在医疗诊断及其图像和语音处理方面，对 A61B、G06T、G10L 类的专利申请，与人工智能极大提升疾病筛查和临床诊断的能力有关；在信息处理方面，对 G16H、G06F、G06N、G06K 类专利的申请，与算法和数据作为人工智能技术基础有直接关系，目前通用算法和开放数据集训练构成人工智能医疗健康产品的核心竞争力，进一步显示在医疗健康生态体系中，医疗体制改革越来越重视以人为本的全生命周期精准医疗；G06Q 类作为适用于行政、商业、金融、管理、监督或预测目的专利应用，可以满足医疗机构资源智能化管理，能对多源数据进行联合处理；在医疗健康药物及材料方面的专利申请集中于 A61K、G01N 类，即医用的配制品、借助所测定材料的化学或物理性质来测试或分析材料。

表 9-1　中医药领域人工智能 IPC 分类

IPC 分类号（小类）	IPC 分类号含义	专利申请数量/项
G16H	包含专门用于处置或处理医疗或健康数据的信息和通信技术	1835
G06F	电数字数据处理	1459
A61B	诊断、外科、鉴定	1401
G06T	一般的图像数据处理或产生	770
G06N	基于特定计算模型的计算机系统	733
G06K	数据识别、数据表示、记录载体、记录载体的处理	549
G06Q	专门适用于行政、商业、金融、管理、监督或预测目的的数据处理系统或方法	534
A61K	医用、牙科用或梳妆用的配制品	448
G01N	借助所测定材料的化学或物理性质来测试或分析材料	354
G10L	语音分析或合成、语音识别、语音或声音处理、语音或音频编码或解码	334

9.3　关键前沿技术与发展趋势

尽管医疗行业通过人工智能技术驱动服务提质增效的需求迫切，但中医药学与人工智能技术发展还处于初级阶段，如何发挥中医药学的优势属性，以形成多路径、多样化的发展模式，是当前中医药科技创新的突破点。基于此核心观点，本项目基于两轮德尔菲法问卷调查，深入探讨中医药智能诊疗、智能服务领域的人工智能关键前沿技术，探索从以技术工具为驱动力向以价值医疗为核心的全生命周期解决方案的中医药智能服务落实途径。

9.3.1 中医药智能诊疗临床个体化诊疗评价系统

1. 中医药个体化诊疗的循证临床路径评价系统

临床医学群体化研究方法能准确、高效地论证干预与疾病之间的相关关系，生产医学证据，指导临床路径决策。但从中医临床实践角度，目前尚无成型的中医个体研究方法指导临床医生决策，基于辨证论治的中医临床实践需要采用有效的个体化疗效评价措施，指导群体化证据在个体层面的实施。本项目分析了目前证据流动环节的不平衡与差异化需求，并以群体化研究方法学体系为参照，提出基于临床个体化诊疗评价研究方法的中医诊疗临床路径构建思路和实现方案，以完善中医诊疗临床路径的循证研究方法体系。

2. 中医临床元数据结构化及智能术语编辑体系

通过利用主动学习开展弱标注下的有效数据处理，适应疗效评价系统的研究，根据中医药专病专科不同领域知识数据特点，构建一套基于真实世界的临床、患者、科研数据的智能术语编辑体系，以实现中医药智能诊疗大规模应用，提高文本理解、信息抽取、内容分析等效率，满足基于规则的智能术语抽取原型系统需求，构建面向科技领域的智能中医术语处理系统，多信息源下中医药诊疗数据相关性的主动标注、抽取和分析，为中医智能问诊、望诊、脉诊、舌诊的术语分析与应用提供技术支撑。

3. 中医临床数据结构化与预处理

基于中医药信息化领域的深度学习和迁移学习技术成果，进行智能多源场景高效计算模型与重构机理研究，解决不同疾病、科室之间的数据异质性问题，实现结构化与非结构化数据环境下分布式融合算法，满足深度理解图像、视频要求，利用自然语言与非结构化数据进行交互，获得非结构化信息提取、面向主题分析的数据建模方法，降低对大规模训练语料的依赖性，为智能多源异构医疗数据分析提供关键的技术支撑。

4. 中医临床疗效数据分析挖掘

通过自然语言处理和文本挖掘等人工智能技术在疗效数据分析挖掘领域的应用，研究一种中医药临床诊疗评价统计机器学习模型新框架，针对疗效评价数据的特点，进行数据特征提取，研究文本表示特征迁移方法、领域适应权重采样算法、巨量动态数据终身学习模型，满足中医药数据的“特征繁复、话题动态、数据巨量”等特性，实现临床诊疗数据的高效应用，实现多信息融合与决策等理论与方法在智能疗效评价系统的应用。

5. 中医药医疗机构随诊服务及其智能应用软硬件设施

基于多种医疗器械技术在中医药四诊信息客观化领域的成果，集成软硬件多维度数据采集技术（人脸识别、舌诊识别、音频识别、脉象识别），将不同模式的计算识别方法嵌入，进行随诊服务仿真技术的研究，实现适用于不同中医药医疗环境的临床随诊数据收集与分析，基于移动技术的服务器端中心节点直接进行虚拟随诊，构建操作简单、风险低、依从性好的中医药全程随诊服务系统，研究成果将满足远程随诊的临床评价理念、方法与工具的创新应用。

6. 重大疾病/慢病/优势病种中医药疗效智能评价

基于云计算的中医药医疗数据资源整合与调度技术，针对中医药疗效评价数据的特点，提高系统数据完整性和技术分析效能，满足拟合后数据的智能应用，实现重大疾病疗效从依靠医生经验、患者述评转换为巨量多域数据智能评价，使用人工智能的方法可以快速产生中医药循证医学诊疗证据，制定学术研究的标准，更全面地反映中医药在重大疾病、慢病及其优势病种临床实际疗效的智能化评价。

9.3.2 中医药智能医患交流平台

1. 中医药智能医患交流知识图谱

通过知识图谱的表达框架、知识抽取与推理计算，融合不同数据源在中医药智能医患交流平台，其中，时间和空间的数据是知识图谱两个重要维度。通过人工智能技术建立时间和空间语义关联，体现数据的中医药特征，兼顾数据交流的动态性、时序性、空间性，进行多特征混合的多模态中医药知识推理和多策略语义相似度计算方法研究，解决推理规则覆盖度低的问题，为问题语义建模、高效的结构化查询及推理问题的解答提供技术条件，为覆盖更全、质量更高的知识库提供理论与方法，达到利用知识图谱的推理技术提升当前基于文本的智能化问答能力的目的。

2. 中医药智能医患交互类脑模型

基于脑科学和人工智能技术，建立关于医患沟通信息的神经编解码模型，理解各层特征在大脑皮层的神经表达，利用机器智能探索大脑进行视觉信息处理的过程和机理，分别从患者问题意图解析、结构化查询的构造、推理问题解答等角度研究类脑语言问答技术，提升判别模型答案选择的性能，弥补单纯基于机器设计融合算法的不足，减少医患双方在医疗知识上的认知差距，提高医疗知识转移效率和质量。

3. 中医药智能医患沟通语音识别与智能问答

基于语音识别、语义理解、命名实体识别和关系抽取等人工智能领域技术，融合量子理论中不确定性的核心元素，重点突破中医药智能医患问答中的深层语义表示与匹配方法，建立类量子语言模型框架，将其有效地应用于互动语言场景中的典型任务，即交互式信息检索以及自动问答与对话。深入研究量子语言模型的理论和应用，提高语音的语义通用性，为无人在线语音沟通智能化、精准化提供技术支撑，满足患者医疗知识需求，缓解医疗资源紧张情况。

9.3.3 中医药公共卫生信息智能传播系统

1. 中医药信息知识库

基于中医药大数据呈现多语言多模态的显著特点，利用文本和图像信息的融合加工处理，研究中医药知识结构的动态生成过程，突破自然语言处理在词法和句法层面的局限性，进行中医药信息知识结构分析动态计算模型的构建，使知识话题结构分析与中医药信息的知识网络相结合。实现非协调性、多源、不确定的中医药信息知识处理基础理论及应用研究，并以图形化的方式将结构化的中医药信息反馈给公众，使其获取更准确和更有深度的中医药知识。

2. 中医药传统文化知识数据挖掘与应用

基于文化算法，采用种群空间与信度空间双层进化结构快速应用，能够有效地解决动态环境下的复杂优化问题，满足中医药传统文化知识的多样性要求，并通过知识库的应用，进一步完善中医药传统文化知识数据挖掘理论与应用。提高文化算法的通用性，进行自适应选择文化算法控制参数和控制策略的研究，实现文化算法与动态环境的相互作用，解决中医药传统文化知识的经验性、不确定性、模糊性，使其转化为线性逻辑，保存和挖掘中医药传统文化知识与应用。

3. 中医药公共卫生知识智能搜索引擎

中医药公共卫生知识智能搜索引擎服务于大众，促进中医药公共卫生知识的深层共享与服务。通过对云环境下的人机共建智能语义搜索引擎的机理和关键技术进行系统研究，实现从巨量信息到巨量知识的精确转换匹配，满足垂直搜索、机器学习和推理等智能化应用需求，实现从信息技术向知识技术的转变、从以数据为中心向以人为中心转变。

4. 中医药健康舆情管理

中医药健康舆情管理是通过研究适用于大规模网络舆情数据的快速分类学习算法，进行网络舆情分析及其发展态势预测，并为中医药公共卫生信息舆情网络的构建提供基础数据支撑。进行用户搜索意图表示、挖掘、理解、分析、评价方法的研究，探索网络空间用户认知行为规律，在关键技术、评价方法和应用示范等方面取得突破，构建中医药健康服务网络舆情自动监测系统。

5. 中医药治未病智能模型

通过构建可融合多元信息的知识推理通用框架，有效解决现有方法中的数据稀疏问题，提高知识推理准确度，降低过拟合风险，进行中医药治未病知识的自动推理，提高知识的完备性，扩大知识的覆盖面，实现知识推理灵活无依赖和高度可扩展，形成支持中医药治未病多领域的建模仿真及优化的理论体系，构建中医药治未病多领域和全生命周期的二维仿真优化原型系统，使中医药公共卫生知识在数据技术与知识管理理论、方法与应用交叉研究领域形成规范科学的示范应用。

9.3.4 中医药临床诊疗服务质量智能管理

1. 中医药临床诊疗技术质量智能管理

通过大量中医药临床诊疗实践数据研究，建立相应数据库体系，进行中医药临床诊疗技术质量指标、过程、结果之间影响机制的管理模型构建，实现中医药临床诊疗技术贡献度的度量和微观过程的量化度量，验证技术质量指标信效度、管理模型的适应性，使之适用于中医药临床诊疗技术的智能管理。

2. 中医药临床诊疗经济效益智能管理

通过仿真方法对复杂随机系统进行建模与分析，实现风险度量的仿真模型和敏感性分析，构建相应数学模型，探索智能收益管理等经济管理模式在中医药临床诊疗经济效益管理中的应用。探索符合中医药临床诊疗服务结构特征和运营特征的绩效评价和资源配置方法，分析成本结构差异性，探索适合中医医院资源合理调度、科学利用、持续优化的经济效益管理模式。

3. 中医药临床诊疗服务流程智能优化

基于大规模神经网络类脑计算技术，借鉴脑神经网络处理方式，以信息处理流程为基础，研究中医药多场景、多技能的仿真优化方法。建立高智能化类脑计算系统，进行中医药临床诊疗服务功能—流程矩阵设计，以明确功能模块与流程模块之间的关系，研究中医药临床诊疗服务流程优化配置与调度的理论和方法，达到提高中医药医疗服务供给的质量和效率、改善患者就诊体验的目的。

4. 中医药临床诊疗信息智能软硬件基础设施

通过集成高维、多层面、异源、高噪声的中医药临床诊疗信息系统中的数据，重建多层次动态数据信息网络，实现大规模语义知识资源自动抽取实体关系数据。研究新的数学定量工具及相应的数据质量评估方法，使之能够挖掘有效信息和理解中医药临床诊疗信息系统的机理。实现异构数据汇交及数据挖掘算法精确构建，为改善中医药临床诊疗信息系统的时效性和可靠性提供理论依据与应用基础，有利于进行深度挖掘中医药临床诊疗信息系统数据中蕴藏的信息及其背后的规律。

5. 中医药临床诊疗服务质量模型及数据资源库

系统地研究中医药临床诊疗服务大规模且复杂的关联数据的获取、管理与挖掘关键技术，构建面向软硬件设备的、适配性强的智能数据仓库与相关模型。能够为中医药临床诊疗服务质量管理应用系统开展数据分析与研究提供技术支撑，对数据的利用模式和疗效评价方法进行创新。

9.3.5 中医药智能制药关键技术

1. 中医药制药工艺数字孪生系统

中医药制药工艺数字孪生系统可按照企业所关心的核心生产工艺（如提取设备、浓缩设备、醇沉设备、层析设备、干燥设备）进行等比例数字化建模，将生产原料与支撑系统进行数字化处理，作为自变量输入系统；采用机理模型在数字化生产设备上进行同步计算，推导得到相关时间步长下的生产工艺变化趋势，以及相关控制系统的调整趋势，并将生产线信息进行整合后连线，根据生产线上下游的工艺波动情况进行整体拟合，从而保证来料波动情况下的产品质量均一性。

2. 连续制药技术

连续制造作为先进生产模式已应用于其他行业多年，该模式能提高生产效率，降低生产成本，提高企业竞争力。现代制药产业也面临从传统的批量生产向连续制造模式转型的机遇与挑战。连续制药技术是指通过计算机控制系统，将各个单元操作过程进行高集成度的整合，增加物料在生产过程中的连续流动，使原辅料和成品以同样速度输入和输出，通过过程分析技术（PAT）保证最终产品质量。

3. 数据驱动技术

数据驱动的控制方法可分为两类：一是根据测量数据进行系统辨识，建立近似模型，然后利用神经网络等工具的非线性逼近能力，不停地训练和学习，以获取输入和输出间的函数式，最后基于该模型进行控制；二是直接根据所测量的数据对系统进行控制。数据驱动技术是一种应用广泛的数据处理技术，通过对大量在线和离线的数据进行分析处理，实现基于数据的监控、诊断、决策和优化等目标。

4. 柔性制造技术

把人工智能、3D 打印等技术整合到个性化生产工艺、中医药制剂、质量控制中，实现中医药柔性制造。

5. 中医药全生命周期质量管理技术

中医药全生命周期质量管理贯穿种植—炮制—制造—流通—临床全过程，以质量传递和控制为核心，构建全过程信息溯源管理系统，实现中医药大品种技术链和产品链质量管理。

6. 智能检测与质量评价技术

基于传感器、机器视觉、色谱、光谱、微流控、生物评价等快速检测方法，建立可视化、智能化的“性状—物化—生物”一体化质量评价技术，对中医药生产进行快速、远程、智能化在线监测。

7. 智能制药工厂

按照国际规范标准要求，采用“质量源于设计”（QbD）理念，实现先进制药工艺、智能生产、过程知识管理等技术，建立制药全过程的智能制造技术体系，实现自动化、数字化、智能制造。

9.4 技术路线图

9.4.1 发展目标与需求

1. 中医药智能诊疗、智能制造、智能服务需求

中医药临床诊疗对人工智能需求增加。智能化的中医药临床诊疗与基于客观标准、精确的四诊信息数据是未来衡量中医药临床个体化诊疗方案的重要依据。以患者为中心的临床诊疗方案，需要以科学严谨的循证中医药临床路径评价系统作为优质证据的汇集中心，从而提高中医药临床诊断的准确性与可靠性。

中医药制药工艺对人工智能技术需求日益增加。未来需要基于中医药制药工艺的内在规律，为数据驱动技术在中医药制药过程如何进行智能优化控制、如何挖掘出生产现场数据背后蕴含的信息、如何通过数字孪生技术把信息空间与物理空间交互融合等提供方向，也为后

续的深入研究奠定基础。

中医药智能服务对人工智能技术应用及模式的突破。智能高效的中医药临床诊疗服务管理机制是行业发展的战略制高点，以患者为中心的中医药临床诊疗服务，需要科学的疗效评价体系及高效的医患交流平台，中医药公共卫生知识需求日益凸显。

2．中医药智能诊疗、智能服务目标

中医药临床诊疗技术与大数据、人工智能技术融合，将实现中医药临床诊疗系统数字化、网络化、智能化关键技术的突破，从而确定适合人工智能技术与中医药临床诊疗、临床服务模式融合的战略发展路径。

规划中医药智能诊疗、服务体系与互联网、物联网、云计算、大数据和人工智能的产业融合研发方向，扩大服务范围，提升服务效率。完成全国统一的中医药临床诊疗机构信息化体系建设，建立基于循证医学的中医药个体化诊疗循证关键路径，实现“医疗服务质量智能管理系统”应用。攻克严重制约疗效评价发展的瓶颈技术，提高中医药临床服务水平。应用类脑智能技术提升医患沟通服务能力，确定中医药公共卫生与人工智能技术的创新传播体系。

3．中医药智能制造的目标

以人工智能技术驱动中医药制药数字车间/智能工厂的建立，通过顶层设计，构建符合中国医药产业实际需求的“制药工业 4.0”技术理念与系统架构，建立中医药制药数字车间/智能工厂模型。通过协同创新，突破智能制药关键核心技术，齐心打造数字化、智能化、网络化制药核心技术平台，进而根据各类药品制造的特点，形成一系列智能制药技术模式，形成一批符合中成药生产特点及质控需求的、具有自主知识产权的、节能高效的、智能化单元/成套设备、联动生产线和关键元配件的标准化新产品，努力构建制药工业技术标准体系。

9.4.2 重点任务

1．中医药智能诊疗及智能服务领域

1）基础研究方向

面向中医药个体化诊疗的循证临床路径评价系统、面向中医药临床试验的评价系统、面向中医药临床试验的受试者招募系统、面向智能中医药临床诊疗服务质量管理系统的服务质量模型及数据资源库建设、面向智能中医药临床诊疗评价系统的中医临床元数据结构化及智能术语编辑体系构建；用于中医药智能医患交互的类脑模型建立，实现中医药传统文化知识数据挖掘与应用。

2）关键技术

面向中医药智能服务的信息技术和数据挖掘技术、传统中医药临床诊疗与信息化智能技术的架构及应用研发、深度机器学习、类脑技术、数字孪生技术、连续制药技术、智能检测技术、柔性制药技术、基于大数据建立智能化疾病诊疗评价模型、中医药行业医患交流业务模型及其数据读取与解析技术、中医药传统文化知识研究及数据挖掘与分析技术。

3）关键产品

人工智能技术在中医药个体化诊疗的循证临床路径评价系统的应用、人工智能技术在中医药四诊信息客观化采集系统中的应用、人工智能技术在中医药临床诊疗评价体系应用、智能中医药文化传播推送系统。

4）重大工程

中医药重大疾病/慢病/优势病种智能疗效评价应用示范工程、适合中医药的智能语音识别医患沟通平台应用示范工程、中医药公共卫生知识智能搜索引擎应用示范工程、中医药全生命周期质量保障与中医药智能制药示范工程。

5）重大专项

中医药智能诊疗的关键技术与装备、中医药智能制药关键技术与装备。

2. 中医药智能制造领域

1）基础研究

（1）中医药制药工业信息感知技术。重点研发中医药制药工业信息感知技术，使获取制药全过程数据成为可能，为中医药智能制药与基于大数据的中医药质量控制奠定基础。

重点发展以下 3 个方向：

① 建立能反映中医药临床功效、中医药特点的全过程质量快速无损在线检测技术与装备，包括在线取样与前处理设备、基于机器视觉与多光谱融合的综合质量评价技术等；针对中医药中单一关键性指标成分、有效成分和有害成分，开发特异性强的智能检测方法。

② 建立适合中医药加工特点的关键工艺参数检测技术与装备，尤其是反映中医药生产过程状态的参数。

③ 建立适合中医药整体性评价的质量检测技术与装备，建立微生物、农药残留物、重金属快速检测技术与装备，全面反映中医药的有效性、安全性与质量一致性；针对中医药中的非特异性成分，开发无须预处理的、适用于物相和剂型的中医药群集信息收集和检测的智能化方法。

（2）中医药制造数字车间/智能工厂关键技术与装备。

① 针对中医药制造过程基础研究薄弱、工程原理应用不足，以及制造过程控制不精细等问题，开展中医药制造过程共性关键技术、制造过程模拟仿真及过程控制研究，突破中医药制药的技术瓶颈，实现中医药制造单元操作、集成模块、生产线、车间、工厂的数字化模型构建，实现中医药质量过程传递规律解析，阐明中医药质量形成过程，最终建立数字化孪生工厂模型。

② 开发内嵌过程分析模型的关键制药（提取、浓缩、分离、制剂）装备及支撑软件平台，研究中医药制造过程前馈控制、模型预测控制等先进控制方法。重点加强低温提取、节能浓缩、高效干燥关键技术研究，构建中医药全产业链数据采集、整合、分析与管理技术体系，实现生产全过程质量可追溯。研发中医药制造自动化/智能化模块与成套设备，形成中医药绿色制造新工艺新技术，突破智能检测、传感与控制关键技术，开发中医药高效节能制药设备并进行试点示范。

2）重点产品

（1）中医药药性及质量客观化检测装备。构建中医药药性及质量识别系统，研发中医药形、色、气、味鉴定设备，形成中医药药性客观化质量评价方法。

（2）中医药智能制造装备。研发一体化连线、连续式操作、智能化管控的模块化制药装备。基于中医药工艺控制需求和特点，结合实时放行检测（Real Time Release Testing）理念，研发相关核心技术或创新的串联装备，将相对离散的单元式制造设备升级为一体化装备，为连续生产和实时放行检测提供基础。

3）示范工程

实施中医药智能制造示范工程。针对药材原料质量不均、中医药生产在线检测手段缺失、中医药生产不连续导致中医药质量难以实现精准管控的问题，选择中医药大品种，建立数据驱动的制药过程质量优化控制模型，实现全过程质量监控；建立中医药制造知识图谱，实现管控一体化的智能决策；对连续一体化成套重大装备进行示范应用，构建新技术、新装备、新平台条件下的中成药生产新模式，实现中成药制造向成熟流程型工业转型升级。

9.4.3 技术路线图的绘制

面向 2035 年的中医药领域人工智能发展技术路线图如图 9-4 所示。

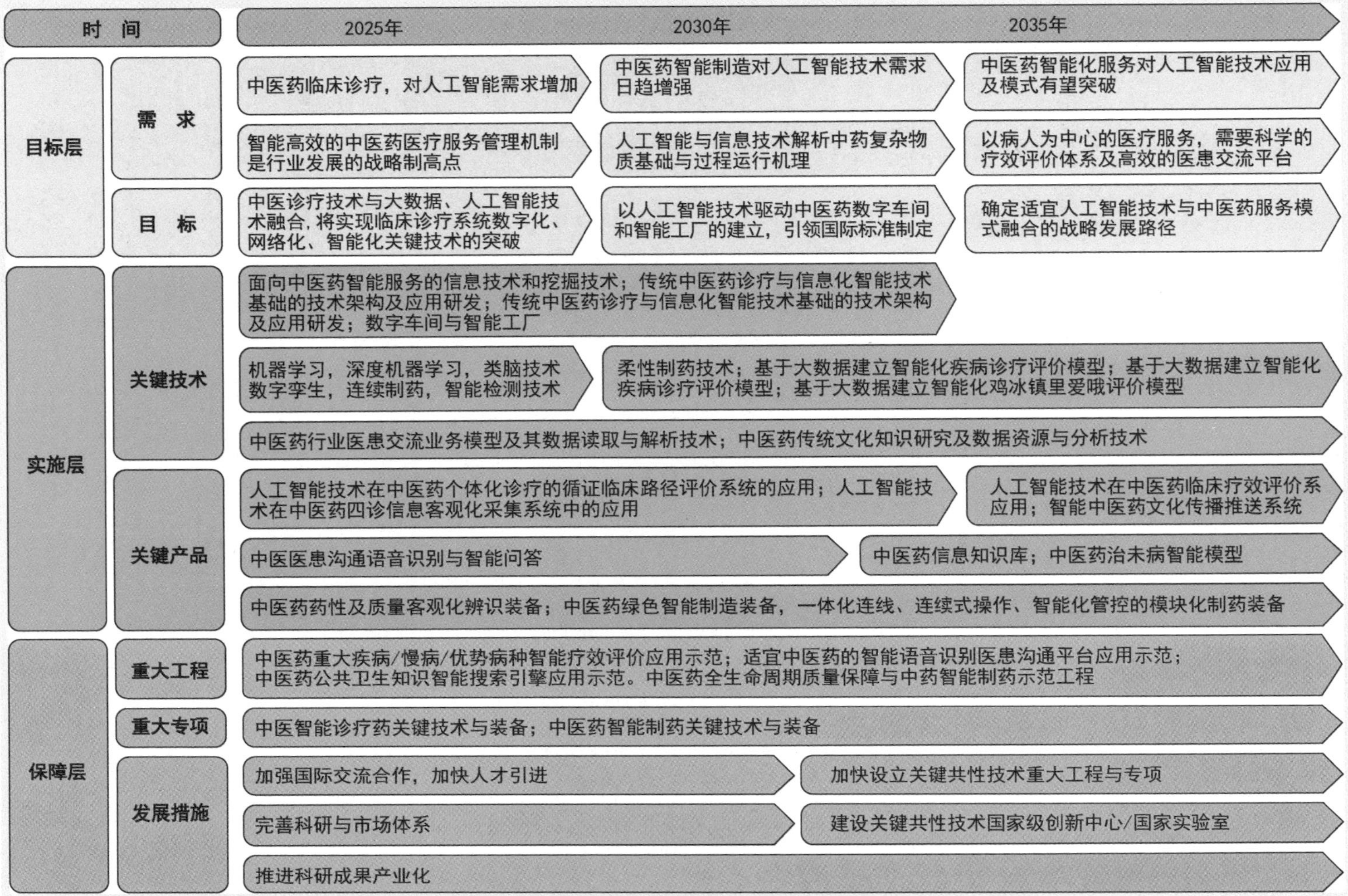

时间		2025年	2030年	2035年
目标层	需求	中医药临床诊疗，对人工智能需求增加	中医药智能制造对人工智能技术需求日趋增强	中医药智能化服务对人工智能技术应用及模式有望突破
		智能高效的中医药医疗服务管理机制是行业发展的战略制高点	人工智能与信息技术解析中药复杂物质基础与过程运行机理	以病人为中心的医疗服务，需要科学的疗效评价体系及高效的医患交流平台
	目标	中医诊疗技术与大数据、人工智能技术融合，将实现临床诊疗系统数字化、网络化、智能化关键技术的突破	以人工智能技术驱动中医药数字车间和智能工厂的建立，引领国际标准制定	确定适宜人工智能技术与中医药服务模式融合的战略发展路径
实施层	关键技术	面向中医药智能服务的信息技术和挖掘技术；传统中医药诊疗与信息化智能技术基础的技术架构及应用研发；传统中医药诊疗与信息化智能技术基础的技术架构及应用研发；数字车间与智能工厂		
		机器学习，深度机器学习，类脑技术数字孪生，连续制药，智能检测技术	柔性制药技术；基于大数据建立智能化疾病诊疗评价模型；基于大数据建立智能化疾病诊疗评价模型；基于大数据建立智能化鸡冰镇里爱哦评价模型	
		中医药行业医患交流业务模型及其数据读取与解析技术；中医药传统文化知识研究及数据资源与分析技术		
	关键产品	人工智能技术在中医药个体化诊疗的循证临床路径评价系统的应用；人工智能技术在中医药四诊信息客观化采集系统中的应用		人工智能技术在中医药临床疗效评价系应用；智能中医药文化传播推送系统
		中医医患沟通语音识别与智能问答	中医药信息知识库；中医药治未病智能模型	
		中医药药性及质量客观化辨识装备；中医药绿色智能制造装备，一体化连线、连续式操作、智能化管控的模块化制药装备		
保障层	重大工程	中医药重大疾病/慢病/优势病种智能疗效评价应用示范；适宜中医药的智能语音识别医患沟通平台应用示范；中医药公共卫生知识智能搜索引擎应用示范。中医药全生命周期质量保障与中药智能制药示范工程		
	重大专项	中医智能诊疗药关键技术与装备；中医药智能制药关键技术与装备		
	发展措施	加强国际交流合作，加快人才引进	加快设立关键共性技术重大工程与专项	
		完善科研与市场体系	建设关键共性技术国家级创新中心/国家实验室	
		推进科研成果产业化		

图 9-4　面向 2035 年的中医药领域人工智能发展技术路线图

9.5 战略支撑与保障

（1）制定更加契合中医药智能诊疗、智能服务领域整体发展的策略，推进相关科研成果产业化，加快设立关键共性技术重大工程与专项，建设关键共性技术国家创新中心/国家实验室。在新形势下，与美国、日本、欧洲等国家和地区相比，中国人工智能技术仍处于发展的初级阶段。中医药智能诊疗、智能服务领域人工智能技术的融合发展面临着机遇和挑战，技术能力不断增强，但产品和服务仍需完善。北京、上海、杭州、深圳作为一线城市，依托强大的学术实力、科技实力、经济实力和政策支持，以及百度、阿里巴巴、腾讯等科技巨头企业的示范带动作用，在人工智能领域具有先发优势。

在地方政策方面，结合当地中医药智能诊疗、智能服务产业优势资源，找到与人工智能合适的结合点，积极布局人工智能产业园区、招商引资、完善基建，搭建人工智能相关产业生态。提高整体社会对人工智能与中医药智能产业的重视。尤其是在新一线和二线城市，给予更为宽松、开放的招商引资环境，吸引更多人工智能企业在当地布局。巨头企业依靠行业经验的积累，通过人工智能打造中医药智能产业生态圈，侧重于业务价值的实现，既是中医药领域人工智能的提供方，也是中医药领域人工智能的需求方。新兴的中医药智能数字化企业及创新企业在技术或业务领域拥有独特经验和优势，通过布局人工智能，快速成为中医药智能诊疗领域潜在的参与者。众多科技巨头企业、投资机构、中医药领域参与方都与其合作，共同探索未来发展之路。构建科技生态，侧重于人工智能基础层和技术层的布局，通过生态链的打造，逐步完善行业发展方案。

（2）加强国际交流合作，加快人才引进，加强跨学科人才培养。虽然人工智能在中医药临床诊疗中的热度越来越高，但是整个行业的共识性依旧有待提高，患者、医生和医疗机构对如何应用人工智能仍保持观望态度，市场的热度并不等于行业热度，尤其是医学的不断发展促进其专业划分越来越细，这导致临床医生对自己专业范围以外的疾病或技术领域知识掌握有限，对中医药临床诊疗服务数据的收集、整理、应用，如实现疾病风险评估、智能辅助诊疗、医疗质量控制、医学科研辅助、院管决策支持等，了解得少之又少。未来，利用人工智能优化就医流程，提高便捷性，改善候诊就诊及病房条件，提升医护人员服务意识，提供多样化、多层次、个性化、动态化的精准医疗服务将是大势所趋。

中医药临床诊疗成果需要通过医疗服务的“摆渡”，让患者获得诊疗结果。医疗领域的人工智能应用是一项投入高、技术风险大、研发周期长的行业，仅靠政府的政策支持无法保证行业平稳而快速发展。中医药智能诊疗行业的数字化水平发展比较低，由于人工智能在临床诊疗服务质量管理中的应用对医院来说还不是刚需，因此医院对人工智能的实践意愿并不强烈。目前，中国人工智能医学诊疗领域的人才数量较少，中医药领域人工智能临床诊疗人才面临着严重的紧缺问题。造成这些问题的部分原因是人才培养模式，中国高等院校的人工智能课程长期以来分散于计算机、自动化、机械等相关专业中，缺乏人工智能一级学科，导致无法形成良性的交叉学科融合发展。

长期积累的巨量医疗数据如何发挥作用、非结构化数据如何转化为结构化数据、数据如何标准化、如何实现以人为本的数据全生命周期记录、如何打通不同医疗参与方的数据，都是各医疗健康参与方需要长期关注并解决的问题。临床医学专家与科技人才需要持续的互动与交流，增强双方的理解和对话，探索高等院校与优秀企业合作培养的模式，这样有助于培养理论与实践双优人才，全面提升人才的整体素质，为中医药智能产业的良性发展奠定坚实的人力资源基础。

（3）完善科研与市场体系，促进全面的中医药智能诊疗服务数据合规合法及伦理体制建设。2017 年 1 月，多位人工智能专家和商业领袖共同签署了《阿西洛马人工智能原则》。该原则讨论了人工智能涉及的棘手伦理问题和社会学问题，并制定了相应的原则。中国尚未建立相关伦理审议规范，未来亟须出台该类规范，为解决当前行业中存在的伦理问题提供依据。

中医药智能诊疗服务数据的开放程度有限，一方面原因是学科之间流通不畅，另一方面原因是医疗机构之间、医疗机构与社会资本之间的合作机制不完善。通过国家力量和产业资本的结合，能有效应对中医药智能诊疗服务数据互联互通问题和数据共享机制问题，能着力于中医药智能诊疗服务数据的平台建设和开放工作，通过对巨量来源分散、格式多样的数据进行采集、存储、深度学习和开发，可以从中发现新知识、创造新价值、提升新能力，从而进一步反哺中医药智能诊疗服务产业，为中医药领域的人工智能应用带来红利。中医药智能诊疗服务数据的规范化程度有待提高。中医药智能诊疗服务数据中既有结构化的数据，也有非结构化的数据，它们不仅是临床病例中的数据，还涉及细分领域数据如基因数据、医疗器械数据、影像数据和医院物资数据等，对中医药智能诊疗服务数据的处理能力提出了更高的要求。需要对中医药智能诊疗服务数据的概念、内涵、外延及文件的编制依据、适用范围、原则和思路等进行阐述，对各级卫生健康行政部门的权责界限予以划分，还需要对相关标准管理、安全管理以及服务管理进行规范。

（4）坚持科学发展观，立足中医药产业现状，着眼长远，顶层设计，分段实施。以“提质增效、节能减排”和“信息化与工业化深度融合”为着力点，持续推动装备制造企业和中医药制药企业的智能化转型，构建中国中医药制造业竞争新优势。实施创新驱动发展战略，在智能工厂、智能管控、智能监管等领域，形成“政、产、学、研、用”共同体，推进中国中医药产业技术创新升级。

小结

本章对中医药领域人工智能应用技术进行预见分析，总结了本领域发展趋势，指出了需要重点研发的关键前沿技术、重点产品与示范工程。目前，以中医药、人工智能学科为支撑，借助大数据、云平台、移动互联、物联网等行业的发展，中医药智能诊疗、智能制药、智能服务领域一直保持活力，创新模式初具规模，发展空间较大。中国作为科研新兴国家，需要拓展相关多学科交叉融合，多学科协调发展，通过优势互补、合作创新，完善相关法律规制，深入联合开展基础与应用研究，对接智能化促进中医药智能健康事业发展的国家重大战略，从而提高整体医学诊疗水平与效率，推动中医药产业的高质量发展。

第 9 章编写组成员名单

组　长：张伯礼

成　员：张俊华　李国正　李　正　孟昭鹏　刘二伟　刘　智　张　冬
余河水　李文龙　陈欣然　李宗友　何丽云

执笔人：陈欣然　刘　智　李　正

10

面向 2035 年的中国科学仪器技术路线图

10.1 概述

科学仪器是指对事物组成、结构相互作用机理与机制、变化规律趋势等进行检测表征，获得相关科学数据、图像等信息，并用来指导科学研究和生产实践的工具，是科技创新、经济发展和社会发展的先导和条件保障。著名科学家王大珩指出“仪器是认识世界的工具，机器是改造世界的工具，改造世界往往是从认识世界开始的”。科学仪器是国家基础研究和科技创新的重要工具，是国家科技创新体系的重要组成部分，一代仪器，一代科技，代表了一个国家的科学技术创新水平；科学仪器是工业体系建设和制造业转型升级的重要基础，是生产制造和工业产品的质量保证条件，反映了一个国家的经济发展水平；科学仪器是国计民生保障和公共安全监测的数据源头，是国家公共安全监测信息网络的重要节点，反映了一个国家应对突发公共安全事件的预警探测能力；科学仪器是武器装备战斗力生成、提升、保持和恢复的重要手段，是西方国家技术封锁和产品禁运的主要对象，反映了一个国家国防科技和武器装备的建设水平。为了更好地谋划 2035 年前中国科学仪器发展，在中国工程院的支持下，中国仪器仪表学会承担了“面向 2035 年的中国科学仪器技术发展战略研究”任务，并成立了项目组，通过检索科学仪器领域的专利和文献，研究和归纳国内外科学仪器发展现状与发展趋势，梳理了科学仪器技术体系，制定了未来科学仪器发展目标和技术路线图，提出了科学仪器创新发展意见和建议。

针对国家基础研究与科技创新、先进制造与工业生产、社会发展与民生保障、国家安全与公共安全等重大战略需求，分析了全球科学仪器产业发展态势，预测了未来技术发展趋势，归纳梳理了科学仪器前沿技术和关键“瓶颈”技术，提出了面向 2035 年的中国科学仪器发展目标和重点任务，描绘了科学仪器未来发展技术路线图，最后提出了中国科学仪器发展的对策建议。

10.1.1 研究背景

改革开放以来，中国经济运行一直处于高速发展时期，目前已成为世界第二大经济体，同时中国科技创新能力大幅度提升，科技创新水平从过去的“跟跑”阶段逐步过渡到部分“并跑”、部分“领跑”的新阶段。但长期以来，中国高端科学仪器严重依赖进口，已成为中国基础研究与科技创新能力提升、工业生产与经济建设、民生保障与小康社会建设、国家安全和公共安全监测的制约因素，与中国科技创新水平、经济规模和人民群众生活水平不相适应。党和国家领导人多次做出重要批示，要求重视科学仪器发展，并拿出切实可行的对策和措施。2018 年 7 月 13 日，在中央财经委员会第二次工作会议上，习近平总书记提出了“要加强软硬基础设施建设，完善科研平台开放制度，完善国家科技资源库，培育一批尖端科学仪器制造企业，加强知识产权保护和产权激励”。近几年，科学仪器已成为科技界关注的焦点之一，全国人大代表、政协委员、院士、专家和学者纷纷发表意见，呼吁重视国产科学仪器发展。在这样一个大的历史背景下，中国仪器仪表学会组织有关专家梳理科学仪器战略需求、谋划科学仪器未来发展具有重要的战略意义，对开展先进制造领域中长期发展战略研究和科学仪器领域“十四五”发展规划具有重要的支撑作用。

10.1.2 研究方法

科学仪器发展战略研究采用“需求牵引和技术推动”相结合的研究方法，如图 10-1 所示，梳理出中国科技创新、经济建设、民生保障、国家安全和公共安全等重大专项、重点工程和重点行业的测试需求，通过对科学仪器现有能力与国家重大战略需求的对比分析，找出科学仪器与国家战略需求的差距，对支撑科学仪器发展战略研究有重要意义。通过对国内外科学仪器相关企业及产品体系的对比分析，掌握国内外科学仪器发展现状，找出中国科学仪器与国外先进科学仪器的差距。通过对国内外科学仪器领域专利和科技文献的检测，梳理科学仪器前沿技术和颠覆技术，预测科学仪器技术未来发展趋势。在归纳科学仪器需求、现状、问题和差距的基础上，提出 2035 年前中国科学仪器近中远期发展目标、发展思路、发展重点，预测未来科学仪器发展方向，绘制科学仪器技术发展路线图，并提出推进中国科学仪器创新发展的政策措施和意见建议。

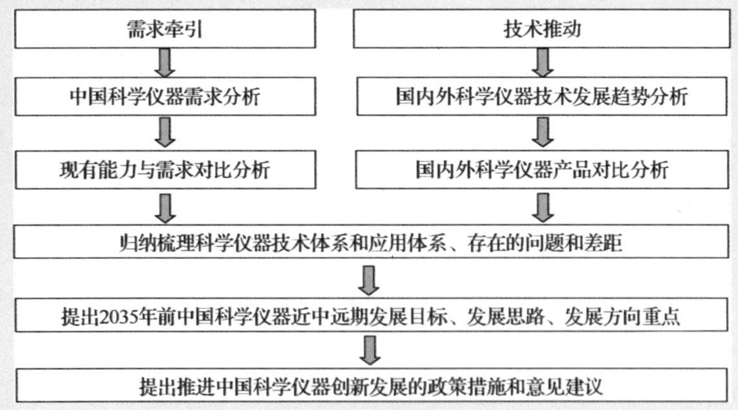

图 10-1　科学仪器发展战略研究方法

10.1.3 研究结论

鉴于科学仪器在国家科技创新、经济建设、民生保障与国家安全当中的重要地位，考虑到中国科学仪器发展现状，通过对全球专利申请和论文数据分析，梳理出科学仪器发展的关键技术和前沿技术，分析了科学仪器技术国内发展现状和水平对比，明确了中国科学仪器技术发展存在的问题和差距，绘制了面向 2035 年的中国科学仪器发展技术路线图，梳理了重点基础研究项目、关键科学问题、产业发展思路，对比国内外科学仪器产业发展政策和管理机制，提出了推动中国科学仪器发展的政策工具、管理措施和对策建议。

10.2 全球技术发展态势

以美国为首的西方发达国家的科学仪器技术和产业发展都比较成熟，形成了“探索一代、储备一代、研发一代、生产一代”的科学仪器战略布局和完整的产业链，依靠雄厚的工业基础，以及在高端科学仪器方面的长期技术积累，引领了世界科学仪器发展，垄断了世界高端科学仪器市场。据不完全统计，世界前 20 强科学仪器企业主要由美国、日本、德国、瑞士和英国占据，包括美国的赛默飞、丹纳赫、安捷伦、是德科技、泰瑞达、布鲁克、沃特世、国家仪器 8 家企业，日本的岛津、爱德万、安立、尼康、奥林巴斯 5 家企业，德国的罗德-斯瓦兹、蔡司、爱本德 3 家企业，瑞士的罗氏诊断、梅特勒-特利多、帝肯 3 家企业，英国的思白吉 1 家企业。世界排名前 5 的科学仪器企业的产品市场份额超过 50%，世界排名前 10 的科学仪器企业的产品市场份额超过 75%。大型科学仪器企业大多数为跨国企业，经常通过业务整合和横向收购，提升市场份额和国际影响力，世界科学仪器市场垄断趋势愈加明显。

科学仪器创新成果不断涌现，通过专利检索和论文数据分析，近 20 年来，全球科学仪器处于加速发展阶段，基于新原理、新机理、新方法和新技术的科学仪器专利和论文数量逐年增加，同时在前沿科学技术推动下，关键核心器件、部件、材料和工艺等科学仪器产业基础能力不断提升，传统科学仪器性能不断提升，更新换代平均速度由原来的 5～10 年加速到 3～5 年，互联网、物联网、5G 移动通信、云计算、人工智能等信息技术催生了科学仪器新的应用模式，仪器+网络、传感器+网络、仪器+5G 通信等产品形式推动了科学仪器加速发展，国家“新型基础设施建设”再次为科学仪器发展提供了新的机遇和动力，科学仪器必须创新发展和自主发展，才能与快速发展的科技和经济建设速度相适应。

10.2.1 全球政策与行动计划概况

美国是科学仪器强国，它能引领世界科学仪器发展，主要归功于本国科学仪器企业长期坚持不懈地努力和长期的技术积累，但也与美国政府机构的支持分不开。美国国家科学基金会、美国国立卫生研究院、美国标准与技术研究院、美国能源部、美国国家航空航天局、美国国防部等相关机构都对科学仪器有一定的支持。美国能源部在 2003 年发布的《未来 20 年重大科学装备计划》，是全球首个宽范围、跨学科、跨国的科学装备推进计划，涉及重大科学仪器设备、设施和装备发展战略框架和发展思路；美国国家科学基金会重点资助通用科学仪器创新；美国能源部重点支持能源领域的科学仪器创新；美国标准与技术研究院聚焦基础性和前瞻性技术攻关，偏重于计量仪器创新和计量标准装置建设。

日本的精密光学仪器在世界上占有重要地位。日本一直从国家战略的高度谋划科学仪器发展，积极推进日本科学仪器创新。早在 2002 年，日本就制订了高精密科学仪器振兴计划，文部科学省下属的日本科学技术振兴机构从 2004 年开始资助科学仪器研发，一直持续至今。近几年，日本又制订了“纳米材料研究仪器平台计划”，积极推进纳米材料科学仪器原始创新。

德国在精密制造领域具有得天独厚的优势，奠定了德国在科学仪器领域的重要地位，其在精密光学仪器、分析仪器和电子测量仪器领域位于世界前列。德国科学基金会、德国联邦教育研究部、德国联邦工业合作研究会都非常重视科学仪器创新，并给予一定支持，重点支持中小企业技术创新。

10.2.2 基于文献和专利统计分析的研发态势

目前，科学仪器已经形成完整的技术体系和产品体系，一方面传统的测试方法和仪器产品已经进入一个稳定成熟的发展时期，另一方面量子信息科学、网络与信息科学、生物医学科学、微米纳米科学、太赫兹探测等前沿科学技术又给现代科学仪器注入新的活力，基于新原理、新机理、新方法、新技术的科学仪器不断涌现，新型科学仪器有力地支撑并引领现代科技创新，从世界范围内科学仪器相关科技论文发表数量和专利申请数量，可以看出科学仪器研究热点和未来发展方向。

1. 从专利申请数量看世界科学仪器发展

截至 2019 年 6 月，本项目组共检索到全球 203184 项科学仪器相关专利，科学仪器专利分布见表 10-1。光电测试仪器方面的专利申请数量最多，共计 70457 项，其中光学显微镜的研究是热点，共计专利 34823 项。物理性能测试仪器方面的专利申请数量仅次于光电测试仪器，位列第 2 名，共计 53227 项，计量仪器、电子测量仪器和分析仪器方面的专利申请数量分别位列第 3、4、5 名。

表 10-1 科学仪器专利分布

仪器分类	分析仪器	光电测试仪器	物理性能测试仪器	电子测量仪器	计量仪器	合计
专利申请数量/项	22428	70457	53227	22701	34371	203184

进入 21 世纪，科学仪器出现了一个相对稳定发展时期，但近 10 年科学仪器得到了快速发展，专利申请数量逐年提升。2000—2018 年全球科学仪器专利申请数量变化趋势如图 10-2 所示。从图中可以看出，科学仪器专利申请数量从 2006 年开始逐年增长，科学仪器进入稳步增长时期，真正的快速发展开始于 2010 年，增长速度明显加快，受到全球科技高速发展影响，科学仪器技术创新进入高速活跃期。

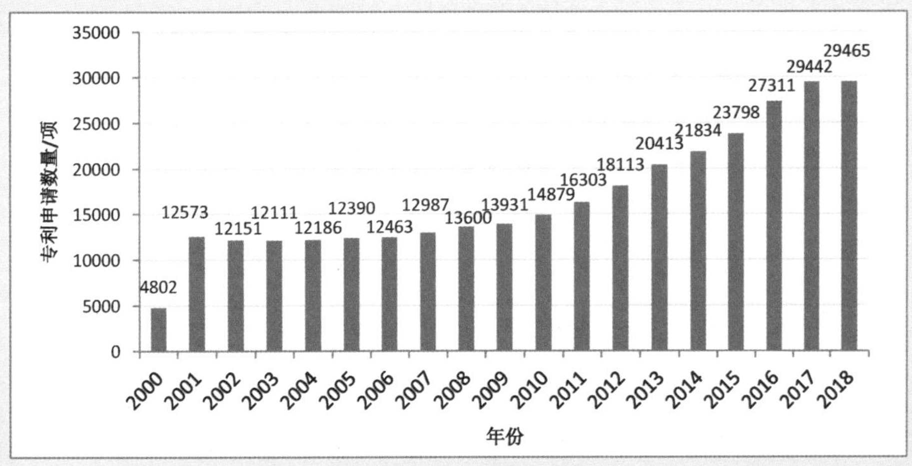

图 10-2 2000—2018 年全球科学仪器专利申请数量变化趋势

2000—2018 年中国科学仪器专利申请数量变化趋势如图 10-3 所示。从图 10-3 可以看出，中国科学仪器专利申请数量从 2000 年至 2018 年呈现逐步增长态势，并在 2010 年以后加速发展，中国科学仪器创新水平逐年提升。

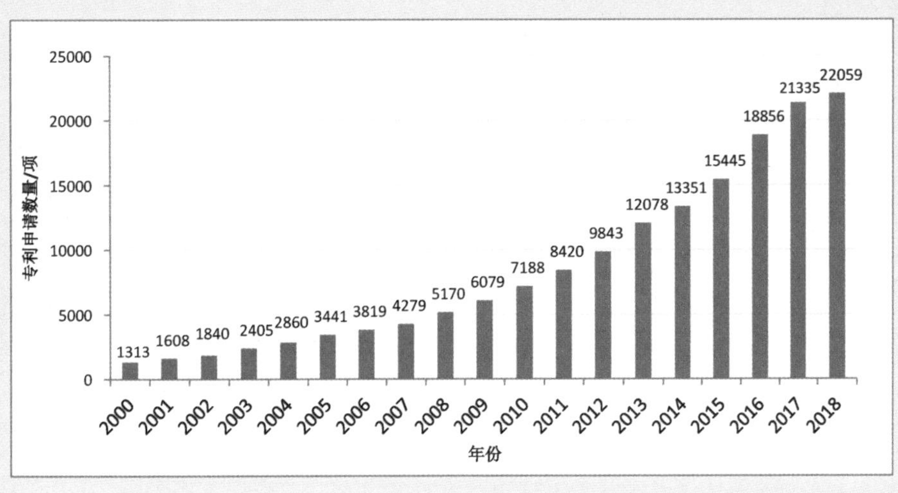

图 10-3 2000—2018 年中国科学仪器专利申请数量变化趋势

科学仪器企业普遍重视科学仪器专利申请工作。2001—2019 年专利申请数量排名世界前 10 的世界知名科学仪器企业如图 10-4 所示。从图 10-4 可以看出，2001—2019 年科学仪器专利申请企业主要集中于美国，共计 5 家美国科学仪器企业进入世界前 10，分别为是德科技、赛默飞、丹纳赫、沃特世和布鲁克。但专利申请数量最多的科学仪器企业是日本的岛津，日本有 3 家企业进入世界前 10，分别为岛津、奥林巴斯和尼康。欧洲有 2 家企业进入世界前 10，分别为罗氏诊断和蔡司。日本岛津的专利申请数量为 3725 项，位列世界第一，罗氏诊断的专利申请数量为 1763 项，位列世界第二。

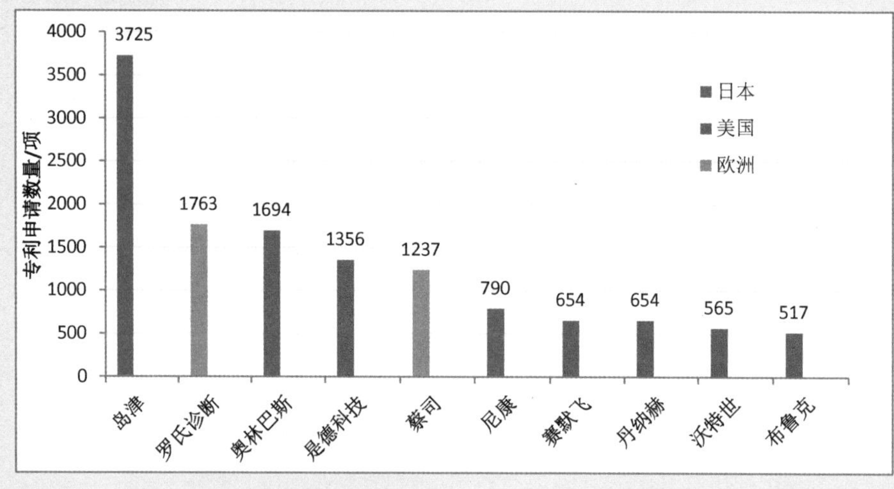

图 10-4　2001—2019 年专利申请数量排名世界前 10 的世界知名科学仪器企业

中国科学仪器企业也特别重视科学仪器的专利申请，从 2001—2019 年中国科学仪器企业专利申请数量统计情况可知，同方威视技术股份有限公司（简称同方威视）、中电科仪器仪表有限公司（简称中电仪器）、重庆川仪自动化股份有限公司（简称川仪）、长沙开元仪器股份有限公司（简称开元股份）、聚光科技（杭州）股份有限公司（简称聚光科技）、武汉精测电子集团股份有限公司（简称精测电子）、广东正业科技股份有限公司（简称正业科技）、北京雪迪龙科技股份有限公司（简称雪迪龙）、河北先河环保科技股份有限公司（简称先河环保）、汉威科技集团股份有限公司（简称汉威科技）排名全国前 10，如图 10-5 所示。其中，专利申请数量最多的公司是同方威视，共计 2100 项专利，其次是中电仪器，其专利申请数量为 1952 项，这两家企业属于第一方阵。川仪股份、开元股份、聚光科技 3 家科学仪器企业的专利申请数量分别为 743 项、694 项和 595 项，这 3 家企业属于第二方阵。精测电子、正业科技和雪迪龙 3 家科学仪器企业的专利申请数量分别为 380 项、313 项和 273 项，为 3 家企业属于第三方阵。先河环保和汉威科技两家科学仪器企业的专利申请数量均少于 100 项，也进入全国前 10。近几年，中国科学仪器专利申请数量超过美国，位列世界第一，高等院校和研究机构是专利申请的主力军，说明中国科学仪器领域科技创新主体主要集中于高等院校和研究机构，而企业创新能力明显不足。实际上，近几年中国小型科学仪器企业发展很快，是未来中国科学仪器自主创新和市场开拓的主力军，但专利申请数量还比较少。

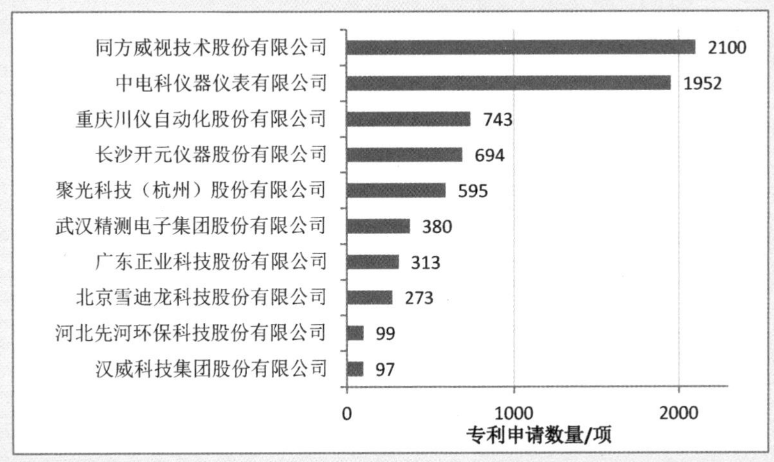

图 10-5　2001—2019 年专利申请数量排名全国前 10 的中国科学仪器企业

2. 从论文发表数量看世界科学仪器发展

通过对 Web of Science 上科学仪器相关检索词查询，2001—2019 年世界科学仪器领域论文发表数量共 195616 篇。2001—2019 年世界科学仪器领域论文发表数量变化如图 10-6 所示，从图 10-6 可知，科学仪器领域论文发表数量逐年递增，呈直线上升趋势。

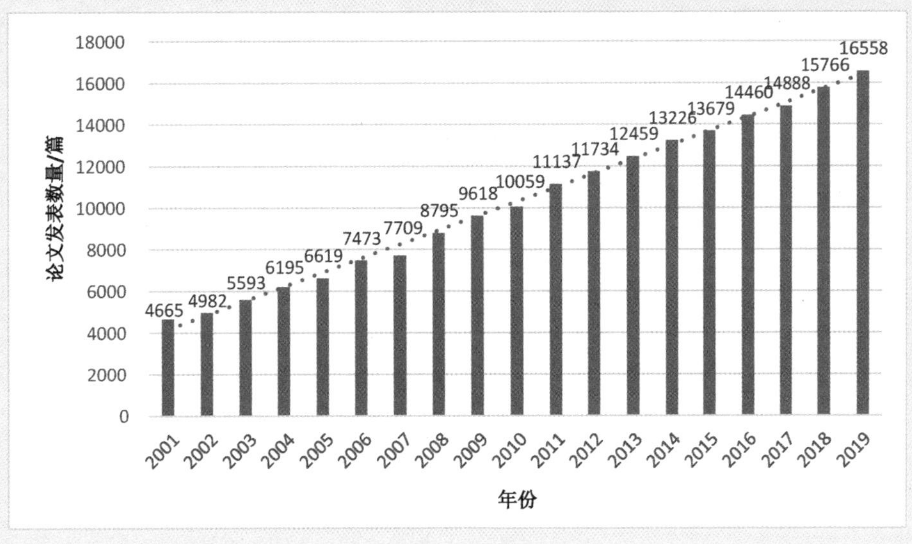

图 10-6　2001—2019 年世界科学仪器领域论文发表数量变化趋势

2001—2019 年世界科学仪器领域论文分布见表 10-2。其中，光电测试仪器方面的论文发表数量最多，超过了 10 万篇，而分析仪器和物理性能测试仪器方面的论文发表数量为 3 万篇左右，电子测量仪器和计量仪器方面的论文发表数量相对较少。

表 10-2　2001—2019 年世界科学仪器领域论文分布

仪器分类	分析仪器	光电测试仪器	物理性能测试仪器	电子测量仪器	计量仪器	合计
论文发表数量/篇	29097	128759	31976	3461	2323	195616

2001—2019 年发表科学仪器论文的国家分布如图 10-7 所示。由图 10-7 可知，科学仪器领域论文主要集中于美国、欧洲和亚洲。美国在科学仪器领域发表的论文数量最多，共 47996 篇，位列世界第一。中国在科学仪器领域发表的论文数量共 30887 篇，位列世界第二，亚洲的日本、印度和韩国 3 国也进入世界前 10，德国、法国、英国、意大利、西班牙 5 国进入世界前 10。

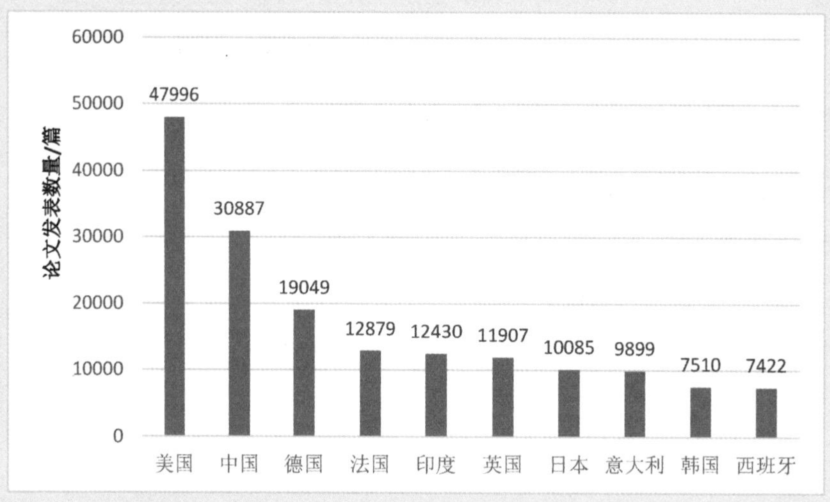

图 10-7　2001—2019 年发表科学仪器论文的国家分布

中国科技论文发表主体主要是中国科学院和高等院校。2001—2019 年中国科学仪器领域发表论文数量排全国前 20 的科研机构和高等院校见表 10-3。据不完全统计，中国有 280 多所高等院校设置了科学仪器相关专业，为本国的科学仪器发展奠定了较好的人才基础。但由于中国科学仪器企业规模较小，科技人才待遇无法与电子信息相关企业相比，真正在科学仪器行业就业的毕业生十分有限。

表 10-3　2001—2019 年中国科学仪器领域发表论文数量排全国前 20 的科研机构和高等院校

科研机构和高等院校	论文发表数量/篇	科研机构和高等院校	论文发表数量/篇
中国科学院	5728	山东大学	689
中国科学院大学	1276	吉林大学	676
清华大学	912	西安交通大学	556
浙江大学	880	四川大学	517
北京大学	805	南京大学	506
中国科学技术大学	785	复旦大学	487
中南大学	774	天津大学	486
上海交通大学	747	北京科技大学	486
哈尔滨工业大学	740	东北大学	435
华中科技大学	696	大连理工大学	428

以上世界科学仪器领域专利申请数量和论文发表数量，以及中国科学仪器领域专利申请数量和论文发表数量情况表明，世界科学仪器正处于高速发展时期，中国科学仪器整体创新能力正在逐年提升。目前，中国科学仪器行业还缺少具有世界影响力的知名仪器企业，科学仪器科研成果应用转化问题亟待解决，中国高等院校和科研机构的大量科学仪器创新成果急需企业参与解决工程化、产品化和产业化问题。

10.3　关键前沿技术与发展趋势

人工智能、量子信息科学、生物医学科技、微米纳米材料、太赫兹探测等前沿技术的发展给科学仪器的发展注入了新的动力和活力。世界科学仪器的发展体现在以下两个方面：一方面，利用前沿科学技术改造和提高传统测试仪器性能，增加其新的测量功能；另一方面，利用前沿科学技术直接发明新型测试仪器，实现跨越式发展。科学仪器发展呈以下发展态势：

（1）科学仪器集成化、关键核心部件标准化。随着大规模集成电路、微系统、MEMS 器件等技术的发展，关键核心部件标准化、模块化趋势十分明显，关键核心部件型谱体系建设日益迫切，促进科学仪器集成化程度不断提升，多功能综合化、集成化、联用化科学仪器越来越多，其市场竞争优势日益明显。

（2）尖端仪器专业化、基础创新前沿化。随着科学仪器测量精度越来越高，科学仪器正在从静态测量向原位、在线和动态测量方向发展，现代物理学、化学、材料科学等基础科学创新成果对科学仪器创新发展的推动作用日渐突出。

（3）高端仪器智能化、产业竞争规模化。随着高端通用仪器与智能控制、机器人、大数据处理等人工智能技术的不断融合发展，科学仪器的精度、可靠性、智能化程度不断提升，应用范围不断拓展，智能化仪器受到用户欢迎；科学仪器产业竞争规模化，大型科学仪器企业竞争优势越来越明显，中小型科学仪器企业只能在夹缝中求生存。

10.3.1 分析仪器技术

面向国家基础科学研究、科技创新、生物医药、环境监测、农副产品和食品药品质量检测等重点领域的共性测试需求，质谱分析、色谱分析、波谱分析、能谱分析、电化学分析、生化分析等分析仪器正朝着高性能、高灵敏度、高分辨率、小型化、智能化和联用化方向发展，更新换代速度不断加快，呈现快速发展态势。

1. 高分辨率质谱分析仪器技术

质谱分析仪器是生命科学和材料科学研究所用的关键仪器，高分辨率质谱分析仪器技术是未来重点发展方向，重点突破低气压点喷雾电离子源、大气压化学电离离子源、高压离子漏斗、四极杆质谱议静电场轨道阱、线性离子阱等关键技术，实现质谱分析仪器分辨率 $\geqslant 5\times10^5$，解决高通量蛋白质鉴定、定量和结构表征等技术难题。

2. 超高效液相色谱分析仪器技术

色谱分析仪器是环境保护和石油化工在线监测，以及农副产品和食品药品质量安全检测的关键仪器，超高效液相色谱分析仪器技术是未来发展方向，重点突破 150MPa 超高压输液泵、亚微米填料色谱柱、高性能检测器（荧光、紫外线、光电二极管矩阵、蒸发光散射）、自动切换阀等关键技术，通过增加分析通量，缩短分析时间，提高分析效率，使塔板数达到 20 万以上，实现液相色谱高效分析。

3. 智能化样品前处理仪器技术

通常情况下，实验人员进行样品测试与分析时 90%以上时间用于样品前处理。样品前处理仪器是分析仪器共性的关键设备，智能化样品前处理仪器技术是未来发展方向，采用人工智能技术，把复杂的样品前处理过程程序化和智能化，使样品前处理与样品测试无缝对接，实现全程无须人工干预或极少人工干预，实现样品处理与分析一体化，提高样品分析效率和精准度。

4. 高速高分辨率数字采集与分析仪器技术

数字采集模块是飞行时间质谱分析仪器、高分辨率成像仪器等科学仪器的关键核心部件。急需解决高分辨率、高采集速率、宽频带、低功耗数字采集模块的国产化问题，重点突破多通道高分辨率（24bit）数字采集技术，关键是研发高速高分辨率 A/D 转换器，用于实现采集速率≥8GS/s、采集带宽≥3GHz，满足高性能科学仪器的需求。

10.3.2 光电测试技术

光电测试仪器继承了历史悠久的光学仪器的精准特点，融合了现代电子信息技术，在现代科学仪器中占据着重要位置。面向国家对航空航天大型装备制造、精密机械制造、集成电路制造、材料科学、生物医学科学、环境监测等领域的精密测试需求，光谱分析仪器、光学显微镜、激光干涉分析仪器、高能激光测试仪器、光纤传感器和高速光纤通信测试仪器等光电测试仪器正朝着高精度、高分辨率、高速度、跨尺度、大视场、非接触式等方向发展，相关前沿技术不断涌现，科技创新异彩纷呈。

1. 无透镜计算成像技术

无透镜计算成像技术充分利用算法的优越性，把高速计算、人工智能与光学成像系统深度融合，提升光学成像系统性能指标，使之达到短曝光和高信噪比的效果，具有高分辨、大视场、无相差等特点，能够清晰地跟踪观察活体生物组织的快速运动轨迹。该技术的使用有助于显微成像仪器的小型化与低成本化，有可能实现光学显微成像技术的重大变革。

2. 高分辨率三维成像技术

针对活体细胞实时观测的需求，采用荧光分子探针的三维成像方法，可以极大地提高成像的分辨率，利用低能量长波长探测光实现分子尺度上的高精度探测，尽可能地减少活体细胞的破坏，实现在活体细胞上看到纳米尺度的蛋白质，成像分辨率可以与电子显微镜相媲美，在医学和生命科学领域应用潜力巨大。

3. 超快光学与强激光测试技术

超快光学利用超短脉冲激光揭示超快现象，最短时间尺度已推进到阿秒量级。针对阿秒量级时间尺度超快过程前沿研究需求，突破高光子能量、高光子通量、大单脉冲能量孤立阿秒脉冲产生技术和超快光电诊断技术，阿秒量级时间尺度有助于分子核动力学研究。超强激光聚焦峰值功率达 $10^{22}\sim10^{24}$ W/cm^2，有助于强场物理实验以及实验室内模拟极端环境，对开展极端环境基础科学研究具有重要意义。

4. 侧窗型光电倍增管技术

光电倍增管把微弱光信号转换成可检测的电信号，是光电测试仪器的关键器件。光电测试仪器一般采用侧窗型光电倍增管，宽光谱、超小型、远紫外线型等光电倍增管品种规格多达 40 多种。其中，高性能侧窗型光电倍增管光照灵敏度高达 500μA/lm，增益高达 6×10^7，可满足原子吸收光谱仪器、原子荧光光谱仪器、高端紫外可见光谱仪器、电感耦合等离子体光谱仪器、光电直读光谱仪器等光电测试仪器需求。

10.3.3 物理性能测试技术

面向基础科学研究、科技创新、高端装备制造、先进材料制备、能源和交通运输等重点行业测试需求，以电、磁、声、光、力、热等为探测手段的电子显微镜、原子力显微镜、热场成像分析仪器、低温物性测试仪器、无损检测仪器、运动参数测试仪器和力学参数测试仪器等物理性能测试仪器呈现出良好的发展态势。

1. 电子或离子间接与直接探测技术

电子或离子间接探测是利用高能电子束或离子束与被测材料相互作用间接激发出光子，再利用光电探测器进行探测，这一探测方式把光信号转换成电信号进行测量。电子或离子直接探测是利用电子束或离子束与被测材料相互作用直接激发出电子，再利用电子放大器和检测器进行探测，这一探测方式可直接检测电信号。电子或离子直接与间接探测技术各有优缺点，在未来科学仪器中间接与直接探测技术都有很大发展潜力。

2. 高亮度 X 射线源制作技术

当高速电子撞击金属靶时，高速运动的电子突然减速，其损失的动能会以光子形式释放出来，形成轫致辐射并产生 X 射线。基于该原理的 X 射线源是 X 射线荧光检测仪器、X 射线衍射仪器、X 射线成像仪器等探测仪器的关键核心部件，要进一步提高 X 射线探测仪器性能，必须提高 X 射线源的功率密度，因此，研制高亮度 X 射线源是实现 X 射线探测仪器创新发展和更新换代的重要途径。

3. X 射线能谱探测技术

通过改变 X 射线能量，可以获得物质吸收特性随 X 射线能量变化的规律，基于该原理的 X 射线能谱探测仪器比固定能量的 X 射线探测仪器可以获得更多的信息。把它用于物质三维结构成像，能够获得物质密度及分布图像，可以构建物质三维结构图像并获得更多成像信息。要实现这一技术，关键是能够制造出能量可变化可控制的 X 射线源，以及能够区分不同能量的高分辨率 X 射线探测器，并通过优化能谱三维成像重建算法，实现 X 射线能谱探测技术创新发展。

10.3.4 电子测量技术

面向宽带移动通信、光纤通信、互联网和物联网、微电子与电子元器件等重点领域共性测试需求，电子测量仪器不断创新发展，测试频率不断提高，已实现低频、射频、微波、毫米波与太赫兹频段无缝覆盖；建立了时域、频域和调制域等多域联合测量与分析方法，实现了从信号测量到信息测量的跨越；现代电子测量仪器与移动通信、互联网络、物联网络深度融合，“网络+测试”“网络+仪器”和“网络+传感器”已成为现代测量仪器新的体系架构，测量仪器已成为互联网和物联网的数据获取源头和信息采集工具。

1. 后 5G 和 6G 移动通信测量仪器技术

围绕后 5G 和 6G 移动通信关键部件、无线终端设备和无线网络的测试需求，探索后 5G 和 6G 移动通信和网络测试技术，突破毫米波与太赫兹信道模拟、多输入多输出（MIMO）天线、移动终端综合测试、基站终端综合测试、空中接口监测、射频一致性等测试关键技术，成体系成系统地谋划后 5G 和 6G 移动通信测试仪器发展，实现与宽带移动通信同步发展。

2. 软件定义可重构测量仪器技术

随着电子信息技术的不断发展，多功能多参数综合测试需求日益迫切，原有的“一对一”测量与维修保障模式正朝着“一对多”的模式转变，基于软件无线电的现代测量仪器体系架构已经形成，软件定义仪器时代已经来临。利用标准总线模块化仪器，构建可重构测量仪器软硬件平台，针对不同测试需求，快速组合仪器硬件，通过加载相应测试软件，满足不同测试需求，实现跨领域横向测试集成和全生命周期纵向测试集成；利用自动化与智能化科技成果提升传统仪器性能，提高测试资源利用率。

3. 芯片化测量仪器技术

针对现代电子装备状态监测和嵌入式测试需求，利用大规模集成电路和三维集成微系统技术，研制芯片化测量仪器，在不影响电子装备正常工作的前提下，尽量少占用资源，把芯片化测量仪器嵌入模拟电路、数字电路和微波电路，使电子装备运行状态透明化，推进测试与装备加速融合，并利用状态监测数据和人工智能方法，实施电子装备健康状态科学管理，开辟基于芯片化测量仪器的智能故障诊断和故障预测新领域。

4. 有思想、会思考的智能仪器技术

充分利用测量仪器与人工智能的交叉融合，研究智能测量仪器基本定义、基本特征，构建智能测量仪器体系架构，突破测试与试验数据挖掘、智能测试芯片、智能测试模块、智能测量仪器、智能测试系统等关键技术，推进新一代人工智能与电子测量仪器深度融合，打造有思想、会思考的智能仪器产业，用现代人工智能技术赋予电子测量仪器新动能，构建智能仪器产业生态。

10.3.5 计量技术

面向基础科学研究、科技创新、材料科学、生命科学和高端制造等重点领域计量标准和量值传递需求，以国际计量量子化变革为牵引，发展电学、磁学、声学、光学、辐射、时间频率、长度等计量仪器，促进高精度测量仪器、计量基准装置和计量标准装置的创新发展。

1. 量子计量仪器技术

随着国际计量量子化变革，世界主要国家都已将量子计量列入本国长远发展的战略规划，促进了量子计量仪器技术和传递标准创新发展。研制新一代量子计量基准，掌握量子计量核心技术，实现国际单位制量值溯源复现，是在国际计量领域争得话语权的关键。随着量子科学与精密测量仪器的深度融合，未来将在量子芯片、量子器件、量子传感、量子仪器、量子计量标准等方面取得重大突破。

2. 大型高速回转装备智能测量与装配技术

西方发达国家的大型高速回转装备无故障时间达到数千小时，而中国的大型高速回转装备无故障时间只有数百小时。中国在智能测量和装配方面与西方发达国家相比差距较大，这严重制约了中国大型高速回转装备的高品质发展。针对发动机、汽轮机、涡轮机等大型高速回转装备智能测量及装配需求，突破超精密测量、工艺测量、机械特性测量、实验验证、计量校准等关键技术，利用来自上万种测量参数的大规模测量数据和深度学习算法，突破大型高速回转装备智能测量与装配技术"瓶颈"，为大型高速回转装备质量的提升奠定基础。

3. 精准测量机器人技术

针对航空航天、海洋工程、大型船舶、轨道交通等重点装备精密测量与计量需求，研制精准测量机器人，完成操作人员无法到达或无法完成的现场测量任务，解决现场极端环境和危险环境下参数获取与精密测量难题。精准测量机器人由精准机器人、精密测量仪器和无线通信网络组成，通过远程控制和人工智能算法实现高难度精准测量、数据传输与处理。

10.4 技术路线图

围绕科技强国目标，依据国家科技创新发展的总体规划，谋划科学仪器未来发展，以科学仪器前沿技术研究为抓手，抢占科学仪器技术制高点，为未来科学仪器发展储备技术，实现科学仪器自主创新发展；以科学仪器共性基础技术为突破口，实现科学仪器关键核心部件和基础软硬件自主可控，夯实科学仪器发展基础；以科学仪器型谱体系建设为重点，实现科学仪器系列化、规模化、产业化发展，以“仪器套餐”形式，满足共性测试需求；以科学仪器工程化研制和应用示范为落脚点，提升仪器应用属性，满足个性化测试需求，大幅度提升国产科学仪器市场份额，培育新的经济增长点。

10.4.1 发展目标与需求

面向国家基础研究、科技创新、产业转型升级、民生保障、公共安全和国家安全等重大需求，围绕科学仪器自主创新发展，以科学仪器关键核心技术和部件（软硬件）自主研发为突破口，力争经过 3 个“5 年计划”的实施，形成完整的科学仪器与关键核心部件型谱体系，有效提升中国科学仪器整体创新水平与自我装备能力，使中国科学仪器由中低端向中高端迈进，科学仪器总体水平迈入国际先进行列，实现与国际先进科学仪器技术同步发展，彻底打破中国高端科学仪器受制于人的被动局面。

1. 发展目标

通过国家相关科研计划的持续实施，到 2035 年，中国科学仪器基本实现自主创新和自主可控发展，中国科学仪器总体水平进入世界先进行列，实现批量生产和规模化应用，大幅度提升中国科学仪器市场份额，开拓国内和国际市场，成为新的经济增长点。打造“产、学、研、用”相结合的科学仪器创新团队和具有地方特色的产业集群，以科学仪器企业创新为主题，培育 2~3 家进入世界前 10 的大型科学仪器企业和上百个特色鲜明的“隐形冠军”科学仪器企业，使中国科学仪器产业规模和国际市场份额都得到大幅度提升，支撑科技强国目标的实现。

2. 发展需求

中国科技创新事业已在不少领域取得重大突破，在国际上已从全面“跟跑”进入“部分并跑、个别领跑”的新阶段，但中国现有科技创新体系对国外高端科学仪器的依赖程度很高，科学仪器发展水平与国家科技创新水平不相适应，建设科技强国，必须首先建设仪器强国。中国制造业的转型升级需要科学仪器提供强有力的支撑保障，智能制造发展战略的实施必然带来测试方式的变化，智能仪器、智能测试与智能制造融为一体，制造业转型升级给科学仪器发展提供难得的发展机遇，同时也提出了更加严峻的挑战。科学仪器有利于民生保障领域全球性社会问题的解决，随着经济全球化步伐不断加快，人类社会面临的气候变化、能源短缺、人口健康、传染性疾病防治、粮食安全、环境保护等全球性问题日益突出，迫切需要先进的科学仪器破解难题。

10.4.2 重点任务

以科学仪器自主创新和自主可控为牵引，筑牢科学仪器产业发展基础，重点提升关键核心材料、器件、部件、基础软件和数据库等产业基础能力，打通上下游产业链，构筑牢固可靠的科学仪器产业链；重点推进分析仪器、光电测试仪器、物理性能测试仪器、电子测量仪器和计量仪器自主创新发展和国产化替代，提供成套测试方案，整体推进科学仪器协调发展。

1. 分析仪器

重点支持质谱分析仪器、色谱分析仪器、波谱与能谱分析仪器、电化学与生化分析仪器等高端分析仪器关键核心技术的突破，实现分析仪器的更新换代和规模化应用。

（1）在质谱分析仪器方面，重点发展四极杆质谱仪器、飞行时间质谱仪器、离子阱质谱仪器、电感耦合等离子体质谱仪器、四极杆飞行时间串联质谱仪器、复合四极杆轨道阱质谱仪器、激光剥蚀-电感耦合等离子体质谱联用仪器等。

（2）在色谱分析仪器方面，重点发展气相色谱仪器、液相色谱仪器、气相色谱质谱联用仪器、液相色谱质谱联用仪器、色谱飞行时间质谱联用仪器、色谱四极杆飞行时间质谱联用仪器、色谱离子淌度质谱联用仪器等。

（3）在波谱与能谱分析仪器方面，重点发展核磁共振波谱分析仪器、电子顺磁共振波谱分析仪器、X 射线电子能谱分析仪器、伽马射线能谱分析仪器、俄歇电子能谱分析仪器、离子散射谱分析仪器等。

（4）在电化学与生化分析仪器方面，重点发展电化学发光检测仪器、病毒检测分析仪器、流动式自动生化分析仪器、分立式自动生化分析仪器、流式细胞分析仪器、高通量拉曼流式细胞分选仪器、超精密天平、高速冷冻离心机、无消解固样前处理装置、激光剥蚀固体样品进样装置、血样品分析全自动样品前处理装置、血液样品白细胞非离心分离装置、食品中毒素快速提取装置等。

2. 光电测试仪器

重点支持光谱分析仪器、光学显微成像仪器、激光测量仪器、光纤测量仪器等的开发研制。

（1）在光谱分析仪器方面，重点发展红外傅里叶光谱分析仪器、高分辨拉曼光谱分析仪器、双光束紫外可见光分光光度计、稳态与瞬态近红外显微荧光光谱仪器、原子吸收与荧光光谱分析仪器、基于亚波长结构的片上光谱分析仪器、多孔径差分光谱成像仪器、面阵式傅里叶光谱成像仪器等。

（2）在光学显微成像仪器方面，重点发展荧光显微镜、激光扫描共聚焦显微镜、无透镜计算成像仪器、基于量子喷射效应的非接触超分辨成像仪器、基于表面增强拉曼散射效应的非标记超分辨成像仪器、散射光学成像仪器等。

（3）在激光测量仪器方面，重点发展激光能量与功率测量仪器、激光波束质量分析仪器、飞秒激光频率梳、瞬态光场复振幅测量仪器、非接触式微纳超分辨率光学测量仪器、高精度复杂自由曲面精密干涉测量仪器、表面轮廓及微观形貌干涉测量仪器等。

（4）在光纤测量仪器方面，重点发展光时域反射计、光纤偏振特性测量仪器、光纤色散分析仪器、光波元器件测量仪器、激光器综合参数测量仪器、光纤应变与温度测量仪器等。

3. 物理性能测试仪器

重点支持显微成像仪器、高能射线测量仪器、热学参数测量仪器、磁学参数测量仪器、声学参数测量仪器、力学参数测量仪器等 80 多种高端物理性能测试仪器关键核心技术的突破，实现其更新换代和规模化应用。

（1）在显微成像仪器方面，重点发展超声波显微镜、电子显微镜、扫描隧道显微镜、原子力显微镜、质子束成像仪器、太赫兹显微成像仪器等。

（2）在高能射线测量仪器方面，重点发展 X 射线层析成像分析仪器、X 射线散射分析仪器、X 射线荧光分析仪器、γ射线测量仪器、β 射线测量仪器等。

（3）在热学参数测量仪器方面，重点发展超低温物性综合测量仪器、高温纳米力学探针、耐超高温材料综合力学测试系统、动态热机械分析仪器、热扩散与导热系数测量仪器等。

（4）在磁学参数测量仪器方面，重点发展第三代磁学测量系统、三轴高精度磁场高斯计、三轴高清漏磁检测仪器、阵列涡流检测仪器、电磁层析成像检测仪器等。

（5）在声学参数测量仪器方面，重点发展相控阵超声三维成像检测仪器、阵列超声导波检测仪器、电磁超声检测仪器、空气耦合超声检测仪器、激光超声检测仪器、超声显微镜等。

（6）在力学参数测量仪器方面，重点发展高应变率力学参数测量仪器、表面张力测量仪器、微观疲劳与蠕变测量仪器、纳米压痕测量仪器、深紫外球面透镜应力测量仪器、力学性能拉伸试验机、力热耦合测量仪器等。

4. 电子测量仪器

重点支持宽频带微波测量仪器、毫米波与太赫兹测量仪器、通信与网络测量仪器、时域与数据域测量仪器等电子测量仪器关键核心技术的突破，实现其更新换代和规模化应用。

（1）在宽频带微波测量仪器方面，重点发展多通道相位相干信号发生器、多通道相位相干信号分析仪器、多载波信号发生器、MIMO 体制矢量网络分析仪器、相控阵天线测量仪器、

MIMO 天线测量仪器等。

（2）在毫米波与太赫兹测量仪器方面，重点发展基于电子学的太赫兹测量仪器、基于光子学的太赫兹测量仪器、基于等离子体的太赫兹波成像仪器、太赫兹物质结构成像仪器、太赫兹物质成分分析仪器、室温下太赫兹源和探测器等。

（3）在通信与网络测量仪器方面，重点发展数字传输分析仪器、高速数据眼图分析仪器、无线通信综合测量仪器、无线信道模拟器、无线通信空中接口测量仪器、高速网络测量分析仪器、网络安全测量仪器等。

（4）在时域与数据域测量仪器方面，重点发展高速数字存储示波器、宽带取样示波器、宽带任意波形发生器、电子元器件测量仪器、交流与直流电源综合测量仪器、电源瞬态特性测量仪器等。

5. 计量仪器

重点支持时间频率计量仪器、电磁学与无线电计量仪器、光学计量仪器、声学计量仪器、化学计量仪器、长热力计量仪器和电离辐射计量仪器等的开发研制。

（1）在时间频率计量仪器方面，重点发展秒定义基准钟、光频原子钟、喷泉原子钟、氢原子钟、芯片原子钟、微型光频原子钟、时频比对仪器、时频传递仪器、光学频率梳等。

（2）在电磁学与无线电计量仪器方面，重点发展多功能校准源、示波器校准仪器、八位半数字万用表、超高精度电流比较仪器、交直流转换标准、微波毫米波与太赫兹功率标准和阻抗标准等。

（3）在光学计量仪器方面，重点发展光度计量仪器、光谱辐射计量仪器、激光功率与能量计、光学形貌计量仪器、光学面形测量基准、近皮米级表面形貌测量仪器等。

（4）在声学计量仪器方面，重点发展电声计量仪器、超声计量仪器、水声计量仪器、声学传感器标定仪器、基于传声器阵列的声成像测量仪器、超声运动基准与测量系统等。

（5）在化学计量仪器方面，重点发展挥发性有机物计量仪器、元素与无机离子计量仪器、水分计量仪器、核酸计量仪器、多肽与蛋白质计量仪器、细胞计量仪器等。

（6）在长热力计量仪器方面，重点发展纳米三维测量机、角度计量仪器、表面形貌和结构计量仪器、温度计量仪器、热物性计量仪器、质量计量仪器、力与扭矩计量仪器、冷原子干涉绝对重力仪器、容量和密度计量仪器等。

（7）在电离辐射计量仪器方面，重点发展放射性活度计量仪器、放射性核素计量仪器、电离辐射剂量计量仪器、中子剂量计量仪器、多功能辐射计量仪器等。

10.4.3 技术路线图的绘制

面向 2035 年的中国科学仪器技术路线图如图 10-8 所示。

时间		2025年	2030年	2035年
目标层	目标	科学仪器市场份额超过50%，高端仪器市场份额超过20%，培养1个世界前20仪器企业和30个特色鲜明"隐形冠军"企业	科学仪器市场份额超过60%，初步解决科学仪器"卡脖子"问题，培养1个世界前10仪器企业和50个特色鲜明"隐形冠军"企业	科学仪器市场份额达到80%，进入世界先进行列，处于世界第二方阵，培养2个世界排名前10的仪器企业和100个特色鲜明的"隐形冠军"企业
	需求	中国基础研究和科技创新、先进制造与5G通信、国防科技和装备建设、航空航天与深海装备、食品药品安全、生物安全、信息安全等领域需要高端科学仪器提供支撑保障	中国大型科学装置和科技创新、智能制造与产业化、新基建与6G通信、国防科技和重大装备建设、食品药品安全、生物安全、信息安全等需要高端科学仪器自主创新发展	建设科技强国，必须建设仪器强国，智能仪器与智能制造深度融合，装备机械化、信息化和智能化发展，需求仪器引领发展，经济全球化需要科学仪器破解难题
重点产品	分析仪器	质谱分析仪器的分辨率达到10000，色谱仪的耐压值达到80MPa，高端联用仪器实用化	质谱分析仪器的分辨率达到40000，色谱仪的耐压值达到130MPa，分析仪器品种基本齐全	质谱分析仪器的分辨率达到5×10^5，色谱仪的耐压值达到170MPa，高端分析仪器实现自我装备
	光电测试仪器	光学显微成像仪器的分辨率达到50nm，激光干涉测距精度达到1nm，光谱仪实用化	光学显微成像仪器的分辨率达到20nm，光电仪器实现红外线、可见紫外线无缝覆盖	光学显微成像仪器、光谱分析仪器、超快激光与光纤传感等仪器实现自我装备
	物理性能测试仪器	电子显微镜、X射线衍射仪器和能谱仪器、600MHz核磁共振谱仪器实用化	200kV透射电镜、离子显微镜和900MHz核磁共振谱仪器实现国产化	冷冻电镜、超导核磁共振成像仪器、声热磁力仪器实现自我装备
	电子测量仪器	宽带同轴仪器带宽达到110GHz、太赫兹仪器带宽达到5THz、示波器带宽达到10GHz	微波毫米波与10THz太赫兹实现无缝覆盖，实时带宽40GHz仪器实现自主可控	芯片化仪器、智能化仪器、6G通信与宽带网络仪器实现自我装备
	计量仪器	喷泉原子钟、量子电压与霍尔电阻、原级基准测温等仪器实用化	喷泉原子钟、量子电压与霍尔电阻、原级基准测温等仪器实用化	检测电、磁、声、光、辐射、时间频率、长度等参数的计量仪器实现自我装备

图 10-8　面向 2035 年的中国科学仪器技术路线图

时间		2025年	2030年	2035年
关键共性技术	分析仪器技术	超高分辨率质谱分析和超高效液相色谱分析等关键技术取得突破	质谱与色谱联用、智能样品前处理和高分辨率采集等技术实用化	质谱、色谱、电化学、波谱、能谱等分析技术全面实现自主创新
	光电测试技术	无透镜计算成像和侧窗型光电倍增管技术取得突破，达到实用化	高分辨率三维成像、超快光学及强激光测试等技术达到实用化	光学显微、光谱分析、超快激光与光纤传感等技术实现自主创新
	物理性能测试技术	电子和离子直接与间接探测、高亮度X射线源等关键技术取得突破	高端电子显微、离子显微、X射线能谱探测等关键技术达到实用化	原子力显微、热场成像、无损检测、力学参数测试实现自主创新
	电子测量技术	后5G和6G仪器和智能化测试仪器和软件定义仪器等技术取得突破	质谱、色谱、电化学、波谱、能谱等分析技术全面实现自主创新	信息网络与仪器深度融合，形成智能芯片、模块与仪器技术体系
	计量技术	大型回转装备智能测量与计量、精密测量机器人等技术取得突破	量子计量与传递标准、大型装备精密测量计量等技术达到实用化	检测电、磁、声、光、辐射、时间频率、长度等参数的计量仪器实现自主创新
保障层	重点专项	重大科研仪器设备研制专项		
		重大科学仪器设备开发专项		
	保障措施	坚持政府主导、强化顶层设计：从国家层面做好顶层设计与总体规划，明确各阶段目标和重点任务，发挥举国体制优势重点解决重大基础性、战略性科学仪器国产化问题，撬动地方政府、企业和社会资本投入，做大仪器产业		
		坚持企业主导、做大仪器产业：企业是科学仪器科技创新和集成研制的主体，从市场需求角度出发，开发市场潜力巨大科学仪器产品，实现规模化批量生产和市场应用，做大做强仪器产业，培养世界有影响力的科学仪器企业		
		坚持自主创新、做好技术储备：发挥专业研究机构和高等院校的技术优势，支持自主创新科学仪器开发研制，专业机构和高等院校重点突破前瞻性、基础性、创新性科学仪器技术攻关，为科学仪器自主创新发展提供技术储备		
		坚持协同创新、构建产业生态：科学仪器企业联合关键核心材料、器件、部件和基础软件企业，组建“产、学、研、用”联合攻关团队，构建科学仪器生态环境，打造坚固可靠科学仪器产业链，确保科学仪器关键核心部件实现自主可控		
		构建创新平台、集聚创新人才：依托科研机构与高等院校的国家级重点实验室和国家级创新中心，以及大型企业工程中心和研发中心，构建集聚高端科学仪器科技人才的创新平台，着力培养领军人才和国际有影响力创新人才		

图 10-8 面向 2035 年的中国科学仪器技术路线图（续）

10.5 战略支撑与保障

以国家科技创新发展总体规划为指引，坚持问题导向和需求导向原则，统筹谋划科学仪器发展，充分发挥中国集中力量办大事的制度优势，按照“政府引导、企业主导，协同发展、有序竞争”的发展模式和组织管理模式，积极推进科学仪器创新发展。

1. 坚持政府引导，强化顶层设计

从国家层面抓好顶层设计与总体规划，明确各阶段战略目标和重点任务。对一些重大基础性、战略性科学仪器项目，发挥举国体制优势，给予重点关注和重点突破；对市场上应用量大面广的科学仪器，发挥国家资金的引导作用，推动地方政府、企业和社会资本在产业化和市场化方面投入，形成规模化批量生产和市场应用。

2. 坚持企业主导，做大做强科学仪器产业

发挥企业为主体的科学仪器创新模式，由企业牵头组建“产、学、研、用”相结合的创新团队。企业是科学仪器科技创新和集成研制的主体，企业从市场角度出发，开发市场潜力巨大的科学仪器产品，并实现规模化批量生产和市场应用，做大做强科学仪器产业。同时利用市场的集聚效应，培育国际知名的大型或综合型仪器企业和具有特色鲜明的“隐形冠军”企业。

3. 坚持自主创新，做好技术储备

充分发挥专业科研机构和相关高等院校的技术优势，支持自主创新的科学仪器开发研制，专业科研机构和相关高等院校重点开展前瞻性、基础性、创新性科学仪器技术攻关，为科学仪器产品化研制提供技术储备。同时，鼓励科学仪器企业与专业科研机构和高等院校建立长期合作关系，打通科研成果应用转化渠道。

4. 坚持协同创新，构建科学仪器产业生态

鼓励科学仪器企业牵头构建科学仪器产业生态环境，国家科学仪器相关科研项目明确关键核心材料、器件、部件和基础软硬件的国产化要求，科学仪器企业牵头联合关键核心部件相关企业，组建联合攻关团队，构建科学仪器产业生态，打造坚固可靠的科学仪器产业链，确保科学仪器关键核心部件和基础软硬件实现自主可控，打破受制于人的被动局面。

5. 构建创新平台，集聚高端人才

依托专业科研机构和相关高等院校的国家级重点实验室、国家级创新中心，以及大型企业的工程中心和研发中心，构建集聚高端科技人才的创新平台，建立涵盖科学仪器基础研究、科技创新、关键技术攻关、产品研制、经营销售和市场服务的人才梯队，完善科技人才培养、激励、评价机制，优化创新人才成长环境，着力培养一批高水平领军人才，注重培养一批创新创业型科技人才。

小结

本章采用需求牵引和技术推动相结合的分析方法，通过对近 20 年科学仪器领域专利申请数量和论文发表数量的变化趋势分析发现，中国科学仪器专利申请数量和论文发表数量逐年提高，总量均排在全球前列。还归纳总结了科学仪器发展趋势和研究热点，分别介绍了分析仪器、光电测试仪器、物理性能测试仪器、电子测量仪器和计量仪器 5 个领域前沿关键技术和重点科学仪器产品的发展情况，绘制了面向 2035 的中国科学仪器技术路线图，提出了推进科学仪器自主创新发展和产业化建设的措施建议。

第 10 章编写组成员名单

组　长：刘文清

副组长：年夫顺　刘进长

成　员：姜万顺　曹良才　杨智君　韩　立　刘　俭　吴爱华　钱　磊
　　　　高　媛　屈继峰　张文喜　张　莉　张　莹　赵春洋　杨　娟
　　　　武　晴　张　倩　刘　蕊

执笔人：年夫顺　陈　卓　杨锦鹏　杨耀辉　朱军锋　王　玲

面向 2035 年的中国空间信息网络安全与空间激光通信组网技术路线图

11.1 概述

空间信息网络是一个由空间网络、移动通信网络以及地面互联网融合而成的一体化网络，其内涵是实现多种功能平台之间的数据融合与信息共享，需要采用合适的技术手段与适当的安全策略确保网络的安全。目前，空间信息传输的主要手段仍然是射频传输，无法满足空间信息网络的安全需求。空间激光通信利用激光作为信息载体，可实现高速率、远距离数据传输，具有高速、保密、安全的优点，可在复杂电磁环境下快速、可靠地传输信息。国内外多个空间信息网络都采用激光通信技术设计方案，但都局限在点对点的单一通信模式，严重限制了激光通信技术优势的充分发挥。本项目根据国家空间信息网络安全需求，充分调研分析国内外空间信息网络的发展现状、安全问题与发展趋势，深入剖析空间信息网络不安全的主要原因和存在的原理性问题，认真研究通过激光通信组网技术提升空间信息网络安全的技术路线图，为中国空间信息网络安全建设指明方向。

11.1.1 研究背景

随着中国航天测控、对地观测、空间科学试验等事业的发展，能够保障各种空间任务实时获取、传输和处理的空间信息网络越来越重要。为确保空间信息网络具有安全、稳定、可靠、快速的数据传输能力，需要提高空间网络中各个关键信息节点之间信息传输链路的安全保密性和抗干扰性能，这两项最为关键和重要。

目前，空间信息网络主要采用的微波链路，通过提高载波频率、复用和多种调制编码等技术使带宽接近 1Gb/s，而未来空间骨干链路目标将达 40Gb/s，大量空间信息需要通过空间信息网络满足各类用户需求。由于空间激光通信以激光为载波，具有通信速率高、信息容量大、抗干扰能力强、抗截获能力强、安全性和保密性好、体积小、质量轻、功耗低等特点，成为构建宽带、安全、全球覆盖的空间信息网络体系的主要宽带传输技术。激光通信网络是空间信息网络骨干网的主要组成，能够保障多平台间信息同时、安全、保密、高速传输与共享。

开展面向 2035 年的中国空间信息网络安全与空间激光通信组网发展战略研究是落实国家“没有网络安全就没有国家安全”的重要举措，也是抵御网络攻击保护国计民生的迫切需要，对维护国家安全意义十分重大。

11.1.2 研究方法

本项目主要采取技术态势分析、技术清单制定、德尔菲法问卷调查、技术路线图绘制 4

个步骤，对中国空间信息网络安全与空间激光通信组网开展研究。

（1）技术态势分析。通过对本项目研究领域的论文与专利进行检索，应用 iSS 平台提供的方法工具，对论文和专利进行分析，完成本领域的技术态势扫描分析。

（2）技术清单制定。基于本领域技术体系和态势分析结果，利用聚合与分类算法，进行深度挖掘，形成领域知识聚类图，深度融合专家智慧，参考全球技术清单库，逐步筛选出本领域关键的、迫切发展的技术清单，识别本领域最活跃的研究前沿和发展趋势。

（3）德尔菲法问卷调查。根据战略咨询实际要求，基于本领域技术清单，充分发挥中国工程院专家优势，发送技术清单调查问卷，征求领域专家意见，对领域专家意见进行汇总、分析后，进一步明晰本领域发展方向、关键技术、核心产品、保障措施等。

（4）技术路线图绘制。基于本领域德尔菲法问卷调查结果，融合专家研判，从本领域发展目标、具体任务、保障措施 3 个层面，逐层细化，制定本领域技术路线图，明确中国在本领域的近期、中期、长期发展战略规划。

11.1.3 研究结论

通过对国内外本领域研究现状的调研，分析了中国空间信息网络安全与空间激光通信组网的发展趋势。重点研判了空间信息网络安全与空间激光通信组网关键前沿技术，在此基础上，提出中国构建空间信息网络安全与空间激光通信组网的发展目标、重点任务及技术路线图。最后，提出中国发展空间信息网络安全与空间激光通信组网的战略支撑与保障的相关政策建议，为未来构建空间信息网络安全与空间激光通信组网体系指明发展方向。

11.2 全球技术发展态势

11.2.1 全球政策与行动计划概况

1. 空间信息网络安全

2005 年，美国把网络空间定性为陆、海、空、天之外的第五空间，强调信息化时代掌握网络空间权与制海权、制空权同样重要。为了实现其在网络空间的霸权，美国推出了《网络空间作战战略》。

在空间信息网络的安全标准方面，国际上有多个组织和公司专门针对空间通信的特点，设计了各种开源和商业的空间通信协议栈。而在众多的空间通信协议栈中，最成功、最有名的就是由国际空间数据系统咨询委员会（CCSDS）制定的空间通信协议规范（SCPS）。

欧洲和美国都分别构建了空间安全防护的顶层设计，并且相关的法律和制度建设都比较完善。欧空局（ESA）以欧洲航天标准化合作组织（ECSS）官方网站为平台，建立和发布包含安全标准在内的各种标准。其中，ECSS-E-ST-50-xxC 系列标准为 ESA 空间通信和保密的标准，并且 ECSS 标准广泛参考和引用了 CCSDS 标准里提供的关于空间数据系统安全架构的实践建议等。

美国国家航空航天局（NASA）也先后建立了标准共享平台、标准和技术援助资源平台。NASA 安全标准主要有 NASA-STD—28xx 系列、EA-STD-xx 系列以及 EA-SOP-00xx 系列。这些标准吸收了部分军用标准、国家标准、国际标准和 CCSDS 标准。

在安全管理方面，《中华人民共和国网络安全法》2017 年 6 月 1 日起施行，其中第二章网络运行安全包含对关键信息基础设施的运行安全。国家对公共通信和信息服务、能源、交通等重要行业和领域，以及其他一旦遭到破坏、丧失功能或者数据泄露可能严重危害国家安全、国计民生、公共利益的关键信息基础设施，在网络安全等级保护的基础上，实行重点保护。

2. 空间激光通信组网

随着空间激光通信技术的成熟和应用，高速空间激光通信组网成为近年来极具发展前景的方向。美国、欧洲、日本等国家和地区均提出了未来空间激光通信发展规划，实施了利用激光通信技术实现多空间节点间巨量信息传输的计划。

1）美国空间激光通信组网发展概况

2003 年，美国国防部提出了“转型卫星通信计划（TSAT）”。该计划使用激光通信卫星间链接，在太空建立高速率骨干通信网，内含一对二、一对三等激光通信链路，可为美国在全球部署部队提供具有高带宽的卫星通信能力。美国 TSAT 空间激光通信组网计划如图 11-1 所示。

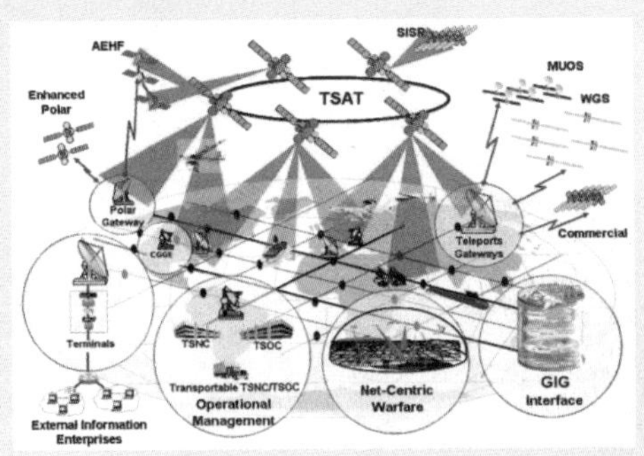

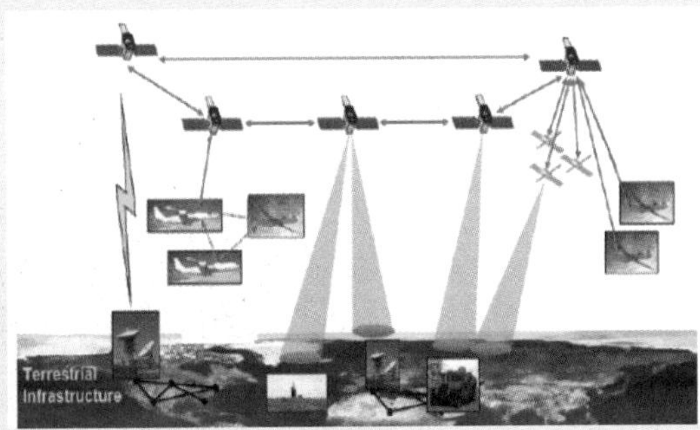

图 11-1　美国 TSAT 空间激光通信组网计划

2004 年，美国国防高级研究计划局（DARPA）启动了光/射频通信链路试验（ORCLE）项目，通过将高速自由空间光通信与射频通信组合在一起，使多个机载设备建立高速数据骨干网，将战术信息服务提供给距任意节点 50 英里（约等于 80 千米）范围内的地面装备；2008 年，美国 DARPA 启动了光/射频辅助通信优化（ORCA）计划，希望满足从战场上回传后方的通信传输需求。ORCA 是一种全天候、高连通性、抗干扰的高带宽网络，通过多个机载平台与地面站之间形成高度可靠的骨干网络，该项目对关键组件进行研发和演示验证，以确保所有移动部队均能应用经济、安全和高性能的网络；2010 年，美国 DARPA 为进一步提高传输速率，实施了自由空间光试验网（FOENEX）计划（见图 11-2），目标是提供空中和地面平台间基于 IPv6 的骨干网络，利用射频与激光混合通信信道提供的端对端网络可用性达到 95%，该计划使得移动骨干通信网的速率达到 10Gb/s。

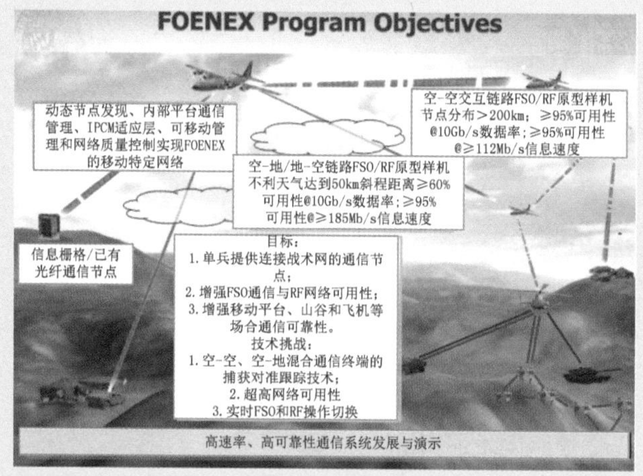

图 11-2 美国 FOENEX 计划

美国 NASA 于 2013 年 10 月成功开展了“月球激光通信演示验证”（LLCD）项目，从月球轨道与多个地面站分别进行了双向激光通信试验，创造了 622Mb/s 的下行数据传输速率新纪录，上行数据传输速率也达到 20Mb/s，首次验证了空间激光通信系统的可行性以及系统在空间环境中的可生存性。

图 11-3 美国 LLCD 项目

2014 年，美国 NASA 提出了激光通信中继验证计划（LCRD），利用一颗地球同步轨道卫星，在两个地面站之间进行连续的激光中继通信的编码、调制、激光链路性能、时延容忍网络（DTN）路由协议、组网能力等，将为未来采用空间激光通信技术的深空探测通信网络和下一代跟踪和数据中继卫星（TDRS）网络建设提供依据，LCRD 可视为 NASA 在 2013 年实施的月球激光通信演示（LLCD）任务的延伸，LLCD 在当时以 662Mb/s 的下载速度创下了地球和月球之间的数据传输记录，完成了利用脉冲激光进行地球和月球之间数据传输的技术验证，而 LCRD 演示的是一颗地球同步轨道卫星在两个地面站之间进行连续的激光中继通信的能力；2014 年，美国 NASA 提出光通信与传感器演示（OCSD）计划，两颗 1.5U 创新型立方体卫星（CubeSat）于 2017 年 11 月成功发射，用于验证星间和星地间高速数据光传输能力，数据传输速率为 200Mb/s。下一代的 CubeSat 光传输能力将达 1Gb/s，同时将具备为未来分布式地球观测（EO）卫星系统提供大容量、低延迟卫星间激光中继网络传输的能力。2015 年，美国 DARPA 发布星间通信链路（ISCL）计划，旨在开发适用于微小卫星的轻型、低功耗光通信终端，为由 100～400 颗卫星组成的卫星星座提供多节点同时激光通信链路技术，以满足战术应用中近乎实时的数据传输需求；2015 年起，美国的 Laser Light、Facebook 等商业公司投入巨资介入空间激光通信网络研究及建设。美国激光通信公司计划建设全光混合全球网络，Facebook 公司开始建设无人机激光通信网络，计划为全球十多亿人提供 Wi-Fi 服务。2017 年底，美国 NASA 激光通信中继验证（LCRD）任务的集成与测试工作在马里兰州的 NASA 戈达德太空飞行中心进行；2019 年，LCRD 载荷将搭载于美国空军的太空飞船，作为太空测试项目（STP-3）的一部分执行工作。该系统设计了直径 107mm 万向光学望远镜及 APT 控制器，并使用高速调制解调器，生成 1.244Gb/s 的差分相移键控调制光束。计划将低轨道卫星终端放在国际空间站上，以低轨道卫星通过地球同步轨道卫星中继，进一步建立地面站光网络。目前，NASA 的“激光通信中继演示”系统已成功通过关键决策点评审，进入开发整合与测试阶段。

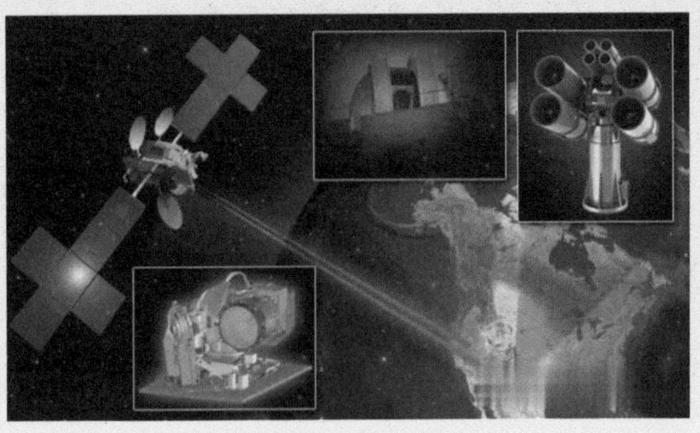

图 11-4 美国激光通信中继验证计划

美国 Thales Alenia 宇航中心与 LEOSAT 公司合作开展了低轨道激光通信卫星星座计划（见图 11-5），准备发射 108 颗低轨道卫星（轨道高度为 1400km）组建射频通信与激光通信相结合的卫星通信网，向全球提供商业服务。该计划与 2019 年发射的两颗卫星开展功能验证试验；从 2021 年开始，陆续发射卫星以组建低轨道卫星星座，2022 年提供商业服务。

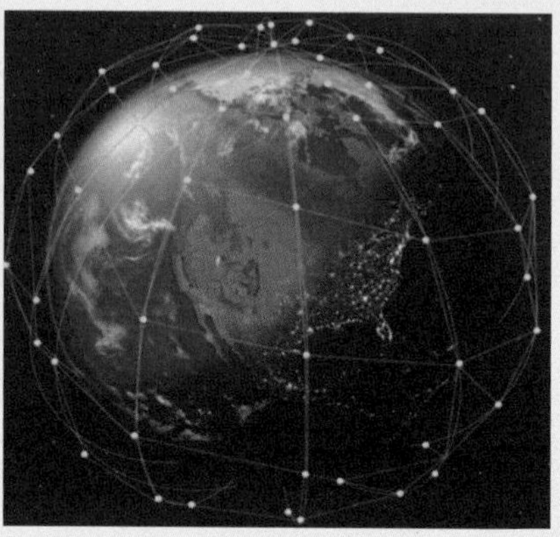

图 11-5　美国 LEOSAT 公司的低轨道激光通信卫星星座计划

每颗低轨道卫星都有 10 个方向独立可控的 Ka 波段通信装置，用于与地面站间通信，每个装置可提供 1.6Gb/s 的信道容量；另外，还有 4 个独立的星载激光通信终端用于卫星网络间通信，传输速率为 1.6～5.2Gb/s。卫星质量为 670kg，通信载荷质量为 430kg，载荷功耗为 2500W。

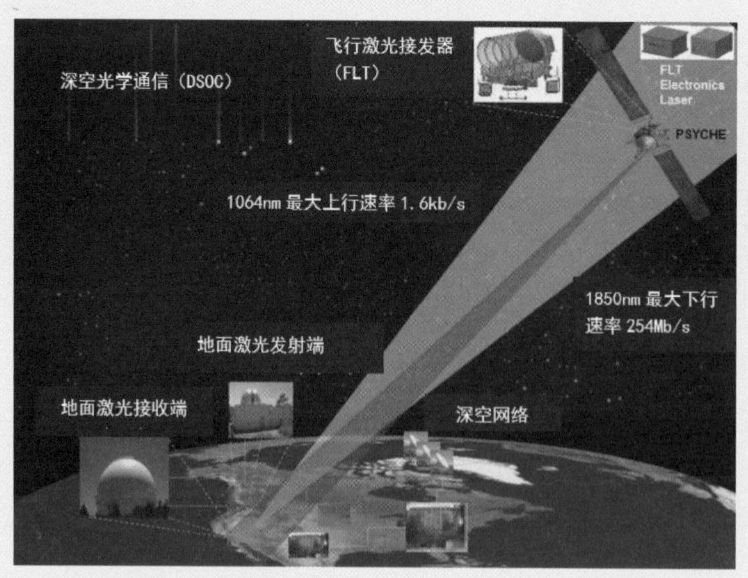

图 11-6　美国 DSOC 计划

“深空光学通信”（DSOC）计划所能达到的通信距离比“激光通信中继演示验证”计划所能达到的通信距离更远，前者致力于研究激光通信对深空任务数据速率、占用空间和功耗的改进作用。“深空光学通信”系统激光通信装置预计在 2023 年搭载 NASA“普赛克”航天器飞抵一颗由金属元素组成的小行星，届时将对激光通信技术进行测试。

NASA 格伦研究中心团队正在开展“一体化射频与光学通信”（IROC）概念研究，计划向火星轨道发送一颗激光通信中继卫星，用于接收远距离航天器的数据并将数据中继至地球。“一体化射频与光学通信”系统将使用射频和激光集成通信系统，既可为使用激光通信系统的新型航天器提供服务，也可为使用射频通信系统的传统航天器提供服务，将有效促进 NASA 所有空间资产间的互操作性。

2）欧洲空间激光通信组网发展概况

2008 年，欧空局和空客防务及航天公司共同发展“欧洲数据中继卫星系统（EDRS）”计划（见图 11-7），通过采用激光通信在地球同步轨道、低轨道卫星、机载平台和地面站间实现实时中继数据传输，促使空间激光通信系统的研发和实施达到成熟阶段，并以商业模式运营。近年来，“欧洲数据中继卫星系统”取得了一系列突破性进展，成为世界首个商业化运营的高速率空间激光通信系统。

图 11-7　欧空局 EDRS 计划

2016 年 1 月 30 日，首个激光通信中继载荷 EDRS-A 成功发射，可提供激光和 Ka 波段两种双向星间链路，星间传输速率可达 1.8Gb/s，并于 2016 年 7 月进入业务运行阶段。EDRS-A 载荷实现在轨服务，表明欧洲已率先实现星间高速激光通信技术的业务化应用，成为近年来欧洲航天技术快速发展的一个重要里程碑。

3）日本空间激光通信组网发展概况

2002 年，日本提出了激光与微波通信相结合的双层低轨道全球通信组网方案（见图 11-8），具体论证了在离地球 700 km 和 2000km 的低空中部署两套卫星系统的可行性；卫星之间采用激光互联技术进行信息传递，与地面关口站的通信链路由上层卫星负责，采用激光链路；下层卫星负责与小型地面站和移动用户（包括个人移动通信）的通信，采用微波链路。该方案可以应用于星间、星地、地面站与移动用户等多种终端的组网通信。

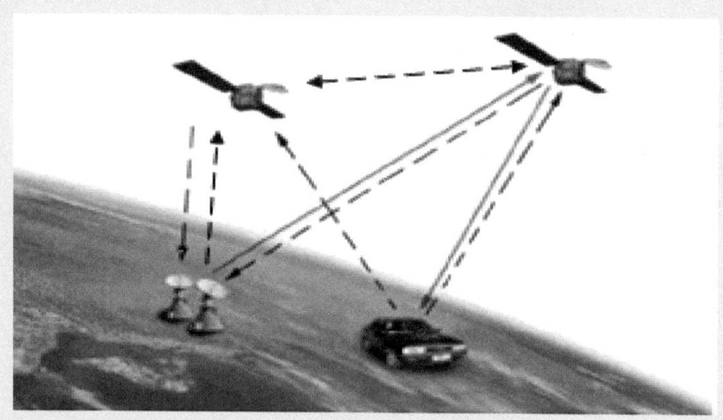

图 11-8　日本激光与微波通信相结合的双层低轨道全球通信组网方案

2014 年 9 月，日本发射一颗传输速率达 1.8Gb/s 的激光通信中继卫星。2019 年，日本发射“激光数据中继卫星”，将当前数据中继系统的微波链路替换为激光链路，通过激光实现先进光学卫星等新一代高分辨率对地观测卫星之间的通信，预设通信速率达 2.5Gb/s，使日本获得更高速的实时观测能力。

4）中国空间激光通信组网发展概况

国内多所高校均致力于突破空间激光通信关键技术。北京邮电大学开展了空间激光通信组网的光交换结构研究，利用动态路由和波长分配原则，通过光交叉连接器，实现光路层面多点波长转换通信，即光交换结构。其主要优点是网络可扩展、最优分配资源；主要缺点是没有 APT 功能，灵活性差。中国科学院西安光机所针对光分发结构提出了多种方案，例如，采用树型、线型、星型或环型等结构，实现主从终端之间的分时、分速率、分流量多目标通信。这些方案的主要优点是网络可扩展，可进行时序性管理；主要缺点是没有 APT 功能。空军工程大学李勇军等人提出基于波分复用（WDM）和光码分多址（OCDMA）技术，组成一个星间激光链路通信组网，并研究了网络拓扑、网络协议及传输模式等方面内容。长春理工大学经过深入研究，提出了多种特种天线结构，包括多反射镜机构、旋转抛物面结构和同心球结构。其研制的“一对多”激光通信光端机，具有“一对多”同时动态激光通信、通信视场大、动态 APT 功能、系统集成化高等技术特点。

空间激光通信从目前的点对点通信向空间激光通信组网方向发展是必然趋势，但至今仍局限于点对点信息传输，尚无“多对多”同时激光通信组网应用方面的计划和报道。

11.2.2 基于文献和专利统计分析的研发态势

1. 空间信息网络安全

1）论文统计分析

1970—2019 年全球空间信息网络安全领域论文发表数量变化趋势如图 11-9 所示，从图 11-9 可以看出，2017 年、2016 年、2015 年全球空间信息网络安全领域的论文发表数量较多，分别为 2216 篇、2022 篇、1599 篇。

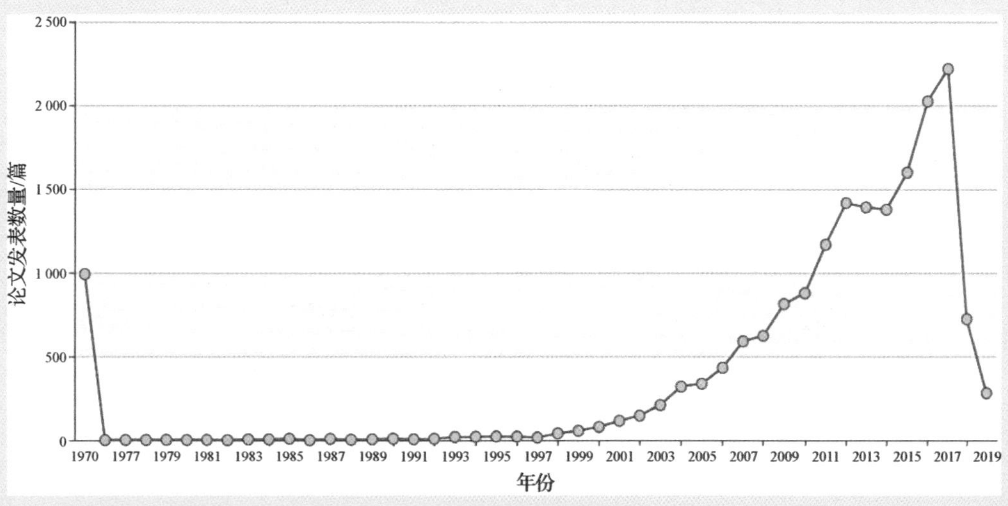

图 11-9　1970—2019 年全球空间信息网络安全领域论文发表数量变化趋势

中国空间信息网络安全领域论文发布机构分布情况如图 11-10 所示。从图 11-10 可以看出，《信息网络安全》杂志社、云南电网有限责任公司信息中心和公安部公共信息网络这 3 个机构在本领域的论文发表数量较多，分别为 23 篇、7 篇、6 篇。

从图 11-11 所示的空间信息网络安全领域论文关键词词云分布情况来看，本领域较多论文出现“security”“网络安全”“network security”这 3 个关键词，相关论文数量分别为 1266 篇、851 篇、492 篇。

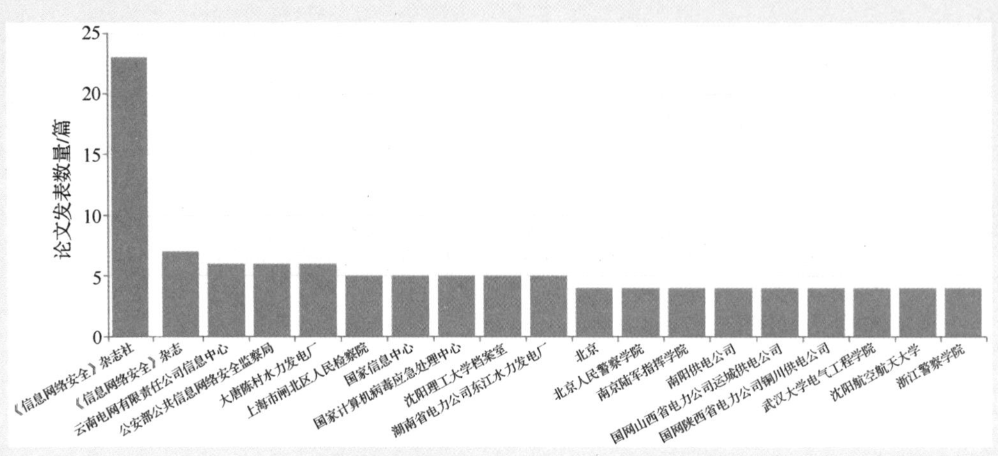

图 11-10　中国空间信息网络安全领域论文发布机构分布情况

图 11-11　空间信息网络安全领域论文关键词词云分布情况

2）专利统计分析

1996—2018 年全球空间信息网络安全领域专利申请数量变化趋势如图 11-12 所示。从图 11-12 可以看出，2018 年、2017 年、2015 年本领域的专利申请数量较多，分别为 580 项、579 项、125 项。

空间信息网络安全领域专利申请人所属国家分布情况如图 11-13 所示。从图 11-13 可以看出，中国、美国、韩国 3 个国家在空间信息网络安全领域的专利申请数量较多，分别为 1762 项、55 项、8 项。

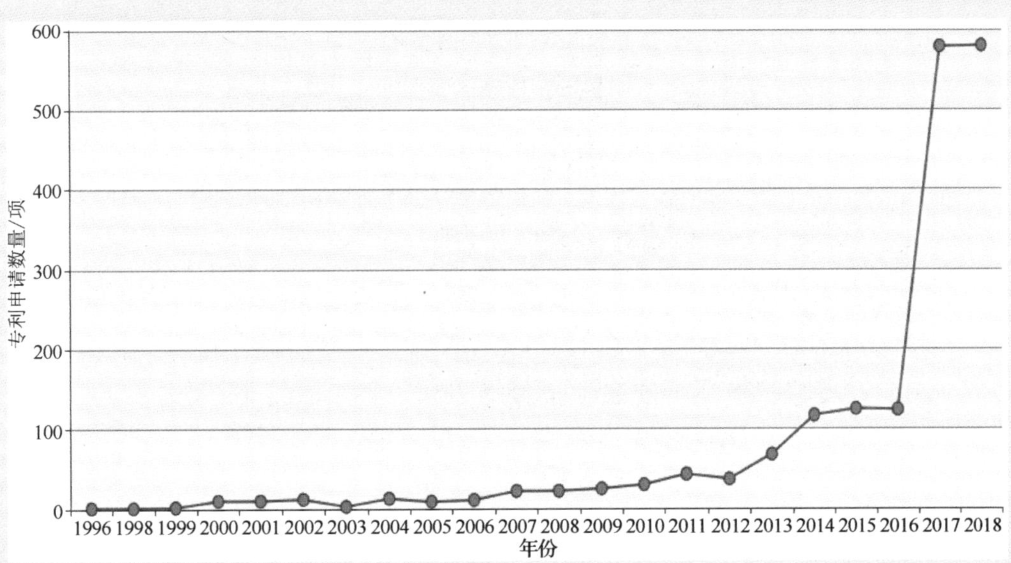

图 11-12　1996—2018 年全球空间信息网络安全领域专利申请数量变化趋势

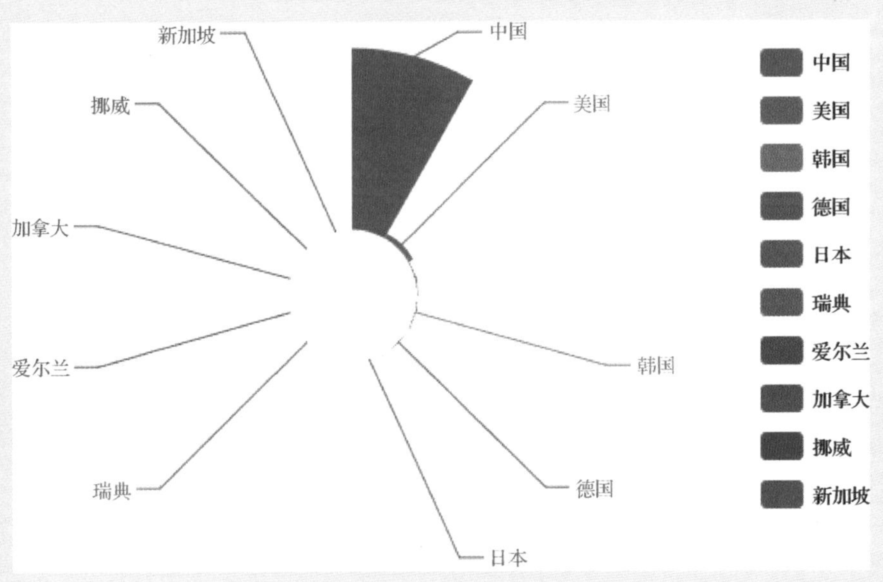

图 11-13　空间信息网络安全领域专利申请人所属国家分布情况

从图 11-14 所示的空间信息网络安全领域专利关键词词云分布情况来看，出现“网络安全”“服务器”“网络安全技术”这 3 个关键词的专利数量较多，分别为 688 项、388 项、263 项。

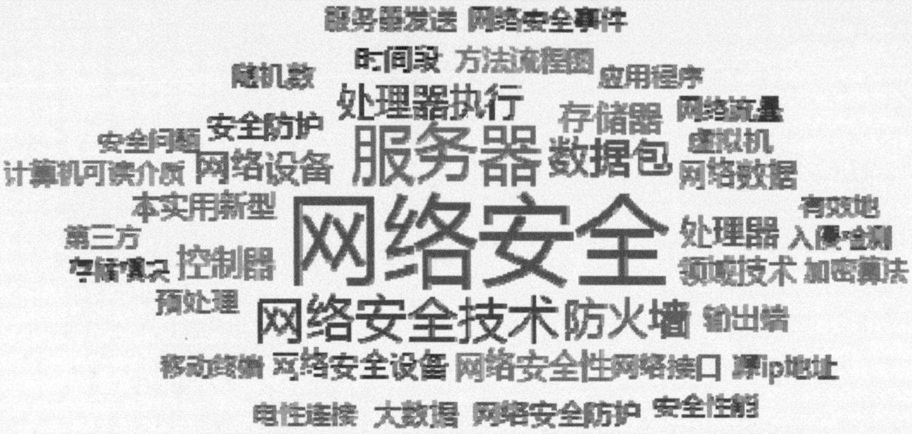

图 11-14　空间信息网络安全领域专利关键词词云分布情况

2．空间激光通信组网

1）论文分析

1980—2018 年全球空间激光通信组网领域论文发表数量变化趋势如图 11-15 所示。从图 11-15 可以看出，2017 年、2015 年、2016 年本领域的论文发表数量较多，分别为 345 篇、317 篇、294 篇。

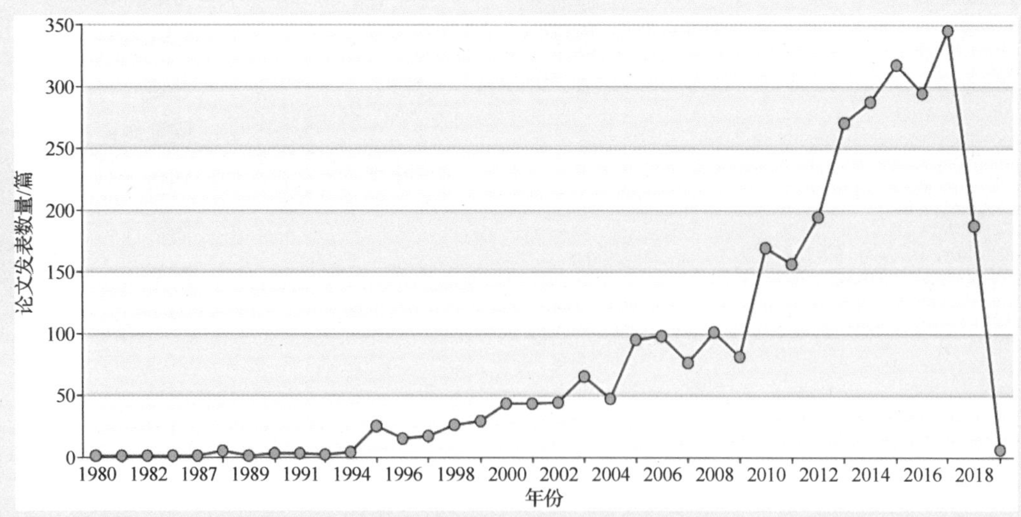

图 11-15　1980—2018 年全球空间激光通信组网领域论文发表数量变化趋势

中国空间激光通信组网领域论文发布机构分布情况如图 11-16 所示。从图 11-16 可以看出，“长春理工大学光电工程学院”“长春理工大学空间光电技术研究所”“长春理工大学空地激光通信技术国防重点学科实验室”这 3 个机构发布的本领域论文数量较多，分别为 89 篇、51 篇、49 篇。

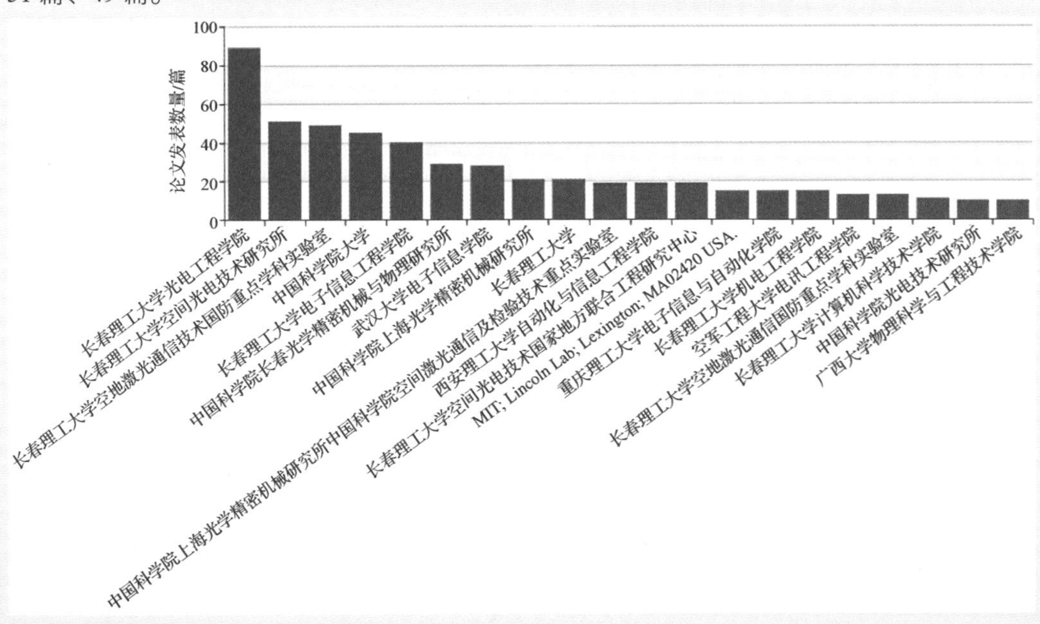

图 11-16　中国空间激光通信组网领域论文发布机构分布情况

空间激光通信组网领域论文关键词词云分布情况如图 11-17 所示。从图 11-17 可以看出，本领域出现“激光通信”“空间激光通信”“光通信”这 3 个关键词的论文数量较多，分别为 145 篇、144 篇、138 篇。

图 11-17　空间激光通信组网领域论文关键词词云分布情况

2）专利分析

1960—2016 年全球空间激光通信组网领域专利申请数量变化趋势如图 11-18 所示。从图 11-18 可以看出，2001 年、2002 年、2003 年本领域的专利申请数量较多，分别为 793 项、783 项、684 项。

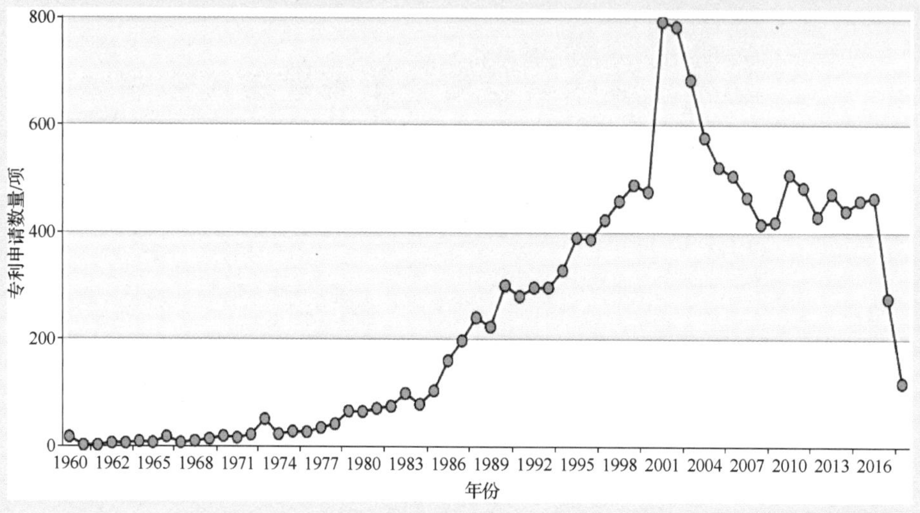

图 11-18　1960—2016 年全球空间激光通信组网领域专利申请数量变化趋势

空间激光通信组网领域专利申请人所属国家分布情况如图 11-19 所示。从图 11-19 可以看出，美国、日本、韩国这 3 个国家在本领域的专利申请数量较多，分别为 3650 项、3530 项、1317 项。

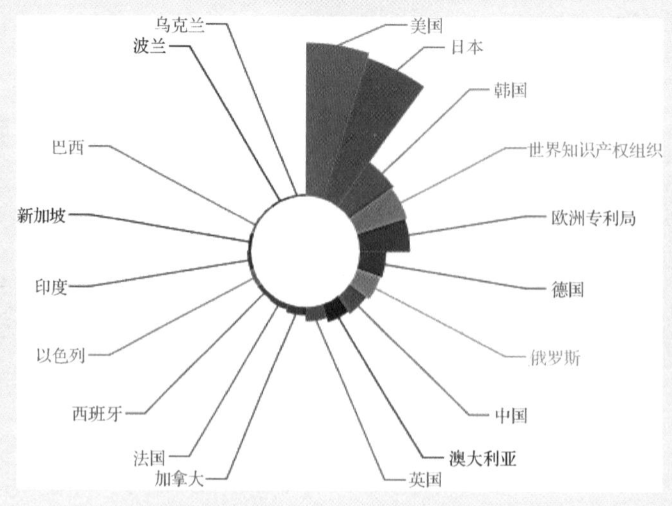

图 11-19　空间激光通信组网领域专利申请人所属国家分布情况

空间激光通信组网领域专利关键词词云分布情况如图 11-20 所示。从图 11-20 可以看出，出现“激光通信”“激光通信系统”“激光器”这 3 个关键词的专利申请数量较多，分别为 100 项、43 项、43 项。

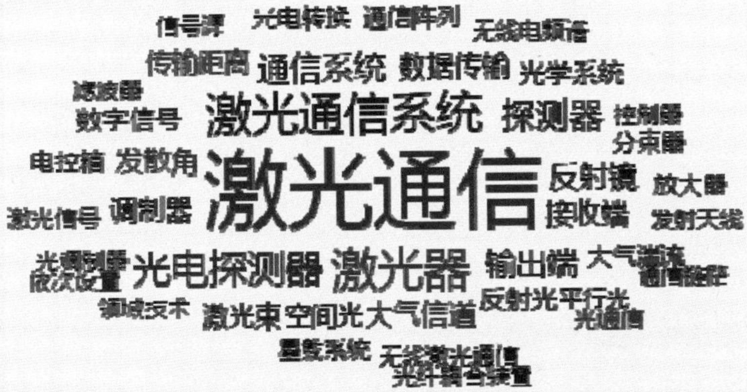

图 11-20　空间激光通信组网领域专利关键词词云分布情况

11.3　关键前沿技术与发展趋势

11.3.1　空间信息网络安全

从网络系统优化、网络系统功能一体化、空间信息网络构建、硬件安全、软件安全、管理安全 6 个方面提炼出 21 项关键前沿技术。

1. 网络系统优化

（1）网络确定性服务技术。传统以太网、IP 网络主要基于“尽力而为”的分组转发机制而设计，在机理上欠缺面向业务的服务质量保障能力。运营商网络为了给用户提供基础的差异性、按需服务能力，往往采用接入限速、网络轻载的方式，这在一定程度上满足了大客户专线业务的差异化需求。然而，随着网络业务需求大规模从消费型向生产型转变，未来业务应用对网络的端到端服务质量保障能力提出了更高的要求。

（2）智能网络技术。随着信息通信技术和人工智能技术的发展，人类社会正快速向着信息化、智能化的方向迈进。人工智能技术为人类社会的持续创新提供了强大的驱动力，开辟了广阔的应用空间。一方面，机器学习和深度学习的快速发展为计算机网络研究注入了新的活力，种类繁多且不断增加的网络协议、拓扑和接入方式使网络的复杂性不断增加，通过传统方式对网络进行监控、建模、整体控制变得愈加困难，可以将人工智能技术应用到网络中，实现故障定位、网络故障自修复、网络模式预测、网络覆盖与容量优化、智能网络管理等一系列传统网络很难实现的功能；另一方面，网络性能的提高也为机器学习计算提供了更好的支持，随着训练数据量的迅速增加和机器学习模型变得越来越复杂，计算需求超出了单机的能力。因此，产业界已经出现了数十个分布式机器学习平台，但是昂贵的通信成本导致这些平台出现多个瓶颈。网络优化（如网络拓扑结构、网络通信和传输协议的优化）极大地提高了这些分布式机器学习平台的整体性能。

（3）去中心化网络技术。区块链可以定义为一种融合多种现有技术的分布式计算和存储系统，它利用分布式共识算法生成和更新数据，利用对等网络进行节点间的数据传输，利用密码学方式保证数据传输和存储的安全性。通过大多数节点认可的数据可以被记录在区块链上，这些数据不可篡改，因此人们可以基于这些数据实现价值转移以及其他可信活动。

2. 网络系统功能一体化

（1）网络控制与编排技术。传统分布式网络的控制能力分布于各类路由设备及网络协议中，存在操作复杂、管控困难等问题，软件定义网络技术的出现为网络控制模式变革创造了新的契机。面向业务应用发展需求，未来网络将可能进一步强化网络的端到端控制与编排能力。

（2）网络深度可编程技术。传统网络转发设备种类多样但彼此标准不同，网络受到功能固定的分组转发处理硬件和芯片硬件厂商不兼容协议的限制，存在网络设备更新缓慢、运行成本增加等问题。面对快速升级的网络需求和不断更新的网络业务，网络深度可编程的能力成为未来网络服务和应用的关键。

（3）网络计算存储一体化技术。虚拟现实、工业互联网、车联网、自动驾驶等新业务需求快速发展，网络不仅需要具备高数据传输速率，还需要具备高速缓存和计算能力，传统网络中计算和存储的分离模式难以满足这些新业务的要求。随着存储技术的发展，存储设备成本不断降低，并行计算、高性能计算、效用计算等技术不断成熟，云计算、雾计算等技术逐步应用，网络/计算/存储一体化并在一体化平台中融入内容分发能力成为未来网络技术发展的重要趋势。网络与存储融合相关技术包括内容分发网络、对等网络、信息中心网络等，网络与计算融合相关技术包括云计算、雾计算、边缘计算等，网络、计算和存储的统筹协调包括多云管理、云网协同、软件定义网络（Software Defined Network，SDN）技术与信息中心网络（Information-Centric Networking，ICN）技术相结合等解决思路，以便为未来网络发展及应用提供更好的服务。

3. 空间信息网络构建

（1）大时空尺度异构多网融合技术。空天地一体化网络实现高效无缝服务的关键是网络的融合能力，即打破天地界线，实现互操作、共资源、同服务的一体化网络。空天地一体化网络涵盖多种不同时空跨度的异构网络，包括天基卫星网络、空基网络、地基无线网络、互联网等，其架构呈现立体多层次化，并且各个网络具有各自不同的网络体系结构、协议和服务场景，对网络的深度融合提出了高度挑战。为解决这一问题，一方面需要提出大时空尺度异构网络自适应融合的网络体系架构，解决天地多网系统功能部署、大时空尺度异构网络分布式互联互通等问题。另一方面，需要在 TCP/IP、移动自组织网络等现有体系架构的基础上，设计适用于空天地融合场景的网络协议体系，解决大规模异构节点标识、大时空尺度动态路由、多维资源分配、多体系协议互联等问题。

（2）基于 SDN/NFV（网络功能虚拟化）的灵活弹性协议设计。传统网络受制于复杂的操作逻辑和物理受限的网络资源，对网络的扩展性和服务的灵活性支持不足。例如，现有网络功能一般由对应的硬件实现，与设备高度耦合，因此，当网络需要部署新的功能时，网络更新的周期和成本都相当高。对于空天地一体化网络，其多维异质资源局限于网络不同层级，缺乏互操作性和统一的全局调配，难以满足多样化服务的需求。同时，由于网络涵盖了未来人类生产生活空间，需要支持各种层出不穷的新型网络架构、设备、功能和服务，这对网络的可扩展性提出了更高的要求。以 SDN/NFV 为代表的一系列网络泛在化、虚拟化技术为提升网络的可扩展性、复用性和灵活性提供了新的可能。借助此类技术，网络的控制面和数据面得以解耦，各种网络资源和功能通过虚拟化可以被更灵活地部署与分配，从而实现服务和需求导向的网络控制与优化。

（3）多维复杂移动性管理技术。天基、空基和地基网络具有各自的移动特性，导致空天地一体化网络具有独特的“多移动”特性，使其相对于地基网络移动特性更复杂，动态性更高，更难以描述和预测，不利于提供高效连贯的服务保障。因此，空天地一体化网络的移动管理是一项亟待解决的重要挑战。其中，设计高效的切换机制是解决移动性带来的服务间断问题的有效方法。然而，由于卫星接收器信号强度通常较低，传统的基于信号强度或误比特率阈值的切换方法不再适用。因此，综合考虑多种判断准则，并利用机器学习算法进行切换的方法更适合复杂的空天地一体化网络环境。

4. 硬件安全

（1）空间通信物理层安全技术。作为无线安全的颠覆性革命技术，物理层安全（Physical Layer Security，PLS）技术是实现安全与通信一体化的关键手段。其本质是利用无线信道特性的内生安全机制，为“一次一密”提供一种可行思路。在 B5G（Beyond 5G）及未来的 6G 通信时代，无线信道特性的内生安全元素丰富、提取便利，与传统安全机制相结合能够进一步拓展安全维度。

（2）物理不可克隆函数（PUF）电路技术。物理不可克隆函数电路属于芯片特征识别电路，具有唯一性、随机性和不可克隆性，通过提取芯片制造过程中无法避免而引入的工艺偏差，产生无限多个特有的密钥。物理不可克隆函数电路的上述特性使其可以用于安全芯片以防御攻击。在多层次安全机制中，物理不可克隆函数电路用于公共密钥加密系统的密钥生成、智能卡密钥识别系统、射频识别系统和数字知识产权保护等。

（3）新兴集成电路技术。由于基础半导体技术遭遇“摩尔定律接近终结”和现行计算架构（冯·诺依曼架构）缺陷所导致的瓶颈，因此其发展受到严重挑战。为克服这些制约因素，集成电路开始沿着由技术内生动力和应用拉动的方向发展，即“超越摩尔定律”和“超越 CMOS（互补金属氧化物半导体）器件尺寸极限”的方向发展，包括对单片 3D 系统和碳纳米管场效应晶体管芯片等新兴计算芯片技术的研究。此外，计算范式变革推动了以“神经形态计算”类脑芯片、量子计算芯片等构建的非冯·诺依曼架构的芯片迅速发展。

（4）硬件木马防御技术。硬件木马是近年来新出现的一种针对信息系统的攻击手段，它可以在芯片、硬件的整个生命周期的任意环节植入，用于破坏或泄露信息系统的关键信息。当前，国家对各类关键元器件自主可控的支持力度越来越大。然而，集成电路产业是一个供应链遍布全球的庞大产业体系，有必要对硬件木马防御技术开展相关研究，充分了解硬件木马攻击与植入手段，以尽最大可能消除供应链上的安全风险。

5. 软件安全

（1）空间信息网络身份认证技术。空间信息网络特别是天基网络很难拥有强大的计算中心，但在物理上却拥有众多分散的节点，而且天基网络的高动态高时延的特点也使得传统的身份认证技术的处理效率大打折扣。应用边缘计算、雾计算等技术，将物理上分散的节点连接起来，并利用这些节点上有限的存储、计算及网络资源，将用户数据、数据处理甚至是身份认证分散于网络边缘的节点或设备中，为用户提供低时延高效率的身份认证服务。

（2）空间信息网络软件漏洞挖掘技术。未来的空间信息网络软件安全主要面临的是漏洞挖掘问题。面对空间信息网络软件漏洞的多样性和复杂性，仅采用一种漏洞挖掘技术很难解决问题，应该采用基于多种混合技术的漏洞挖掘方法，包括但不限于基于源代码、补丁对比、模糊测试以及代码特征等，针对不同的代码、不同类型的漏洞、不同的部署方式等进行个性化分析，制订对应的漏洞挖掘方案。

（3）空间信息网络安全传输技术。空间通信协议标准-安全协议（SCPS-SP）是空间数据系统咨询委员会（CCSDS）发布的空间安全标准，原始的 SCPS-SP 在一定程度上解决了空间数据加密成本较高的问题，却没有较好地解决数据传输安全性的问题。如何实现对空间传输数据的保护，以及如何选择或设计更加适合的空间信息网络协议是未来亟待解决的问题。围绕这一问题，未来的空间信息网络协议的工作将主要集中在两个方面：一方面，基于 IPSec（Internet Protocl Security）和 SCPS 等协议，改进空间信息网络传输安全协议，解决 TCP（传输控制协议）空间性能不足问题和 IPSec 空间兼容性问题；另一方面，选择合适的加密算法、协议交互次数和传输消息量，以期达到空间信息网络安全和性能平衡。

（4）空间信息网络访问控制技术。空间信息网络具有设备动态接入、网络异构、信息跨网流动频繁等特点，其中网络动态接入的访问控制是亟待解决的问题。基于空间信息网络动态接入访问控制的复杂性，拟采用基于角色和基于属性的用户可连续访问控制模型，减少角色和访问控制规则的数量，降低管理的复杂性。

6. 管理安全

（1）空间信息网络主动防御技术。现有的安全防御技术大多仍采取依赖先验知识的被动防御，不仅无法抵御基于系统软、硬件的位置威胁，而且无法主动适应未来的空间信息网络业务的快速变化和快速扩展升级的安全需求。不依赖于先验知识、非基于边界的内生安全的主动防御技术是未来新的技术方向。

（2）网络基础设施内生安全技术。内生安全防御能力是指在不依赖集中化授权的情况下，网络基础设施应该具有的、针对外部攻击的安全防御能力。在网络层内置安全属性，设计基于身份认证的网络信任体系，支持 ID 内置的安全属性，提供自认证功能。控制面（用于控制的网络）借助 ID 内置安全属性，实现端到端身份认证及密钥管理功能；数据面（用于数据包发送的网络）基于控制面密钥协商的会话密钥和安全连接，实现端到端安全传输。

（3）空间信息网络运维管理技术。面向天地一体化运营维护需求，吸收现有网络管理技术，建立统一的全网运维管控框架。提供运维管理数据采集、态势生成、资源规划、配置管理、效能评估全过程支撑，通过跨域联合管理，实现统一运行态势生成、故障快速定位及面向任务的资源规划与配置，提高运维水平。

（4）空间信息网络运行维护标准体系。各类标准、规范是高质量完成空间信息网络系统运行维护的有力支撑，也是地面运控系统稳定运行的重要保障。研究制定相关的标准将促进系统自身建设和不断发展完善，也将有助于促进产业发展、参与国际合作、占领国际市场。

11.3.2 空间激光通信组网

从高性能激光发射及调制/解调、通信测距成像跟踪多功能一体化、激光和微波混合通信、空间激光通信组网新型光学天线、多点通信链路间高精度实时 APT、多波长高效率分光及发射接收 6 个方面提炼出 20 项关键前沿技术。

1. 高性能激光发射及调制/解调

在空间激光通信过程中，光源的稳定性、功耗、线宽和噪声等直接影响通信性能。结合高性能光纤放大器技术，不仅可以显著提高发射端功率，还有利于减小通信误码率，提升链路组网通信质量。使用高阶调制/解调技术，能够在自由空间实现 10Gb/s 以上的超高速通信。关键技术有高性能半导体激光器制造技术、高效率掺铒光纤放大器（EDFA）技术和单路 100Gb/s 高速率相干调制/解调技术。

（1）高性能半导体激光器制造技术。半导体激光器的制造涉及外延材料、芯片和结构设计等方面，外延材料生长工艺是半导体激光器研制的核心。高质量的外延材料生长工艺、极低的表面缺陷密度和体内缺陷密度是实现高峰值功率输出的前提和保证。除了外延材料生长工艺，激光芯片的冷却和封装是制造半导体激光器的重要环节。此外，通过优化量子阱、量子线、量子点及光子晶体结构，可以提高激光器的电光转换效率、光束质量和可靠性。

（2）高效率掺铒光纤放大器技术。在空间激光通信过程中，为了保证发射端具有较高的发射功率，通常需要使用掺铒光纤放大器对半导体激光器进行放大。掺铒光纤放大器主要分为 C 波段掺铒光纤放大器和 L 波段掺铒光纤放大器。不同类型的掺铒光纤放大器具有不同特点，但是其基本结构都是相同的，其组成部分包含泵浦源、光隔离器、光耦合器、掺铒光纤、光滤波器、泵浦设备和电子控制电路等。

（3）单路 100Gb/s 高速率相干调制/解调技术。在空间激光通信过程中，调制/解调方式直接决定了通信质量的优劣。常用的调制方式有强度调制和相位调制，相应的解调方式为强度解调和相位解调。其中，相干调制和外差检测技术由于其在空间激光通信过程中具有灵敏度高、通信容量大和中继距离长等优点而应用广泛。其所涉及的外光调制技术、偏振保持技术和频率稳定技术是目前国内外研究的重点。

2. 通信测距成像跟踪多功能一体化

利用天基激光通信系统，通过对激光信号进行编码或在系统中加入测距子系统，可实现同时通信、测距与成像。当测距目标为合作目标时，相较于无线电波其具有更高的精度，可应用于北斗导航卫星的升级换代。当测距目标为非合作目标时，可用于精密定轨。利用通信系统自带的跟踪相机，也可对空间目标进行抵近观测。因此，通信测距成像跟踪多功能一体化具有重要应用价值。其涉及的关键技术包括单光子高灵敏度高帧频红外探测器技术、高精度光斑图像识别定位技术及高稳定性跟踪与轨迹预判技术。

（1）单光子高灵敏度高帧频红外探测器技术。对空间暗弱目标的探测与快速跟踪需要高灵敏度高帧频红外探测器，研制单光子高灵敏度高帧频红外探测器的难点是研发高量子效率感光材料，设计能够快速处理信号的电路，为降低探测器噪声，适用于空间环境的高效率制冷技术也是必不可少的。

（2）高精度光斑图像识别定位技术。利用该技术，可在复杂背景中探测到运动目标，依据目标与背景的运动特性差异识别目标，最后根据光斑强度分布特性实现光斑亚像元精度图像处理。

（3）高稳定性跟踪与轨迹预判技术。实现远距离激光通信与测距的前提是系统能够稳定地跟踪目标与轨迹预判，跟踪的前提是对目标脱靶量的精确计算，然后记录并分析其运动轨迹，快速估算出目标轨迹，并根据自身位置对目标坐标进行准确的预判。

3. 激光和微波混合通信

通过激光和微波混合自适应传输，将两者优势互补，以建立混合的链路系统，即星与星之间采用激光链路，充分发挥激光在太空的巨大带宽优势和良好的传输特性，星与地之间采用微波链路，充分利用其成熟的地面站技术，避免大气对激光的影响。

（1）高速激光和微波介质切换技术。在系统应用过程中，针对不同传输环境、不同需求，可采用激光链路、微波链路、激光和微波混合链路进行工作。激光和微波介质快速切换方式分为硬切换和软切换两种，切换系统采用快速切换算法进行控制。

（2）激光和微波混合高适应性编码调制技术。混合数据传输采用的频率下变换、调制等技术都是具有码型适应性的，因而需要采用不同的编码方式，对激光和微波混合数据传输技术进行检测验证，研究不同大气条件对不同的调制方式，以及不同的编码规则对通信系统的影响，研究混合数据传输过程中产生的数据载波及噪声，提出改善噪声的方法。

（3）高利用率激光和微波数据传输天线优化技术。对于星载平台，若采用微波、激光独立天线并联的方式，则其结构复杂、体积大。因此，对两种介质共口径发射天线技术进行研究具有重要意义。未来需要结合现有的反射式光学天线结构，分析各参数对微波微带贴片天线的影响，利用激光传输理论和微波传输理论，建立激光和微波复合天线的函数模型并设计天线方案；利用三维软件建立光学天线模型，对其进行结构和力学分析。完成激光和微波复合天线的研制，开展外场试验，并优化设计方案。

4. 空间激光通信组网新型光学天线

（1）一对三空间激光通信组网系统试验验证技术。在现有一对二激光通信组网的基础上，优化系统结构与参数，突破视场分割、波长分割、偏振复用等关键环节，开展一对三空间激光通信组网系统试验验证技术研究，提升组网通信能力。

（2）一对多空间激光通信组网新型结构优化。随着光学技术的发展，继续探索一对多空间激光通信组网新型光学天线，优化设计方案和结构参数，提高光能利用率，增加可通信链路数量等，为空间激光通信组网的实际应用提供新的思路。

（3）多对多空间激光通信组网系统与应用。优化多对多空间激光通信组网方案，研制多对多同时通信组网系统，并对其开展试验验证，为空间信息网络安全提供技术保障。

5. 多点通信链路间高精度实时 APT

APT 子系统是卫星激光通信链路成功与否的关键，在空间激光通信过程中需要利用它完成光链路组网任务。

（1）高精度单探测器与多执行器联动控制跟踪技术。控制策略是把一片反射镜作为主跟踪器对光斑进行跟踪，把其余反射镜作为从跟踪器，使其随主跟踪器转动。如果从跟踪器和主跟踪器存在误差，或者从跟踪器之间存在误差，那么在图像系统中将会出现光斑破碎或多光斑现象。然后根据跟踪光斑能量中心分布情况，微调从控制器，使图像中的光斑近似高斯分布。最后通过变结构伺服控制算法提高控制精度，采用模型参考自适应控制策略增强系统的抗干扰能力。

（2）低误码双镜交接控制技术。在光学天线双镜交接过程中，首先考虑能量利用率的问题。先使双镜交接共面，然后预停止工作中的反射镜，再对它进行偏转，使之回到初始位置。同时在双镜交接过程中，两个反射镜先后交接离开，出现两次双光斑情况。如果只根据图像系统的脱靶量进行跟踪，就会造成跟踪精度下降，同时通信误码率增加。为了增加通信的可靠性，在双镜交接过程中加入了滤波策略，即使出现干扰光斑，也可以正确地实现位置移动，保证在整个双镜交接过程中实现较好的通信，即采用双镜共面保持技术，避免能量抖动；采用相关卡尔曼滤波算法，对双镜交接过程中的双光斑进行预判，保证连续跟踪。

（3）高精度光斑图像处理（识别定位）技术。在多点激光通信系统中，每一个反射镜的跟踪角度范围都有限，当跟踪目标位置不断变换时，每组反射镜在跟踪过程中都会出现交接过程。在双镜交接过程中，会出现双光斑的情况，需要将双光斑的中心位置进行解算，控制拼接镜面进行微调，以消除双光斑现象。虽然在双镜交接过程中，增加了预测控制，但也需要解析出双光斑的位置信息，进行辅助调整。可采用模板匹配，对双光斑图像有效识别；还可采用角点检测，对双光斑图像进行高精度定位，最终实现双光斑图像的检测精度。

（4）多对多激光通信多链路光束实时收发及双向自适应控制。在突破上述 3 项技术的基础上，开展多对多激光通信过程中多个链路的光束实时收发及双向自适应控制技术研究，实现多对多激光通信多链路的构建和自适应控制调整，从而提高空间激光通信组网对准、捕获、跟踪性能。

6. 多波长高效率分光、发射和接收

“一对多”和“多对多”同时通信需要对来自不同通信对象的通信光源与信标光源进行高效分割，使各链路能够独立工作，互不干扰。重点需要解决多点无干扰发射和接收分割技术、高效率分光合束薄膜设计、低损耗发射和接收隔离技术、多对多激光通信多波长高效率分光、发射和接收技术。

（1）多点无干扰发射和接收分割技术。优化选取与合理分配多路通信对象的通信光源与信标光源波长，通过分光及隔离等多种手段，使其既可满足空间通信网络的兼容性又可避免不同信号间的串扰。

（2）高效率分光合束薄膜设计。对同一通信对象的通信光源与信标光源要从主光路中分离，由于通信光源与信标光源的波长属于不同波段，而且同路波段之间还夹杂其他通信波段，因此长波通或短波通分光薄膜已经无法满足应用要求。通过高效率分光合束薄膜设计，可实现不同通信对象的通信光源与信标光源的分光合束，满足不同通信对象的通信光源波长与信标光源波长的单独分离。

（3）低损耗发射和接收隔离技术。升级现有器件，提高激光传输过程中的能量损耗，结合空间滤波、光谱滤波、偏振滤波等综合手段，阻止通信发射光对通信接收光的干扰问题。

（4）多对多激光通信多波长高效率分光、发射和接收技术。在突破上述 3 项技术的基础上，开展多对多激光通信多波长高效率分光、发射和接收技术研究，采用多波长高效率分光，实现多个链路终端不同光束的分离，形成多节点的激光通信信道。然后，结合高效率调制发射与解调接收技术，实现多对多激光通信组网信息的发射和接收。

11.4 技术路线图

11.4.1 发展目标与需求

1. 空间信息网络安全

1）2035 年发展目标

到 2035 年，建成安全可信的空间信息网络，具有“硬件安全、软件安全、管理安全”和“网络一体、安全一体、军民一体”的功能；健全空间信息网络安全标准体系，以及安全芯片设计、制造、相关的标准与规范；实现信息网络安全技术的自主可控和智能化，并与 5G 发展、北斗导航卫星运行、人工智能等紧密结合。

2）需求

（1）安全保密通信。空间信息网络通信链路容易被劫持，通信内容容易被伪造，实现保密通信是最基本的安全需求。

（2）自主可控芯片的设计与制造。目前，缺乏强壮的“中国芯”和整体集成电路安全解决方案，实现自主可控芯片的设计与制造是保证空间信息网络安全的基础。

（3）软、硬件安全质量保证。随着操作系统种类的增加及应用场景的多样化，相应的软件错误和硬件脆弱性也逐年增多。空间信息网络是复杂的软、硬件系统，应构建相关安全质量保证体系标准与规范。

（4）智能高效运维管理。目前各个天基信息管控系统由于缺乏统一的接口标准，自成体系，难以互联互通。因此，空间资产应用效益不高，亟须构建覆盖全球的统一高效管控体系。

2. 空间激光通信组网

1）2035 年发展目标

到 2035 年，建成多对多同时激光通信组网体系，链路传输速率达到 100Gb/s 以上；完善抗干扰激光通信新机理，为空间信息网络安全提供技术保障；突破关键元器件、激光与微波一体化通信等技术难题。北斗导航网络系统安全运行。

2）需求

（1）空间信息网络安全问题研究是落实国家“没有网络安全就没有国家安全”的重要举措。空间信息网络安全问题涉及硬件、软件及管理等多种因素。面对网络中的各种安全威胁，加强网络安全防护，确保网络可信、可控和可管，是当前中国信息领域非常重要且持久和艰巨的任务。做好安全防护措施与时俱进和预先防护，确保空间信息的可靠、安全传输具有重要意义。

（2）空间信息网络安全问题研究是抵御网络攻击、保护国计民生的迫切需要。2010 年，工业控制蠕虫病毒攻击了伊朗布什尔核电站，导致放射性物质泄漏，使得伊朗的核电站计划至少推迟了两年。2013 年，美国棱镜计划监控世界各国的电子邮件、视频、存储数据、文件传输、视频会议等 10 类信息，给世界带来了巨大的震动。未来的空间信息网络特点是系统复杂、多址异构、稀疏开放、动态接入、协议不一、路由多种、军民两用、信息各异、容易被攻击、安全性差。因此，空间信息网络安全是建设空间信息网络的先导条件，应特别重视网络架构、信息传输模式、系统硬件和软件及管理等方面的安全与防护。

（3）开展空间激光通信组网技术研究是构建高速、安全空间信息网络的需要。在空间信息网络之间的信息对抗（持续的通信、监视、侦察、导航等）和空间攻防对抗等关乎国家安全的技术领域，对实时、高速、保密、抗干扰数据传输技术的需求日益迫切。

目前，中国空间激光通信网络格局呈现“天弱地强”的特征。在地面，2017 年中国互联网的普及率已经达到 55.8%；而在空间，将需要架构起天空地海一体化的网络系统，但在空间信息网络发展中，还存在体系设计难、动态路由难、保密通信难、信息获取难、星上处理难、网络管理难等问题。利用激光通信技术实现空间信息网络之间的高速保密信息传输，可以大幅度提升信息网络传输速度和容量，对提升空间信息网络安全、提升中国国防能力、维护国家主权具有决定性的作用。

11.4.2 重点任务

1．空间信息网络安全

1）搭建天地空间试验网络

试验验证是空间信息网络技术研究、设备开发、应用创新的基本方法，国际已经普遍建设了网络试验设施，中国也亟须建设一个大规模的试验网络。为了适应全球网络变革的新趋势，2018 年，国家发展改革委批复了“未来网络试验设施（CENI）”的建设，建设周期为 5 年。CENI 作为国家重大科技基础设施，将覆盖全国 40 个城市，搭建 88 个主干网络节点和 133 个边缘网络，并连接互联网和国外网络试验设施。在此基础上，中国还要搭建天地空间试验网络，以验证空间信息网络安全相关技术的可行性。

2）构建面向天地场景的立体通信网络并正式运行

目前，全球信息化已全面拓展到生产、生活、科研空间，包括海洋、陆地、天空、太空等。因此，建设天地一体化的信息基础设施，推动天地一体化信息化联动发展，打造多层、立体、多角度、全方位、全天候的信息空间具有深远意义。构建面向天地场景的立体通信网络并正式运行，可推动经济的发展，维护中国数据安全，实现中国信息网络安全。

3）开展天地一体化信息网络安全应用研究并提供安全服务

天地一体化信息网络还将积极服务国计民生，包括联合调度、公共安全、应急救灾、抢险救援、交通物流、航空管理、海洋覆盖、智慧城市等，以此拓展新兴信息服务业态，带动信息产业化和转型。在行业标准方面，天地一体化信息网络将开展自主可控、安全可信的标准协议体系研究，建立开放的产品功能、性能和互通性检测检验标准规范，主导并形成系列化国际/国内标准。在产品研发方面，天地一体化信息网络工程将研发核心器件、关键部组件、单机设备、终端及软件，形成商业系列化产品。

2．空间激光通信组网

1）优化空间激光通信组网原理的验证及应用总体方案

破解目前空间信息网络的不安全及空间激光通信不能实现组网的技术难题，分析现有大规模可扩展、时空大尺度、多维高性能、开放互联的空间信息网络体系结构的薄弱环节，探索“一对多”和“多对多”同时激光通信技术在空间信息网络中应用的可行性，评估基于激光通信信息传输的空间信息网络安全性能。

突破大视场范围内多目标同时进行激光通信的技术难题，设计适用于双动态平台间连续稳定通信的光学与捕捉分系统，研究信号的高速调制发射与高灵敏度探测技术，摸索基于 SINS 捷联惯性导航敏感器的捷联反射镜指向控制特性规律和稳定控制技术，研究光束控制部件动平台条件下载体扰动隔离与惯性空间光轴稳定技术。

研究多对多同时激光通信光路由组网机理、动态网络中不同节点间多链路同时双向收发与光路由关键技术、通信网络主节点全光切换和波长转换以及空间光束到光纤高效耦合技术，为构建具有多节点同时通信和路由转发功能的空间激光信息网络提供理论和技术支撑。

2）通信测距成像跟踪多功能一体化、激光通信向着更广的领域发展

航天活动方式的多样化和复杂化，对通信导航提出了更高的要求。由于激光在高速通信和精密测距方面具有一定的优势，因此近年来激光测距与通信一体化技术越来越受到重视。研究通信测距成像跟踪多功能一体化，充分结合空间激光通信与激光测距、光学成像技术，实现测通一体化和测侦通一体化。信息探测与信息传输相结合，在探测目标的同时，将探测到的有效信息快速、安全地传输到航天器、监测部门和管理部门等。一体化设计以高速通信为主，兼顾精密测距，使用同一束激光和硬件平台实现测距和信息传输，进而实现同一套设备可完成测距和通信双重功能。

激光通信向着更广的领域发展，未来通信将面向紫外线、可见光、红外线、太赫兹、无线电等多谱段相结合的方向发展，目的是发挥不同谱段通信系统的优势，包括深空通信、水下通信、长波段太赫兹通信、短波远紫外线通信等。

3）空间信息网络中微波光子学应用原理与方法

微波光子学主要研究微波和光波的相互作用，其应用领域有宽带无线接入网、传感网络、雷达、卫星通信、仪器仪表和现代电子战等。微波光子技术的优势主要体现在以下几个方面：载波所具有的巨大带宽优势，传输介质所具有的质量轻、低损耗，以及光载波能够抵抗空间存在的各种电磁干扰等，这些也正是目前电子技术面临的困境。另外，为兼顾通信系统的可靠性与大带宽，激光通信与原有微波通信将长期共存、互为备份。需要破解复杂环境与通信信道对传输信号影响的难题，克服卫星通信系统微波信号传输与处理的局限性，探索可充分利用微波与激光优点实现兼具高速与高可靠性的空间通信新方法，实现激光和微波混合自适应传输控制技术。

11.4.3 技术路线图的绘制

面向2035年的中国空间信息网络安全技术路线图如图11-21所示：

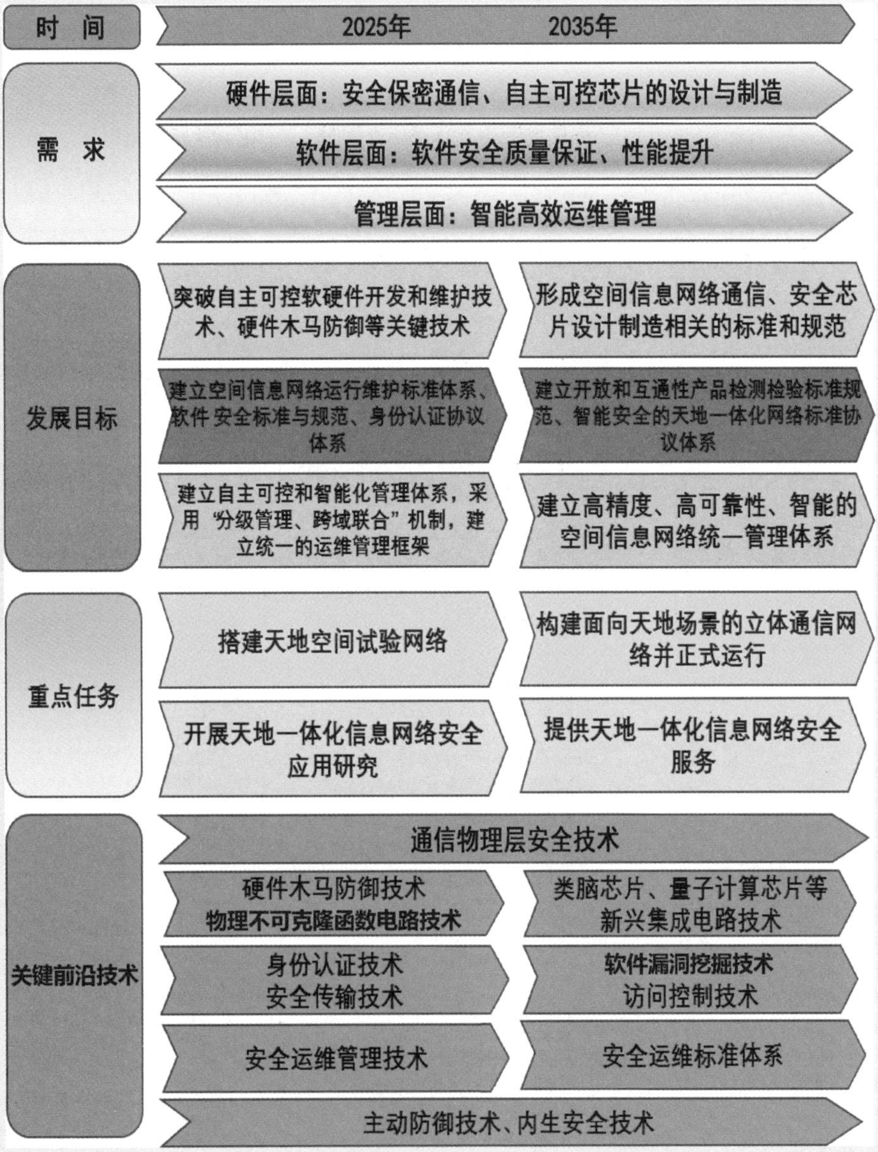

时 间	2025年	2035年
需 求	硬件层面：安全保密通信、自主可控芯片的设计与制造	
	软件层面：软件安全质量保证、性能提升	
	管理层面：智能高效运维管理	
发展目标	突破自主可控软硬件开发和维护技术、硬件木马防御等关键技术	形成空间信息网络通信、安全芯片设计制造相关的标准和规范
	建立空间信息网络运行维护标准体系、软件安全标准与规范、身份认证协议体系	建立开放和互通性产品检测检验标准规范、智能安全的天地一体化网络标准协议体系
	建立自主可控和智能化管理体系，采用“分级管理、跨域联合”机制，建立统一的运维管理框架	建立高精度、高可靠性、智能的空间信息网络统一管理体系
重点任务	搭建天地空间试验网络	构建面向天地场景的立体通信网络并正式运行
	开展天地一体化信息网络安全应用研究	提供天地一体化信息网络安全服务
关键前沿技术	通信物理层安全技术	
	硬件木马防御技术 物理不可克隆函数电路技术	类脑芯片、量子计算芯片等新兴集成电路技术
	身份认证技术 安全传输技术	软件漏洞挖掘技术 访问控制技术
	安全运维管理技术	安全运维标准体系
	主动防御技术、内生安全技术	

图11-21　面向2035年的中国空间信息网络安全技术路线图

面向2035年的中国空间激光通信组网技术路线图如图11-22所示。

时间	2025年	2035年
需求	落实国家“没有网络安全就没有国家安全”的重要举措	
	抵御网络攻击、保护国计民生的迫切需要	
	国际国内通信市场的强烈需求	
	构建高速、安全空间信息网络的需要	
发展目标	建成空间激光通信组网中继体系、速率达40Gb/s以上	建成多对多同时激光通信组网体系、速率达100Gb/s以上
	完善抗干扰激光通信新机理	将抗干扰激光通信机理应用到空间信息网络安全中
	突破激光与微波一体化通信等技术等难题	突破关键元器件、激光与微波一体化通信成功应用于空间信息网络中（含北斗）
重点任务	优化空间激光通信组网原理与总体方案	研制空间激光通信组网系统及应用
	激光通信测距成像跟踪的多功能一体化原理样机研制	激光通信测距成像跟踪多功能一体化应用
	优化空间信息网络中微波光子学原理与方案	研制微波光子学混合通信系统并应用
关键前沿技术	高性能半导体激光器制造技术 高效率掺铒光纤放大器技术	单路100Gb/s以上高速率相干通信中调制/解调技术
	高稳定性跟踪与轨迹预判技术 高精度光斑图像识别定位技术	单光子高灵敏度高帧频红外探测器技术
	高速激光和微波介质切换技术 高利用率激光和微波传输天线优化技术 高适应性编码调制技术	激光和微波混合通信系统与应用
	一对三空间激光通信组网系统试验验证 一对多空间激光通信组网新型结构优化	多对多空间激光通信组网系统与应用
	单探测器多执行器联动控制跟踪 低误码多镜交接控制技术 捷联反射镜指向控制特性规律与算法	多对多空间激光通信多链路光束实时收发与双向自适应控制
	多点无干扰发射和接收分割技术 高效率分光合束薄膜设计 低损耗发射和接收隔离技术	多对多空间激光通信多波长高效率分光、发射和接收

图 11-22　面向 2035 年的中国空间激光通信组网技术路线图

11.5 战略支撑与保障

空间信息网络安全与空间激光通信组网技术及其产业化国内外均未形成规模，这主要由于很多技术问题尚未获得解决。但是，无论在研究方面还是在产业化方面都有很大潜力，各主要国也积极投入人力物力开展研究，并引导产业开发。目前，欧美对空间信息网络安全与空间激光通信组网已经进行了部分商用。中国也完成了一些关键技术的演示验证工作，在这些领域与西方的差距较小，某些方面还具有一定后发优势，但核心元器件还依赖进口。未来，需要通过政策倾斜，突破关键技术，加速推进产业化，使中国空间信息网络安全与空间激光通信组网技术能够追赶甚至达到世界领先水平。

11.5.1 实施基础研究计划

空间信息网络安全与空间激光通信组网沿用了很多光纤网络及微波通信的技术，新的应用特点必然形成颠覆性的技术概念，需要加强基础研究以取得突破。因此，建议尽快实施以高等院校基础科研为主的空间信息网络安全基础科学问题、无线激光宽带传输与组网基础科学问题的研究计划。突破重点核心技术，尽快使中国在该领域的基础研究和关键技术水平达到世界领先水平。

11.5.2 重视核心元器件

在中国，相关光电子、光学核心元器件的工艺水平制约了空间信息网络安全与空间激光通信组网的发展，目前不管是科研还是产业均需要依赖国外技术。因此，建议尽快组织元器件研究单位、高等院校及企业开展相关关键技术攻关，并大力扶持技术成果转化。利用中国在光纤网络、微波通信技术等方面的优势，面向未来空间信息网络应用，努力实现核心元器件自主知识产权。

11.5.3 积极参与相关技术标准制定

随着空间信息网络安全与空间激光通信的成熟和逐渐商用化，其技术标准早已成为各国争夺的主要领域。建议从国家层面引导实施相关技术标准计划。通过组织高等院校、科研院所及企业开展相关技术标准研究，积极参与国际标准制定，促进中国空间信息网络安全与空间激光通信组网技术发展和产业化。

11.5.4 引导相关产业的形成和发展

随着空间信息网络安全与空间激光通信的不断进步和应用领域的不断扩展，逐渐形成相关产业，正确的引导能够促进产业健康发展。因此，建议对中国空间信息网络安全与空间激光通信组网领域的产业发展进行合理规划，引导高等院校、科研院所和企业开展产业合作计划，利用基础研究和关键技术优势有效促进成果转化，促进产业快速发展壮大。

小结

空间信息网络安全与空间激光通信组网技术用于实现星间、星地高速保密安全数据传输，是空间数据中继、星间组网的重要手段，也是一项国内外高度关注的前沿高科技技术。中国在空间信息网络安全与空间激光通信组网技术方面取得了一部分成果，面对全球本领域的发展形势，还需从不同角度多方面开展研究。当下，空间信息网络安全与空间激光通信组网是国内外研究热点，市场前景广阔。空间信息网络安全与空间激光通信组网技术的研究无论对天基网络资源的争取还是对未来国家安全主动权的掌握都有着重要意义。

第11章编写组成员名单

组　长：姜会林

成　员：付　强　王天枢　底晓强　刘　智　李英超　刘　壮　刘显著

执笔人：付　强　王天枢　底晓强　刘　智　祁　晖　刘　壮　丛立刚

　　　　刘显著　马万卓

12

面向 2035 年的中国绿色化工发展技术路线图

12.1 概述

中国化学工业经过几十年的飞速发展，取得了长足的进步，经济总量已跃居世界第一，但仍面临着重要挑战：

（1）如何提升化工过程本质安全水平。

（2）如何实现化学工业节能减排，实现碳达峰/碳中和，践行绿色发展。

（3）如何创造出性能优异、功能齐全的新物质新材料，满足大数据、人工智能、新能源等高技术领域发展需求，引领科技进步和支撑经济社会发展。

化学工业的可持续发展极大依赖人类对化工过程本质的认识，具体而言，就是人类对微观层次上物质和能量信息变化的内在规律的认识。基于介科学和分子化学工程等新理念的绿色化工科学与技术，旨在开拓从原子分子尺度向宏观尺度递延的跨尺度过程科学——分子化学工程学，重点突破原子分子尺度至纳微尺度下的微观层次化学工程创新理论体系和研究范式，解决从“分子”到“工厂”科学知识的断层问题。通过构造相应的跨尺度理论体系——分子化学工程学理论体系，形成以分子化学工程理论体系为核心、以变革性技术突破为重点的源头创新。从而指导产品理论设计、过程强化和系统集成，提高资源及能源利用效率，提高化工生产本质安全性，强化生态环境保护，控制温室气体排放，生产芯片用超高纯化学品等高端产品。从分子水平绿色制造、原子经济化工、产业全周期低消耗低排放等方面，突破并形成变革性新技术，促进化工产业转型升级，支撑化工新材料产业的发展，满足数字经济、生命健康、绿色能源等新产业对化学品和合成材料的需求，实现化学工业绿色化、高端化高质量发展。

12.1.1 研究背景

党的“十八大”以来，党中央高度重视绿色可持续发展，将“绿色”与“创新、协调、开放、共享”等确定为新时代五大发展理念，党的“十九大”报告特别强调“建设生态文明是中华民族永续发展的千年大计，必须树立和践行绿水青山就是金山银山的理念，形成绿色的发展方式和生活方式”，将推进绿色发展放在了建设美丽中国的首位。在近年所颁布的“国家创新驱动发展战略纲要”“制造强国战略”“长江经济带发展战略”“京津冀协同发展战略”“黄河流域生态保护和高质量发展战略”“一带一路”倡议等一系列国家重大发展战略中，都对绿色发展进行了战略部署与行动规划。

化学工业作为现代社会的支柱产业之一，为人类进步和社会发展提供了全方位的物质和能源保障。纵观化学工业发展历程，自 20 世纪初合成氨、酚醛树脂等化学品的大规模生产，至 20 世纪中叶杀虫剂、合成橡胶、抗生素等产品的问世，化学工业的技术进步深刻地改变了整个人类的生活面貌。然而，高消耗、高污染等问题始终伴随着化学工业的发展，并且，传统化工产品难以满足人类社会对生命健康、安全环保和尖端科技越来越高的追求。

化学工程学是研究化学工业和其他过程工业过程生产中所进行的化学和物理过程共同规律的一门工程学科。然而，传统化学工程学科是在宏观上研究物质的物性、平衡、物理化学过程变化规律，难以适应新时代化学工业的发展要求。绿色化工是在传统化工基础上进行的绿色创新与发展，其内涵是从原子/分子水平绿色制造、化工过程本质安全、产品全生命周期闭环系统方面内提高材料及能源利用效率，使化学工业环境治理由先污染后治理转为从源头上和系统闭环上根治环境污染，促进传统化工产业转型升级，实现化工绿色化、产品高端化、高质量发展。在世界新一轮科技革命和产业变革与中国转变发展方式的历史交汇期，绿色化工科技进步和创新发展是推动建设化工强国的重要引擎。

12.1.2 研究方法

本项目以习近平生态文明思想为指导，面向中国化学工业高质量发展的内在需求，从科学与技术发展的角度提出建议，形成以“介科学”“分子化学工程”等绿色化工科学与技术为核心的发展战略，为国家制定本领域中、长期发展规划及配套政策等提供决策依据和咨询参考，推动中国化学工业的可持续发展，促进实体经济向高质量发展迈进，支撑国家创新驱动发展战略。

12.1.3 研究结论

传统化学工程以宏观尺度“三传一反”理论体系为基础，对从分子尺度到纳微尺度的流动传递反应规律认知存在知识断层，导致化工过程本质安全、高能耗、高物耗、高污染和材料结构难控等问题，难以满足化工绿色化、产品高端化发展要求。绿色化工是指在当量资源消耗下，实现产品价值高、能耗低、环境影响低、劳动生产率高、本质安全性高等综合性能最优化的化工生产模式。面向 2035 年的绿色化工科学与技术，重点开拓从宏观尺度向分子尺度递延的过程科学——分子化学工程，突破纳微尺度传递反应规律认知与跨尺度理论体系，解决从“分子到工厂”的知识断层问题。聚焦于碳达峰/碳中和新技术、高端化学品、先进合成材料和面向新能源、生命健康、人工智能等领域新物质的制造过程创新，用理论指导新物质新产品设计、过程强化和智能系统集成技术创新发展，实现中国化工绿色化、产品高端化、高质量发展，为建设美丽中国提供强有力的支撑。

12.2 全球技术发展态势

12.2.1 全球政策与行动计划概况

党的“十九大”报告指出“构建市场导向的绿色技术创新体系”“壮大节能环保产业、清洁生产产业、清洁能源产业”。在绿色化工领域，国家发展改革委、科技部、国家自然科学基金委员会、中国工程院和中国科学院先后编制了相关规划并支持绿色化工研发和产业化项目。本节主要介绍美国、欧盟、日本等发达国家和地区的近期规划。

1. 美国

美国先后发布了“美国先进制造领先战略”“智能设计促进节能减排和实现重大技术改进”“H2@Scale”“NIOSH 纳米技术研究计划（2018—2025）”“化学与材料领域的量子信息科学”等政策与行动计划。“美国先进制造领先战略”通过发展和转化新的制造技术，教育、培训和连接制造业人力，扩展、提升本国制造业供应链三大战略方向的发展，确保美国在全工业领域先进制造的领先地位，以维护国家安全和经济繁荣。其中，“发展和转化新的制造技术”提出的目标如下：捕捉智能制造系统的未来，开发世界领先的材料和加工技术，确保通过本国制造获得医疗产品；在电子设计和制造方面保持领先地位，提高粮食和农业制造业机会。通过实施“智能设计促进节能减排和实现重大技术改进”计划，探索将人工智能、机器学习等数字技术引入能源技术和产品设计研发当中，提升研究效率，缩短研发周期，降低成本，提升竞争力，维持美国在能源和数字技术方面的全球领先地位。“H2@Scale”计划旨在通过技术的早期应用研发推进氢能和燃料电池技术的突破，涉及氢气生产、基础设施建设（氢气储存和输运）以及燃料电池，实现经济、安全可靠的大规模氢气生产、运输、存储和利用。“NIOSH 纳米技术研究计划（2018—2025 年）”的战略目标包括 5 个方面：

（1）增强对纳米材料工作者相关健康风险的了解。

（2）基于初步数据和信息，进一步了解纳米材料的原始危害。

（3）进一步向纳米材料工作者、雇主、医疗健康专业人员、监管机构和决策者提供有关危害、风险和风险管理方法的信息。

（4）支持纳米材料工作者的流行病学研究。

（5）从国家和国际层面，对风险管理指南的执行情况进行评估及推动。

“化学与材料领域的量子信息科学”计划旨在设计和发现与量子信息科学发展相关的创新系统及材料，其研究领域如下：利用量子计算机、量子模拟器或退火装置来理解与非平衡化学和材料系统的量子动力学控制相关的现象；弥合经典计算与量子计算的鸿沟等。这部分将侧重基础研究，主要包括基础能源科学领域的优先问题，如超导体和复杂磁性材料等量子材料；使用量子计算机研究量子化学动力学，其应用包括催化和人工光合作用等。

2. 欧盟

2019 年 11 月，欧洲可持续化学技术平台（SusChem ETP）发布《面向 2030 年战略创新和研究议程》报告。SusChem ETP 的成员来自欧洲化学化工界的企业、大学和科研机构，通过定期发布研究报告，影响欧盟决策。该报告是为 2021 年开始的“地平线欧洲”计划而准备的，凝聚了 100 多名专家的智慧，聚焦欧洲面临的循环经济与资源效率、低碳经济、环境与人类健康三大挑战，建议了先进材料、先进过程、数字技术 3 个领域的 30 个优先发展方向，见表 12-1。

表 12-1 SusChem ETP 建议的 3 个领域的优先发展方向

领域	优先发展方向	具体内容
先进材料	复合材料和多孔材料	纤维增强的塑料
		复合树脂
		用于风电涡轮机的材料
		轻量化泡沫
		新型热塑复合物
	3D 打印材料	用于 3D 打印的生物基功能聚合物
		多种材料混合 3D 打印
		一步聚合和 3D 打印
		用于医疗、医药的 3D 打印材料
	生物基化学品和材料	（半）纤维素产品
		木质素产品
		非木质纤维素基化学品和聚合物
		可生物降解或堆肥的包装材料
	添加剂	用于跟踪、分类、分离的添加剂
		用于复杂组成的添加剂和相容剂
	生物智能材料	生物相容、刺激响应性药物递送系统
	电子材料	传感器专用材料
		薄膜光伏、有机光伏
		多结光伏材料
		量子计算材料
	膜	水处理膜
		气体分离膜
		有机无机杂化膜

续表

领域	优先发展方向	具体内容
先进材料	储能材料	锂离子电池材料
		氧化还原液流电池
		金属空气电池
		有机电池
		大规模储热材料
	涂层材料和气凝胶	可控降解涂层
		隔热气凝胶
		功能纳米活性表面
		保护性涂层
先进过程	新型反应器和装备	适应多种原料类型的反应器和过程
		适应能源供给波动的反应器和过程
		反应器电气化
		从间歇式到流动式
		微反应器
		膜反应器
		热交换反应器
		高温气固反应器
		定制反应器
	模块化生产	模块化生产工厂
	分离过程技术	含膜构造的连续过程
		连续反应分离过程
		分离溶剂
		吸附技术
		精馏强化
		过滤技术
	适用非传统能源的新型反应器和过程设计	等离子体
		超声
		微波
	电化学、电催化和光电催化过程	电化学反应器和过程
		用于回收高价值材料的电化学过程
		光电化学反应器
	电能转化为热能	电热泵技术
		电加热技术

续表

领域	优先发展方向	具体内容
先进过程	低碳制氢	碱性水电解
		聚合物电解质膜水电解器
		固体氧化物电解池
		甲烷高温裂解
	利用电能转化化学品	利用电能转化合成气
		利用电能转化甲醇
		利用电能转化燃料
		利用电能转化甲烷
		利用电能转化氨
	催化	生物质催化转化
		废弃物催化转化
		二氧化碳催化转化
		轻质碳氢催化转化
	工业生物技术	微生物和酶工程
		生物过程
	废弃物增值处理	化学法增值处理废弃塑料
		化学法增值处理废弃生物质
		关键原材料回收
	水资源管理	水循环利用
		工业废水利用
		去中心化水处理系统
		过程分析技术
		数据管理
数字技术	实验室 4.0	用于设计材料和分子的建模和模拟
		材料设计与过程设计一体化
		高通量筛选技术
		实验操作机器人
		实验数据挖掘利用
		用于实验室环境的虚拟现实和增强现实技术
	过程分析技术	连续流动过程和模块化生产的过程分析技术
		用于 3D 打印过程的实时监测技术
	过程模拟、监测、控制和优化	过程建模、过程模拟
		环境绩效优化
		数字孪生、数字过程开发

续表

领域	优先发展方向	具体内容
数字技术	数据分析和人工智能	人工智能和机器学习
		水数据管理
	预防性维护	生产设备、资产的预防性维护
	数字支持操作者	—
	数据共享平台和数据安全	工业数据共享平台
		促进研发和技术转化
		数字安全
	不同阶段过程的协调和管理	协调企业内相关过程，满足供应链需求
		协调企业内相关过程，满足产品定制化需求
		跨企业和行业协调过程
	分布式记账技术	提高供应链透明度
		促进科研数据交换

3. 日本

2020 年 12 月，日本政府推出“绿色增长战略”，旨在以低碳转型为契机，带动本国经济持续复苏。该战略确定了 14 个行业的发展路线图，包括海上风能、氢能、燃料氨、汽车及可充电电池等行业。在汽车领域，日本提出最迟至 2030 年代中期，乘用车新车销售市场将禁售传统燃油汽车，新车须全部转型为纯电动汽车或混合动力车等新能源汽车。鉴于推动新能源车普及的关键在于抑制成本，日本提出，要力争使纯电动汽车的整体成本与汽油车持平。在能源领域，预计 2050 年日本电力需求将增加 30%~50%。目前日本对火力发电依赖度高，未来将加快发展氢能、风能等清洁能源，同时有限度重启核能发电。将海上风力发电作为重点，计划到 2030 年风能装机容量达到 1000 万千瓦，到 2040 年风能装机容量达到 3000 万～4500 万千瓦。在氢能方面，日本提出的目标是，到 2030 年氢能供应量达到 300 万吨，到 2050 年达到 2000 万吨。日本发布的绿色增长战略相关文件显示，日本政府将通过财政扶持、融资援助、税收减免、监管体制及标准化改革、加强国际合作等手段，吸引企业将巨额储蓄化为投资，推动经济绿色转型。具体措施如下：设立 2 万亿日元的基金，援助碳中和相关项目的创新型技术研发；拿出 5000 亿日元，协助设立长期化的大学基金，强化学术界的研发基础，巩固人才队伍；设立 1.1485 万亿日元的业务重组补助框架，帮助中小企业转型；对进行节能和绿色转型投资的企业予以减税；投入 1094 亿日元，创设绿色住宅积分制度，引导居住领域绿色化，从技术研发、实证、推广、商业化各环节予以扶持。

12.2.2 基于文献和专利统计分析的研发态势

化学工程是 19 世纪末为适应化学品大规模生产需求，在工业化学的基础上逐步发展起来的一门工程技术学科，至今经历了 3 个阶段：

（1）20 世纪初期，美国学者 Arthur D. Little 提出“单元操作”概念，将各种化学品的工业生产工艺分解为若干独立的物理操作单元，并阐明了不同工艺相同操作单元所遵循的相同原理，实现了化学工程学科发展的第一次质的飞跃。

（2）20 世纪中期，在欧洲举行的第一届化学反应工程会议界定了化学反应工程的学科范畴和研究方法，完成了化学工程学科由第一阶段的“单元操作”向第二阶段“三传一反”的转变，即动量传递、质量传递、热量传递和化学反应。

（3）20 世纪后期，随着化学工业规模的迅速扩大和计算机技术的出现，使得多变量、强耦合的大系统分析在化工中大量使用。例如，郭慕孙院士等人提出“三传一反+X”的范式（其中，X 是待定的、可变的和形成中的要素），继承和丰富了第一阶段、第二阶段的范式概念；之后，李静海院士等人进一步发展了“多尺度理论与方法”以及现在倡导的“介科学”理论，为解决学科复杂工程问题特别是化学工程问题提供了重要科学基础，成为化学工程研究的新范式。

由此可见，化学工程的学科沿革始终遵循从宏观到微观、从现象到本质的科学脉络。“分子化学工程”是这一脉络在 21 世纪的延续和深化，是化学工程从宏观尺度到纳微尺度再到分子尺度的延伸，符合“介科学”理论研究范式，使“介科学”内容更加具体化、科学化、实用化，理论研究更具前瞻性、针对性、指导性，是绿色化工科学与技术发展的必然选择。

2009 年，美国科学院/工程院两院院士、加州理工学院化学工程系教授 Mark E. Davis 撰文评述化学工程学科的发展现状与趋势，明确指出“分子化学工程”的时代已经到来，在计算科学与仪器科学创新成果的推动下，化学工程已迎来从宏观的单元—反应器水平向微观的分子—原子水平深入发展的历史机遇。同年，华盛顿大学圣路易斯分校化工系教授 Milorad P. Dudukovic 撰文指出，为了从根本上消除化工过程放大失败的风险，必须加强对分子水平上量子动力学、分子动力学、分子相互作用等科学问题的研究，并建立涵盖分子、微观、介观、反应器等多个尺度的流体流动与“三传一反”理论体系。国内有关项目团队在长期的科学研究与技术开发历程中，深刻体会到传统化学工程研究范式的固有局限，并通过实践验证了分子化学工程研究范式的突出价值。例如，北京化工大学陈建峰院士团队通过分子混合反应过程理论研究，发现了超重力环境下纳微尺度混合被强化 2～3 个数量级的特征现象，原创性地提出在“毫秒-秒”量级实现分子级混合均匀的超重力反应强化新思想，开拓了超重力反应工程新方向，建立了可指导工业应用的超重力反应器理论模型与工程放大设计方法，形成了长周期稳定运行的系列化超重力工业反应器装备的设计体系，在国际上率先实现商业化工程应用（现已应用 100 多台（套）工程装置），节能减排提质成效显著。又如，南京工业大学徐南平院士团队在国际上率先提出了“限域传质膜”研究新方向，提出了若干限域传质膜材料的精密构筑方法，实现了膜分离性能数量级的提升，为发展变革性膜材料与技术奠定了基础，为过程工业的节能减排做出了贡献。浙江大学任其龙院士团队发现了分离介质静电环境与受限空间对分子间氢键作用的强化效应，创建了分子辨识分离方法与平台技术，解决了组分极复杂、结构极相似生物基原料的高值转化难题，在国际上率先实现了一系列重要医药化工产品的工业制备。这些过程强化技术的发明和成功应用实践案例，体现了“分子化学工程”的科学理念，也催生了“分子化学工程”学科。

麻省理工学院、芝加哥大学、东京大学、帝国理工学院等国际顶尖高校争先布局分子化学工程这一新兴的学科领域。芝加哥大学组建了普利兹克分子工程学院，旨在探索分子层次的化工科学，提供创新方法应对先进材料、能量存储、资源循环等诸多领域的挑战。麻省理工学院、东京大学、帝国理工学院等高校通过创立研究中心、设置研修计划等多种方式，开展以分子化学工程为导向的科学创新与人才培养工作，引领化学工程科学与技术。

2020 年 1 月，绿色化学之父、耶鲁大学教授 Paul T. Anastas 等人在 *Science* 上发表了 *Designing for a Green Chemistry Future* 一文，提出了未来化学领域必须做出的十二项改变，即绿色化学的十二原则：

（1）从线性过程到环形过程。

（2）从化石能源到可再生能源。

（3）从高活性、难降解、剧毒的化学试剂和产品到环境友好型的化学试剂和产品。

（4）从使用稀有金属催化剂到使用储量丰富的金属催化剂，或酶催化、光电催化体系。

（5）从设计合成稳定难降解的共价键分子体系到易于降解的非共价键分子体系。

（6）从使用传统溶剂到使用低毒、可回收、惰性、储量丰富、易于分离的绿色溶剂或无溶剂体系。

（7）从损失与耗能严重的分离提纯体系到自分离体系。

（8）从产生大量废弃物的体系到原子经济性、步骤较少以及溶剂耗费较少的体系。

（9）从废弃物处理到废弃物综合利用。

（10）从环境依赖型的单一功能分子设计到统筹全生命周期的分子设计。

（11）从传统的评价模式（功能最优化）到新型的评价模式，功能最优的同时毒性最小。

（12）从以利润最大化为目的的化学品生产到利润增长的同时尽量减少原材料的使用。

在具体科学与技术前沿方面，根据 2019 年度中国工程院全球工程前沿“化工、冶金与材料工程”项目组的研判报告，“可再生能源系统”“膜生物反应器及膜污染防控技术”“多孔有机材料在 CO_2 捕集中的应用”是基于科睿唯安提供的核心论文数聚类得出的工程前沿，“人工智能设计催化剂”呈现出核心论文增加的趋势。“生物质催化转化”和“多孔有机材料在 CO_2 捕集中的应用”被引用的频次都很高，是较热门的研究方向。“人工智能与化工过程深度结合”“高分子材料的生物基替代”“微反应系统开发”“可穿戴柔性电子器件”“生物质炼制化学品及材料”是基于科睿唯安提供的核心专利数据聚类得出的工程前沿。

化工行业顶级学术期刊 *AIChE Journal*、*Chemical Engineering Science*、*Industrial & Engineering Chemistry Research*、*Chemical Engineering Journal* 等在继承传统化工的基础上，均表现出对化工与多学科交叉发展的关注。例如，*AIChE Journal* 在生物化工、颗粒技术与流化（强调模型建立、流体动力学计算）、反应工程（涉及动力学与催化）、分离（材料、装置与过程）、热力学与分子尺度现象、传递现象与流体力学等方面设置专门模块，体现了其对化工与生物学科、信息技术学科、材料、化学学科等交叉的重视，并认为它们是绿色化工将来的发展方向。同样，*Industrial & Engineering Chemistry Research* 关注应用化学、生物工程、动力学、催化和反应工程、热力学、传递和流体力学、工艺系统工程、材料与界面工程等方面的发展，说明 *Industrial & Engineering Chemistry Research* 既重视传统化工领域，如动力学、热力学、反应过程与高效化工工艺过程的设计，又对与化学、生物、材料、信息技术的交叉融合给予充分重视。

除此之外，世界范围内的顶级科研期刊，同样关注化工学科交叉，*Science* 一向表现出对全球气候变化、生态环境、生物工程、新能源材料的重视。报道了光催化、太阳能电池、新型储氢材料、新型分离材料等方面的科研动态，聚焦化学工程与新能源、人工智能等学科融合，为解决当前重大问题提供科技支撑。

除了利用期刊论文分析未来发展导向，还可利用专利数据，因为专利作为创新活动的产出，其信息的统计能够在一定程度上表现出创新技术的发展情况。本项目组利用 SooPAT 网（http://www.soopat.com/）对国内化学化工领域（IPC 分类号为 C）以“节能”主题的专利进行检索，检索时间区间为 1985—2020 年。从“节能”相关专利授权数量变化趋势来看（见图 12-1），2006 年以后相关专利授权数量逐年递增，直至 2017 年因专利相关政策的实施开始下降（2016 年 8 月国家知识产权局加大力度控制专利授权率，以实现数量优势向质量优势的升级）。从“节能”相关专利申请数量变化趋势来看（见图 12-2），在化工领域以“节能”为主题的专利申请数量在近几年一直比较高（2020 年除外），受到专利控制因素的影响不明显。可见，“节能”仍然是重要的发展方向。表 12-2 是图 12-1 中专利授权数量排名前 20 的申请人名单。可以发现，前两名都是企业，这说明大企业对于“节能”技术开发是非常重视的，而从排名前 20 的总体数量来看，企业层面的重视程度还要进一步加强。

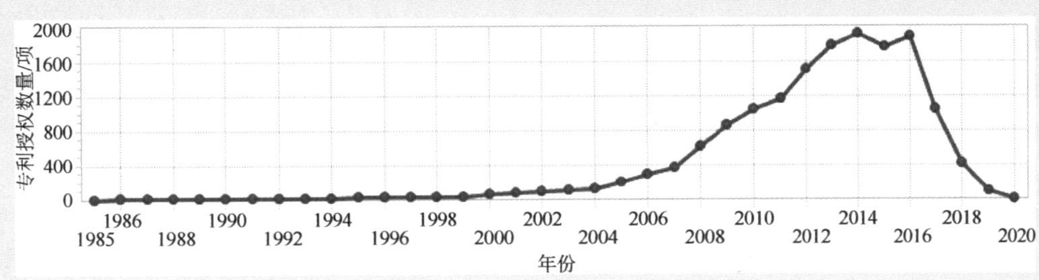

图 12-1　1985—2020 年化学化工领域“节能”相关专利授权数量变化趋势

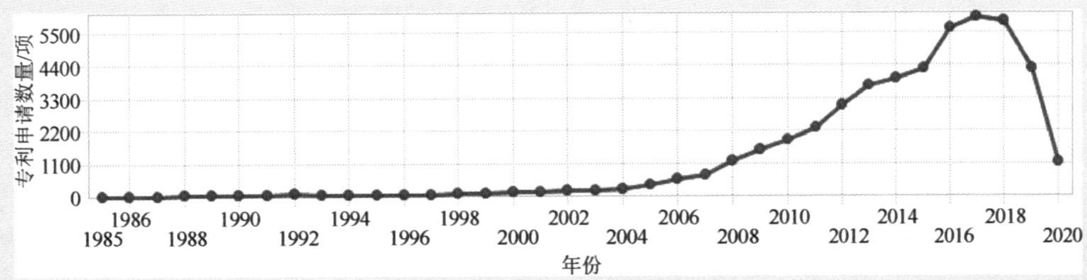

图 12-2　1985—2020 年化学化工领域“节能”相关专利申请数量变化趋势

表 12-2　化学化工领域“节能”相关专利授权数量排名前 20 的申请人名单

排名	申请人	专利授权数量/项	百分比
1	中节能万润股份有限公司	187	1.19%
2	中国石油化工股份有限公司	183	1.16%
3	华南理工大学	94	0.60%
4	中国石油化工股份有限公司抚顺石油化工研究院	94	0.60%
5	北京科技大学	81	0.51%
6	北京工业大学	78	0.49%
7	昆明理工大学	77	0.49%
8	中南大学	77	0.49%
9	天津大学	73	0.46%
10	浙江大学	72	0.46%
11	东北大学	72	0.46%
12	武汉理工大学	66	0.42%
13	上海金兆节能科技有限公司	60	0.38%
14	同济大学	48	0.30%
15	大连理工大学	46	0.29%
16	北京化工大学	43	0.27%
17	中国科学院过程工程研究所	40	0.25%
18	东南大学	38	0.24%
19	中石化炼化工程（集团）股份有限公司	36	0.23%
20	重庆大学	35	0.22%

1985—2020 年化学化工领域“绿色”和“减排”相关专利申请数量变化趋势分别如图 12-3 和图 12-4 所示。

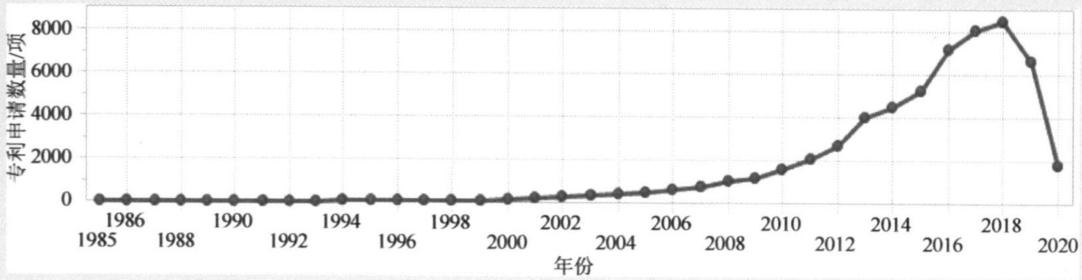

图 12-3　化学化工领域“绿色”相关专利申请数量变化趋势

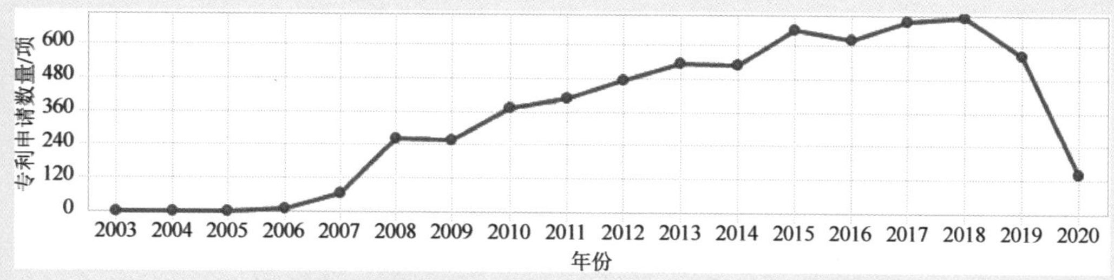

图 12-4　化学化工领域“减排”相关专利申请数量变化趋势

从图 12-3 和图 12-4 可以看出，尽管 2017 年以后我国开始控制专利授权率，但是，以“绿色”“减排”为主题的专利申请数量并没有呈现明显下降的趋势，这说明节能减排、绿色化工是整个化学化工领域的发展趋势。以“绿色”和“减排”为主题的发明专利授权的申请人前 20 名分别有 3 个和 6 个来自企业。

本项目根据 1996—2016 年的化学化工领域专利统计数据分析得出绿色技术创新情况，发现在绿色技术创新方面的研究焦点为环境、能源与经济，这 3 个方面来自美国、中国、德国、意大利的研究成果质量较高且存在密切的引证关系。

从以上相关主题专利分析结果来看，通过市场的激励推动绿色化的发展还不够，能够从绿色创新中获得收益的企业还是少数，因此还需要政策的推动。

12.3　关键前沿技术与发展趋势

绿色化工科学与技术作为支撑化学工业高质量可持续发展的核心科技基础，将强力推动战略新兴产业的发展。实现化学工业的高质量可持续发展，需要大幅度提升全流程的原子经济性，从而对单原子催化、过程强化、智能化工等学科提出了更高的要求。化学工程师在分子水平至纳微尺度上对催化材料进行设计与构筑，就需要认知分子团簇、表界面以及受限空间下的分子结构演变机制与调控规律。在纳微尺度进行热量、质量传递的强化，就必须通过先进测量技术进行原位观测和数值模拟，掌握该尺度下的“三传一反”规律，抛弃传统研究方法，直接用微观、瞬时状态描述化工过程，为过程强化提供有力工具。高通量组合实验或高保真动态模拟将产生巨量过程数据，可为发展化工人工智能、深入分析“结构—性能—过程”相互关系提供支撑。此外，新材料、新能源、生命健康等战略新兴产业对化学工程师在分子水平上构筑功能产品提出了新的要求。例如，制备尺寸和组成可控的纳米颗粒、超高纯度的电子信息化学品、特定晶型的药物、适用于高温高压等极端服役条件的新型复合材料等。本项目组基于文献检索与专家咨询，总结了面向 2035 年的中国绿色化工关键前沿技术与重点方向，具体如下：

（1）发展介科学理论。通过理论、高精度实验与高性能计算等研究手段，揭示复杂物性的多相复杂系统中介尺度结构的形成机理和控制机制，突破介尺度建模的核心科学问题。针对工业过程的仿真需求，实现流动—传递—反应过程的介尺度建模，有效求解相关多目标优化问题，使精度和速度达到工程应用的要求。

（2）完善分子设计与计算模拟技术。利用分子设计与计算模拟技术，可以对复杂体系及复杂过程进行研究。例如，利用分子设计与计算模拟、人工智能技术研究催化剂的化学反应路径、过渡态、反应机理和性能，已成为催化剂设计与制造过程中不可或缺的手段，极大地推动催化科学的发展。急需开发操作简便、非常可靠的分子模拟软件。

（3）推广生物化学技术与工程应用。生物技术主要包括酶反应、不规范 DNA 结构、合成生物化学、生物电化学、植物细胞培养、植物保护等生物结构或生物过程的化学调节等。因为生物化学技术具有可再生、污染少、条件温和等优势，所以被广泛应用到医药、农业、环境保护等方面，极具发展前途。

（4）发展绿色分子炼油技术。创新绿色分子炼油技术研发与应用，充分利用每一种或每一类分子的特点将其转化为产物，做到“物尽其用，各尽其能”。利用分子设计与计算模拟等技术的发展，加快建设智能炼化工厂，健全炼油产业绿色发展标准和管理体系。

（5）强化航天航空等专用催化过程的研究。开发高活性、耐高温催化新材料，实现在高热沉和高热安定性碳氢燃料合成、绿色推进剂高效分解、特种场合下二氧化碳资源化利用等在航天航空领域的应用。

（6）强化环境友好催化材料与绿色过程的研究。重点研究与过程工业及材料、能源、环境等领域密切联系的催化新材料与新过程的开发。重点发展以下技术：烯烃、芳烃等基础化学品的生产原料多元化催化工程技术；清洁油品、化学品的绿色合成催化过程技术；精细化学品、高性能聚合物单体等高端化学品的原料高值化催化过程技术；开发新型节能减排与能效领域的高能效光电催化材料及化工制备方法；筛选出适合工业应用的单原子催化体系，推进单原子催化的工业应用。

（7）开发离子液体等新介质。通过改变阴阳离子的结构，合成多种功能化离子液体，充分发挥离子液体的可设计性；纯化原料、优选反应路线、缩短反应时间，在合成过程中尽量减少或避免有机溶剂的使用，对前驱体和产品进行提纯，有望合成纯度高、成本低的离子液体。

（8）开发新能源材料。研究探索合适的析氢、析氧电极催化剂材料，突破氢能材料；通过物理和化学性质、稳定性、性能特性和评价、热力、经济性等研究和设计蓄热材料。

（9）大力发展绿色制药和生物化工。创新药物绿色合成途径设计原理与过程替代，创建抗生素、甾体激素等重大疾病治疗药物生化合成新途径，创制具有工业应用属性的新型催化剂，构建和优化新型人工细胞生物合成系统，创新高效定向改造策略，解决酶和人工细胞合成效率、耐受性、稳定性等关键科学问题。突破重大医药化学品连续合成绿色制造关键技术与装备，完成中试与规模化放大，提高医药化学品生物合成的成本和质量，提高目标产品的经济可行性和竞争力。

（10）着力发展高端精细化工。探索精细化工产品从微观结构到宏观性质的变化规律，建立绿色设计、合成、复配及应用的基础理论，加强新型、绿色化、高值化精细化工产品及技术的研发，实现源头创新。整合产业技术创新资源，引领科技资源向优势企业聚集，建立以企业为主体、以市场为导向、"产、学、研"紧密结合的技术创新体系，全面推动产业结构调整及产品升级换代，促进我国向精细化工产业强国迈进。

（11）大力发展外场强化技术，重点开拓和推广超重力技术及装备应用，促进过程工业绿色发展。超重力技术被认为是强化传递和多相反应过程的一项突破性技术。通过新结构研发和优化、超重力装备标准化体系构建及长周期安全稳定运行技术水平不断提升，保障超重力技术在多相反应、反应结晶、分离过程强化等方面的大规模推广应用。

（12）深化等离子体强化技术研究，推进等离子体技术应用。从实验技术、理论方法和装备技术等多方面入手，深化对等离子体以及等离子体强化的绿色化工过程的科学认知，指导等离子体化工技术在不同产品中的过程设计、优化和控制，实现广泛的工业化应用。

（13）积极发展微化工技术，促进化学工业转型升级。以突破微化工科学原理和技术装备为目标，从"元件—设备—模块—系统"多个层面开展研究。深入揭示高通量微结构元件内多相流动、传递和反应的微尺度特性规律，实现微结构元件的可靠放大；满足反应、分离等单元操作的技术需求；通过微结构模块建设微化工系统，实现高端化学品的连续可靠制备。

（14）推动反应器工程放大与工艺强化研究，促进绿色化工发展。在反应器工程放大和工艺强化方面需突破传统方法的局限性，以绿色化工科学与技术为导向，面向国家重大战略需求和世界化工科学前沿发展要求，解决化工基础数据监测精准化与实时化、关键装备设计与研制自主化、非均相复杂化工体系多尺度模型化、非常规过程强化认识深入化等问题，实现芯片用高端化学品、航天用复合材料生产等关键绿色化工原创技术的工业化，切实推动我国化工行业的绿色化、智能化、高端化发展，实现产业转型升级。

（15）大力推广分子分离过程。实现分子级别的分离是膜材料、吸附材料的重要发展方向与瓶颈所在，发展基于限域传质的分离过程具有重要的战略意义。一方面需要揭示界面作用下流体混合物的限域传质机制，另一方面需要研究具有限域效应孔道的形成机理及调变方法，形成基于限域传质的分离科学理论和新技术。发展智能分子辨识分离过程强化技术，重视同位素分离等难分离体系的关键技术研发。

（16）大力发展绿色合成氨技术及氨高值化利用，促进产业可持续发展。实现低温低压合成氨、氨制氢以及氨制氢-氢燃料电池系统的工业示范；开展高性能新型温和条件下合成氨催化剂和中低温直接氨燃料电池电催化材料体系的研究并推动工程应用。

（17）支撑化学制造高质化的化工过程强化第一性原理研究。研究化工过程强化理论和方法，以有效控制和显著提高化学品制造过程的资源效率，支撑化学品制造过程的高质化发展。研究传递/反应过程熵产极值原理及过程强化热力学极限、多过程熵产极值协同方法、基于多目标变分的熵产极值求解方法等。

（18）化工过程物料属性分子识别与表征。以多相态单分子属性为基础，结合基团贡献、最大熵等经典物理化学原理和智能优化方法与技术，研究化工生产过程中关键反应物质的分子结构识别、物料分子结构及组成与其物化特性的关联表征、基于物化特性的原料分子组成定量预测，形成针对不同类型原料的靶向分子表征方法，获得能准确描述宏观性质的原料分子级组分分布，进一步融合人工智能方法以实现对过程属性分子的智能混合建模。

（19）绿色化工过程反应—分离—换热系统集成建模与协同优化。建立绿色化工新溶剂或新材料的反应或分离过程模型，包括热力学模型、动力学模型、反应或分离单元模型；开发出新型反应或分离过程模块模型，能够与通用的国外或国产流程模拟软件集成，用于过程设计与操作参数调优；构建反应—分离—换热系统优化超结构模型，揭示三者相互作用和影响机制，识别关键因素，实现三者协同优化。

（20）以高端产品质量为导向的精细建模、流程重构与优化。面向高附加值产品的研发与生产，研究工艺流程结构对系统能效、产品质量、气液固排放物的影响，以微观结构可定制、可调控为目标，研究精细化建模与质量优化理论与方法，实现对产品本征质量的在线计算与优化，并通过流程重构方法，保障产品切换时的柔性操作与高效运行。

（21）多能源介质系统建模与优化。从化工工业使用能源的方式出发，研究同时考虑热能、冷能、蒸汽、电能及机械功的全局能量集成方法，构建能量转化途径和建模框架，研究不同目标（经济、环境、能效）、不同规模（装置、园区）、不同状态（稳态、动态、多工况）下的系统集成模型，实现全局能量优化。

（22）面向化工过程智能化高质化的稳健模拟与虚拟制造平台。建立不同类型化工过程拟瞬态模型，研究基于严格模拟的全局最优化方法，研发过程机理与工业大数据融合的虚拟制造技术与平台等。

（23）高附加值专用化学品便捷生产。研究产品设计框架及其在有机溶剂、聚合物、催化剂、药物等高附加值专用化学品中的应用；研究“多能互补—多储融合—多厂集成—多品联产—多目标用户”的化工产品智能供应链的优化设计、协同控制、调度规划的理论和方法。

（24）过程系统多层次集成理论与方法。研究从微观分子层面到宏观过程层面，物质转化与能/质集成的多层次复杂协同关系和联动机理，形成反应与分离系统的集成理论、能/质交换网络和反应—分离系统之间的集成策略和优化理论、厂内—厂际多尺度能/质集成拓扑连接方式的协调优化方法等。

（25）安全环保全生命周期监控。基于高危物质生产工艺机理，深度挖掘和融合不同属性、不同尺度的过程安全数据与安全分析知识，分析包含生产、运输、储存和使用等业务流程中的安全和环保影响因素、安全指标与分析方法；通过对领域知识的概念提取与划分，研究面向高危物质与环保指标全生命周期信息完备集成和自动融合的知识模型建立方法与技术，实现对全流程生产过程的安全环保监控。

（26）化工过程风险智能评估与高效决策。分析事故情景变化过程的不确定因素，探索人员、装备、环境对风险演化过程的贡献与影响规律；研究基于跨媒体数据的智能风险预警和应急管理，针对生产设备健康状态预测与维护，实现优化微量安全环保指标的实时检测网络布局；研究风险的传播时空特征与因果逻辑，回溯异常现象形成的根本原因；基于现有的应急预案或事故的一般响应流程，结合人员、设备、环境、物质状态特性，实现人机合作和高效决策，使风险对安全、环境和经济性的影响最小化。

12.4 技术路线图

12.4.1 发展目标与需求

化学工业是国民经济和国防事业的基础，在改善人们的衣、食、住、行及卫生和健康条件，提高人们的生活水平等方面发挥着不可替代的作用，但化学工业的发展和化工产品的应用也常常伴随着环境污染、资源过度消耗以及影响人们健康等挑战问题。生产过程的清洁化、资源利用的高效化、化工产品的无害化等绿色概念也由此日益受到重视。绿色化工通过使用自然能源、用化学物理生物的技术和方法避免给环境造成污染，避免排放有害物质、副产品和废弃物，并考虑节能和节省资源。它消除了各种有害化学物质对生态环境和人类健康危害，是减少和控制化工污染的最有效手段。

本项目组提出面向 2035 年的中国绿色化工科技发展目标如下：

以“分子科学+智能科学”为科学手段，以过程强化为重要途径，坚持“安全、环保、节能、降耗”，形成以“分子—产品—工厂—园区—行业—生态系统”为主导的绿色过程及绿色产品工程，推动化学工业质量变革、效率变革、动力变革。 以分子科学为手段，利用先进的分子模拟理论技术与微观可视化及调控技术，实现对宏观化工过程中典型问题的重大发现与突破，从而做到化工过程高设计安全性、高原子经济性与高能源利用率。此过程与人工智能科学手段相结合，做到分子角度理论设计的高通量、多尺度与高可预测性，并且协助过程操控做到高自动化、高效准确的流程化与低能耗环保化。指导产业布局科学发展，推广应用有利于环境保护的化工新技术，促进节约资源，有效利用原料，减少环境污染。绿色化工涉及新能源发展建设、生物化学化工、新材料合成等新兴产业领域，以及石油化工、煤化工、传统材料化工等领域的升级改造，推动化工各项领域革新。将现有的具有重大发展前景的科学技术发展下去，如分子设计与新材料合成、过程强化技术与过程效率革新、交叉科学规划监督化工安全发展新路径等，在这些领域做到从理念到生态的和谐发展。

将现有的“实验室—工厂”的化工产业化过程，进一步拓宽细化升级为以“分子—产品—工厂—园区—行业—生态系统”为主导的绿色过程及绿色产品工程。在产业布局上定向精准匹配，从理论到生产再到生态化发展形成良性圈层，减少中间交流合作的隔膜，为分子科学、人工智能科学等科学手段与化工生产与行业社会建设的合力发展敞开大门，推动整个化学工业的质量变革、效率变革、动力变革。

12.4.2 重点任务

绿色化工科学与技术优先发展领域包括分子设计与计算模拟、化学生物技术与工程、绿色分子炼油、单原子催化、环境友好催化材料与绿色过程、离子液体等新介质、新能源材料、绿色制药和生物化工、精细化工、超重力过程强化及装备、等离子体强化、微化工、反应器工程放大与工艺强化、膜分离和膜反应、分子辨识分离过程、合成氨等传统工艺的绿色升级、化工安全、化工系统工程与工业大数据、化工管理科学与技术、化工期刊发展等方面，促进传统化工产业转型升级，实现绿色化、高端化、智能化与可持续发展。

12.4.3 技术路线图的绘制

面向 2035 年的中国绿色化工发展技术路线图如图 12-5 所示。

时间		2025年　2035年
需求		促进学科交叉融合，带动学科建设发展
		促进产业结构优化调整和高质量发展
		满足“美丽中国”和人类命运共同体的需要
目标	质量变革	基于分子科学推动化学工业质量变革
		高端产品设计与制造的竞争力显著增强
	效率变革	基于过程强化推动化工生产效率变革
		原料转化高值化、过程高效清洁化、环境生态绿色化
	动力变革	基于交叉科学推动化学工业动力变革
		以“智能+”和“数字化”管理服务为核心的绿色化工装备、产品、服务体系
重点技术	分子科学	分子设计与计算模拟
		绿色分子炼油技术
		航空航天密闭空间等专用催化过程的研究
		离子液体等新介质作用机制
	过程强化	超重力强化技术
		等离子体强化
		微化工技术微化工技术
		反应器工程放大与工艺强化
		膜分离和膜反应
	化工安全	化工系统工程与工业大数据
		化工管理科学与技术
重点产品	新能源材料	高效能量转换与存储技术及装备
	催化材料	环境友好催化材料与绿色产品
	信息材料	照明、显示、通信、传感等智能可穿戴终端应用
	生物材料	绿色制药与生物化工技术应用
战略支撑与保障		强化基础研究和成果转化，提升自主创新水平
		加强绿色化工园区建设，构建集群化管理模式
		转变人才培养机制，提升人才培养水平
		推广“政、产、学、研、用”发展模式，促进化工产业协同发展
		加大国际交流合作，充分利用绿色化工产业转移溢出效应

图12-5　面向2035年的中国绿色化工发展技术路线图

12.5 战略支撑与保障

1. 强化基础研究和成果转化，提升自主创新水平

（1）坚持面向生产发展，持续开展科技创新。坚持以科技为引领，加快推进产业转型升级；开展科技瓶颈攻关，开发变革性技术，提升装置技术水平；组织新产品研发，增强市场竞争优势；注重利用技术进步，促进安全绿色生产；深入开展专项研究，突破关键核心技术；推进绿色化工科技成果更快更好地实现转移转化，提高自主创新能力。

（2）设计具有自主知识产权的智能工艺。以“智”为引，探索将具有自主知识产权的核心技术应用于工业装置，提升其运行水平，实现高效催化剂、节能新工艺、提高资源利用率、优化运行技术的集成创新。

（3）强化技术标准引领。完善工业技术标准体系，在重点行业、重点领域开展工业产品安全、能效、环保和可靠性达标等改造行动，健全对企业技术改造的激励机制。发挥强制性能效标准作用，加快推广先进节能、节水、节材技术和工业产品绿色设计研发系统。

2. 加强绿色化工园区建设，构建集群化管理模式

建立多产业链接与跨介质污染协同控制的绿色智能解决方案，研究关键资源流、污染流、信息流的转化、迁移、形成机制，建立化工污染物全过程协同控污技术体系，突破工业物质流特征信息物联网监测技术/装备、工业大数据分析等关键技术，形成化工园区的绿色智能监测与大数据管控技术集成和应用。

3. 转变人才培养机制，提升人才培养水平

化工企业向高端化、智能化、绿色化升级发展，对我国化工人才提出新的要求。加强人才发展统筹规划和分类指导，深化绿色化工人才的体制机制改革。以多种方式引进和培养高端人才，聚焦绿色化工工程人才，培养一批熟悉绿色化工工艺、装备制造、智能化系统、企业管理的复合型人才，为绿色化工行业发展提供人才保障。加强指导化工从业者树立正确的工程伦理观，实现从“工程知识传授”到“工程师人才培养”的转化，提升人才培养水平。

4. 推广“政、产、学、研、用”发展模式，促进化工产业协同发展

在政府层面，积极搭建平台，发挥引导与统筹作用，营造优良的创新生态。在企业层面，坚持市场主导，大胆投入，开放资源共享，并保证信息交互顺畅。在高校层面，面向实际需求，努力改革教学培养方式和科技创新模式。在研究机构层面，充分利用自身的软硬件优势和科研实力，展现支撑和串联的功能。在产品用户层面，加强成果转移转化，与其他主体共

建协同创新中心。在以上五方面保持一致的前提下，逐步实现管理协同、组织协同和战略协同。

5. 加大国际交流合作，充分利用绿色化工产业转移溢出效应

围绕绿色化工科学与技术产业，在人才培养、基础研究、技术合作、知识产权、应用示范等方面广泛开展国际交流与合作，拓展国际合作领域。结合“一带一路”等国家重大战略，支持绿色化工科学与技术产业走出去和发展壮大。

小结

本章系统分析绿色化工科技与产业，梳理了国内外绿色化工关键前沿科技及其发展态势，提出了面向 2035 的中国绿色化工发展目标：开拓基于宏观尺度向分子尺度递延的过程科学——分子化学工程，突破纳微尺度传递反应规律认知与跨尺度理论体系，解决从“分子到工厂”的知识断层问题，突破变革性新技术，提升高端产品设计与制造的竞争力，实现化工生产的原料转化高值化、过程高效清洁化、环境生态绿色化，形成以“智能+”和“数字化”管理服务为核心的绿色化工装备、产品、服务体系，促进化工产业转型升级，支撑化工新材料产业的发展，满足数字经济、生命健康、绿色能源等新产业对化学品和合成材料的需求，实现化学工业绿色化高端化高质量发展。基于此，从“分子科学”“过程强化”“化工安全”3 个方面总结了绿色化工科学与技术优先发展的 26 个前沿方向，以及促进绿色化工科技发展的政策措施建议，为推动中国乃至世界化工科技和产业发展水平、加快中国化工产业高质量发展提供了战略层面的参考。

第 12 章编写组成员名单

组　长：陈建峰

成　员（按姓氏笔画排序）：

丁　宁　王　丹　王玉庆　王洁欣　王爱红　邢卫红　邢华斌

巩金龙　朱旺喜　仲崇立　任其龙　江莉龙　李映伟　杨　超

吴　鸣　邱介山　初广文　张国俊　张香平　张　涛　张锁江

张　强　罗正鸿　金万勤　郑裕国　赵劲松　赵颖力　胡迁林

钟伟民　骆广生　钱旭红　钱　锋　徐春明　高彦静　唐方成

黄　和　黄延强　彭孝军　谢在库　褚良银　樊江莉

执笔人：王　丹　杨　超

13

面向 2035 年的中国稀土催化材料发展技术路线图

13.1 概述

稀土催化材料主要应用于环境和能源领域，在国民经济中占据重要地位。稀土催化材料在石油裂化、机动车尾气净化、工业烟气脱硝以及有机废气（挥发性有机化合物：Volatile Organic Compounds，简称 VOCs）净化等方面发挥着越来越重要的作用。发展稀土催化材料不仅可以推动环境和能源领域的发展，促进民生，改善人类生存环境，而且可以促进镧、铈等高丰度轻稀土元素的高值化应用，有效缓解与解决中国稀土消费结构失衡，意义重大。

中国稀土催化材料产品发展水平与世界水平相比（从总体上看），国产石油裂化催化材料在使用性能上已达到国际先进水平，但在机动车尾气净化催化材料、工业烟气脱硝催化材料、有机废气净化催化材料等方面，与国外先进水平仍有较大差距，如铈锆储氧材料、堇青石蜂窝陶瓷载体、小孔分子筛脱硝催化材料、催化剂及装置等主要依赖国外企业生产，并且小孔分子筛脱硝催化材料存在专利壁垒，这些严重制约中国稀土催化材料技术及产业的快速发展。

本项目通过调研国内外稀土催化材料在机动车尾气净化、工业烟气脱硝、有机废气净化等方面的技术发展态势、知识产权、前沿技术等，并结合中国实际情况，制定出面向 2035 年的中国稀土催化材料发展技术路线图，规划本领域的发展方向、发展目标和技术路线，提出相关建议等。

13.1.1 研究背景

近年来，中国城市雾霾污染已成为社会广泛关注的重大环境问题，大气污染治理任重而道远。2015 年 8 月 9 日修订通过的《大气污染防治法》进一步强化了对机动车尾气、工业烟气及有机废气等污染物的治理。2016 年，新的《环境空气质量标准》颁布。2017 年，发布了《打赢蓝天保卫战三年行动计划（2018—2020 年）》，其在时间上与以前的“大气十条”相承接，在主要污染物 PM 2.5 的控制目标上，与 2016 年颁布的“十三五”生态环境保护规划保持一致。党的“十九大”报告为生态环境保护工作制定了时间表和路线图，也为大气污染控制明确了重点任务。2020 年 7 月 1 日，我国开始全面实施《轻型汽车污染物排放限值及测量方法（中国第六阶段，GB 18352.6—2016）》；2021 年 7 月 1 日，将开始全面实施《重型柴油车污染物排放限值及测量方法（中国第六阶段，GB 17691—2018）》（以上两项标准简称国六标准）。越来越严格的国家环保政策、不断升级的污染物国家排放标准，均对稀土催化材料的性能提出了越来越严格的技术要求。

国六标准是在延续欧盟标准、融合美联邦标准、协调全球技术法规基础上形成的全球最严的汽车排放法规。国六标准的实施对起步晚、基础弱、技术创新能力不强的中国稀土催化材料产业将是一个严峻挑战。目前，国产铈锆储氧材料、堇青石蜂窝陶瓷载体、小孔分子筛脱硝催化材料等难以满足国六标准要求，国外对其垄断或封锁，应对不当将会对国家环境保护战略的实施和汽车支柱产业的健康可持续发展带来难以估量的影响。因此，国家从战略高度对此进行布局显得十分重要。另外，目前火电厂烟气脱硝主要用进口钒钛基商用催化剂，存在含钒有毒固体废弃物难以处理等问题；对有机废气的净化，采用催化及与其他技术的组合使用（包括吸附、蓄热式燃烧），但中国在高性能、长寿命的有机废气净化催化剂及相应的过程控制技术与国外相比有显著差距。

为此，本项目开展机动车尾气净化、工业烟气脱硝、有机废气净化等方面的稀土催化材料发展战略研究，规划其未来技术及产业发展方向、发展目标和技术路线，提出相关发展建议，为国家战略决策提供依据。

13.1.2 研究方法

本项目研究范围主要是环境领域的稀土催化材料，如机动车尾气净化催化材料、工业烟气脱硝催化材料、有机废气净化催化材料等。首先，对国内外稀土催化材料领域的论文发表数量和专利申请数量分别进行查询，其中，论文资料查询采用 Web of Science 数据库系统，专利资料查询通过德温特数据库系统。将所得到的本领域论文、专利查询数据分别导入中国工程院战略咨询智能支持系统（iSS）进行解析，得到稀土催化材料技术研发态势。其次，针对上述稀土催化材料召开多次专家现场研讨会议，开展市场调研、企业交流等，并对核心技术进行梳理、提炼和归纳，形成稀土催化材料关键技术清单。最后，在此基础上，结合国内外资料文献，召开稀土催化专家视频研讨会议，对技术路线图进行梳理、提炼、归纳等，并经多次修改、完善，最终形成面向 2035 年的中国稀土催化材料发展技术路线图。

13.1.3 研究结论

在论文方面，中国、美国、日本在稀土催化材料领域的论文发表数量占据主导地位，数量呈逐年递增趋势。在专利方面，日本、美国在铈基材料、堇青石蜂窝陶瓷载体、汽车尾气净化催化剂等方面占优势，中国在本领域申请了不少专利，但原创核心专利仍被国外掌控。巴斯夫公司、庄信万丰公司、丰田公司在选择性催化还原（Selective Catalytic Reduction，SCR）分子筛方面占主导地位；NGK 公司、康宁（Corning）公司、揖斐电（IBDEN）公司在堇青石蜂窝陶瓷载体方面占优势；雅吉隆公司、壳牌公司、日本触媒化成公司、托普索公司在工业烟气脱硝催化剂方面占主导地位。

目前，全球机动车尾气净化催化材料领域的专利申请数量排名前 3 的机构均为汽车企业，如丰田公司、三菱公司和本田公司。在满足国六标准机动车尾气净化催化材料方面，SCR 分子筛车用脱硝催化材料被巴斯夫公司专利封锁，中国高性能（超薄壁、高孔隙率）堇青石蜂窝陶瓷载体制造技术处于空白，因此，中国稀土机动车尾气净化催化剂全产业链面临严峻挑战。

目前，国际上工业烟气脱硝普遍采用的是钒钛基催化剂，但钒的“危废”属性限制了其应用。中国在工业烟气脱硝稀土催化剂的基础研究方面积累深厚，总体水平居国际前列。但由于成果转化机制、工程化保障等方面的原因，相关基础研究优势还未能转化为产业优势，在催化剂选型、反应器设计以及反应性能优化等方面与国外相比仍有一定差距。随着国家对工业烟气治理工作的不断推进，不同行业对催化剂有着新的需求，如钢铁、水泥的低温和耐硫，燃气轮机的高温和高空速等。由于传统钒钛基催化剂在上述新需求领域的应用性能难以满足要求，并且国外对非钒钛基催化剂的研究也处于起步阶段，这不仅给中国工业烟气脱硝稀土催化剂的发展带来挑战，而且提供了新的机遇。

国外关于有机废气的排放法规实施较早，有机废气净化技术发展较为完善。有机废气净化催化剂的生产厂家主要有庄信万丰（Johnson Matthey）公司、巴斯夫（BASF）公司、克莱恩（Clariant）公司、托普索（Topsoe）公司等，但有关催化剂的成分及工艺都处于保密状态。由于有机废气来源复杂、行业覆盖范围广，加上技术经济性等的影响，造成中国有机废气排放控制技术混杂，整体净化效果较差。“十三五”期间，在石化等重点行业有机废气排放控制方面，催化净化技术得到了快速发展和规模应用，但在催化剂的广谱净化性能、稳定性等方面与国外相比仍有较大差距。开发广谱、高效的净化催化剂，提高催化剂抗中毒能力和使用稳定性，并扩展有机废气催化净化技术在其他行业中的应用，实现有机废气在高空速条件下的超低排放是有机废气催化净化技术的发展趋势。另外，亟须开发适用于含杂原子（如含氯等）有机废气在内的复合有机废气净化催化剂及相应的净化工艺与设备。

面向 2035 年的中国稀土催化材料发展，应加强铈锆储氧材料、改性氧化铝等关键材料的高温热稳定性机理，贵金属分散及锚定机理，稀土脱硝机理，有机废气净化机理等方面的应用基础研究；重点开展机动车尾气（汽油车、柴油机、燃气发动机）后处理、工业烟气脱硝、有机废气净化等催化材料及其工程化技术，以及人工智能开发技术等重大项目研究。建立稀土催化上下游“产、学、研”联盟，加强上述稀土催化材料领域知识产权体系建设，重视技术人才培养，并加大资金和政策支持力度，以保障中国稀土催化材料的健康、快速、可持续良性发展。

13.2 全球技术发展态势

13.2.1 全球政策与行动计划概况

材料是社会发展的重要物质基础，材料创新是各种颠覆性技术革命的核心。2011 年，美国时任总统奥巴马宣布启动一项价值超过 5 亿美元的“先进制造业伙伴关系（Advanced Manufacturing Partnership, AMP）”计划，以强化美国制造业领先地位，其中“材料基因组计划（Materials Genome Initiative, MGI）”是重要组成部分，投资超过 1 亿美元。“材料基因组计划”是美国经过信息技术革命后，充分认识到材料革新对技术进步和产业发展的重要作用，以及在复兴制造业的战略背景下提出来的。从 2012 年开始，美国国家科学基金会、国防部、能源部、国家航空航天局、国家标准技术研究院给予资金支持 MGI 相关研究；2020 年，美国能源部投入 1.33 亿美元用于先进车辆技术的研发，其中 2750 万美元用于先进内燃机排放控制技术研究。

继美国后，2014 年欧盟启动了为期 7 年的“地平线 2020”（经费为 770.28 亿欧元），组织专家编制了“欧洲催化科学与技术发展计划”路线图，明确提出催化科学与技术是“地平线 2020”七大挑战的重要推动力。在该路线图中，汽车尾气净化催化剂发展方向如下：用储量丰富且成本低廉的稀土材料替代稀缺而昂贵的贵金属，在纳米尺度精细制备催化剂，以调控其性能。2012 年，德国政府公布题为《十大未来项目》的跨政府部门联合行动计划，并决定在 2012—2015 年向十大未来项目资助 84 亿欧元。被称为“工业 4.0”的未来项目，主要是通过深度应用信息通信技术，从总体上掌控从消费需求到生产制造的所有过程，由此实现高效生产管理。

2015 年，中国提出“制造强国战略”和“新材料专项”规划，制定了“创新驱动、质量优先、绿色发展、结构优化”的制造业强国战略方针，大力推动制造业“由大到强”的转型发展。其中，“新材料产业发展指南”中稀土产业关联度高，对稀土材料的保障能力和质量性能提出了更高要求，将带动稀土产业高速发展。2016 年工业和信息化部发布的《稀土行业发展规划（2016—2020 年）》提出大力发展稀土催化材料、稀土陶瓷材料、稀土助剂等稀土绿色应用工程，促进稀土行业可持续发展，推动产业整体迈入中高端。机动车尾气净化催化材料、工业烟气脱硝催化材料、有机废气净化催化材料等被列入“十三五”国家科技重点研发计划项目。

13.2.2 基于文献和专利统计分析的研发态势

1995—2019 年全球稀土催化材料领域论文发表数量变化趋势如图 13-1 所示，从图 13-1 可知，稀土催化材料自 1997 年以后开始变为研究热点，论文发表数量逐年快速增长，到 2018 年达到最高点，说明稀土催化材料一直是学术研究的热点领域。部分国家在稀土催化材料领域的论文发表数量如图 13-2 所示，中国、美国、日本、法国、韩国、德国等在稀土催化材料方面发表论文较多，其中中国数量最多。

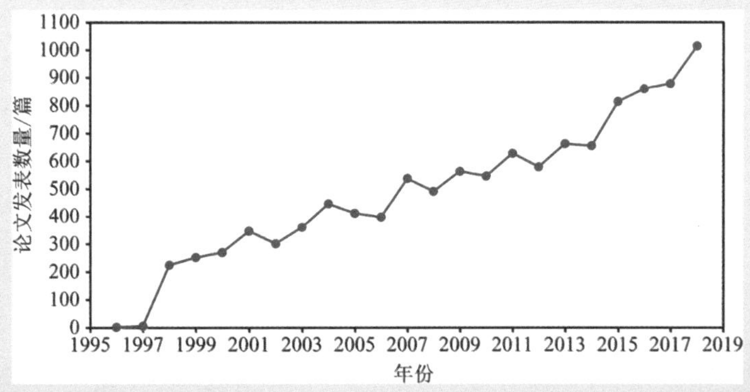

图 13-1　1995—2019 年全球稀土催化材料领域论文发表数量变化趋势

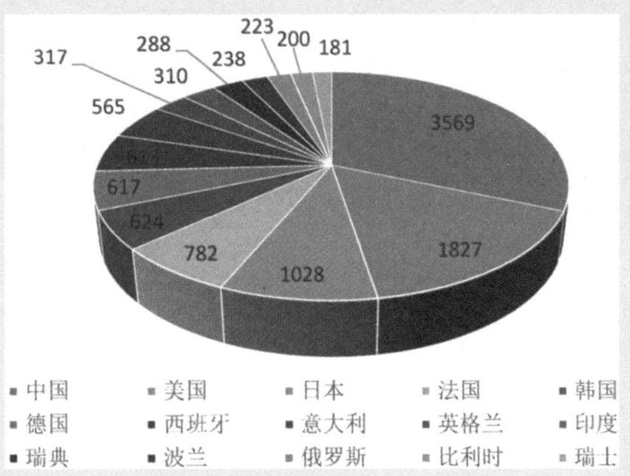

图 13-2　部分国家在稀土催化材料领域的论文发表数量（单位：篇）

1960—2020 年全球稀土催化材料领域专利申请数量变化趋势如图 13-3 所示。从图 13-3 可以看出，从 1966 年开始，本领域专利申请数量总体上呈上升趋势，到 1982 年增长幅度开始加大，特别是在 2016 年专利申请数量陡然上升，在 2017 年达到最多。部分国家或组织在稀土催化材料领域的专利申请数量如图 13-4 所示。由图 13-4 可以看出，在稀土催化材料领域的专利申请数量方面日本、中国、美国占据主导地位。全球稀土催化材料领域专利申请机构情况如图 13-5 所示。由图 13-5 可知，稀土催化材料领域的专利申请机构主要为 NGK、丰田、揖斐电等。

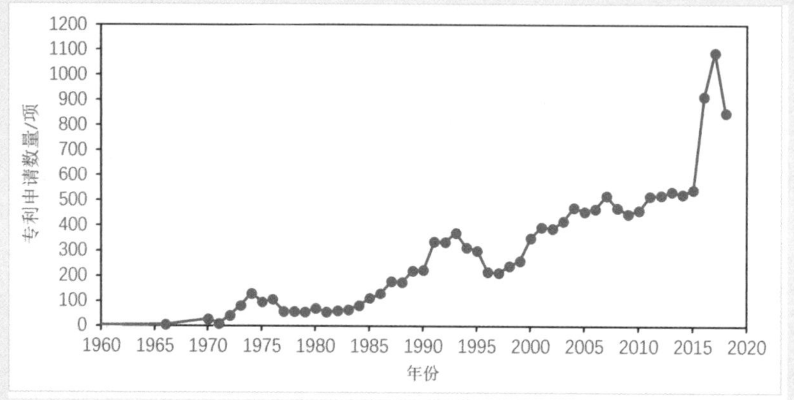

图 13-3　1960—2020 年全球稀土催化材料领域专利申请数量变化趋势

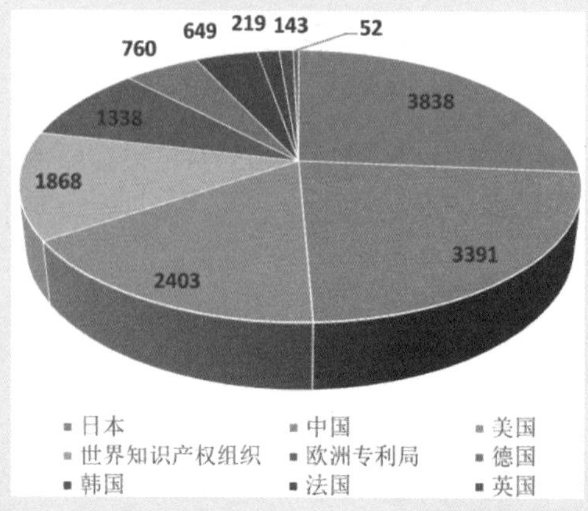

图 13-4　部分国家或组织在稀土催化材料领域的专利申请数量（单位：项）

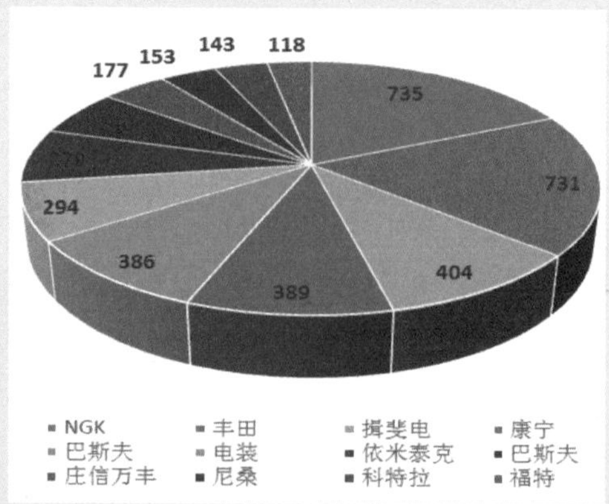

图 13-5　全球稀土催化材料领域专利申请机构情况

机动车尾气净化催化材料行业主要包括催化剂涂层关键材料（铈锆储氧材料、活性氧化铝及 SCR 分子筛车用脱硝催化材料等）、堇青石蜂窝陶瓷载体、催化剂制造及催化系统优化等。满足国六标准的铜基小孔 SCR 分子筛催化材料专利被巴斯夫公司垄断，已成为制约国六标准汽车尾气净化催化产业发展的“短板”之一。铈锆储氧材料专利及技术水平与国外相比仍有较大差距。全球机动车尾气净化用堇青石蜂窝陶瓷载体核心技术被日本 NGK 和美国康宁所垄断，国内企业经过多年发展虽已基本掌握生产技术，但在鞣料、成型、烧结、模具等生产环节的一致性和稳定性方面与国外相比仍有较大差距。

中国工业烟气稀土脱硝催化剂主要以铈基催化剂为主，铈基催化剂已成为国内 SCR 脱硝催化剂应用的研究热点。从具体内容来看，所研究的关键内容包括低温活性、抗硫中毒、抗碱中毒、多功能去除等。美国康美泰克（Cormetech）公司已研制出薄壁蜂窝式脱硝催化剂，该催化剂抗磨损及抗 SO_2 中毒等性能大大高于传统脱硝催化剂。荷兰壳牌（SHELL）公司设计了侧流反应器，有效解决了脱硝催化剂工程应用中的压降大难题。近年来，国外加大了对催化过滤复合材料的研发力度，这种材料集除尘与脱硝于一体，在除尘的同时还能减少催化剂堵塞，提升了催化剂的活性和稳定性。

有机废气净化催化剂主要分为两类：负载型贵金属催化剂和复合氧化物催化剂。国内多家研究单位开发了以 Pt、Pd 等贵金属为活性组分的系列稀土复合催化剂，利用稀土（主要包括 La_2O_3、CeO_2 等）在催化剂结构稳定、氧化还原、与贵金属相互作用等方面的促进作用，显著提高了催化剂的活性和稳定性，并在化工、喷涂、印刷等行业取得了良好应用效果。对含氯烃等高毒性、难降解有机废气的催化净化，国内研发了以 CeO_2 为主催化成分的系列复合氧化物催化剂和分子筛催化剂，目前其正处于工业验证阶段。但是与国外相比仍有一定差距，具体表现在以下 4 个方面。

（1）催化净化技术在有机废气排放控制领域应用的比例远低于国外。

（2）缺乏与有机废气排放工况（主要指有机废气的种类、浓度和排放风量等）相适应的高性能催化剂体系。

（3）对含氯烃等难降解、高毒性有机废气的催化净化，缺乏可工业化的高活性、高选择性和高稳定性的催化剂体系。

（4）尚未实现温和条件下低浓度有机废气的高效、广谱催化净化。

稀土催化材料未来发展趋势及研究热点如下：在机动车尾气净化方面，研究热点为铈锆储氧材料、堇青石蜂窝陶瓷载体、小孔 SCR 分子筛等关键材料，贵金属低温起燃、高活性催化剂技术等；在工业烟气脱硝方面，研究热点为满足超低温、适应高空速、耐受强中毒等极端工况用稀土脱硝催化剂制备技术；在有机废气净化方面，研究热点为抗中毒、抗热冲击及外场强化净化技术，以及有机废气高效广谱净化技术等。

13.3 关键前沿技术与发展趋势

1. 机动车尾气净化催化材料方面的关键技术

1）高温热稳定铈锆储氧材料

铈锆储氧材料具有优异的储放氧性能，且对贵金属具有分散作用，是汽车尾气净化催化剂必不可少的关键涂层材料。目前，比利时索尔维、日本第一稀元素等公司占据全球 85%以上市场份额，且有一定专利垄断性。国六标准汽车尾气净化催化剂对铈锆储氧材料提出更高的技术要求，例如，要求更好的高温热稳定性、高储放氧性能等。

2）高温热稳定、大孔容积、大比表面积氧化铝涂层材料

氧化铝具有较高的比表面积和丰富的孔道结构，有助于提高贵金属的分散度，通常以它作为汽车尾气净化催化剂的关键涂层材料。长期处于高温环境中，γ 型氧化铝容易向 α 型氧化铝转化，导致其比表面积急剧下降，影响催化剂的高温热稳定性和使用寿命。因此，亟须开发高温热稳定性良好、大孔容积、大比表面积的氧化铝涂层材料。

3）SCR 分子筛车用脱硝催化材料

随着汽车尾气排放法规的不断加严和国六标准逐步实施，分子筛以优异的水热稳定性、宽活性温度窗口、高氮气选择性使传统钒钨钛催化剂成为历史。但 Cu-SSZ-13 小孔 SCR 分子筛车用脱硝催化材料具有较大的专利壁垒，亟须开发自主知识产权的 SCR 分子筛车用脱硝催化材料。

4）低温冷启动吸附材料

根据 FTP-75 测试结果，冷启动阶段 HC 和 NO_x 排放量占整个测试总排放量的 60%以上；大多数机动车尾气净化催化剂在排气温度高于 200℃时，能够有效净化尾气中的污染物，然而，在 200℃以下时，净化效果非常有限。因此，需要开发低温冷启动吸附材料，有效解决冷启动排放问题。

5）稀燃 NO_x 存储及催化材料

以稀土-碱土金属为基体的催化材料与贵金属、过渡金属粒子相互作用后，具有优异的 NO_x 存储和三效催化协同性能，可以解决整车减速断油以及稀燃发动机 NO_x 难处理等关键难题，是新一代低油耗发动机技术需储备和应用的催化材料。

6）贵金属低温氧化稀土催化材料

颗粒物（PM）是未来汽油车和柴油车排放严格控制的污染物。带催化涂层的柴油车颗粒物捕集器（CDPF）、带催化涂层的汽油车颗粒物捕集器（CGPF）等需要高活性、高温热稳定性的贵金属-稀土基催化涂层材料，特别要求其具有较高的低温催化氧化性能，从而实现 CDPF、CGPF 的快速被动再生。

7）贵金属高分散度减量化技术

贵金属是机动车尾气净化催化剂的主要活性组分，催化剂成本中贵金属成本占 80%。目前，用于机动车尾气净化催化剂的贵金属约占总消耗量的 70%。排放标准的快速升级和加严，对机动车尾气后处理技术提出了严峻挑战，同时也进一步激化了贵金属战略资源的供需矛盾。未来，贵金属高分散度减量化技术是重点研究方向。

8）高目数、超薄壁、窄分布、高孔隙率堇青石蜂窝陶瓷载体制备技术

机动车尾气排放法规的升级对催化剂载体的性能提出了更高的要求。例如，三效催化剂（TWC）、柴油车氧化型催化剂（DOC）和 SCR 催化剂等应用的载体要求高目数、超薄壁以降低背压、提升耐热冲击性能；柴油车颗粒物捕集器（DPF）、汽油车颗粒物捕集器（GPF）要求高孔隙率、孔径分布均匀。国产堇青石蜂窝陶瓷载体难以满足以上要求，已经成为机动车尾气净化催化剂载体行业发展的短板。

9）非对称性过滤材料

采用传统结构柴油车颗粒物捕集器，随着碳烟沉积量的增加及灰分的积累，柴油发动机排气背压将会增大，进而影响柴油车颗粒物捕集器寿命和柴油发动机整机性能。为了克服传统结构柴油车颗粒物捕集器的不足，需要采用可提高柴油车颗粒物捕集器进/出口孔道比例的办法（非对称结构），增加载体碳烟和灰分的容量。

10）机动车尾气净化催化剂高精度涂敷技术

催化剂高精度涂敷技术是机动车尾气净化催化剂制造的核心，高精度涂敷技术也是催化剂涂层厚度控制、性能控制和成本控制的关键所在。

11）柔性调控贵金属三效催化剂技术

机动车尾气净化催化剂成本中约 80%为贵金属。采用柔性调控贵金属三效催化剂技术，可以根据市场行情调配 Pt、Pd、Rh 用量，降低成本。目前，国内在这方面的研究水平与国外相比还有一定差距，亟须开发柔性调控贵金属三效催化剂技术。

12）SCRF、CGPF 涂敷技术

随着排放法规的升级，机动车尾气后处理系统更加复杂。为了能在车辆底盘有限空间内安装复杂的后处理系统，带催化涂层的汽油车颗粒物捕集器（CGPF）、选择性催化还原过滤器（SCRF）涂敷技术应运而生。目前，国内相关领域技术处于空白。

13）基于材料基因组思想的数字化设计和人工智能开发技术

机动车尾气后处理是一个复杂的过程，需要综合考虑发动机排放特性、控制策略、催化

材料特性等。传统的“试错法”模式因“高成本、长周期”，故已无法满足排放法规频繁更迭对机动车尾气净化催化技术快速发展的需求，亟须开发低成本、短周期基于材料基因组思想的数字化设计技术。另外，人工智能是材料开发前沿技术，借助人工智能以实现机动车尾气净化催化材料的快速研发。

14）混合动力汽车尾气净化催化材料及其净化系统

面对新能源汽车时代的到来，未来混合动力汽车将在城市内得到推广。混合动力汽车特殊的运行工况对尾气净化催化材料等提出更加苛刻的技术要求，需要开发满足混合动力汽车运行工况的低成本尾气净化催化材料及其净化系统。

2. 工业烟气脱硝催化材料方面的关键技术

1）面向苛刻工况（高空速、高水汽浓度、高碱尘等）的脱硝催化剂配方及其制备技术

随着以钢铁、水泥等为代表的非火电行业超低排放政策的逐步实施，亟须开发出适应烟气成分复杂、工况苛刻（高空速、高水汽浓度、高碱尘等）的脱硝催化剂配方及其制备技术。

2）烟气除尘脱硫后的超低温脱硝技术

与传统先脱硝、再除尘、最后脱硫的烟气污染治理路线相比，先除尘、再脱硫、最后脱硝的技术路线具有烟气成分单一的优势，但经脱硫后的烟气温度通常较低（< 150℃）。现有的技术方案是将烟气升温至 200℃以上后再催化脱硝。从能量节约的角度考虑，开发烟气除尘脱硫后的超低温（<150℃）脱硝技术，可显著节约能耗，大幅度减轻脱硝运行成本。

3）低温抗硫性能好的长寿命脱硝催化剂技术

在实际工业烟气中或多或少含有一定量的 SO_2，而 SO_2 通常会对脱硝催化剂产生一定毒化作用。传统钒钛基商业催化剂在 300℃以下使用时，会因硫铵盐的沉积而逐渐失去活性。因此，开发低温抗硫性能好的长寿命脱硝催化剂是一个重要挑战。

4）高温热稳定和抗中毒能力强的脱硝催化剂技术

传统钒钛基商业脱硝催化剂在高温条件下使用时，容易出现 TiO_2 载体转晶（由锐钛矿转化为金红石型）而造成比表面积大幅度降低、催化剂失去活性等现象，而大型燃气轮机及石化行业等排放的烟气温度达到 450℃以上，因此，适合高温烟气处理的脱硝催化剂是重要研究方向。

5）可替代传统钒钛基催化剂的低毒稀土脱硝催化剂技术

稀土脱硝催化剂具有毒性低、环境友好等特点。开发出可替代传统钒钛基催化剂的稀土脱硝催化剂是未来脱硝催化剂发展的一个重要方向。

6）同时去除多污染物的多功效 SCR 脱硝催化剂技术

开发除了对氮氧化物具有良好的净化效果，同时还对其他污染物（如二噁英、砷、汞及粉尘等）具有良好净化效果的多功效 SCR 脱硝催化剂技术是未来的重要发展方向。

3. 有机废气净化催化材料方面的关键技术

1）高效有机废气净化催化剂的贵金属减量化与稳定化技术

贵金属催化剂一般具有广谱、高活性等特征，但贵金属成本高、对有机废气中的 Cl、P、S 等组分较为敏感而容易失去活性。因此，对贵金属催化剂，一方面要提高贵金属比活性，降低贵金属的用量；另一方面亟待提高实际使用条件下贵金属对 Cl、P、S 等物质的抗中毒能力。

2）广谱、长寿命的有机废气净化复合氧化物催化剂

与贵金属催化剂相比，复合氧化物催化剂的优势之一是成本较低。目前复合氧化物催化剂对某些特定的有机废气具有与贵金属催化剂相当的活性，但广谱性能还需进一步提高。此外，复合氧化物催化剂对 H_2O、S 和炭黑等组分也较为敏感。因此，需要开发具有广谱性能的高稳定性复合氧化物催化剂。

3）低起燃温度、高稳定性的低碳烷烃氧化催化剂

常规有机废气中含有苯系物、醇、酯、醛、酸、烯烃、烷烃等，其中低碳烷烃的低温催化氧化较难实现（起燃温度高达 400～600℃）。同时，高温也容易导致催化剂因活性组分团聚、载体烧结等而失去活性。低起燃温度、高稳定性的低碳烷烃氧化催化剂研发是目前有机废气净化领域面临的难点之一。

4）高选择性、高稳定性的含卤素复合有机废气协同净化催化剂

制药、氯碱等行业所排放的有机废气除了常规有机废气（只含 C、H、O 三种元素），还常涉及含卤素（Cl、Br 和 I 等）组分的有机废气。对含卤素复合有机废气的净化，不仅需要催化剂具有高活性和高稳定性，还需提高净化产物的选择性，同时需考虑含卤素产物的后期处理。目前，尚缺少有效的能高效稳定地应用于含卤素复合有机废气净化的催化剂体系。

5）外场（光、电、臭氧、等离子体等）强化催化技术

虽然利用贵金属或复合氧化物催化剂可基本实现常规有机废气的高效净化，但仍然存在催化剂成本较高、对低浓度有机废气净化效果差等问题。另外，有机废气组成复杂，种类繁多。耦合光、电、臭氧、等离子体等外场，发展多外场耦合的高效分段催化技术是解决上述问题的有效手段。应结合不同外场的理化特性，选择与其具有高度协同效应的催化剂，以实现低浓度有机废气的低温高效、低成本催化净化。

6）大容量、易再生、可高效吸附有机废气的疏水型吸附材料

对低浓度有机废气，采取吸附浓缩—脱附—催化燃烧的技术路线是最有效的控制方式之一。选择合适的可高效吸附有机废气材料是提高浓缩比、降低成本的关键。近年来，针对不同有机废气分子动力学直径，设计合成出特定孔道结构的炭吸附材料，成为新的发展方向。但炭材料存在不耐高温、再生困难等缺陷，分子筛吸附材料能够有效地克服这些缺陷，并且可通过改性提高疏水性能和吸附容量。

13.4 技术路线图

13.4.1 发展目标与需求

稀土催化材料应用于环境和能源领域，在国民经济中占据重要地位。针对目前中国稀土催化材料在环境领域的应用现状，未来应重点加强环境领域稀土催化材料的应用基础和工程化技术研发。

1. 发展目标

1）机动车尾气净化催化材料

到 2025 年，机动车尾气净化催化材料全面满足国六（包括国六 b）尾气排放标准，进而开展国七标准排放控制技术前沿研究。到 2030 年，满足国七标准的机动车尾气净化催化剂实现规模应用并达到国际先进水平。到 2035 年，机动车尾气后处理技术水平进入国际第一阵列。

2）工业烟气脱硝催化材料

到 2025 年，开发高性能稀土催化剂，满足火电、钢铁、水泥等行业 NO_x 超低排放要求。到 2030 年，结合国家能源发展战略，实现对燃气轮机等高温环境下的 NO_x 高效净化。

到 2035 年，突破适应高空速的脱硝技术，大幅度减小反应器体积和投资成本，引领脱硝技术变革。

3）有机废气净化催化材料

到 2025 年，满足石化、喷涂、印刷等重点行业有机废气高效净化需求。到 2030 年，实现含杂原子的复合有机废气高效净化，达到国际先进水平。到 2035 年，实现多工况、高空速条件下有机废气超低排放。

2. 发展需求

（1）机动车尾气净化催化材料：到 2025 年，解决铈锆储氧材料、柔性调控贵金属、小孔 SCR 分子筛、堇青石蜂窝陶瓷载体等关键核心技术，开展基于材料基因组思想的数字化设计和人工智能技术研究，保障机动车尾气后处理产业链安全。到 2030 年，机动车尾气净化催化关键技术达到国际先进水平，国产机动车尾气净化催化剂及装置的国内市场份额达到 30%。到 2035 年，机动车尾气后处理技术全面达到国际先进水平，国产机动车尾气净化催化剂及装置的全球市场份额达到 30%。

（2）工业烟气脱硝催化材料：针对钒钛基催化剂技术被国外垄断及钒钛基催化剂存在的危废环境污染问题，发展具有自主知识产权的烟气脱硝用稀土催化材料。到 2025 年，重点解决碱（重）金属中毒和低温硫中毒等难题。到 2030 年，重点攻克高温氨氧化和催化剂热稳定性差等难题。到 2035 年，发展高空速 SCR 分子筛脱硝催化剂技术，解决反应器占地面积大、维护成本高等问题。

（3）有机废气净化催化材料：到 2025 年，解决低含量贵金属稳定负载、抗中毒和抗烧结能力、广谱长寿命氧化物催化剂等难题。到 2030 年，发展含杂原子的复合有机废气净化高效催化剂、高效有机废气吸附材料、多场耦合复合有机废气净化技术等。到 2035 年，开发基于材料基因组思想的催化剂组成与结构设计技术、有机废气净化的过程强化技术。

13.4.2 重点任务

1. 优先发展基础研究方向

1）铈锆储氧材料高温热稳定性机理及其储放氧机制

作为机动车尾气净化催化剂的活性涂层，铈锆储氧材料具有独特的储放氧性能，可提高贵金属分散度，大幅度提升其催化性能。随着国六标准的逐步实施，对铈锆储氧材料的高温热稳定性和储氧能力提出更高要求。深入开展铈锆储氧材料的高温热稳定性机理及其储放氧机制研究，为产品性能的研发提供指导。

2）贵金属高分散度负载、锚定及减量化技术与机理

贵金属是机动车尾气净化、有机废气净化等催化剂的重要组分，但其资源短缺，高温下会发生粒子团聚、失去活性等现象。深入研究贵金属高分散度负载技术与机理，发展贵金属锚定技术，增强贵金属与铈锆储氧材料等活性涂层之间的相互作用，提高催化剂的高温热稳定性。

3）碳颗粒燃烧稀土催化剂及机理

深入研究稀土催化剂结构与碳颗粒燃烧性能之间的构效关系，在分子、原子层次上认识催化活性位结构和催化反应机理。

4）稀土脱硝催化及其抗中毒机理

La、Ce 等轻稀土材料可降低脱硝反应能垒，并在抗硫、碱中毒方面显示出良好性能，是苛刻工况下工业烟气脱硝处理的理想材料。深入研究稀土元素在工业烟气脱硝催化材料结构稳定、活性提高与抗中毒性能加强等方面的独特作用与机理，有助于突破现有脱硝技术瓶颈。

5）有机废气净化催化技术及机理

深入研究稀土对活性中心的修饰和调控机理、稀土对有机废气活化和反应途径的影响机制、催化剂失去活性的机理、稀土对催化剂抗烧结、抗中毒能力的影响机制等。

2. 关键技术

（1）高温热稳定铈锆储氧材料及氧化铝涂层材料技术。研发具有自主知识产权的高温热稳定铈锆储氧材料，研发大比表面积、大孔容积氧化铝涂层材料，打破国外技术垄断。到 2025 年，技术水平实现从国际“跟跑”到国际“并跑”；到 2035 年，实现国际“领跑”。

（2）SCR 分子筛车用脱硝催化材料技术。未来须研发该技术，打破国外专利壁垒，形成自主知识产权体系，进入国外品牌汽车市场。到 2025 年，技术水平实现从填补国内空白到国际“跟跑”；到 2030 年，实现国际“并跑”；到 2035 年，实现国际“领跑”。

（3）HC 吸附及 NO_x 存储材料技术。开展 HC、NO_x 高效吸附材料技术研究，实现冷启动和稀燃 NO_x 催化系统的广泛应用。到 2025 年，技术水平实现从国际“跟跑”到国际“并跑”；

到 2035 年，实现国际“领跑”。

（4）堇青石蜂窝陶瓷载体技术。研发高精度、耐磨、长寿命磨具，研发高目数、超薄壁、窄分布、高孔隙率堇青石蜂窝陶瓷载体。到 2025 年，技术水平实现从填补国内空白到国际“跟跑”；到 2030 年，实现国际“并跑”；到 2035 年，实现国际“领跑”。

（5）贵金属高分散度减量化技术。开展贵金属高分散度减量化技术研究，实现低含量贵金属催化剂的工业化生产。到 2025 年，技术水平实现从国际“跟跑”到国际“并跑”；到 2035 年，实现国际“领跑”。

（6）催化剂高精度涂敷技术。研发高度自动化、高精确控制的涂敷装备，实现催化剂精细涂敷、可控制备。到 2025 年，技术水平实现国际“并跑”；到 2035 年，实现国际“领跑”。

（7）柔性调控贵金属 TWC 催化剂技术。研发 Pt、Pd、Rh 不同配分、结构控制技术，实现催化剂的高性能低成本工业制备。到 2025 年，技术水平实现从国际“跟跑”到国际“并跑”；到 2035 年，实现国际“领跑”。

（8）SCRF、CGPF 涂敷技术。开发出催化浆料配方及精细涂敷技术，满足 SCRF、CGPF 的高效工业化制备。到 2025 年，技术水平实现从填补国内空白到国际“跟跑”；到 2030 年，实现国际“并跑”；到 2035 年，实现国际“领跑”。

（9）基于材料基因组思想的数字化设计和人工智能开发技术。建立催化材料基因组数据库、数字化设计或智能算法软件体系，实现催化材料的快速研发。到 2025 年，技术水平实现从填补国内空白到国际“跟跑”；到 2030 年，实现国际“并跑”；到 2035 年，实现国际“领跑”。

（10）抗中毒脱硝催化剂制备技术。研发抗硫、碱（重）金属中毒能力强的脱硝催化剂制备技术。到 2035 年，实现火电、钢铁、水泥等行业的脱硝应用。

（11）超低温/高温脱硝催化剂技术。分别研发出适应超低温环境和高温环境的脱硝催化剂，填补商业催化剂空白。到 2030 年，实现该技术在燃气轮机等领域的脱硝应用。

（12）高空速 SCR 脱硝催化剂技术。研发新型 SCR 分子筛脱硝催化剂，到 2035 年，实现其在高空速条件下稳定、高效使用，大幅度降低脱硝的物理空间需求和运行成本。

（13）多功效 SCR 脱硝催化剂技术。开展该类催化剂的配方、结构技术研究，到 2035 年，实现对工业烟气多种污染物的协同净化处理。

（14）有机废气净化贵金属催化剂技术。2021—2025 年，重点发展贵金属稳定负载技术、贵金属方案柔性设计技术及贵金属抗中毒技术；2026—2030 年，重点发展贵金属减量化技术和抗烧结技术，复合有机废气污染物协同控制技术；2031—2035 年，重点发展贵金属利用效率增强技术，传热、传质等过程强化技术。

（15）有机废气净化复合氧化物催化剂技术。2021—2025 年，重点发展有机废气广谱、高效净化催化剂组成设计技术；2026—2030 年，重点开展催化剂抗杂质稳定技术，复合有机废气污染物协同控制技术；2031—2035 年，重点开展催化剂贵金属利用效率增强技术，传热、传质等过程强化技术。

（16）多场耦合有机废气污染物协同净化催化剂技术。2021—2030 年，重点发展适应外场理化特性的催化剂组成设计技术、多场耦合复合有机废气污染物协同净化技术；2031—2035 年，重点发展多场耦合高效氧化分段技术、模块化设计技术和过程强化技术。

3. 重点产品

（1）铈锆储氧材料。到 2025 年，铈锆储氧材料性能满足国六标准催化剂的指标要求，实现规模化应用；到 2030 年，机动车尾气净化催化剂用铈锆储氧材料的国内市场份额达到 70%；到 2035 年，机动车尾气净化催化剂用铈锆储氧材料的全球市场份额达到 50%。

（2）小孔 SCR 分子筛车用脱硝催化材料。到 2025 年，突破小孔 SCR 分子筛车用脱硝催化材料专利壁垒，实现规模化应用；到 2030 年，小孔 SCR 分子筛车用脱硝催化材料的国内市场份额达到 60%；到 2035 年，小孔 SCR 分子筛车用脱硝催化材料的全球市场份额达到 50%。

（3）堇青石蜂窝陶瓷载体。到 2025 年，突破满足国六标准的堇青石蜂窝陶瓷载体制备技术，实现规模化应用；到 2030 年，车用堇青石蜂窝陶瓷载体的国内市场份额达到 70%；到 2035 年，车用堇青石蜂窝陶瓷载体的全球市场份额达到 50%。

（4）汽油车 TWC、GPF 催化剂。到 2025 年，满足国六标准的汽油车 TWC、GPF 催化剂及装置的国产化率达到 30%，进入国外品牌汽车市场；到 2030 年，汽油车 TWC、GPF 催化剂技术达到同期世界先进水平，该类催化剂及装置的国内市场份额超过 50%；到 2035 年，汽油车 TWC、GPF 催化剂及装置的全球市场份额超过 30%。

（5）柴油机尾气净化催化剂。到 2025 年，满足国六标准的柴油机尾气净化催化剂及装置的国产率达到 20%；到 2030 年，柴油机尾气净化催化剂技术达到同期世界水平，国内市场份额达到 50%；到 2035 年，柴油机尾气净化催化剂及装置的全球市场份额超过 20%。

（6）燃气发动机尾气净化催化剂。到 2025 年，满足国六标准燃气发动机尾气净化催化剂及装置的国内市场份额达到 50%；到 2030 年，燃气发动机尾气净化催化剂及装置达到世界领先水平，其全球市场份额达到 30%；到 2035 年，燃气发动机尾气净化催化剂及装置的全球市场份额达到 50%。

（7）中低温脱硝催化剂。到 2025 年，打破国外技术垄断，实现 200～300℃温区稳定高效脱硝；到 2030 年，下探工作温度区间至 150～200℃，技术水平达到国际先进水平。

（8）极端工况用脱硝催化剂。到 2025 年，实现低硫条件下超低温（<150℃）工业脱硝；到 2030 年，突破传统钒钛基催化剂的限制，实现高温（400～600℃）工业烟气脱硝催化净化；到 2035 年，实现高空速脱硝，大幅度提高单位催化剂的烟气处理量。

（9）有机废气净化贵金属催化剂。到 2025 年，满足石化、化工等重点行业有机废气排放控制要求，实现规模化应用；到 2030 年，对低含量贵金属催化剂实现复合有机废气污染物的协同控制，实现规模化应用，参与国际竞争，达到国际先进水平；到 2035 年，提高催化剂的高空速净化能力，实现有机废气的超低排放，达到国际领先水平。

（10）有机废气净化复合氧化物催化剂。到 2025 年，满足涂装、包装印刷等重点行业的有机废气排放控制要求，实现规模化应用；到 2030 年，复合有机废气污染物的协同控制，实现规模化应用，达到国际先进水平；到 2035 年，提高催化剂的高空速净化和抗积碳能力，实现有机废气的超低排放，达到国际领先水平。

（11）多场耦合有机废气污染物协同净化催化剂。到 2030 年，适应外场理化特性的高效催化剂及其应用技术，实现温和条件下有机废气的高效净化，达到国际先进水平；到 2035 年，实现复合有机废气污染物在温和条件下的高空速、超低排放，达到国际领先水平。

4. 重大项目

1）汽油车尾气后处理用催化剂与关键材料研发及其工程化

汽油车尾气近零排放、三效催化剂 TWC 与整车同寿命是国际汽车尾气排放法规未来发展的必然趋势。为满足国六标准及以上排放低限值、高瞬态工况和更长的耐久性要求，采取了大幅度提高 TWC 贵金属用量、增加 CGPF 等技术手段，导致汽油车后处理成本大幅度上升。以短周期、更新快、严要求等为特点的机动车尾气排放标准对催化材料技术提出了新的挑战。

针对超低排放限值、高瞬态工况、更好的耐久性要求以及未来混合动力汽车的发展需求，开发高温热稳定及高储氧能力的新型结构铈锆储氧材料、高温热稳定稀土改性氧化铝材料、HC/NO_x 高效吸附材料、贵金属稳定高分散度减量化技术等，形成宽空燃比窗口三效催化剂

TWC 及系统集成技术，实现快速响应和高效率；开发低背压-高捕集效率的 CGPF 技术，重点突破超细颗粒捕集技术问题。

总体目标：开发出高性能铈锆储氧材料、氧化铝材料、HC/NO_x 吸附材料可控制备技术并实现产业化应用。铈锆储氧材料经 1100℃， 10 小时高温老化处理后的比表面积大于 $28m^2/g$；氧化铝材料经 1100℃， 10 小时高温老化处理后的比表面积大于 $80m^2/g$。TWC 老化处理后的储氧能力≥450mg/L，GPF 涂敷后的背压增率<30%、捕集效率>80%。开发出贵金属稳定分散及均匀涂敷工艺、贵金属柔性涂层技术，并实现产业化应用，涂敷精度≤±3%，轴向涂敷高度偏差≤±1cm，涂层脱落率<1%，贵金属用量减少 20%以上。TWC+CGPF 催化系统性能满足国六及以上排放标准。

2）柴油机尾气后处理催化剂与关键材料研发及其工程化

柴油机污染物排放已成为我国大气雾霾、光化学烟雾形成的主因之一，有效控制柴油机尾气排放对保障中国《大气污染防治法》实施、实现大气污染物排放总量控制、改善区域大气环境、打赢蓝天保卫战具有重要意义。柴油机尾气后处理系统十分复杂，包括 DOC、SCR、DPF、SCRF/CDPF、氨逃逸催化剂（ASC）等关键催化材料。

针对低油耗、低排放限值的要求，开发具有自主知识产权的高性能（高低温催化活性、宽活性温度窗口、高选择性）SCR 分子筛车用脱硝催化材料并实现产业化应用。开展非对称模具研制、完善模具涂层技术；通过优选原料及优化成型机构造和工艺参数，实现堇青石晶体的定向排列，突破高性能堇青石蜂窝陶瓷载体制备中的低热膨胀系数、高孔隙率和孔径分布可控调变等技术难题。研发 DOC 催化剂及贵金属减量化技术，提高贵金属利用率。研发柴油机 DOC、DPF、SCR、ASC 等多种后处理优化集成技术，如 SCRF/CDPF 先进催化材料制造技术。

总体目标：突破 SCR 分子筛车用脱硝催化材料专利壁垒，开发廉价高效炭烟颗粒催化燃烧稀土催化材料。DOC 催化剂新鲜及老化后的 HC 起燃温度均低于 310℃，贵金属用量降低 20%以上；CDPF 催化剂对 PN 的过滤效率>90%；SCR 脱硝催化剂的平均 NO_x 转化效率达到 95%；ASC 催化剂的起燃温度<250℃，N_2 平均选择性＞90%；催化剂批量涂敷精度误差≤±5%。DOC+CDPF+SCR+ASC 催化系统满足国六及以上排放标准。

3）燃气发动机尾气后处理催化剂与关键材料研发及其工程化

天然气车使用燃气发动机，其与汽油车、柴油车、电动车相比，在技术可靠性、经济性、环保性、安全性等方面具有较好的综合优势，特别是在重型货车方面优势更为明显。

针对燃气发动机瞬变工况排放控制特点，开发快速响应催化剂技术；开发高空速 NO_x 和 NH_3 处理催化剂技术，应对复杂排放环境下的 NO_x 转化效率。开发低含量贵金属、高效燃气发动机尾气后处理催化剂技术，降低成本。

总体目标：突破涂层材料、贵金属负载及高分散度技术，开发出低含量贵金属、高效燃气发动机催化剂技术，并实现产业化应用。铈锆储氧材料经 1100℃，10 小时高温老化处理后的比表面积大于 28m^2/g；氧化铝材料经 1100℃，10 小时高温老化处理后的比表面积大于 80m^2/g。催化剂中的贵金属用量降低 20%以上；催化系统满足国六及以上排放标准。

4）工业烟气脱硝催化剂研发及其工程化

随着中国大气污染治理工作的深入，逐渐形成了在 180～400℃具有深度净化效果的 SCR 脱硝催化剂及应用技术。但在水泥、冶金、生物质锅炉等工业烟气治理方面，由于烟温不匹配以及水/硫/碱金属等中毒等原因，在低成本脱硝工程运行以及长寿命催化剂制备等方面仍面临严峻挑战。

针对特定工况烟气处理的行业难题，制备适应超低温（<150℃）、高温（400～600℃）和高碱尘（Na、K）的高效稀土催化剂及装置。重点研究烟气高效治理、节能优化等耦合技术，突破苛刻条件下 NO_x 净化关键稀土催化剂制备技术及应用装置，在国家大气污染防治重点区域内开展应用工程示范。

总体目标：开发在燃气轮机、垃圾焚烧炉、生物质锅炉、钢铁、水泥、玻璃等脱硝瓶颈行业应用的稀土催化剂及工程化应用技术。开发低钒/无钒的高效 SCR 脱硝催化剂技术。脱硝催化剂孔容积大于 0.5cm^3/g，成型催化剂轴向抗压强度≥2.5 MPa，径向抗压强度≥0.5MPa；SO_2 氧化率不超过 1%，氨逃逸小于 3ppm。催化剂脱硝率≥85%，并在硫/碱尘/高水汽环境下稳定运行（24000 小时以上），实现多污染物协同控制。

5）有机废气净化催化剂研发及其工程化

催化净化是有机废气净化最有效的技术之一，但因缺乏与有机废气排放工况（主要指有机废气的种类、浓度和排放风量等）相适应的高性能催化剂，使催化净化技术的应用受到了极大限制。同时对含杂原子的复合有机废气污染物的净化目前还缺少有效的催化剂，也是国际有机废气净化的研发难点。

结合不同行业有机废气的排放特点和贵金属成本，发展柔性调控贵金属催化剂技术以及低含量贵金属的稳定负载技术，开发具有行业特点的广谱、高效、高稳定性稀土复合贵金属催化剂。研究多组分复合有机废气在稀土复合氧化物上的活化机制，实现部分行业贵金属催化剂的替代。研究高毒性、难降解含杂原子有机废气催化氧化的活化机制和反应路径，开发含杂原子的复合有机废气污染物净化的高活性、高选择性、高稳定性催化剂。耦合光、电、臭氧等外场，强化复合有机废气的活化，实现低浓度有机废气低温高效催化净化。研发基于材料基因组思想的催化剂组成与结构设计技术和有机废气净化过程强化技术，提高催化剂高空速条件下的净化能力。

总体目标：开发系列广谱、高效、高稳定性的有机废气净化用稀土复合催化剂及应用技术，满足石化、涂装、化工、包装印刷等多行业有机废气高效净化应用的要求，净化效率≥98%，寿命≥20000 小时，扩大有机废气净化的应用领域。开发基于有机废气排放工况的催化剂组成与设计技术，实现在高空速下有机废气的超低排放。

6）人工智能稀土催化材料开发技术

近几年，人工智能技术在飞速发展，人工智能技术开始在科学研究，尤其在材料开发领域显示出巨大的应用潜力。人工智能在材料开发的应用是材料科学领域的前沿课题，研究稀土催化材料领域的人工智能理论和技术，将构建稀土催化材料基础科研数据库，抢占稀土催化材料技术创新高地。

人工智能在材料研究中的瓶颈是实验数据的挖掘和处理。研发科技文献中的数据挖掘和处理技术，研究稀土催化实验数据（包括实验失败数据）的交互、管理和储存方式，建设稀土催化基础数据库。研究稀土催化材料开发用的人工智能算法和模型；研发具有共享和互联时代特征的人工智能材料开发平台。

总体目标：完成人工智能材料开发平台的研究和开发，完成稀土催化材料的实验数据挖掘技术开发，初步建立稀土催化材料的基础数据库，在机动车尾气净化催化材料、工业烟气脱硝催化材料、有机废气净化催化材料等领域，利用人工智能材料开发技术完成 5～10 项新型催化材料的研究和开发，材料性能达到同期世界先进水平。

13.4.3 技术路线图的绘制

面向 2035 年的中国稀土催化材料发展技术路线图如图 13-6 所示。

时间		2025年	2030年	2035年
目标	机动车尾气净化催化材料	全面满足国六（包括国六b）尾气排放标准，开展国七标准排放控制技术前沿研究	满足国七排放标准催化剂实现规模应用，达到国际先进水平	机动车尾气后处理技术水平进入国际第一阵列
	工业烟气脱硝催化材料	满足火电、钢铁、水泥等行业NO_x超低排放要求	实现对燃气轮机等高温环境下的NO_x高效净化	突破适应高空速的脱硝技术，引领脱硝技术变革
	有机废气(VOC_s)净化催化材料	满足石化、喷涂、印刷等重点行业VOC_s高效净化需求	实现含杂原子VOC_s高效净化，达到国际先进水平	实现多工况、高空速条件下VOC_s超低排放
需求	机动车尾气净化催化材料	解决铈锆储氧材料、柔性调控贵金属、小孔分子筛、堇青石蜂窝陶瓷载体等关键技术，开展基于材料基因组思想数字化设计和人工智能技术，保障后处理产业链安全	机动车尾气净化催化关键技术达到国际先进水平，国产机动车尾气净化催化剂及装置的国内市场份额达到30%	机动车尾气后处理技术全面达到国际先进水平，国产机动车尾气净化催化剂及装置的全球市场份额达到30%
	工业烟气脱硝催化材料	重点解决碱（重）金属中毒和低温硫中毒等难题	重点攻克高温氨氧化和催化剂热稳定性差等难题	发展高空速SCR分子筛脱硝催化剂技术，解决反应器占地面积大、维护成本高等问题
	有机废气净化催化材料	解决低含量贵金属稳定负载、抗中毒和抗烧结能力、广谱长寿命氧化物催化剂等难题	发展含杂原子复合VOC_s净化高效催化剂，高效VOC_s吸附材料，多场耦合复合VOC_s净化技术等	开发基于材料基因组思想的催化剂组成与结构设计技术，VOC_s净化的过程强化技术
重点产品	铈锆储氧材料	满足国六标准催化剂的指标要求，实现规模化应用	占国内市场份额的70%	占全球市场份额的50%
	小孔SCR分子筛车用脱硝催化材料	突破小孔SCR分子筛车用脱硝催化材料专利壁垒，实现规模化应用	占国内市场份额的60%	占全球市场份额的50%
	堇青石蜂窝陶瓷载体	突破满足国六标准的堇青石蜂窝陶瓷载体制备技术，实现规模化应用	占国内市场份额的70%	占全球市场份额的50%
	汽油车TWC、GPF催化剂	国六标准汽油车催化剂及装置国产化率达到30%，进入国外品牌汽车市场	技术达到同期世界先进水平，催化剂及装置国内市场份额达50%以上	催化剂及装置占全球市场份额的30%以上
	柴油机尾气净化催化剂	满足国六标准柴油机尾气净化催化剂及装置国产化率达到20%	催化剂技术达同期世界水平，催化剂及装置国内市场份额达到50%	催化剂及装置达到全球市场份额的20%以上
	燃气发动机尾气净化催化剂	满足国六标准燃气发动机尾气净化催化剂及装置国内市场份额达到50%	催化剂及装置达到世界领先水平，全球市场份额达到30%	催化剂及装置全球市场份额达到50%

图 13-6 面向 2035 年的中国稀土催化材料发展技术路线图

时　间			2025年	2030年	2035年
重点产品	中低温脱硝催化剂	打破国外技术垄断，实现200～300°C温区稳定高效脱硝		下探工作温度区间至150～200°C，技术水平达到国际先进	
	极端工况用脱硝催化剂	实现低硫条件下超低温（小于150°C）工业脱硝		突破传统钒钛基催化剂限制，实现高温（400～600°C）烟气脱硝催化净化	实现高空速脱硝，大幅提高单位催化剂的烟气处理量
	$\mathrm{VOC_s}$净化贵金属催化剂	满足石化、化工等重点行业$\mathrm{VOC_s}$排放控制要求，实现规模化应用		对低含量贵金属催化剂，实现复合$\mathrm{VOC_s}$协同控制及规模化应用，达到国际先进水平	提高高空速净化能力，实现$\mathrm{VOC_s}$超低排放，达到国际领先水平
	$\mathrm{VOC_s}$净化复合氧化物催化剂	满足涂装、包装印刷等重点行业$\mathrm{VOC_s}$排放控制要求，实现规模化应用		复合污染物协同控制，实现规模化应用，达到国际先进水平	提高高空速净化能力和抗积碳能力，实现$\mathrm{VOC_s}$超低排放，达到国际领先水平
	多场耦合$\mathrm{VOC_s}$协同净化催化剂	适应外场理化特性的高效催化剂及其应用技术，实现温和条件下$\mathrm{VOC_s}$高效净化，达到国际先进水平			复合$\mathrm{VOC_s}$在温和条件下高空速、超低排放，达到国际领先水平
关键技术	高温热稳定铈锆及氧化铝涂层材料	跟跑	国际并跑	国际领跑	
	SCR分子筛车用脱硝催化材料	填补国内空白	国际跟跑	国际并跑	国际领跑
	HC吸附及NO_x存储材料	跟跑	国际并跑	国际领跑	
	堇青石蜂窝陶瓷载体	填补国内空白	国际跟跑	国际并跑	国际领跑
	贵金属高分散度减量化技术	跟跑	国际并跑	国际领跑	
	催化剂高精度涂敷	国际并跑		国际领跑	
	柔性调控贵金属TWC催化剂	跟跑	国际并跑	国际领跑	
	SCRF、CGPF涂敷	填补国内空白	国际跟跑	国际并跑	国际领跑

图 13-6　面向 2035 年的中国稀土催化材料发展技术路线图（续）

	时间	2025年	2030年	2035年
关键技术	基因组思想数字化设计/人工智能	填补国内空白；国际跟跑	国际并跑	国际领跑
	抗中毒脱硝催化剂制备技术	研发抗硫、碱（重）金属中毒的催化剂制备技术，实现火电、钢铁、水泥等行业脱硝应用		
	超低温/高温脱硝催化剂	分别研发出适应超低温环境和高温环境的脱硝催化剂，填补商业催化剂空白，实现在燃气轮机等领域的脱硝应用		
	高空速SCR脱硝催化剂	研发新型SCR分子筛脱硝催化剂，实现高空速下稳定高效运行，大幅度降低脱硝物理空间需求和运行成本		
	多功效SCR脱硝催化剂	开展催化剂的配方、结构技术研究，实现对工业烟气多种污染物的协同净化处理		
	VOC_s净化贵金属催化剂	贵金属稳定负载技术，贵金属方案柔性设计技术，贵金属抗中毒技术	贵金属减量化技术和抗烧结技术，复合VOC_s污染物协同控制技术	贵金属利用效率增强技术，传热、传质等过程强化技术
	VOCs净化复合氧化物催化剂	VOC_s广谱、高效净化催化剂组成设计技术	催化剂抗杂质稳定技术，复合VOC_s污染物协同控制技术	贵金属利用效率增强技术，传热、传质等过程强化技术
	多场耦合VOC_s协同净化催化剂	适应外场理化特性的催化剂组成设计技术，多场耦合复合污染物协同净化技术		多场耦合高效氧化分段技术，模块化设计技术与过程强化技术
基础研究	铈锆储氧材料高温稳定及储放氧机理	深入开展铈锆储氧材料的高温热稳定性和储放氧机理研究，为产品性能研发提供指导		
	贵金属高分散、锚定及减量机理	深入研究贵金属高分散度负载技术及机理，发展贵金属锚定技术，增强贵金属与铈锆储氧材料等活性涂层之间相互作用，提高高温稳定性能		
	碳颗粒燃烧稀土催化剂及机理	深入研究稀土催化剂结构与碳颗粒燃烧性能之间构效关系，在分子、原子层次认识催化活性位结构和催化反应机理		
	稀土脱硝催化及抗中毒机理	深入研究稀土元素在工业烟气脱硝催化材料结构稳定、活性提高与抗中毒性能加强等方面的独特作用与机理		
	有机废气净化催化技术及机理	深入研究稀土对活性中心的修饰和调控机理；稀土对VOC_s活化和反应途径的影响机制；催化剂的失活机理；稀土对催化剂抗烧结、抗中毒能力的影响机制等		

图 13-6　面向 2035 年的中国稀土催化材料发展技术路线图（续）

时间		2025年 2030年 2035年
重大项目	汽油车尾气催化剂与关键材料研发及工程化	针对超低排放、高瞬态工况和更好耐久性要求以及未来混合动力汽车发展需求，开发高温热稳定铈锆储氧材料、氧化铝材料、HC/NO_x吸附材料及贵金属稳定高分散度减量化技术等；开发宽空燃比TWC技术、CGPF技术等。TWC+CGPF催化系统满足国六及以上尾气排放标准
	柴油机尾气催化剂与关键材料研发及工程化	针对低油耗、低排放限值要求，开发自主知识产权高性能SCR分子筛车用脱硝催化材料，并实现产业化应用；开发非对称磨具，突破堇青石蜂窝陶瓷载体技术；开发高效炭颗粒燃烧稀土催化剂；开发DOC、SCR、CDPF、ASC等技术。DOC+CDPF+SCR+ASC催化系统满足国六及以上排放标准
	燃气发动机尾气催化剂与关键材料研发及工程化	针对燃气发动机瞬变工况特点，开发快速响应催化剂技术；开发高空速NO_x和NH_3催化剂技术；开发低含量贵金属、高效燃气发动机尾气催化剂技术。催化系统满足国六及以上排放标准
	工业烟气脱硝催化剂研发及工程化	针对特定工况工业烟气处理行业难题，制备适应超低温（<150℃）、高温（400～600℃）和高碱尘（Na、K）的高效稀土催化剂及装置。开发低钒/无钒的高效SCR脱硝催化剂技术，满足钢铁、水泥、燃气轮机等工业应用脱硝需求，实现多污染物协同控制
	有机废气净化催化剂研发及工程化	结合不同行业VOCs排放特点和贵金属成本，发展柔性调控贵金属催化剂以及低含量贵金属稳定负载技术，开发广谱、高效、高稳定性稀土复合贵金属催化剂。研发基于材料基因组思想的催化剂组成与结构设计和VOCs净化过程强化技术，实现复合污染物广谱、高效净化
	人工智能稀土催化材料开发技术	研发稀土催化材料的实验室数据挖掘技术，建立稀土催化材料的研究基础数据库；研究稀土催化材料开发的人工智能算法和模型；研发具有共享和互联时代特征的人工智能材料开发平台。利用人工智能平台与技术实现新型稀土催化材料的快速研发
战略支撑与保障	创新体系设计 激发创新活力 产学研联合体	发挥中国的体制机制优势，按照“市场主导、政策引导、聚焦链条、协同推进”原则，优化和强化技术创新体系顶层设计，明确企业、高校、科研院所创新主体在创新链不同环节的功能定位，激发各类主体创新活力，建立稀土催化上下游研发及产业联合体
	学会协会作用 产业链创新模式 行业间合作	发挥学会、协会的协同引领作用，创新“以前瞻性技术大学为主、关键共性技术企业引领、工程技术行业协同”的产业链创新模式，加强行业间合作，抢占国际竞争和未来发展制高点，掌握核心技术的创新主动权
	国家研发投入 财税政策 企业主体	有效协调“市场主导、政府调控”功效，从国家科研资金投入、财税政策等方面鼓励全产业链的协同、融合，推动企业成为技术创新决策、研发投入、科研组织和成果转化的主体
	前瞻创新研究 知识产权 标准体系	加大科技持续投入力度，支持并鼓励重点研发机构、企业加大研发投入，开展前瞻性创新研究，保护核心专利，为前沿技术迭代、高端产业升级做准备；加快国家、行业稀土催化材料标准制定，完善中国稀土催化材料产品及应用标准体系
	人才引进 人才培养	加强人才队伍建设，鼓励引进稀土催化高端人才，加强本土高技术专业人才培养、研发团队建设等，培育稀土催化领域学术带头人和科研骨干

图 13-6　面向 2035 年的中国稀土催化材料发展技术路线图（续）

13.5 战略支撑与保障

目前，中国稀土催化材料尚存在未突破的局部关键核心技术，难以满足环境保护的国家战略需求，在支撑经济社会可持续发展需求方面存在不足。未来中国环保产业将呈现新技术变革趋势，技术的跨界、融合、创新是未来的主旋律，但对稀土催化材料技术的需求将会更高。因此，从国家战略层面有必要对稀土催化材料行业的科技资源进行整合引导，促进产业升级和规模化发展，解决行业发展中的关键技术和关键瓶颈问题，提高国际竞争力。

政策建议如下：

（1）发挥中国的体制机制优势，按照“市场主导、政策引导、聚焦链条、协同推进”原则，优化和强化技术创新体系顶层设计，明确企业、高等院校、科研院所创新主体在创新链不同环节的功能定位，激发各类主体的创新活力，建立稀土催化材料上下游研发及产业联合体。

（2）发挥学会、协会的协同引领作用，创新“以前瞻性技术大学为主、关键共性技术企业引领、工程技术行业协同”的产业链创新模式，加强行业间合作，抢占国际竞争和未来发展的制高点，掌握核心技术的创新主动权。

（3）有效协调“市场主导、政府调控”功效，从国家科研资金投入、财税政策等方面鼓励全产业链的协同、融合，推动企业成为技术创新决策、研发投入、科研组织和成果转化的主体。

（4）加大科技持续投入力度，支持并鼓励重点研发机构、企业加大研发投入，开展前瞻性创新研究，保护核心专利，为前沿技术迭代、高端产业升级做准备；加快国家、行业稀土催化材料标准制定，完善中国稀土催化材料产品及应用标准体系。

（5）加强人才队伍建设，鼓励引进稀土催化领域高端人才，加强本土高技术专业人才培养、研发团队建设等，培育稀土催化领域学术带头人和科研骨干。

小结

稀土催化材料主要应用于环境和能源领域，在国民经济中占据重要地位，但中国在机动车尾气净化、工业烟气脱硝、有机废气净化等领域面临诸多亟须解决的关键核心技术瓶颈，这些领域核心技术基本被外国垄断。例如，机动车用 SCR 分子筛脱硝催化材料被巴斯夫公司专利封锁，超薄壁、高孔隙率堇青石蜂窝陶瓷载体制造技术被康宁公司垄断，铈锆储氧材料核心专利被索维尔公司掌控等。

本项目借助中国工程院战略咨询智能支持系统（iSS），并经过企业调研、专家研讨与交流、归纳整理，形成了机动车尾气净化、工业烟气脱硝、有机废气净化等领域稀土催化材料的国内外技术发展态势、关键技术、技术发展路线图等，规划出中国稀土催化材料的未来发展方向、发展目标，并提出相关政策建议。

对于稀土催化材料，应进一步重视上下游应用结合，加强创新研发及知识产权体系建设，引进、培养人才，加大项目及资金支持，以保障中国稀土催化材料的健康、快速、可持续发展。

第 13 章编写组成员名单

组　长：黄小卫

成　员：沈美庆　崔梅生　郭　耘　董　林　贺小昆　叶代启

何　洪　贾莉伟　周仁贤　陈耀强　赵　震

执笔人：崔梅生　王建强　汤常金　赵　娜

14

面向 2035 年的中国金属矿深部多场耦合智能开采技术路线图

14.1 概述

经过多年开采，中国的浅部矿产资源正逐年减少，有的已近枯竭。中国金属矿山 90%左右为地下矿山，在 20 世纪 50 年代建成的一批地下金属矿山中，60%因储量枯竭已经或接近闭坑，其余 40%的金属矿山正逐步向深部开采过渡。深部开采是中国金属矿产资源开发面临的迫切问题，也是今后保证中国金属矿产资源供给的最主要途径。目前，辽宁红透山铜矿开采深度超过 1300m，吉林夹皮沟金矿开采深度超过 1400m，云南会泽铅锌矿和六苴铜矿开采深度达到 1500m，河南灵宝崟鑫金矿开采深度达到 1600m。近几年正在兴建或计划兴建的一批大中型金属矿山基本上为深部地下开采。例如，本溪大台沟铁矿的矿石储量为 34 亿吨，矿体埋深达 1060～1460m，开采设计规模（矿石）为 3000 万吨/年；同处本溪地区的思山岭铁矿的矿体埋深达 800～1200m，矿石储量为 25 亿吨，开采设计规模为 1500 万吨/年；山东济宁铁矿的矿石储量为 20 亿吨，矿体埋深达 1100～2000m；同期即将建成的位于鞍山地区的西鞍山铁矿的矿石储量达 17 亿吨，开采规模也将达到 3000 万吨/年。因此，中国将有一小批矿山的开采规模达到世界地下金属矿山的最高水平。同时，中国在 2000m 以下深部还发现了一批大型金矿床，如山东三山岛西岭金矿，其金属储量达到 550 吨，矿体埋深达到 1600～2600m。据不完全统计，中国三分之一的地下金属矿山在未来 10 年内开采深度将达到或超过 1000m，其中最深可达到 2000～3000m。

进入深部开采后，矿床地质构造和矿体赋存环境将严重恶化，面临破碎岩体增多、地应力增大、涌水量加大、井温升高等问题，导致开采难度加大、劳动生产率下降、成本急剧增加，使正常生产难以为继。现阶段，中国金属矿深部开采需要面对和解决的挑战与难题主要包括以下 5 个方面：金属矿深部开采动力灾害预测与防控、深井高温环境与热害控制及治理、深部非传统采矿方法研究、深井遥控自动化智能采矿、适应深部开采的选矿新工艺与新技术。总的来说，金属矿深部开采所面临关键难题的根本原因之一是，深部的多场耦合复杂开采环境，即岩体在应力场、温度场、渗流场以及化学场等相互影响和相互作用下的复杂行为特征与破坏机制。而未来解决金属矿深部开采所面临关键难题的有效手段便是金属矿深部智能开采技术，包括深部环境智能感知、深部开采智能控制和深部矿山智能管控三大体系。

面向 2035 年，揭示深部复杂开采环境多物理场耦合（以下简称“多场耦合”）作用下的岩体变形特征与破坏机制，构建深部力、温度、水、化学相互作用下的多场耦合模型，是中国金属矿深部安全高效开采的基础保证。智能开采是应对不断恶化的深部开采条件和环境条件，最大限度地提高劳动生产率和采矿效率，保证开采安全的最根本、最有效、最可靠的方法。基于此，面向 2035 年的金属矿深部多场耦合智能开采战略研究，对中国金属矿产资源供应保障有重要的战略意义，对中国金属矿深部开采基础理论体系的建立具有重要的科学价值，对中国建设一流矿业强国有着重要的应用前景。

14.1.1 研究背景

“面向 2035 年的金属矿深部多场耦合智能开采战略研究”是“中国工程科技中长期发展战略研究”2018 年度领域战略研究项目，由中国工程院批准，国家自然科学基金委员会立项资助。

2018 年 6 月，习总书记在两院院士大会上指出“在关键领域、卡脖子的地方下大功夫”，以及“向地球深部进军”“着力推动传统行业智能化改造升级”等方针政策，为矿业的未来发展指明方向。因此，开展深部智能开采技术研究，符合党和国家的中长期战略规划且具有重要意义。深部金属矿开采面临着“安全性差”和“效率低”两大难题。在深部高应力、多源强扰动和高岩溶水压等因素作用下，深部开采过程极易发生大面积岩层崩塌、冒顶和岩爆等灾害，严重威胁作业人员的人身安全和设备安全。

本项目研究多场耦合条件下的智能开采战略，通过调研国内外金属矿深部应力场、温度场、渗流场的分布特征，总结多场耦合作用下金属矿面临的开采难题和灾害，梳理目前国内外采取的应对措施和策略，研究金属矿深部开采环境的多场耦合机制和致灾机理，提出以应力为主导的能量调控、高温控制和利用、水资源控制和利用技术的战略发展方向。智能开采技术可解决深部矿产资源开采难度大、安全风险高和作业效率低的难题，为深部资源开发提供新思路。

14.1.2 研究方法

本项目主要通过现场调研、资料查阅、文献检索、专家咨询、专题讨论的方式，调查中国和世界其他国家金属矿深部应力场、温度场、渗流场的分布特征，总结深部多场耦合开采面临的问题和当前采用的智能开采技术方案，梳理出当前存在的关键核心技术难题。总结深部高地应力、高温、高岩溶水压以及多源强扰动等多场耦合开采环境对深部开采提出的新挑战，提出深部地质与应力环境精准探测、深部多场耦合灾害智能识别与精准控制、金属矿深部高效连续开采理论及技术、深部采掘装备智能化作业与控制技术等基础研究需要攻克的技术难题。

为全面了解全球在金属矿深部多场耦合智能开采领域的整体研究进展，以中国工程院战略咨询智能支持系统（iSS）平台和科睿唯安公司的 Web of Science（WOS）数据作为分析数据来源，利用关键词和同义词构建检索策略。运用 iSS 平台上的论文分析和专利分析功能，完成领域技术态势分析。该领域技术态势基于金属矿深部多场耦合文献数据和金属矿智能开采机械设备与多场耦合开采技术专利数据进行分析。从不同的维度，对金属矿深部多场耦合智能开采领域目前的总体态势进行宏观分析，梳理出了该领域关键热点和前沿技术清单，如图 14-1 所示。

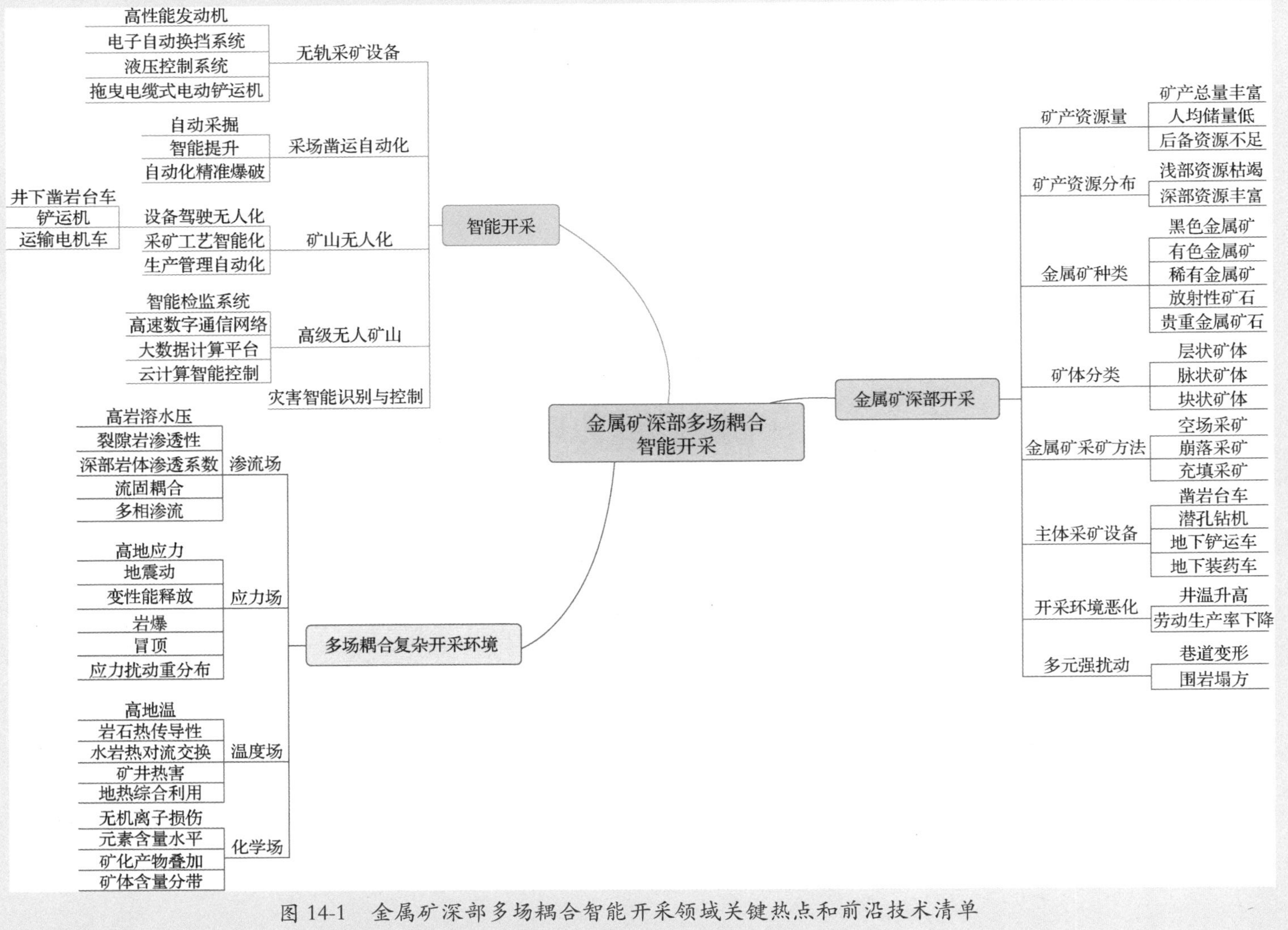

图 14-1 金属矿深部多场耦合智能开采领域关键热点和前沿技术清单

由本项目负责人蔡美峰院士牵头开展专家调研工作，组织高校、研究院、企业单位相关专家和工程技术人员，对金属矿深部多场耦合智能开采领域亟待解决的工程科技难题进行讨论，借鉴国内外技术预见成果、重大科技项目指南，总结该领域技术发展现状、重大科技需求和未来发展趋势，最终形成面向 2035 年的金属矿深部多场耦合智能开采技术路线图。

14.2 全球技术发展态势

14.2.1 全球政策与行动计划概况

国外以加拿大、瑞典、芬兰为代表，它们从国家战略层面出台了相关计划推进适应深部多场耦合环境的智能化开采技术攻关和装备研发。加拿大提出“2050 计划”和“UDMN 2.0”计划，旨在建成全智能无人化矿山，实现卫星遥控。瑞典制定了“Grountechnik 2000 计划”，发展了阿特拉斯等一批智能采矿领军企业。芬兰启动国家智能矿山 IM、IMI 研发计划，推动了山特维克等矿山设备智造领军企业的发展。欧盟启动“地平线 2020”科研规划，着力研究国际竞争性科技难题。此外，美国、南非、澳大利亚、智利等矿业大国均有矿山智能化的相关战略规划，正在逐步推进矿山智能化建设和开采运营。

国内开展了以信息化为基础、以采矿装备智能化运行及采矿生产过程自动控制为目标的地下金属矿智能开采技术与装备研究，在突破地下金属矿智能开采的关键技术、提高本国矿业企业和开采装备制造企业的市场竞争能力方面取得重要进展，为促进本国从矿业大国走向矿业强国提供技术支撑。例如，“数字化采矿关键技术与软件开发”“地下无人采矿设备高精度定位技术和智能化无人操纵铲运机的模型技术研究”“井下（无人工作面）采矿遥控关键技术与装备的开发”“千米深井地压与高温灾害监控技术与装备”等项目，为遥控自动化智能采矿的发展奠定了良好基础。“十二五”期间国家又部署了“863”研究项目“地下金属矿智能开采技术”，针对地下金属矿山的特殊性，以信息采集、井下高频宽带实时通信网络、井下定位技术、调度与控制系统等为技术手段，以井下铲运装备和凿岩爆破装备为控制对象，通过多层次、在线实时调度与控制，优化矿山生产过程，形成具备行业性和通用性的地下金属矿山智能开采平台。

14.2.2 基于文献统计分析的研发态势

1. 全球研发态势分析

主要分析全球金属矿深部多场耦合智能开采领域论文发表数量随时间变化的趋势。通常情况下，论文发表数量逐渐增多，代表该年份领域技术创新趋向活跃；论文发表数量趋于平稳，表示领域技术研究进入瓶颈期，技术创新研究难度逐渐增大；论文发表数量趋于下降，代表该领域技术被淘汰或被新技术取代，社会和企业创新动力不足。

全球金属矿深部多场耦合智能开采领域论文发表数量变化趋势如图 14-2 所示，从图 14-2 可以看出，2017 年、2016 年、2015 年全球在本领域的论文发表数量较多，分别为 6663 篇、6185 篇和 5288 篇。总体来看，自 2004 年以来，本领域论文发表数量逐渐增多，说明该领域技术创新趋于活跃，步入新一轮高速发展模式。

1963—2017 年中国的金属矿深部多场耦合智能开采符合全球发展趋势。2016 年 5 月，全国科技创新大会提出“向地球深部进军，是我们必须解决的战略科技问题”。2017 年 10 月在推进供给侧结构性改革中提到“运用互联网、大数据、人工智能等新技术、促进传统产业智能化、清洁化改造”，表明中国进入全面开展金属矿深部多场耦合智能开采工作阶段。

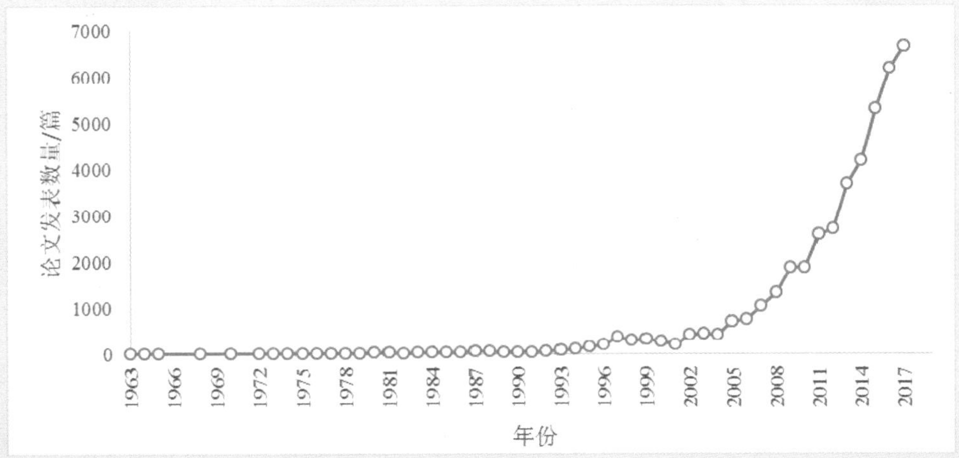

图 14-2　1963—2017 年全球金属矿深部多场耦合智能开采领域论文发表数量变化趋势

2. 部分国家研发态势分析

部分国家在金属矿深部多场耦合智能开采领域的论文发表数量随时间变化的趋势如图 14-3 所示。该领域论文发表数量的多少反映国家对该领域的重视程度以及对该领域研究的支持力度，也反映国家在该领域技术的发展状况和国际地位。

从图 14-3 可以看出，中国、美国、英国 3 个国家在该领域的论文发表数量较多，分别为 29067 篇、16278 篇、289 篇。相关论文发表数量较多的国家创新能力相对较强，在该领域具备相当的技术优势。

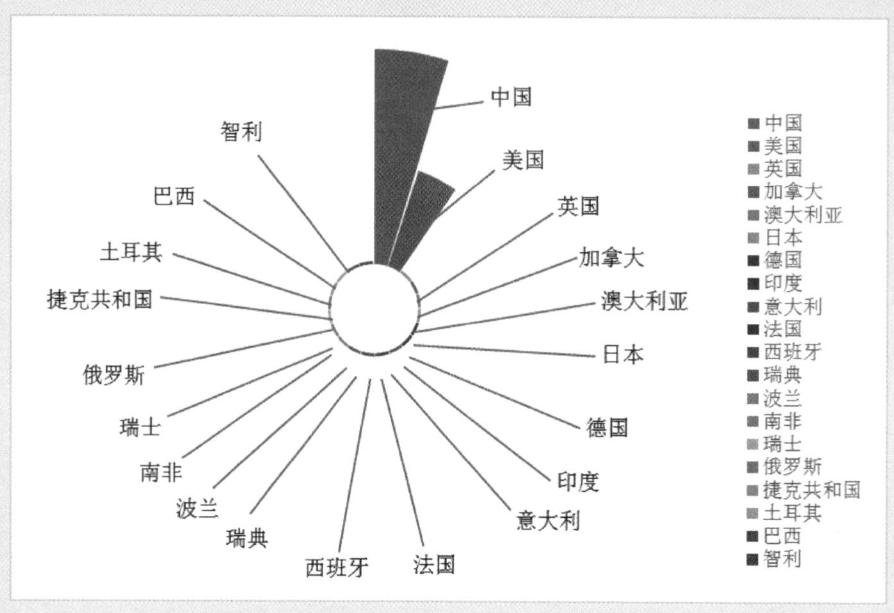

图 14-3　部分国家在金属矿深部多场耦合智能开采领域的论文发表数量随时间变化的趋势（截至 2019 年 6 月 26 日）

3．学科分析

随着技术的发展与融合，领域不再是单一学科方向，领域与领域之间出现交叉融合，衍生出多个交叉学科主题，新的交叉学科主题成为一个创新方向。

图 14-4 所示为金属矿深部多场耦合智能开采领域相关学科论文发表数量变化趋势，其中，“矿业工程”“建筑科学”“公路运输” 3 个学科的论文发表数量较多，分别为 17951 篇、2736 篇和 1546 篇，反映出金属矿深部多场耦合智能开采领域各学科的融合度。

4．关键词词云分析

随着研究的不断深入，出现了越来越多相互关联的研究热点，形成了庞大的研究网络。关键词词云分析能够体现出领域的研究热点、研究主题，也可衍生出新的专业术语。关键词的数量越多，说明该方向热度越高，是当前研究的重点。

金属矿深部多场耦合智能开采领域关键词词云分析情况如图 14-5 所示。其中，“数值模拟”“深部开采”“多场耦合” 3 个关键词在文献中的数量较多，分别为 3940 篇、2858 篇和 1519 篇。可见这 3 个方向是最近几年金属矿深部多场耦合智能开采领域的研究重点。

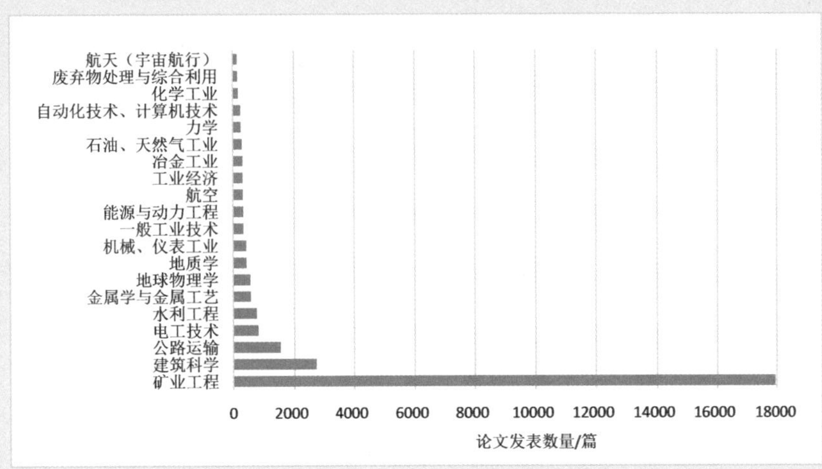

图 14-4　金属矿深部多场耦合智能开采领域相关学科论文发表数量变化趋势（截至2019年6月26日）

图 14-5　金属矿深部多场耦合智能开采领域关键词词云分析情况（截至2019年6月26日）

14.2.3　基于专利统计分析的研发态势

1. 全球研发态势分析

图14-6所示为1971—2019年全球在金属矿深部多场耦合智能开采领域的专利申请数量变化趋势。从图14-6可以看出，2005年、2006年、2011年该领域专利申请数量较多，分别为4487项、4324项和4291项。自1985年起，全球金属矿深部智能开采领域的专利申请数量呈迅猛增长趋势，意味着该领域技术受到关注，相关专利日益增多。

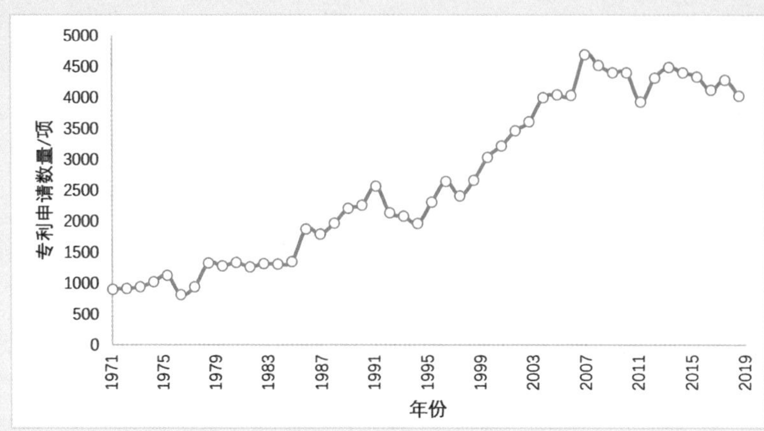

图 14-6　1971—2019 年全球在金属矿深部多场耦合智能开采领域的专利申请数量变化趋势（截至 2019 年 6 月 26 日）

2．部分国家研发态势分析

专利申请数量较多的国家和地区创新能力相对较强，或者具备相当的技术优势。部分国家或机构在金属矿深部多场耦合智能开采领域的专利申请数对比如图 14-7 所示，其中，美国、日本、俄罗斯 3 个国家发布的专利申请数量较多，分别为 33873 项、19387 项和 14171 项，表明美国、日本、俄罗斯在该领域的研发力量具有较大的优势，在设备研发和技术创新方面处于领先地位。

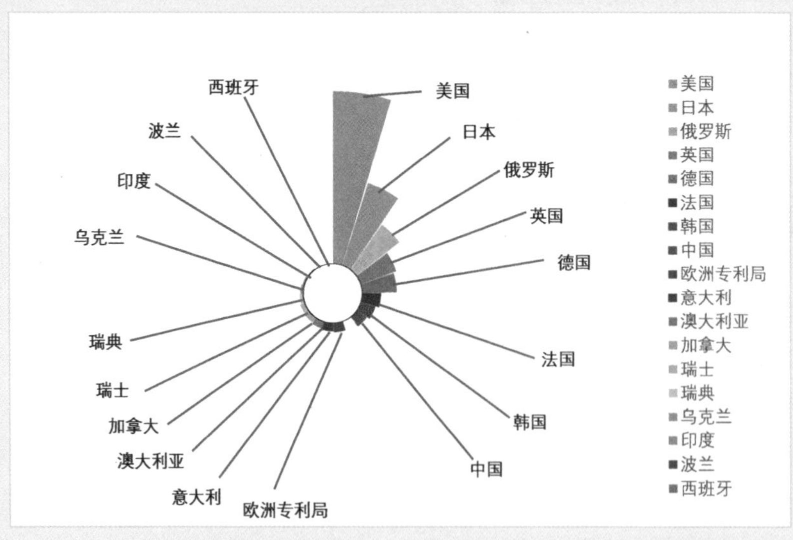

图 14-7　部分国家或机构在金属矿深部多场耦合智能开采领域的专利申请数对比（截至 2019 年 6 月 26 日）

3. 专利申请人类别分析

专利申请人的类别分为个人、高等院校、企事业单位、科研院所和机关团体，如图 14-8 所示。从图 14-8 可以看出，“企事业单位”“高等院校”“个人”三类专利申请人拥有的专利数量较多，分别为 2265 项、1140 项和 425 项，表明企事业单位更加注重金属矿深部多场耦合智能开采技术的创新和设备研发等工作，尤其对前期专利布局和后期产业化应用投入甚多。

4. 关键词词云分析

通过关键词词云分析金属矿山深部多场耦合智能开采领域的研发热点，有助于更好地把握本领域的研发动向，更好地进行技术研发布局。本领域相关专利关键词主要包括“present invention”“mineral acid”“mineral oil”“alkali metal”“invention concerne”“par exemple”和“invention concerne procédé”等，如图 14-9 所示。

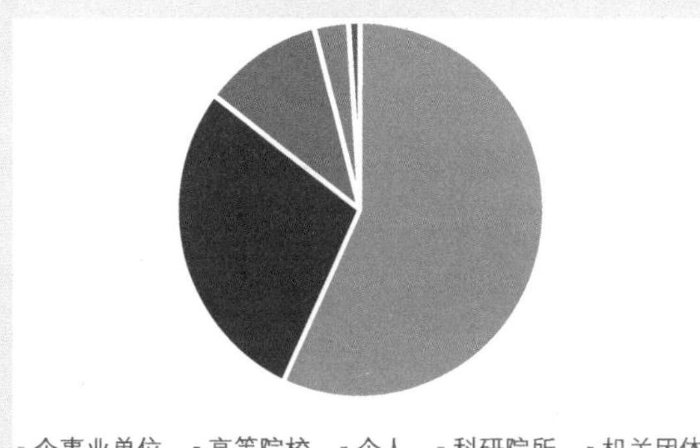

图 14-8 专利申请人类别分析（截至 2019 年 6 月 26 日）

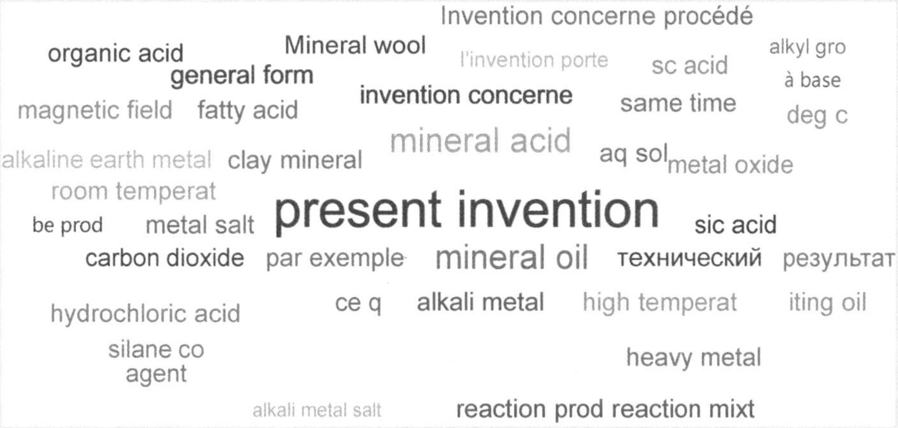

图 14-9 金属矿山深部多场耦合智能开采领域的专利高频关键词（截至 2019 年 6 月 26 日）

14.3 关键前沿技术与发展趋势

面向 2035 年的金属矿深部多场耦合智能开采战略研究，经技术态势分析、文献检索、现场调研、专家研判，确定了 5 个前沿方向共 25 项关键技术，见表 14-1。

表 14-1 金属矿深部多场耦合智能开采关键前沿技术

前沿方向	序号	关键技术
深部资源开采基础理论	1	深部非传统开采方法
	2	深部膏体连续充填采矿理论
	3	深部采选一体化
	4	深部矿产与地热资源共采理论
深部岩体多场耦合机制	5	深部岩体原位力学行为与地应力环境
	6	多场耦合条件下采动岩体损伤力学理论
	7	多场耦合条件下采动岩体裂隙场时空演化规律
	8	多场耦合条件采动岩体多场多相渗流理论
深部开采环境智能感知	9	地应力智能测量技术
	10	岩体结构智能识别技术
	11	空间智能探测技术
	12	微震智能监测技术
	13	深部金属矿人机系统智能感知技术
深部开采过程智能作业	14	全断面掘进成井装备智能化控制技术
	15	岩体智能匹配支护技术与装备
	16	智能化连续采矿技术与装备
	17	采掘装备的无人化智能作业技术
	18	充填系统智能化控制技术
	19	井巷微气候智能调控技术
	20	高效智能提升技术及装备
深部开采系统智能管控	21	作业面大容量数据通信技术
	22	深井开采全生命周期智能规划技术
	23	开采作业全过程智能调度技术
	24	开采过程管控一体化平台
	25	深部开采云计算大数据分析

14.3.1 深部资源开采基础理论

1. 深部非传统开采方法

采用机械掘进、机械凿岩方法，以连续切割技术和设备取代传统爆破采矿工艺进行开采是一个重要的发展方向。其主要优点如下：切割空间无须实施爆破且能明显提高围岩稳固性，无爆破地震、空气冲击波、飞石等危害；扩大开采境界，不受爆破安全境界的限制；连续作业，不受爆破干扰；能准确地开采目标矿石，根据矿层和矿石不同品级，可选别回采、分采分运，使矿石贫化率降到最低；连续切割的矿石块度适于带式运输机连续运输，可实现切割、落矿、装载、运输工艺平行连续进行。机械切割破岩掘进与采矿技术、高压水射流破岩技术、激光破岩技术、顶板诱导崩落技术、诱导致裂破岩技术、等离子爆破破岩技术等相关研发是实现非传统爆破开采的关键。

2. 深部膏体连续充填采矿理论

掘进、支护、落矿、出矿、运输、充填等采矿全工艺过程的连续化作业，是最高层次的连续开采。其中，膏体充填工艺包括尾砂浓密、粗骨料制备、水泥添加、膏体搅拌以及管道输送，通过对充填过程中各流程的自动化控制，采用智能控制系统的配料机、多点监测的搅拌系统、自动调节的泵送能力等控制技术，实现充填物料在计量控制过程中的稳定性、快速的响应能力和精度，可保障膏体连续充填作业。待进一步突破的前沿问题包括超细、高强、价廉、速凝充填材料和充填外加剂研发，尾砂浓密理论、技术和设备开发，长距离管道自流输送理论和控制技术。

3. 深部采选一体化

地下采选一体化系统摒弃传统开采的方法和思路，将选矿厂直接建到地下深部，实现矿石短距离提升、地下选矿、精矿管道输送、尾砂就近地下充填，做到地面无选矿厂和尾矿库，省去征地以及尾矿库的建设与维护管理，大幅度降低对环境、景观和生态的不良影响，同时省去矿石无益提升、尾矿排放等环节。此外，同步发展采选结合技术，主要包括原位浸出技术及适应性研究、深部矿山原位浸出的技术难点及解决方法、尾矿排放与充填采矿方法的衔接技术。

4. 深部矿产与地热资源共采理论

建立深部矿产与地热资源共采的开创性系统工程，利用深部矿产资源开发的井巷工程，提高深部地热开发的热交换面积和地热输送能力，解决地热开发中增强型地热系统（EGS）

技术难以克服的关键难题，通过地热开发大幅度缩减深井开采降温成本，解决深部矿产资源开采面临的高温热害问题。构建兼备实用性和经济性的“深部矿产与地热资源共采系统工程”框架，研究高温坚硬岩层地下巷道和硐室掘进与建造技术，探索深地热能交换和输送理论技术，建立深部矿产资源开采系统与地热开发系统共建共存共用的关键理论与技术体系，实现深部矿产与地热资源的低成本共采。

14.3.2 深部岩体多场耦合机制

1. 深部岩体原位力学行为与地应力环境

研究深部地应力环境与岩体原位力学行为，揭示深部与浅部岩体力学行为的本质差异，建立深部岩体能量调控与工程灾害预警理论，实现深部岩体原位力学行为的准确认知，开创深部实际环境和不同工程活动方式的深部岩石力学新原理、新理论体系。

2. 多场耦合条件下采动岩体损伤力学理论

考虑深部岩体的赋存环境，研究深部多场耦合条件对采动岩体物理力学特性的影响规律，建立深部岩体在高地应力、高地温和高渗透压多场耦合条件下的损伤力学模型，定量表征多场耦合条件下采动岩体的变形、损伤、破坏全过程。

3. 多场耦合条件下采动岩体裂隙场时空的演化规律

研究强扰动与强时效条件下深部采动岩体裂隙场分布及演化特征，建立采动岩体裂隙场演化与多物理场（简称多场）的耦合作用模型，揭示高应力、高地温与高渗透压多场耦合条件下采动岩体裂隙场时空的演化规律。以深部强烈开采扰动和强时效为出发点，提出深部多相介质、多场耦合条件下采动岩体裂隙场网络定量描述的参数指标体系，建立多相介质、多场耦合条件下采动岩体裂隙场随工作面推进的演化模型。

4. 多场耦合条件采动岩体多场多相渗流理论

针对深部岩体赋存环境下岩体的低渗属性，建立多相介质非达西渗流模型，研究强扰动和强时效下达西模型到非达西模型的适用转换条件，进一步探讨深部强扰动和强时效下采动裂隙中多组分气体、液体压力分布与演化规律，建立采动岩体裂隙场中气液耦合流动模型。综合考虑深部开采卸荷或应力集中等采动应力重分布因素，研究不同尺度下气液耦合流动过程。探讨深部开采岩体强蠕变过程固相、液相、气相共存的多相介质非达西渗流规律。

14.3.3 深部开采环境智能感知

1. 地应力智能测量技术

针对深部开采“三高一扰动”问题，研发深部岩体非线性的地应力测量理论与技术、深部高应力易破碎岩体的地应力测量技术、钻进过程的原位岩体力学参数实时获取技术、深部高应力积聚区实时精准定位辨识方法、基于光学测量的新型地应力测试方法。

2. 岩体结构智能识别技术

针对深部岩体内部结构面难以准确识别问题，研发透地岩体结构智能识别技术、岩体表面与内部钻孔结构数据融合技术、露头结构面推算岩体内部节理裂隙的算法、大尺寸岩体结构智能识别技术、岩体结构面连续移动扫描技术与装备。

3. 微震智能监测技术

针对全自动、全天候、高精度的实时监测、快速预警与防控技术难题，研发自动感知与智能诊断的分布式微震监测技术、基于互相关与双重残差的微震定位及成像技术、震源机制与应力场反演的动态分析技术、全自动震相拾取—时空定位—快速预警技术、构建深部地压监测预警与灾害防控运维云服务平台。

4. 智能空间探测技术

针对深部井巷空间探测面临的测量条件苛刻、测量精度低、数据处理复杂等难题，研发无人机载三维激光扫描系统，攻克复杂地下空间无人机自主飞行与避障技术、复杂地下空间无人机通信信号可靠传输技术、无全球定位系统（GPS）条件下地下空间即时定位与成图技术、三维激光扫描巨量点云显示及模型构建技术、三维激光扫描点云漂移检测及误差标定技术。

5. 深部金属矿人机系统智能感知技术

针对深部金属矿井下人、车、岩、场的关键智能感知难题，研发深部环境人员智能穿戴装备及传感交互技术、深部环境采掘装备一体化的自动感知控制技术、深部环境下矿岩变形光纤光栅智能感知技术、深部复杂场环境的探测感知与集成反馈技术。

14.3.4 深部开采过程智能作业

1. 全断面掘进成井装备智能化控制技术

面向全断面掘井钻机智能化程度低、装备结构大、转场困难、所需硐室规格大等难题，研发掘井钻机性能与深井环境匹配技术、深井全断面掘井钻机钻进自适应技术、深井全断面掘井钻机智能控制技术系统。

2. 岩体智能匹配支护技术与装备

面向深部复杂地质条件和多场耦合智能开采环境下的地压调控与支护难题，研究深部开采过程应力场动态反演技术、深部井巷围岩力学特性及失稳垮落机理、深部高应力开采潜在地压致灾危险区评估、深部井巷分区分级的高强度智能支护技术、深部开采过程地压动态调控一体化服务平台。

3. 智能化连续采矿技术与装备

由于常规采矿方法作业工序多，难以实现连续作业问题，故需要研发深部金属矿多场耦合智能连续开采的原理及方案、深部采场智能化采矿工艺技术、深部金属矿机械截割落矿机理、全岩不稳固岩体机械落矿截齿分布与形态、深部环境复合地层盾构开挖卸荷机理与控制技术。

4. 采掘装备的无人化智能作业技术

为实现深地环境采掘装备的高效、安全和连续作业，提高深部金属矿多场耦合智能开采水平，需要研发基于开采环境和装备特性的自适应作业控制系统、基于人工智能的作业参数优化技术、开采装备故障诊断及自健康管理系统、基于周界激光扫描的定位导航技术、自主行驶空间感知及路径优化技术。

5. 充填系统智能化控制技术

为实现深部充填制备精细化、过程智能化，实现稳定可靠输送，需要研发充填参数智能决策算法、充填工艺流程智能化自主运行技术、智能优化配比与精准给料制备技术、深井充填管道智能化监测与诊断维护技术。

6. 井巷微气候智能调控技术

针对深部井巷环境复杂、深井按需通风面临系统复杂、调控困难等难题，研究深部井巷按需通风智能调控理论、多因素耦合矿井通风网络解算技术、深部井巷通风智能控制系统、无极节距角变频智能风机装备、通风系统与采矿协同技术。

7. 高效智能提升技术及装备

针对传统提升技术在控制方式、提升高度和载荷方面难以满足深井大规模智能开采等难题，研究点驱动智能提升原理、多点连续提升分布式智能控制技术、连续提升系统智能装卸载及高效平衡提升技术。

14.3.5 深部开采系统智能管控

1. 作业面大容量数据通信技术

为解决深井作业面井巷环境复杂、作业装备众多、信号干扰严重、协同作业困难等问题，需要研发异构网络柔性组网和高效数据传输技术、井下恶劣环境下通信装备高效防护技术、井下多级以太网环境下的高精度授时及时间同步技术，实现井下多通信基站间的数据多跳传输和快速无缝切换。

2. 深井开采全生命周期智能规划技术

为解决基于商业矿业软件的深部金属矿全生命周期开采规划难题，需要研究深部开采地质-工程-力学-经济一体化模型、深部开采全生命周期模型构建技术、开采设计可视化与动态调整技术、生产计划智能化编制与优化技术，提出深部开采应力演化与开采顺序整体方案设计方法。

3. 开采作业全过程智能调度技术

为解决深部开采装备的集群自主协同作业难题，需要研发矿山异构信息系统间的结构化融合技术、深部开采全作业链装备智能调度算法、作业区域人员装备的精准识别及定位、异常工况下人员装备应急调度决策方法、多系统多装备的高效协同控制技术、全矿区开采计划自主编排及智能派配系统。

4. 开采过程管控一体化平台

为解决深部开采过程“信息孤岛”问题严重、信息重用性差、流程优化不到位等问题，需要研发管控一体化平台组织与数据协议统一方法、管控一体化平台数据与办公自动化融合技术、全矿区信息数据关联挖掘与分析预判技术、地上地下真实感显示与智能交互技术、基于增强现实的管控信息三维交互技术。

5. 深部开采云计算大数据分析

为满足金属矿山行业大数据的整合与分析，以及云计算服务需求，需要研究基于工业混合云的云计算大数据架构优化、深井开采大数据库构建与知识挖掘技术、多源异构线下信息获取与数据清洗技术、基于巨量数据的实时并行计算技术、云计算模式下的信息编码与数据安全技术。

14.4 技术路线图

14.4.1 发展目标与需求

2021—2035 年，中国金属矿产资源开发工程科技将以深部开采、智能开采、地下矿山原位利用为发展方向，致力于建立深部开采和原位利用基础理论和技术体系，解决深部开采面临的安全、提升、降温、原位开发利用等技术瓶颈，提高开采机械化、自动化、智能化程度，提高深部资源开发利用效率，减小矿石提升和回填量，减少废石、尾矿排放，安全、环保、高效开采利用深部矿产资源。重点突破深部金属矿开采面临的多场耦合环境约束，研究突破性开采理论、多场耦合开采环境识别与控制技术，建立深部环境智能感知方法、深井智能化开采标准、矿业大数据分析理论，攻克深部开采条件智能探测和采矿作业智能化技术，研制具有自主知识产权的深部开采智能传感器和智能采掘装备，建设矿山云计算大数据管控平台。

到 2035 年，形成深部地下矿山原位开发利用新模式，形成适应金属矿山深部多场耦合智能开采理论基础、技术体系和关键技术装备；实现中型矿山机械化，大型矿山机械化、自动化，示范矿山机械化、自动化、智能化；逐步实现井下无人、井上遥控的智能开采新模式；全面实现矿山废料的资源化，保障金属矿产资源可持续发展，提高金属矿产资源自产自足能力；建成深部多场耦合智能开采示范矿山，为解决国家千米以深矿产资源规模化的开发提供支撑。

14.4.2 重点任务

1. 基础研究方向

1）深部全场地应力测量及构造应力场重构

针对传统地应力测量方法在深部测量中存在的理论和方法局限性，开展深部岩石工程地应力测量相关技术研究，提高原位数字化地应力测量的深部适用性，实现应力解除过程中原位岩体力学参数的实时获取。开展基于关键点控制测量、区域地质信息数学模型与物理模型的多尺度全场地应力场反演重构研究，实现工程区域信息化反馈与自适应调整的深部地应力场精准测量和反演重构，提高原位数字化地应力测量的深部适用性，实现应力解除过程中原位岩体力学参数的实时获取。

主要研究内容如下：深部岩体非线性本构模型；考虑岩石非线性特征的地应力测量理论

与技术；深部易碎岩体地应力测量技术，钻进过程的原位岩体力学参数实时获取技术；基于光学测量的地应力测试方法；非线性本构模型嵌入及数学—物理模型多尺度耦合机制；应力场—物理场多参量关联表征机理；深部高应力积聚区实时精准定位辨识方法；深部岩体多尺度地应力场自适应重构算法。

2）深部多场环境参量与地球物理参数的本构关系

在深部地下水渗流场、温度场和化学场精准测量理论的基础上，基于定量地球物理学建立地球物理参数与环境参量之间的本构方程；通过测点已知数据实现约束反演，基于环境参量的本构方程，将钻孔精细测量的成果向整个研究区域延拓，从而实现深部地质构造精细探测技术和环境参数的精准反演。

主要研究内容如下：地下水渗流场、温度场和化学场精准测量；地下水渗流场、温度场和化学场异常区的识别；地下水渗流场、温度场和化学场的地球物理探测新方法；基于物理化学场方程的环境参量反演方法；深部工程环境参量的定量地球物理反演方法；深部工程环境参量的综合反演方法。

3）深部多场耦合作用下岩体力学特征及破坏机理

针对深部开采工程面临多场耦合环境和不同于浅部的岩体非线性基础性问题，重点研究钻进过程中原位岩体力学参数实时获取技术；研究开采强扰动和爆破动荷载作用下工程结构的复杂受力特征及破坏机理等关键问题，解决影响深部开采工程高效建设与运维安全的技术瓶颈，为金属矿深部多场耦合智能开采提供全面的理论和技术支撑。

主要研究内容如下：透地岩体结构智能识别技术；岩体表面与内部钻孔结构数据融合技术；大尺寸岩体结构智能识别技术；岩体结构面连续移动扫描技术、震源机制与应力场反演的动态分析技术；深部岩体应力场、渗流场和温度场三场耦合作用机制；深部高温、高压条件下岩石结构变化规律；深部围岩原位长期力学效应与稳定性。

4）深部智能化连续采选理论技术

围绕深部复杂地质条件下安全、高效、智能开采难题，重点开发深部金属矿山连续采掘技术体系；攻克深部开采过程应力场反演、深部岩层致灾机理及控制、高能量吸收支护等关键技术，形成采动应力场、位移场、能量场等多场动态闭环调控的岩体智能匹配支护技术；形成深部智能化连续采矿技术，实现深部充填制备精细化、过程智能化，实现矿物稳定可靠输送。

主要研究内容如下：深部金属矿智能连续开采的原理；深部采场智能化采矿工艺技术；深部金属矿机械截割落矿机理；深部环境复合地层盾构开挖卸荷机理与控制；开采过程应力场动态反演技术；深部井巷围岩力学特性及失稳垮落机理；深部井巷分区分级的高强度智能

支护技术；充填参数智能决策算法；充填工艺流程智能化自主运行技术；智能优化配比与精准给料制备技术。

2．关键技术装备

1）深部开采环境智能感知装备

开发新型地应力测试及多场耦合智能监测装备、可移动便携式大尺寸岩体结构连续扫描设备，解决岩体内部结构精准识别与三维建模难题。攻克无人机自主飞行、自主定位及三维激光扫描仪即时成图技术，开发地下空间无人机载三维激光扫描系统，创新地下空间形态获取手段，打破矿山传统测量方式。构建基于“人工智能+云服务”的深部全自动微震监测与灾害在线预警体系，创新微震监测在开采—监测—预警—治理中的闭环应用，大幅度提高微震监测的数据分析时效性和灾变预警专业性。研发面向人、车、岩、场的深井开采环境关键参数探测感知仪器，形成深井开采空间信息多变条件下的深部采矿环境感知技术与装置集成。

2）深部开采过程智能作业装备

研发金属矿深部连续采掘装备，形成深部智能化连续采矿技术与装备系统。开发深部全断面成井钻机智能化控制技术，实现成井钻机智能精准施工。完善深部井巷通风装置智能调控理论，构建深部井巷实时按需通风系统，实现通风与采矿协同。开发具有自主知识产权的深部采掘装备无人化智能作业技术，打破国外技术垄断，构筑适合中国深井作业条件的无人采矿技术体系。

3）深部开采系统智能管控平台

构建适合矿山工作面复杂环境下的高可靠、高带宽、高性能综合数字通信平台，实现柔性数据通信，保障深井矿山智能化生产。建立生产规划、经济收益、深井高应力环境的反馈优化机制，形成金属矿深部开采全过程智能化规划理论与方法。创建深井条件下全采区、多系统自适应智能调度技术与系统，形成开采全过程智能管理及调配解决方案。突破系统离散管控的传统模式，实现地下金属矿复杂离散系统一体化、智能化、可视化集中管控。构筑基于工业混合云平台的矿山大数据整合与数据挖掘，并实现基于云技术平台的全产业链“产、学、研、用”一体化运行模式。

14.4.3 技术路线图的绘制

面向 2035 年的中国金属矿深部多场耦合智能开采技术路线图如图 14-10 所示。

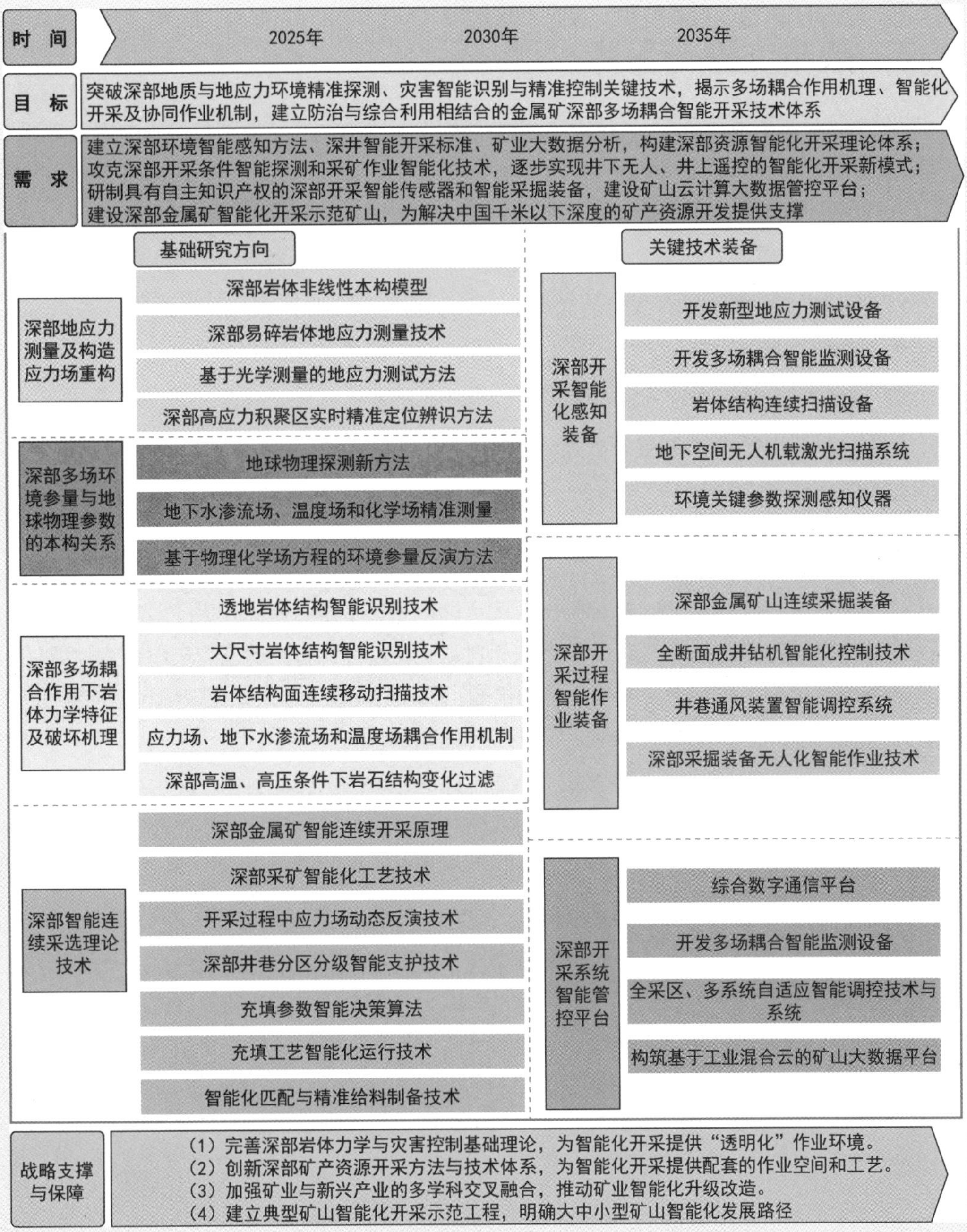

图 14-10　面向 2035 年的中国金属矿深部多场耦合智能开采技术路线图

14.5　战略支撑与保障

面向 2035 年的中国金属矿深部多场耦合智能开采战略的实施需要在明确关键技术路线的基础上，发挥本国的制度优势、组织优势、资本优势、人力资源优势，建立完善的科学体系、政策框架、技术框架及人才队伍，形成产业、技术、人才等战略支撑与保障系统。

（1）完善深部岩体力学与灾害控制基础理论，为智能开采提供“透明化”作业环境。

（2）创新深部矿产资源开采方法与技术体系，为智能开采准备提供配套的作业空间和工艺。

（3）加强矿业与新兴产业的多学科交叉融合，推动矿业智能化升级改造。

（4）建立典型矿山智能开采示范工程，明确大中小型矿山智能化发展路径。

小结

随着浅部矿产资源开采程度的提高，中国金属矿正逐步走向深部开采阶段。但是，深部开采面临着诸多环境和技术难题。对于正处于自动化向智能化过渡的国内矿山而言，绿色开采、深部开采是其未来发展中必然要考量的主题。而融合绿色开发、智能采矿在内的新理念、新模式、新技术创新，成为深部安全、高效、环保开采的关键。

深部开采作为矿业发展的前沿领域，也面临着诸多挑战。深部岩体地质力学特点决定了深部开采与浅部开采的明显区别在于深部岩石所处的特殊环境，即“三高一扰动”的多场耦合环境下的复杂力学行为，使得诸多关键难题需要攻克。

为解决深部开采面临的安全和效率问题，智能开采是最好的解决途径。通过设备、系统、工艺的智能化升级，减少人员作业，可显著提高资源开发利用的效率和安全性。基于此，本项目组织金属矿领域的高等院校、科研院所、矿山企业、矿业公司、智造服务商进行研讨，开展了较为广泛的调研，总结了金属矿深部安全高效开采面临的复杂作业环境及环境识别技术，梳理了智能化开采需要解决的硬件和软件技术瓶颈，最终确定了面向 2035 年的中国金属矿深部多场耦合智能开采技术路线图，为金属矿智能化进程指明了基础研究和关键技术装备研发方向。通过稳步有效的产业、人才、技术保障与推进，中国金属矿智能化产业升级将步入发展的快车道。

第 14 章编写组成员名单

组　长：蔡美峰

成　员：郭奇峰　谭文辉　任奋华　吴星辉　张　英　董致宏

执笔人：郭奇峰

15

面向 2035 年的中国土木工程施工安全技术路线图

15.1 概述

土木工程施工在支撑中国城市化与现代化飞速发展的同时，也承受着安全事故频发的巨大压力。为此，迫切需要考虑土木工程施工过程中的安全问题，对其中长期发展趋势进行研判。本项目从 3 个方面进行研究：结合建造自动化与智能化技术，探索施工现场人机协同作业环境下的安全生产问题；结合信息技术、人工智能和数据科学技术，探索实时信息和数据驱动的施工安全管控问题；探索新技术环境下未来工人行为特征与安全文化演进机理，在此基础上构建更加适合未来建筑业的施工安全理念、文化与伦理。

本项目首先利用文献和专利统计分析的方法，调查了国内外土木工程施工安全领域的发展现状和趋势，制定了本领域的技术清单。其次，据此构建了专家调研问卷，综合本领域专家的知识和经验从施工现场的人机协同、数据驱动和行为、文化与伦理 3 个方面分析了土木工程施工安全面临的挑战、识别关键技术，并提出了中长期发展规划、重点任务、战略支撑与保障。最后，制定了面向 2035 年的中国土木工程施工安全技术路线图，为最终实现“零伤亡”与“零事故”的安全目标提供重要参考。

15.1.1 研究背景

（1）中国城市化与现代化飞速发展，带动了国家建设、城市更新与基础设施的维护与改造升级，土木工程是满足这些需求的基础性工作。

当前，国内中小城市的发展亟待城市基础设施的改进优化和功能完善，区域中心城市的功能疏解与产业延伸对都市圈的城市更新和周边新城建设提出了新的要求，东中西部区域城市群的建设推动了跨区域城市间的大型基础设施工程落地，而“一带一路”在海外的稳步推进，进一步为中国基础设施建设提供了广阔的发展空间。伴随着中国现代化建设的持续推进，城市化建设已经步入区域协同发展的新格局。可以预见，未来 20～30 年，国家城市建设需求仍将旺盛，基础设施的维护改造与城市更新的需求也将急剧增长，而土木工程施工正是满足这些需求的基础性工作。

（2）城市更新与基础设施建设对土木工程提出了更高的要求，也为施工领域带来了新的机遇和挑战。

中国城市化建设蕴含着对城市更新的巨量需求。以高铁、地铁、桥梁及其配套工程为代表，大型区域基础设施工程存在大量需要依托先进技术才能解决的施工难题。与此同时，以装配式建筑为代表的施工产业化、以图像识别和 4D-BIM 技术为代表的工程管理信息化、以施工机器人为代表的建造自动化、以大数据处理技术和云平台为代表的施工模拟化，为土木工程施工的颠覆性创新提供了重要机遇。

（3）中国建筑行业的安全形势仍然不容忽视，土木工程施工安全事故持续高发且近年来无明显改善。

中国建筑业（包括铁路、水利、公路、房屋等工程）事故总量已连续多年排在工矿商贸业事故第一位。仅 2019 年，中国建筑业事故死亡人数就达 3749 人，同时伴随着不计其数的重、轻伤事故的发生，给受害者及其家属、企业、行业和国家都带来了巨大损失。从世界各主要国家来看，建筑业的死亡率均远高于其他行业的平均水平，并且近年来并无明显改善的趋势。

为此，必须结合生产方式与施工技术的进步，预测和把握国家、社会、行业和技术在未来 20～30 年的发展趋势，关注新技术背景下的安全施工技术、安全管控体系，以及由此产生的未来安全文化、行为与伦理问题，从而探索可大幅度减少甚至杜绝土木工程伤亡的解决方案。

15.1.2 研究方法

本项目在充分借鉴国内外施工安全的研究成果和先进经验的基础上，依托中国工程院智能支持系统，集中高水平专家的经验和知识，制定土木工程施工安全技术路线图。研究方法主要包括问卷调研、文献和专利统计分析、专家咨询等。

首先，调研世界范围内土木工程施工水平领先国家的发展现状、需求和政策规划，明确中国土木工程施工安全与领先国家的差距。其次，采用文献和专利统计分析，得出全球范围内土木工程安全施工技术、工程管理的研究动态和趋势，为明确中国土木工程施工安全发展方向提供参考。依托智能支持系统，结合专家咨询和研讨，制定施工现场人机协同、数据驱动和行为、文化与伦理的技术清单。最后，利用专家咨询等方法，进一步明确土木工程施工安全的发展需求、目标、关键前沿技术与趋势、重点任务、战略支撑与保障等，并最终以技术路线图的形式展现，以此为行业提供未来 15 年土木工程施工安全的发展建议。

15.1.3 研究结论

通过对世界范围内土木工程施工安全水平领先的国家调研发现，这些国家均注重人工智能、机器人、物联网、大数据等新技术研发和应用，推进工作场所向数字化、智能化发展；关注人机交互、职业健康与安全的培训教育、建设安全文化等问题；更新法规体系，适应新技术应用带来的变化。

通过文献和专利统计分析发现，世界范围内土木工程施工安全研究热度持续提升，中国在本领域内的研究论文发表数量迅速增加；研究内容在传统研究方向的基础上，逐渐融合计算科学、虚拟现实、机器视觉、深度学习、仿真等高新技术的交叉研究。

本项目利用智能支持系统形成了 3 个基础研究方向，共 18 项重点技术，明确了未来土木工程施工安全的重点技术方向。在施工现场人机协同作业的安全生产方面，应当重点关注新技术在安全培训、个人安全防护和安全操作上的应用，融合多种技术以实现人机协同安全风险的智能识别与控制；在实时信息和数据驱动的施工安全管控方面，应当重点关注利用先进传感技术实现现场信息采集，以数据融合为基础的智能安全分析和智能安全决策；在人的行为、文化与伦理方面，应当重点关注新技术环境下工人行为特征与全文化演进机理及安全伦理。

在战略支撑与保障方面，需要完善安全监管体制顶层设计，加强行业监管；促进产业化工人培养，提升工人素质；营造土木工程施工安全技术应用和创新的良好政策氛围；加强施工安全技术标准规范的制定；注重人才培养及交叉学科建设；加大安全投入，优化安全设施设备的可靠性，从硬件上减少安全事故发生的可能性，保障未来施工安全各项工作的顺利推进。

15.2 全球技术发展态势

15.2.1 全球政策与行动计划概况

土木工程发展领先的国家已开展了大量工程安全相关的研究项目，制定了一系列的政策来保障人员的职业健康和安全。

英国在 2015 年正式实施了《建筑施工设计和管理规定》，对建设项目各相关方的安全和健康职责做了具体要求。英国在《建筑业 2025》[①]战略中提出，到 2025 年，要使建筑业在相当安全的条件下运行，发展基于建筑信息模型（Building Information Modeling，BIM）技术的“智慧设计和数字建造”，采取一致的安全与健康应对手段提升建筑业的形象，吸引更多年轻人从事建筑行业。英国又在《建筑行业协议》[②]中提出，要改进建筑部门的健康与安全文化，提高建筑交付的质量，确保建设安全和建筑安全。为此，英国政府会为包括 BIM 在内的新数字技术投资，以实现新技术下的施工安全，更新建设安全的相关培训标准和计划，保持英国在建筑行业的领先地位。在政府指导下，英国最大的建筑资产管理公司——Balfour Beatty 发

---

① https://www.gov.uk/government/publications/construction-2025-strategy

② https://www.gov.uk/government/publications/construction-sector-deal/construction-sector-deal

布了《创新 2050——基础设施行业的数字化未来》[①]，将 2050 年的建筑工地描述为无人的、机器人团队合作的、使用新材料构筑的新型复杂结构。这表明，未来的生产环境将是以机器人为主的人机协同环境，这种环境的出现将使得土木工程施工安全问题得到更好的解决。为此，需要不断应用许多新的技术，包括人工智能、机器人技术、BIM 技术等。在改善施工安全的具体举措上，该文件表达了使用虚拟现实（VR）技术进行健康和安全培训、利用嵌入式传感器感知施工环境的危险等愿景。此外，英国在《面向第四次工业革命的监管》[②]白皮书中强调，企业需要明确的规则和结构，以便在数据和人工智能方面实现安全和合乎道德的创新，为此成立了新的数据伦理与创新中心（Centre for Data Ethics and Innovation），以加强和改进数据和人工智能使用和监管方式所需的措施。2017 年 3 月，英国更新了大数据指南[③]，考虑解决人工智能和机器学习的发展对社会的影响，包括责任、法律、伦理问题。

美国具有较完善的建设安全管理法规体系，并不断对其更新。《职业安全卫生法》是美国的基础性法律，在此之下是由美国职业安全与健康管理局（Occupational Safety and Health Administration，OSHA）制定不同内容的标准，包括安全管理的一般法规条例和安全细节方面的技术规范。OSHA 隶属于美国劳工部，统一负责安全生产的立法、制定标准，并监督检查执行情况，在全美范围内设置区域性办公室，实现跨州安全工作的协调统一。区域性办公室接受 OSHA 总部的统一领导和管理，但各州可以拟定适用于本州工作场所安全和健康的州计划，经由 OSHA 批准后实施。2017 年，美国土木工程师学会（The American Society of Civil Engineers，ASCE）更新了约束土木工程师的《道德规范》，其首条规范即“安全至上”，要求土木工程师高度重视公众的安全、健康和福祉，在履行专业职责时努力遵守可持续发展原则。特别要求土木工程师严格审查设计文件，确保设计安全；重点控制施工过程，确保施工安全；积极发挥监督作用，致力于可持续发展。

日本率先提出“社会 5.0”概念[④]，其通过将第四次工业革命的创新（如物联网、大数据、人工智能、机器人和共享经济等）融入各行各业和社会生活，在建筑安全方面强调通过使用新技术，包括信息和通信技术（ICT）、机器人、传感器等，实现在早期阶段需要专门技能的检查和维护，减少意外事故，提高建筑活动的安全性。

德国在《施工现场法规》中详细规定了职业安全规则，包括一般原则、建立健康与安全计划等。2015 年，德国制定了《噪声和振动职业安全法规》，以保护员工免受噪声和振动造成的危害。德国注重工作场所的数字化技术的应用，在《2025 年高技术合作计划》[⑤]中提出

① https://www.balfourbeatty.com/how-we-work/public-policy/innovation-2050-a-digital-future-for-the-infrastructure-industry/

② https://www.gov.uk/government/publications/regulation-for-the-fourth-industrial-revolution

③ https://www.gov.uk/government/publications/growing-the-artificial-intelligence-industry-in-the-uk

④ https://www.japan.go.jp/technology/#society

⑤ https://www.hightech-strategie.de/en/index.html

"工作 4.0"和"职业健康与安全 4.0"概念，强调研究和评估新技术的机会和风险。其中，"工作 4.0"是基于未来数字技术将被用于几乎所有的工作场所的判断，强调加快未来工作能力的发展，设计新的数字工作世界形式；强调运用数字辅助系统，如数字眼镜、人机协作、外骨骼系统等，以"职业健康和安全 4.0"作为补充实现"工作 4.0"，支持员工的体力劳动，促进员工的人身安全和健康。此外，德国还提出了"职业培训 4.0"倡议，旨在针对日益增长的数字化和网络化的经济要求，加大在劳动力培训与教育方面的投入，致力于建立一个现代的、有吸引力的、有活力的职业教育和培训体系。联邦内阁已决定使《职业训练法》现代化，这将使德国的职业教育和培训更加具有吸引力。

15.2.2 基于文献和专利统计分析的研发态势

本项目利用科睿唯安公司的 Web of Science 数据库作为文献和专利检索分析的数据来源，经过反复多轮数据过滤、优化，共检索到 15000 篇核心文献和 5055 项专利。

1. 研究论文统计分析

土木工程施工安全领域论文发表数量持续上升，受到学术界的持续关注。图 15-1 为 1975—2019 年全球土木工程施工安全领域论文发表数量的变化趋势，从图 15-1 可知，1991—2001 年，土木工程施工安全领域论文发表数量一直保持稳定增长的态势；2001—2010 年，该领域论文发表数量提升逐年明显；2010 年之后，相关论文发表数量出现大幅度增长，形成加速发展态势。论文发表数量整体上呈现增长趋势，表明土木工程施工安全相关研究一直是学术界的研究热点，土木工程施工安全进入了全新的高速发展阶段。

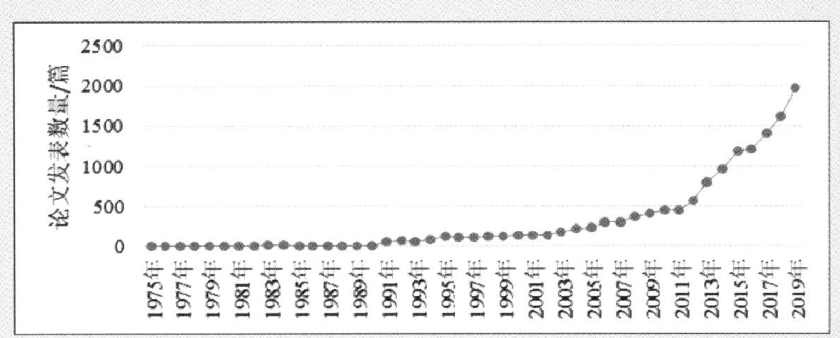

图 15-1 1975—2019 年全球土木工程施工安全领域的论文发表数量变化趋势

图 15-2 所示为 1975—2019 年主要对标国家在土木工程施工安全领域的论文发表数量对比。论文发表数量排名前 10 的国家为美国、中国、英国、澳大利亚、加拿大、韩国、意大利、德国、法国、西班牙，占全球本领域总论文数量的 64.57%，而其他国家的相关论文发表数量仅占 35.43%。其中，美国在该领域的科研活动十分活跃，论文发表数量占 19.44%，中国在

该领域的论文发表数量排名第二，占 16.52%，美国和中国在该领域的论文发表数量远超其他 8 个国家，共占本领域总论文数量的 35.96%。英国在本领域的论文发表数量排名第三，占本领域总论文数量的 5.92%；澳大利亚、加拿大、韩国、意大利、德国、法国和西班牙在该领域的论文发表数量占比均在 5%以下。从以上分析可知，在当前土木工程施工安全领域，美国与中国占据了领先地位。

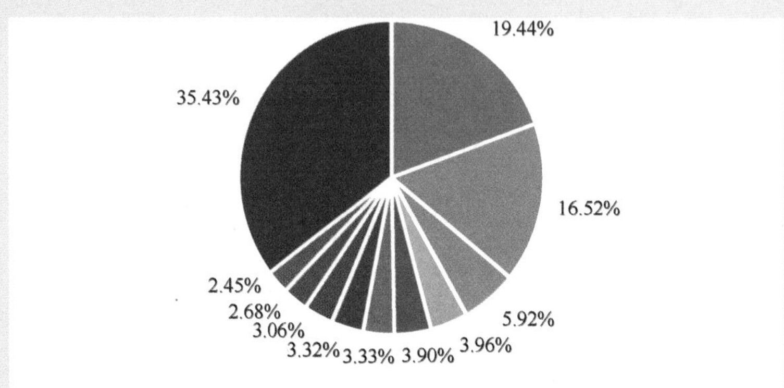

图 15-2　1975—2019 年主要对标国家在土木工程施工安全领域的论文发表数量对比

表 15-1 所列为在土木工程施工安全领域的论文发表数量排名前 20 的科研机构和高等院校，其中，中国和美国的科研机构和高等院校共占 70%。主要对标国家所拥有的高文献量的科研机构数量基本能够佐证上文对各国研发态势分析结果。

表 15-1　全球土木工程施工安全领域的论文发表数量排名前 20 的科研机构和高等院校

科研机构和高等院校	所属国家	论文发表数量/篇	科研机构和高等院校	所属国家	论文发表数量/篇
清华大学	中国	161	上海交通大学	中国	88
香港理工大学	中国	153	德州 A&M 大学	美国	85
代尔夫特理工大学	荷兰	151	首尔大学	韩国	83
华中科技大学	中国	127	中国矿业大学	中国	82
中国科学院	中国	126	浙江大学	中国	82
北京交通大学	中国	121	斯塔万格大学	挪威	79
同济大学	中国	111	昆士兰科技大学	澳大利亚	78
密歇根大学	美国	100	马里兰大学	美国	75
西南交通大学	中国	97	佐治亚理工大学	美国	74
米兰理工大学	意大利	93	挪威科技大学	挪威	73

2. 主题词分析

通过对本领域研究论文的主题词进行分析后发现，工人个体安全问题（Labor and Personnel Issues）、建设管理（Construction Management）、安全与伤害（Safety and Hazard）、风险管理（Risk Management）、最优化（Optimization）、安全管理（Safety Management）、模拟（Simulation）、监测（Monitoring）、机器学习（Machine Learning）、建筑信息模型（Building Information Modeling，BIM）技术等是出现频率最高的热词。

本项目选择 2000 年之后土木工程施工安全领域论文发表数量较多的 7 个国家(均超过百篇或近百篇)，进行主题演变分析。分析结果表明，土木工程施工安全领域的研究主题在 7 个国家均持续发生演变，研究领域逐渐向高新技术应用和交叉学科转变。2010 年前后，计算科学（Computation）、机器视觉（Machine Vision）、模拟（Simulation）等交叉领域关键词开始出现；与领域学科分析和主题词分析所得出的结论相似，即当前土木工程施工安全领域研究主题以工程安全传统方向（Construction Safety Management，Safety & Hazards）为基础，融合了多方面高新技术（Computation、Virtual Reality、Machine Vision、Deep Learning、Simulation）的综合领域主题。

3. 专利统计分析

图 15-3 所示是 2000—2019 年土木工程施工安全领域专利申请数量排名前 10 的国家和机构。从图 15-3 可以看出，中国、日本、韩国、美国、德国等国家在本领域占据了领先地位，

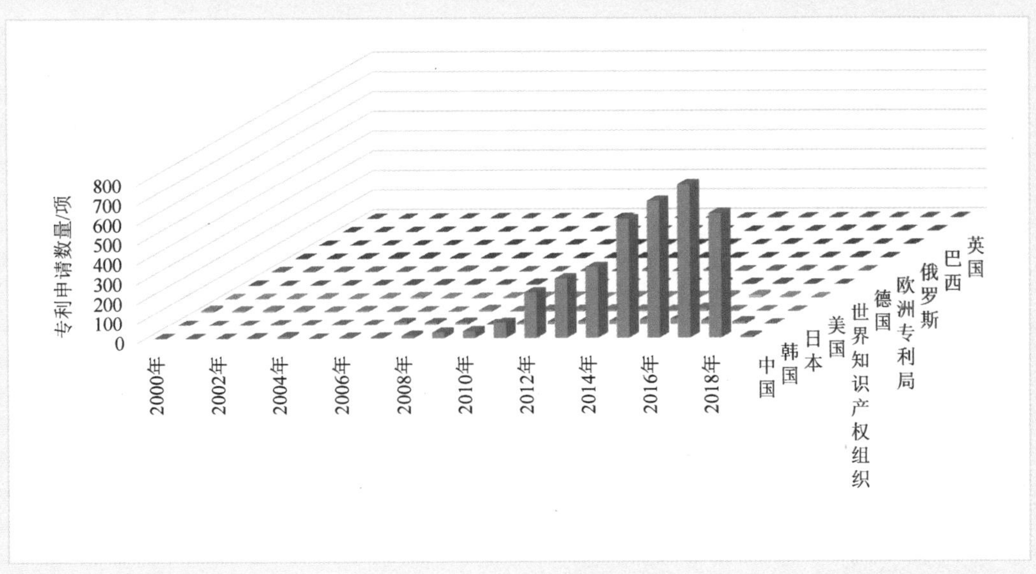

图 15-3　2000—2019 年土木工程施工安全领域专利申请数量排名前 10 的国家和机构

其中，中国在本领域的专利申请数量为 3780 项，远超其他国家，领先地位尤为突出。自从 2010 年以来，中国土木工程施工安全领域专利数量开始显著增长并持续保持高数量，显示中国在本领域进入了快速发展模式。

综合文献和专利统计分析结果可知，土木工程施工安全始终是学术界的研究热点。中国在本领域的论文发表数量呈现较高的增长趋势，表明已进入快速发展的阶段；论文发表数量和专利申请数量均排在世界前列，体现了较强的科研实力。随着高新技术在本领域的逐渐推广应用，研究呈现出多领域、多学科交叉的趋势，大量论文的发表为土木工程施工安全提供了理论支撑和发展方向。

15.3 关键前沿技术与发展趋势

本项目借助中国工程科技战略咨询智能支持系统（iSS），以核心文献和专利统计分析为基础，提炼出了以下 18 项关键前沿技术。

1. 工人安全培训技术

计算机辅助技术已成功地应用于高风险场景的安全培训，可以实现周边环境的模拟、事故场景的体验以及效果反馈评价等目的，沉浸式体验技术使工人可以体验到坠落、物体打击、机械伤害、触电等场景带来的后果，未来的安全培训技术还应更广泛地应用。探索沉浸式体验技术和其他可视化方法的适用性；研究使用这些系统来评估建筑工人在不同场景下的不安全行为。传统的安全培训并不能满足不同类型工人的需要，个性化培训可能为工人提供更好的解决方案。需要评估特定工人的学习需求，制订个性化的培训方案。

2. 智能安全防护技术

传统的个人安全防护装备主要通过隔离、缓冲、屏蔽等手段保护作业人员的安全，而以可穿戴设备为代表的新一代个人安全防护装备不仅有基本的防护功能，还具有通过传感器、无线传感网络、数据挖掘与处理等实现个人的动作、位置、生理状态、情绪等信息的采集、存储与分析的功能，以及人机交互、环境监测等功能，并且具有智能性、便携性和交互友好等特点。这不仅能有效保障工人作业时的安全，也为现场施工安全管理提供新的途径。以可穿戴设备为代表的技术将在未来个人安全防护中得到广泛应用，其连接能力将增强、可用性和可靠性提高、成本降低，电池寿命也将延长。

3. 人机交互安全操作技术

工作空间共享或协同工作的主要问题是操作者的安全，而保障工人与智能装备协同作业的安全依赖先进的交互操作方式，如基于语音交互、手势识别、触觉反馈等设备操作方式。安全操作方式需要评估人对智能装备的适应性、对协作的流畅性、人类满意度、感知安全性和舒适度等，探索人的行为对人机协作的影响，促进面向工人的主动预防技术体系的不断完善。

4. 人机协同安全风险识别技术

安全风险在施工现场普遍存在，风险识别过程涉及的变量和未知因素较多，这使得识别过程更加困难。计算机视觉识别技术和传感器技术的不断发展，为人机协同安全风险识别提供有效的解决方案，可实现工人协同行为识别、人员与装备的空间距离识别、危险区域识别、危险源探测等。未来，该技术会在施工现场发挥越来越重要的作用。

5. 人机协同安全预警技术

人机协同安全预警技术在解决人机碰撞、监控人的不安全行为、防止人员的机械伤害等方面发挥了关键作用，逐步受到学术界和行业界的积极关注。人机协同安全预警技术涉及人、装备、材料、环境、时间等要素，需要采集各要素信息，然后通过预警模型和系统平台，实现实时安全隐患检查与纠正、查询与预警、分析与评价，及时、准确地掌握施工现场的安全信息。但在施工现场存在许多不确定性因素的情况下，实现对碰撞冲突的超低延迟和高精度预警仍是一个挑战。未来还需要优化避碰预警算法，解决包括定位中的噪声、不准确的风险评估和可靠性的提高等问题，拓展更强大的功能。

6. 人机协同安全风险控制技术

人机协同安全风险控制技术融合了多领域的先进技术，通过安全路径规划、协同作业空间规划、自动防碰撞系统、可视化远程干预控制、施工方案预先模拟等手段，对面向不同工作场景的系统进行集成，解决人员与自动化、智能化装备协同作业中的风险问题。

7. 实时位置信息智能采集技术

实时位置信息的采集对象包括人、材料、设备等，运用 ZigBee、射频识别（RFID）、立体视觉等技术，实时采集数据，可以提供基于位置的服务。还需解决室内实时定位、可提高定位精度的优化算法、多路径/信号遮挡/异构设备等问题；研究实时位置传感与生理状态监测的数据融合，用于建筑工人行为分析。

8. 基于计算机视觉的工人动作捕捉技术

工人动作捕捉技术已成为研究人体行为的一项关键技术。采用计算机视觉技术捕捉工人的行为动作，可以对工人在作业中出现的问题进行诊断和分析，识别出工人的不安全行为，并对所获取的监控数据进行分析，有针对性地改进工人的行为动作。但在预测不安全行为方面仍然存在挑战，未来还需优化算法和预测模型，扩展其在不安全行为管控中的应用。

9. 工人生理状态监测技术

生理状态是影响工人做出不安全行为的重要因素，基于生理参数如心率、脑电波、脉搏、唾液等的监测，可以有效地诊断和分析工人健康状况、疲劳程度，及时采取保护措施避免工人在作业时因出现生理机能恶化、反应迟钝、操作失误等情形而导致人体伤害。

10. 现场环境智能感知技术

土木工程施工现场环境复杂，安全风险无处不在。信息技术的发展使得环境感知的手段越来越多，现场环境智能感知技术主要涉及系统、算法、网络、深度学习、数据、时间、信息等要素。未来应探索建立完善的现场环境智能感知技术体系，降低复杂环境带来的安全风险，防止安全事故发生，确保施工安全。

11. 基于现场实时数据的安全风险分析与评估技术

安全风险分析与评估技术主要涉及工人行为分析与评估、装备运行姿态实时安全评估、危险源智能分析、危险区域识别与检测、安全事故预警、安全绩效评估与预测等方面，较多地运用机器学习、图像处理、机器视觉、人工智能、目标追踪等技术。

12. 基于现场实时数据的安全事故规律分析技术

安全事故规律分析包括事故的可能性分析、工人的不安全行为频率分析、事故致因分析、事故类型分析及事故后果的严重程度分析。未来仍需结合人工智能、大数据等技术，探索数据融合的安全事故规律分析技术体系，研究和把握安全事故的规律。

13. 智能安全决策支持技术

土木工程施工现场的数据量不断增长且可以获取，同时数据处理技术逐渐成熟并被广泛应用。智能安全决策支持技术主要借助大数据、人工智能等技术实现对安全数据的智能分析，及时识别安全风险信息，为现场安全决策提供重要依据和技术支持，提高安全管理的效率，降低事故发生率。

14. 行为识别与检测技术

针对工人的行为识别与检测技术在行为安全管控中发挥着重要作用，主要包括个体的动作姿态识别和群体交互行为识别。运用计算机视觉技术和可穿戴智能设备，对工人行为进行实时检测。然后通过数据挖掘，对工人行为进行识别，为安全行为评估和控制提供支撑。

15. 行为评估技术

行为评估主要包括行为安全风险分析、安全等级评估、工人在安全培训后的行为反馈再评估等，建立行为评估技术体系对行为安全管控具有重要意义。未来需要逐步建立起有效的客观数据收集机制，即基于客观数据进行不安全行为的统计、分析与预测，提高行为评估结果的客观性与准确性。

16. 行为干预与纠正技术

干预的目标是将不安全行为转变为安全行为。传统的不安全行为干预方法大多基于对工人行为的观察和记录，对行为风险进行评估，以及对工人进行广泛的行为干预。为了提高行为干预的有效性，需要与现代信息技术相结合。更加关注工人不安全行为的内在特征，掌握工人不安全行为的风险等级、位置、行为个体、行为轨迹、行为属性、时间、不安全行为类型等维度信息。结合安全行为情景模拟、实时定位预警、不安全行为预警，以及生理状态监测等技术，提升行为干预的有效性。

17. 安全文化要素的测量与评价技术

安全文化在组织的软件中扮演着重要的角色，而测量工人的安全文化意识和捕捉演变的迹象是非常困难和高度不确定的。安全文化要素的测量需要采用不同测量方法，保证过程和方法的可靠性和有效性，减少因子分析的不确定性和误差。现有的安全文化评价方法是定性的，例如，通过访谈、专家评级、审计等可以获得关于工人文化意识水平或行动动机的信息，但存在很多主观因素导致的缺陷。安全文化的定量方法是必要的，利用因子分析、数值分类（NT）、评估树法（ATM）等评价方法实现对安全文化更精确、定量的评估。未来需要探索评价方法的创新；研究评价指标体系的建设，建立适应新技术应用背景下的安全文化指标体系，及跨文化、跨语言的安全文化指标体系。

18. 安全文化提升技术

安全文化可以分为安全物态文化、安全管理与法制文化、安全行为文化、安全观念文化。安全物态文化的提升技术包括使用主动防护和主动避障的装备、个人可穿戴式智能防护装备、施工现场智能检测、预警和评估等技术；安全管理与法制文化的提升需要完善针对智能装备、大数据等技术应用的安全规范和职业安全健康管理体系；安全行为文化的提升包括拓展使用移动终端、App 应用等信息技术，沉浸式体验技术、BIM 可视化等安全培训手段、智能监控平台、数据挖掘等技术；安全观念文化的提升需要结合在线云服务、在线数据库等信息共享技术应用，促进安全理念、目标、价值观的传播。

15.4 技术路线图

本项目在明确土木工程施工安全发展需求的基础上，确定了土木工程施工安全发展战略的总体目标和分阶段实施目标，从重点任务、战略支撑与保障等方面进行了前瞻性布局，讨论了土木施工安全发展所需的战略支撑和保障条件，最终形成了面向 2035 年的中国土木工程施工安全技术路线图。

15.4.1 发展目标与需求

1. 发展目标

通过持续深入的研究、开发和应用，中国土木工程施工安全领域到 2035 年将力争达到如下发展水平。

（1）在人机协同施工安全生产方面，到 2025 年，首先需要形成人与智能装备协同安全生产的全局规划，初步建立人机协同施工安全生产作业规则总体架构。到 2030 年，突破人机协同施工安全生产关键技术，基本形成人机协同安全作业技术体系。到 2035 年，技术装备达到国际水平，形成面向工人的事故主动预防和风险智能识别与控制技术体系。

（2）在数据驱动的安全管控方面，到 2025 年，开发施工现场数据采集和分析的关键技术，初步形成数据采集与智能分析的技术体系。到 2030 年，突破施工现场数据采集和分析的核心技术，基本形成数据采集与智能分析的技术体系。到 2035 年，形成由数据驱动的安全管控技术体系。

（3）在行为、文化与伦理方面，到 2025 年，研究安全行为新的特征、规律及其管控的基本理论与方法，研究安全文化的发展与演进路径及其新的作用机理，探索新技术下的伦理规范。到 2030 年，基本形成适用于新技术的行为管控和安全文化建设与伦理规范体系。到 2035 年，与国际领先水平相比，形成具有优势的行为管控和安全文化建设与伦理规范体系。

2. 需求

土木工程施工安全领域发展需求表现在以下 3 个方面：

（1）自动化、智能化的装备在土木工程施工领域的深度应用，对人与装备的协同作业提出了更高的安全需求。

（2）以云计算、物联网、大数据、人工智能为代表的新一代信息技术与施工安全生产、管理深度融合，推动管理方式的变革。

（3）人作为施工安全生产的核心要素，在行为、文化与伦理方面表现出的新特征需要更适用的行为管控体系、文化理念和伦理。

15.4.2 重点任务

面向 2035 年的中国土木工程施工安全领域的重点任务如下。

1．人机协同安全生产

1）面向工人的事故主动预防

在工人安全培训与教育方面，需要重点加强信息化、自动化技术的应用。对工人的安全培训与教育，应着眼于拓展新技术应用，提高工人安全认知水平，增强工人安全意识。研究全方位的防护措施，着眼于提高工人安全防护的智能化水平。根据不同工种，研究出专业的智能防护服，从安全帽、安全衣、防护鞋等装备上给出最直观的预警提示。目前，在土木工程施工现场，从高处坠落、受机械伤害和物体打击造成的人员伤亡事故仍占很大比例。需要研究高处坠落、坍塌、火灾、爆炸等容易造成严重后果的事故检测及防护工具。在安全操作方面，着眼于改进工人使用智能装备的安全操作方式。研究无人操作机具，以及如何提升工人素质并正确使用智能设备，使智能设备的使用更简单化，便于工人的操作与学习。

2）施工现场人机协同安全风险智能识别与控制

研究如何将人机协同作业环境中的安全数据重新整合，将这些数据转化为安全管理所需的信息，辅助管理者进行安全决策，建立人与智能装备交互的作业规则。突破人机协同作业过程中的数据采集、过滤、分析等关键技术。研究人机交互设备成本和效益的关系，降低技术成本，普及应用新技术。对一些危险性较大的分项工程、危险性较大的机械设备的安全状态进行实时监控、数据分析和评估，提升主动发现危险和及时预警的能力，实现人机智能交互、设备自检智能化。

2．数据驱动安全管控

1）施工现场实时数据采集

研究针对作业人员的生理状态（情绪、精力、智力）的在线监控技术；突破施工现场复杂环境下作业人员及设备全方位立体监控技术。采集工人不安全动作、实时位置与运动轨迹、安全培训经历、工人防护装备、操作指令、作业空间、周边环境、生理状态等信息；采集装备实时运行姿态、操作指令、作业环境、装备故障、作业对象、作业空间、障碍物等信息。

2）实时数据的智能分析

研究不同应用场景下的人机协同算法、异源数据处理等，研究面向一线作业人员的施工现场作业面、安全场景、安全隐患分析及报警系统。

3）基于数据驱动的智能安全决策支持

研究实时信息智能安全决策系统，综合事故预警技术和干预措施，避免安全事故的发生，更有力地保障安全生产及作业人员的财产损失。研究施工安全管理过程的数字化技术，需要与虚拟技术、物联网技术深度融合。需要对新技术应用进行可靠性试验，并且建立安全预防机制，减少人员伤亡。

3. 安全行为、文化与伦理

1）面向工人的行为安全管控

研究行为管控的潜在机制，重点加强工人行为的适应性研究。对新技术、新设备的应用，要考虑工人的工作方式以及行为习惯并对其进行重点分析，适应工人的认知水平，提升工人的安全意识。研究人的不安全行为导致事故的机理，通过对施工过程中个人和群体的作业行为数据采集与分析，为工人的行为引导提供数据支撑。研究行为控制基本理论和方法，为行为安全管理提供基础支撑。

2）安全文化的发展与建设

研究中国独特的安全文化特征对行为的影响；研究行业监管严肃性、公平性、严厉性对安全文化的影响；发展深入意识的安全文化；研究安全文化建设具体实施措施，确保政策落地。

3）新技术下的伦理问题

研究对新技术应用的伦理风险评估方法，完善伦理方面的法律规范，建立伦理治理框架。

15.4.3 技术路线图的绘制

面向 2035 年的中国土木工程施工安全技术路线图如图 15-4 所示。

	2025年	2030年	2035年
需求	自动化、智能化的装备在施工领域的深度应用，对人与装备的协同作业提出了更高的安全需求		
	以云计算、物联网、大数据、人工智能为代表的新一代信息技术与施工安全生产、管理深度融合，推动管理方式的变革		
	人作为施工安全生产的核心要素在行为、文化与伦理方面表现为新特征，需要更适用的行为管控体系、文化理念和伦理规范		
目标	研究人与智能装备协同安全生产的全局规划，初步建立人机协同安全生产作业规则总体架构	突破人机协同施工安全生产关键技术，基本形成人机协同安全作业技术体系	技术装备与国际水平同步，形成面向工人的事故主动预防和风险智能识别与控制技术体系
	开发施工现场数据采集和分析的关键技术，初步形成数据采集与智能分析的技术体系	突破施工现场数据采集和分析的核心技术，基本形成数据采集与智能分析的技术体系	形成由数据驱动的安全管控技术体系
	研究安全行为新的特征和规律，管控的基本理论与方法，安全文化的发展与演进路径及其新的作用机理，探索新技术下的伦理规范	基本形成适用于新技术的行为管控和安全文化建设与伦理规范体系	与国际领先水平相比，形成具有优势的行为管控和安全文化建设与伦理规范体系
重点任务：人机协同施工安全	工人的安全培训与教育着眼于拓展新技术应用，提高工人安全认知水平，增强工人安全意识		
	研究全方位的防护措施	安全防护着眼于提高工人安全防护的智能化水平	
	研究高坠、坍塌、火灾、爆炸等容易造成严重后果的事故检测及防护工具	提升工人素质并正确使用智能设备，使智能设备操作简单化	
	研究人机协同作业环境中的安全数据整合，建立人与智能装备交互的作业规则	突破人机协同作业过程中的数据采集、过滤、分析等关键技术	
	研究人机交互设备成本和效益的关系	降低技术成本，普及应用新技术	
重点任务：数据驱动的安全管控	突破施工现场复杂环境下人员及设备全方位立体监控技术		
	研究信息技术不同应用场景下的优化算法、异源数据处理等	研究面向一线作业人员的安全隐患分析及报警系统	
	研究实时信息智能安全决策系统，有效且及时预警和干预的智能技术	研究施工过程安全隐患的数字化，与虚拟技术、物联网技术深度融合	研究新技术应用的可靠性试验
重点任务：行为、文化与伦理	研究行为管控的潜在机制，重点加强工人的适应性研究	行为控制基本理论和方法，为行为管控提供基础支撑	
	研究中国独特的安全文化特征对行为的影响	研究行业监管严肃性、公平性、严厉性对安全文化的影响	研究安全文化建设具体实施措施，确保政策落地
	研究对新技术应用的伦理风险评估方法，制定根据评估结果采取行动的措施	完善新技术使用涉及伦理方面的法律规范，规定透明度和治理框架，建设伦理指导与监管体系	

图 15-4　面向 2035 年的中国土木工程施工安全技术路线图

时间	2025年	2030年	2035年
关键技术	工人安全培训技术		
	智能安全防护技术		
	人机交互安全操作技术		
	人机协同安全风险识别技术	人机协同安全预警技术	人机协同安全风险控制技术
	实时位置信息智能采集技术		
	基于计算机视觉的工人动作捕捉技术		
	工人生理状态监测技术		
	现场环境智能感知技术		
	基于现场实时数据的安全风险分析与评估技术	现场实时数据的安全事故规律分析技术	智能安全决策支持
	行为识别与检测技术	行为评估技术	行为干预与纠正技术
	安全文化测量与评价技术	安全文化提升技术	
战略支撑与保障	完善安全监管体制顶层设计，加强行业监管		
	加强产业化工人的培养，重视培养能操作设备的高级工人，引导工人由单一型向复合型转变		
	努力营造土木工程施工安全技术应用和创新的良好政策氛围		
	加强施工安全技术标准规范制定		
	注重人才培养及交叉学科建设		
	加大安全投入，优化安全设施设备的可靠性，从硬件上减少安全事故发生的可能性		

图 15-4　面向 2035 年的中国土木工程施工安全技术路线图（续）

15.5 战略支撑与保障

1. 完善安全监管体制顶层设计，加强行业监管

探索专业化的安全监管机构和培育从业人员，建立完善的考核机制，从源头上保障安全监管从业人员的管理水平和能力。对各企业专职安全监督系列人员的职业地位和职责技能提升方法进行研究，提高专业技能上岗标准，同时也应提升专业人员的职业地位。

完善事故处理的规章制度，提高违章作业造成事故的成本，研究事故后果在个人成本和企业成本之间的平衡关系，明确并细化因安全管理失误、操作不当、机械制造缺陷等造成事故的责任追究机制。

2. 加强产业化工人的培养，提升工人安全素质

需要优先发展建筑技术，减少劳动力的使用，重视培养能操作设备的高级工人，引导工人由单一型向复合型转变，逐步引导“农民工”转化为有教育背景的“产业工人”。

建立系统性、长期性、制度性的建筑施工市场劳务人员入场标准和规范，接收专业性服务机构培训，加强劳务市场监督。一线安全管理人员的个人安全技术水平和管理能力是保证安全的关键，工人的技术操作水平和执行力、遵章守纪是保证安全的基础。加强工人入职前的安全教育，充分利用实名制平台，确保全员教育。

3. 努力营造土木工程施工安全技术应用和创新的良好政策氛围

努力提升数字化技术和智能化技术在安全管理中的应用，降低新技术应用成本。建立人工智能的研发及物联网的落地应用试点。鼓励高等院校、科研机构与企业进行合作，建立广泛交流的合作平台，形成有利于科研成果转化的良好政策氛围。

4. 加强施工安全技术标准规范的制定

针对施工安全，构建更为详细精准的标准规范，提升土木工程领域的标准化设计。结合设计文件，将数字化技术运用到具体的施工过程，注重对安全隐患、防护措施、注意事项等问题的预先规划。

5. 注重人才培养及交叉学科建设

应充分考虑土木工程施工安全领域的不同岗位需求，做好人才培养规划。鼓励企业与高等院校、科研机构进行合作，开展研究，构建可用于广泛交流的平台，积极开展施工安全关键技术的研究。对多领域交叉学科的建设保持充分的投入，促进多学科、多领域的合作。

6．加大安全投入，优化安全设施设备的可靠性，从硬件上减少安全事故发生的可能性

随着装配式建筑、绿色建筑、智能建筑的发展，在国家、行业标准中注重人机交互设备的配置，注重智能机械设备的应用，重点发展物联网、远程操控等技术，从政策上立项推广，使关键技术得到普及应用，实现施工现场无人化作业，真正做到人员零伤亡。

小结

本项目从土木工程施工的“物理（施工现场）—信息（实时信息）—人（行为与文化）”3 个维度及其交互作用出发，研究了施工技术变革、信息技术革命和人的行为与文化演进的安全挑战、关键技术、重点任务及在战略支撑与保障。世界范围内土木工程施工安全水平领先的国家在施工安全方面的举措，对中国土木工程施工安全的发展具有很好的参考意义。这些成果有助于提升中国建筑业工人群体的安全素质，促进施工管理从经验领域向依托数据科学支撑的领域转变，指导未来的土木工程从业者注重施工安全，提升项目行业整体的安全氛围。系统的土木工程施工安全中长期发展战略的提出，也将有效地推动中国未来城镇化与现代化建设进程，确保国家建设、城市更新与基础设施建设进程能够兼顾安全、效率与质量，最终实现“零伤亡”与“零事故”的安全目标。

第 15 章编写组成员名单

组　长：方东平

成　员：郭红领　黄玥诚　张沛尧　马琳瑶　唐茂原　古博韬

　　　　张知田　马　羚　王　尧

执笔人：唐茂原

16

面向 2035 年的中国农业工程科技发展技术路线图

16.1 概述

农业工程科技是综合物理、生物等基础科学和机械、电子等工程技术而形成的多学科交叉的综合性科学与技术，主要包括农业生物环境与能源工程、农业水土保持工程、农业机械化工程、农业信息化工程、农产品加工工程等科学与技术。1949 年以来，中国农业工程科技不断取得突破，部分技术已达到国际先进水平。面向 2035 年，在全面推进乡村振兴战略进程中，中国农业将面临更加严峻的人口、资源与环境的制约，如何满足人民日益增长的美好生活需要，让亿万农民有更多的获得感、幸福感和安全感，迫切需要把发展农业工程科技放在更加突出的位置，围绕粮食安全、食物安全、生态安全、乡村振兴、人民健康、绿色发展、产业融合等国家战略需求，聚焦水土保持、生物环境控制、机械化、信息化以及农产品加工等重要领域，加快部署和实施农业工程科技重大研发与应用任务，支撑农业科技强国建设。

本项目结合世界农业工程科技发展态势，面向 2035 年中国经济社会发展愿景，梳理了农业工程科技重大国家战略需求与机遇，提出了面向 2035 年的中国农业工程科技发展的战略目标、重点领域和技术群，为中国制定中长期农业工程科技发展计划，推动中国建成世界农业科技强国提供决策参考。

16.1.1 研究背景

农业工程（Agriculture Engineering，AE）最早可追溯到使用犁、谷物存储和灌溉的古文明时期。随着人类文明的发展与工业化进程加快，工程技术在农业领域的集成应用逐渐被各国重视。20 世纪 60 年代以来，各国相继建立农业工程学科，推动了农业工程理论体系的形成与创新发展，农业工程科技发展逐步由节劳型、节地型等节约型农业向与计算机信息技术、生物技术等相结合的方向转变，提高了农业劳动生产率、土地利用率与资源利用率。伴随工业化、城镇化的发展，人口、资源与环境问题日益严峻，确保“中国人的饭碗任何时候都要牢牢端在自己的手上”以及满足人民日益增长的美好生活需要的目标，对中国农业发展提出了更高的挑战。2018 年，中国人均农业劳动产值为 3818 美元（2010 年不变价美元），仅相当于欧盟国家的 8.89%、美国的 4.83%、以色列的 4.40%、荷兰的 4.71%、日本的 15.94%。以设施园艺生产为例，中国每亩年均用时 3600 小时以上，按人均管理面积计算，仅相当于日本的 1/5，西欧的 1/50 和美国的 1/300；而产量和水肥利用效率分别仅为荷兰的 1/3～1/4 和 1/2～

1/3。同时，根据农业农村部统计数据，2019 年中国水稻、玉米、小麦三大粮食作物化肥利用率为 39.2%，远低于发达国家 65%的水平，农药利用率为 39.8%，与发达国家还存在 20%的差距；畜禽粪污综合利用率为 70%，与发达国家相差 10 个百分点以上。相关研究预测，到 2030 年左右，中国人口总数与老龄化程度将达到高峰；至 2035 年，中国农业劳动力占比将下降至 10%~15%，而农业资源与环境仍持续面临硬约束，其中水资源约束情况将比耕地资源更为严峻。如何确保国家粮食安全、食品安全与生态安全，促进农业高质高效发展与绿色可持续发展，迫切需要以"前沿引领、产业变革、绿色导向、融合创新"为原则，立足农业生物环境控制与资源化利用技术、农业水土保持技术、农业机械技术、农业信息技术与农产品加工技术五大领域，加快部署农业工程重大关键和前沿颠覆技术，构建新时代农业工程科技创新体系，给农业插上科技的翅膀，让亿万农民分享现代化成果。由此，亟须瞄准国际前沿，强化自主创新，对未来 15 年中国农业工程科技进行战略部署，有力支撑乡村振兴重大战略的实施。

16.1.2 研究方法

为科学、准确地研判未来 15 年中国农业工程科技发展态势，部署重点任务与重大工程，本项目综合采用文献计量分析法、专家座谈法、德尔菲法对农业工程科技领域的技术路线图进行系统分析。

1. 文献计量分析法

依托中国工程院战略咨询智能支持系统（iSS）中的 KGO 数据库，对 20 世纪尤其是 1960 年以来全球农业工程科技领域的核心论文与专利进行检索，采用文献计量分析法对农业工程科技的研究态势进行剖析与可视化展示，进一步结合主要国家农业工程科技相关战略行动，提炼出面向 2035 年的中国农业工程科技领域的技术清单。

2. 专家座谈法

基于文献计量分析结果，通过领域内专家座谈，本章确定了农业生物环境控制与资源化利用技术、农业水土保持技术、农业机械技术、农业信息技术与农产品加工技术五大领域农业工程技术，形成了包含 127 项的技术清单。然后召开第二轮技术清单专家讨论会，最终保留 27 项农业工程领域亟待发展的关键技术。

3. 德尔菲法

本项目主要采用美国兰德公司提出的非见面式专家反馈匿名函询法——德尔菲法，以函调形式，共邀请 150 名专家（每个领域 30 名）进行两轮技术路线图调查，确定面向 2035 年的中国农业工程技术发展的优先顺序，为本领域技术路线图的绘制提供依据。

16.1.3 研究结论

当前，美国引领农业工程科技创新，中国农业工程科技与国际先进水平相比仍存在较大距离。文献计量分析结果表明，近年来世界农业工程技术已从高速发展期进入稳定发展阶段，相关论文和专利数量规模均保持较高水平，但创新难度逐渐加大。从综合情况来看，美国在农业工程技术领域的研究和成果转化方面均处于世界领先地位，中国尽管在本领域的论文发表数量较多，但专利申请数量相对较少，整体上与美国相比仍有较大差距。农业和水资源保护、精准农业、遥感技术等是当前农业工程技术领域的主要研究热点。

面向 2035 年，中国农业工程关键技术优先方向如下：规模养殖场动物废弃物无害化处理技术、农业水土资源持续高效利用技术和设备、农业遥感技术。关键共性技术优先方向如下：粮油食品储藏加工技术，农用动力机械共性关键技术，水、土、作物和环境关系优化调控理论。重点产品研发优先方向如下：载荷达到 200kg 以上的植保无人机、农业用无人自主作业机器人。应用示范工程如下：动植物循环生态种养示范与智慧农业应用示范。

16.2 全球技术发展态势

16.2.1 全球政策与行动计划概况

1. 国外政策动态

1907 年，美国成立了美国农业工程协会，最早提出农业工程概念，将农业工程定义为“为农业生产提供一线服务的各项工程技术与装备”。进入 21 世纪以来，现代生物技术、信息技术、智能制造技术等高新技术迅猛发展，世界各国与国际组织高度重视农业领域的工程科技创新，相继启动了多项相关重大科技计划与战略行动，推动着世界农业工程科技由以机械化、水利化、电气化为主要特征的节约型农业向以节约、增效、绿色、优质、智能、融合、持续为特征的高值农业方向发展。

1）在农业生物环境控制与资源化利用技术方面

随着全球资源与生态问题日益严重，各国将发展农业生物环境控制与资源化利用工程作为推动可持续农业发展的重要手段，围绕“生物技术、生物环境以及生物能源”出台了系列支持农业生物环境控制与动植物废弃物资源化利用的政策与计划。例如，2008 年，日本启动了《植物工厂发展计划》，积极开展以高精度环境控制为代表的系列循环农业技术研发及推广，挖掘农业生物环境在设施农业（Protected Agriculture）领域的潜力；2014 年，德国出台了《国家生物经济政策战略》，将生物能源、生物原料开发利用以及生物废弃物利用作为创造乡村就业机会、提高农业增加值和保护乡村生态环境的重要手段；2017 年，法国出台了《法国生物经济发展计划 2018—2020 年》，明确加大信息技术在农业生物质能源发展中的应用；2017 年，美国陆续出台了《生物技术监管协调框架》《促进美国农业和农村繁荣的总统行政命令》，推动了本国农业生物技术、生物环境控制与资源化利用技术的发展。

2）在农业水土保持技术方面

水土资源作为农业资源消耗的主要要素，其保护与高效利用备受各国（或国际组织）关注。各国将农业水土保持工程作为保障其社会资源高效利用、改善生态环境以及农业可持续发展的重要手段，围绕“水土资源管理、水土资源高效利用”出台了系列政策法规。例如，以色列早在 1959 年就制定了《水法》对全国水资源进行统一管理，1999 年进一步制订了“大规模海水淡化计划”来缓解本国淡水供应不足问题，发展至今，以色列已成为全球高效节水农业工程建设的领航者；2018 年，日本发布了《粮食、农业、农村白皮书》，强调农业灌溉设施维护与耕地质量保护提升，从农艺、农机角度共同促进农业水土资源可持续利用；2018 年，英国出台了《绿色未来：英国改善环境 25 年规划》，将土地的可持续利用管理和水资源高效利用作为本国实现环境改善的关键点。2018 年，联合国粮食及农业组织也将增强土壤健康、恢复土地和保护水资源、治理水资源短缺列入“20 个指导决策者行动”中。

3）在农业信息技术方面

随着现代信息技术的快速发展，信息化已成为引领农业产业转型升级的重要手段，农业逐渐向数字化、智能化转型升级。各国均出台系列战略规划，拓展信息技术在农业领域的研发应用，加快农业农村信息化建设。以日本、美国、英国为代表的发达国家在农业信息化领域起步较早，目前已经形成了完善的战略规划体系。2013 年，英国实施的《农业技术战略》明确提出建立以“农业信息技术和可持续发展指标中心”为基础的一系列农业创新中心。2018 年，美国发布了《美国先进制造业领导战略》，提出要加快传感器、机器人以及数字技术在粮食方面的应用。日本在 2018 年发布的《综合创新战略》和 2019 年发布的《农业新技术推广计划》，都强调农业信息化发展的全面性建设和推广，并提出重点发展适用于农业产业链多环节的农业机器人与人机协作系统，2020 年《食品、农业、农村发展五年计划纲要》更是强调加快智慧农业发展进程。

4）在农业机械技术方面

当前，各国（或国际组织）重点围绕“信息化、自动化、智能化”加快高端智能农机具的研发与应用，推动农机装备的智能化转型。例如，2015 年，德国在《有机农业——展望战略》中指出，在农业生产过程中应用小型、自主农业设备将会为优化库存管理提供新的机会；2017 年，欧洲农业机械协会指出，在信息化背景下，未来欧洲农业发展方向将是以现代信息技术与先进农机装备应用为特征的“农业 4.0”；2019 年，日本制订了农业领域普及小型无人机计划，大力推进农业各生产环节的机器人、农药喷洒无人机的研发与推广；2020 年，韩国出台了《农、林、牧、食品 2020 工作计划》，提出加快智能农机装备研发，拓展农业市场，支持智能农场设备出口。在所有的智能化农机装备中，农业机器人成为各国（或国际组织）关注的热点。

5）在农产品加工技术方面

农产品加工作为农业产业与工业制造业的联结关键，备受发达国家关注。各国政府重点以提升食品供应领域的国际竞争力为目标，从制定保护政策、改良农产品加工技术、加强安全监督等角度，出台了系列战略规划以推动本国农产品加工业发展。例如，日本实施严格的农业产业保护政策，严格限制国外农产品流入本国，并积极推动以农民组织为核心组建农产品加工企业；2018 年，美国出台了《美国先进制造业的领导战略》，提出促进食品制造业智能和数字制造理念发展，积极调整新技术，简化和改进食品生产的传统制造工艺；2020 年，澳大利亚出台了《乳品行为准则》，通过阐明各方的关键权利和义务，以提高农民与加工者之间交易的透明度，保障农产品加工原材料品质。

2. 国内政策动态

近年来，中国不断加强农业工程领域技术装备的研发和推广应用。例如已颁布的《农业绿色技术发展导则（2018—2030 年）》针对农业领域的绿色工程技术列出了任务清单，为全面推进乡村振兴提供强有力的科技支撑。据统计，2012—2017 年，投入农业工程建设领域的资金从 6087.3 亿元增长到 18973.04 亿元，占第一产业增加值的比例从 11%大幅度增长到 30%。目前，结合中国绿色、可持续的现代化农业发展方向，农业工程领域发展焦点逐渐由以提升劳动生产率为目标的农业机械技术向集成融合生物技术、现代信息技术、工程管理技术等多领域技术的多元化农业工程模式方向发展。

1）农业生物环境控制与资源化利用技术方面

中国将农业生物环境控制与资源化利用工程建设作为实现农业绿色化、可持续发展的重要手段，围绕“绿色农业技术、农村垃圾处理以及农业废弃物资源化利用”出台了一系列战略规划。2016 年发布的《关于推进农业废弃物资源化利用试点的方案》、2017 年发布的《关于印发国家农业可持续发展试验示范区建设方案的通知》都将农业废弃物循环利用纳入可持续农业范畴，提出通过技术创新、集成与应用，实现秸秆、畜禽粪便、农膜、农药包装物、农产品加工副产物等农业废弃物基本资源化利用。针对农村垃圾处理，2013 年，中国开展美丽乡村试点创建活动，旨在通过农业生产生活垃圾、建筑垃圾、农村工业垃圾等农村环境治理工程，建设美丽宜居乡村。此外，在畜牧业废弃物资源利用方面，《关于加快推进畜禽养殖废弃物资源化利用的意见》强调加快相关设施装备的研发，提升养殖废弃物资源化利用效率。

2）在农业水土保持技术方面

中国对水土资源认知较早，改革开放以来，中国不断加强农田水利基础设施建设力度，重点围绕“高标准农田建设、耕地保护、优化农业生产技术、改良水土环境”等方面出台系列政策规划，加快了农业水土保持技术的研发与推广应用。针对水土流失、土地沙化等问题，中国于 1999 年开始实施退耕还林还草工程，并结合农业发展情况于 2007 年、2016 年分别出台了《关于完善退耕还林政策通知》《关于完善退耕还林粮食补助办法》等意见。针对黑土地，2020 年中国出台了《东北黑土地保护性耕作行动计划（2020—2025 年）》，提出重点推广秸秆覆盖还田免耕和秸秆覆盖还田少耕两种保护性耕作技术类型。针对农田水利基础设施薄弱与水资源利用率低下问题，重点开展了高标准农田建设与节水灌溉技术的研发与推广。2013 年发布的《全国高标准农田建设规划》提出“到 2020 年建成集中连片、旱涝保收的高标准农田 8 亿亩，亩均粮食综合生产能力提高 100kg 以上”。2019 年发布的《国家节水行动方案》提出大力推进节水灌溉，推广喷灌、微灌、滴灌、低压管道输水灌溉、集雨补灌、水肥一体化、覆盖保墒等技术。此外，在水土环境方面，2015 年、2016 年分别出台了《全国农业可持续发展规划（2015—2030 年）》《土壤污染防治行动计划》等战略行动，均明确从水土资源保护修复以及土壤污染调查、防治等方面开展农业水土优化工程建设。

3）在农业信息技术方面

新一代信息技术在农业领域的应用得到越来越广泛的关注。自 2004 年起，中共中央、国务院历年发布的一号文件中均提出发展农业信息化。2011 年，科技部设立了“农村与农业信息化科技发展”重点专项，部署了农业物联网技术、数字农业技术、农业精准作业技术、现代农业信息化关键技术集成与示范、农村信息化共性关键技术集成与应用、国家农村信息化示范省建设等 7 项重点任务，在北京、山东、湖南、广东、重庆、浙江、安徽等 13 个国家农村信息化示范省（直辖市）实施这些任务，促进了国内农业信息化工程的落地。与此同时，农业农村部先后推行农业物联网区域试验、数字农业建设试点、单品种农业全产业链大数据试点、“互联网+”农产品出村进城试点等农业信息化试点工程，推动农业信息化工程科技“开花结果"。近年来，陆续出台的《乡村振兴战略规划（2018—2022 年）》《数字乡村发展战略纲要》《数字农业农村发展规划（2019—2025 年）》也均强调积极利用数字化技术创新驱动农业农村现代化，以此支撑乡村全面振兴。总之，农业信息化已成为中国现代农业发展的重要驱动力。

4）农业机械技术方面

中国十分重视农业机械的研发与推广应用。自 2004 年中共中央将农机购置补贴政策设立为“两减免，三补贴”强农惠农政策之一，一直到 2018 年，中央财政累计投入资金 2000 多亿元，扶持农民和各类农业生产经营主体购置农机具 4000 多万台（套）。目前，中国重点围绕加快推进全面、全程机械化，提升农业机械智能化水平以及发展高质高效农机装备出台了系列战略规划。例如，2018 年，国务院出台的《关于加快推进农业机械化和农机装备产业转型升级的指导意见》指出，应以满足需求为出发点，在发展适应多种形式适度规模经营的大中型农机的同时，也要加快小农生产、丘陵山区作业所需的小型农机以及适应特色作物生产、特产养殖需要的高效专用农机。此外，《农机装备发展行动方案（2016—2025 年）》《数字乡村发展战略纲要》等均指出通过信息技术与农机装备制造技术的融合，加速农机装备高质高效发展。

5）农产品加工技术方面

中国重点从农业产业融合和食品质量安全角度出发，通过制定补贴政策、完善农产品加工技术、加强质量安全监管等系列政策法规，加快农产品加工业的高质量发展。早在 2002 年，党的十六大报告就提出了“发展农产品加工业，壮大县域经济”，陆续出台了《关于促进农产品加工业发展的意见》《关于大力推进农产品加工科技创新与推广工作的通知》《关于进一步促进农产品加工业发展的意见》《全国农产品加工业与农村一二三产业融合发展规划（2016—2020 年）》《关于促进农产品精深加工高质量发展若干政策措施的通知》等政策文件，旨在从资金、科技、产业、人才等方面支撑农产品加工业的发展。2019 年出台的《国家质量兴农战略规划（2018—2022 年）》《中共中央 国务院关于深化改革加强食品安全工作的意见》将农产品加工作为保障食品质量安全的关键环节，提出完善农产品加工技术研发体系，打造一批农产品精深加工示范基地。

16.2.2 基于文献和专利统计分析的研发态势

1. 文献统计分析

从 1978—2018 年全球农业工程科技领域年度论文发表数量变化趋势（见图 16-1）来看，

本领域的发展可分为 4 个阶段：

（1）在 1977 年以前，鲜有本领域的文献。

（2）1978—1994 年，本领域的论文发表数量从每年 22 篇稳定增长至 265 篇，表明本领域处于发展的萌芽期。

（3）1995—2012 年，本领域的论文发表数量呈指数级增长态势，表明本领域进入高速发展期。

（4）当前阶段，即 2013 年以后，每年本领域的论文发表数量基本保持在 5500～6500 篇，表明本领域已经进入稳定发展阶段。

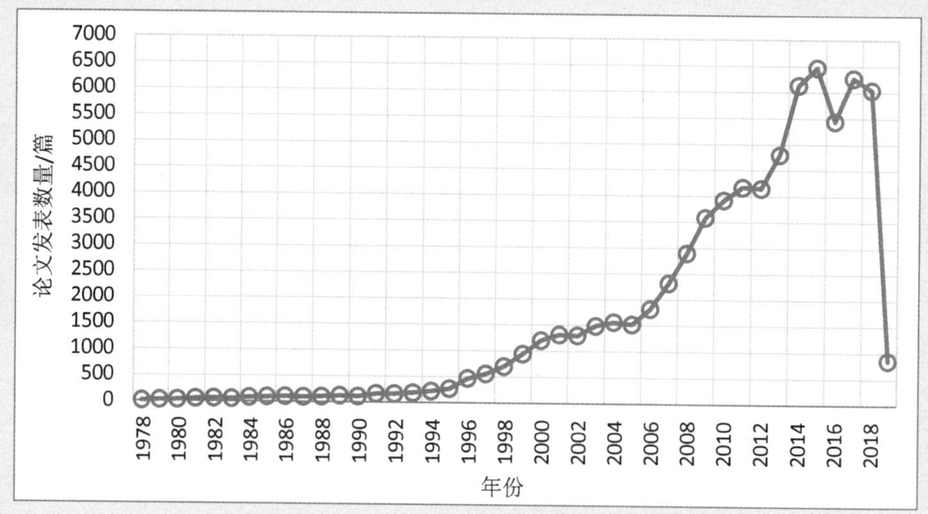

图 16-1　1978—2018 年全球农业工程科技领域年度论文发表数量变化趋势①

分国家来看，美国、中国、印度、澳大利亚、意大利和加拿大是本领域发表论文数量较多的 6 个国家。其中美国占据主导地位，总体处于世界领先地位。中国在本领域的论文发表数量自 20 世纪 90 年代起保持稳定增长态势，说明农业工程科技在中国受重视程度日益提高。主要对标国家在农业工程科技领域的论文发表数量变化趋势如图 16-2 所示。

从学科角度来看，农业工程科技呈现出较强的交叉学科属性，主要表现为所发表的论文与农业科学、农业基础科学、轻工业和手工业、园艺、农业工程等学科的关联程度较高。农业工程科技领域各学科论文发表数量如图 16-3 所示。

① 其中，最后一期数据因检索时间和数据库的滞后性，仅为部分数据，可不计。

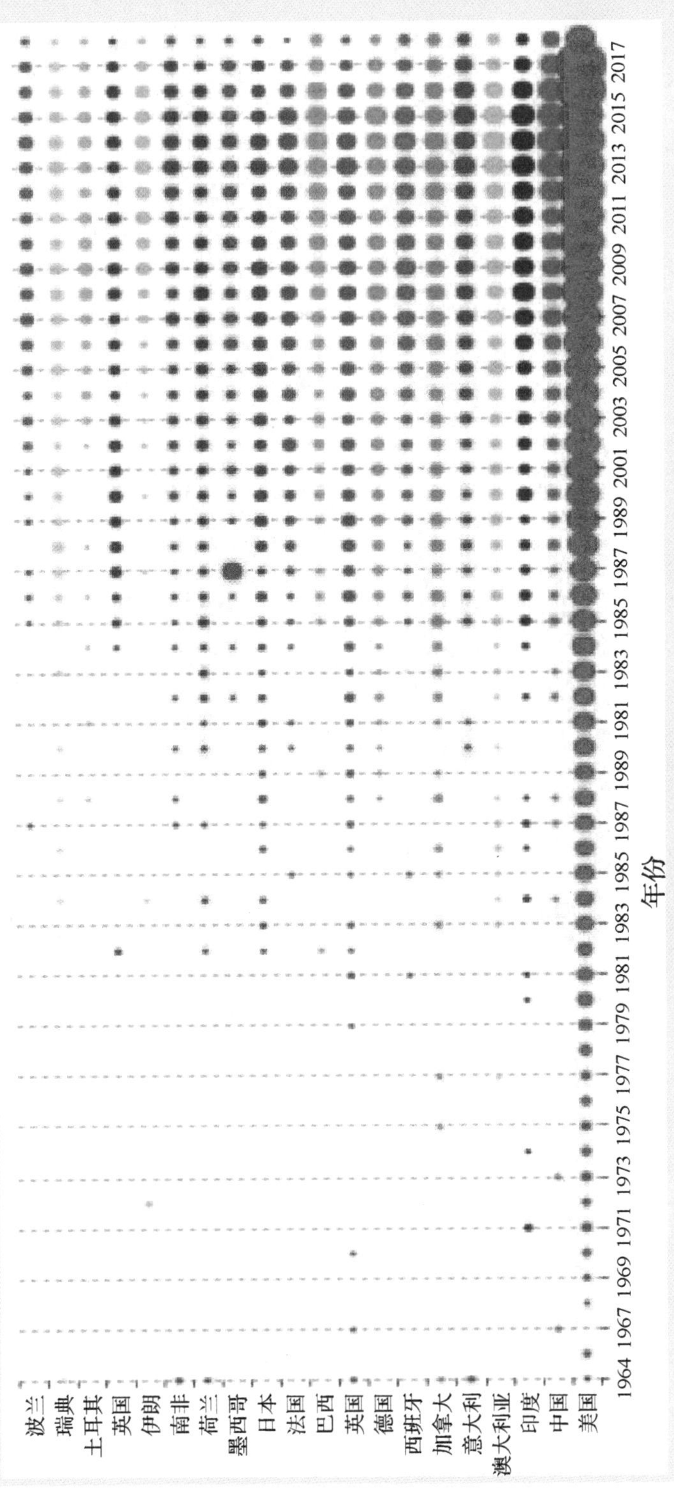

图 16-2　主要对标国家在农业工程科技领域的论文发表数量变化趋势

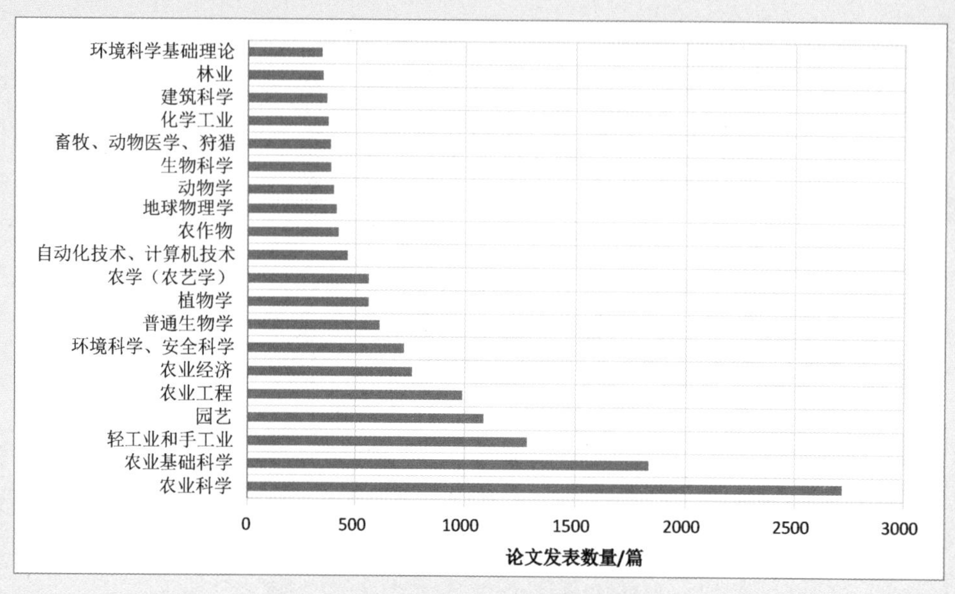

图 16-3　农业工程科技领域各学科论文发表数量

随着相关技术的发展融合，出现了很多与农业工程技术相互关联的研究热点，针对可持续性的绿色农业发展模式研究逐渐取代了传统的对资源投入的研究，如“保护(Conservation)”“生物多样性 (Biodiversity)”“精准农业 (Precision Agriculture)”“遥感技术 (Remote Sensing Technology)”和“水资源保护 (Water Conservation)”均为农业工程科技领域出现频率较高的热词。同时，农业工程科技领域的研究主题不断变化，近 10 年来主要集中在水资源保护、农业保护和气候变化等方面 (见表 16-1)。

表 16-1　主要对标国家在农业工程科技领域研究主题（前 3 位）演变情况

国家 \ 时间	1979—1985 年	1986—1992 年	1993—1999 年	2000—2006 年	2007—2013 年	2014—2018 年
美国	发达国家	经济要素	农业	精准农业	土地利用	水资源保护
	经济要素	发达国家	水资源保护	土地利用	土地利用	气候变化
	人口	人口	土地利用	水资源保护	精准农业	农场
中国	有限元方法	土壤湿度	可持续发展	水土流失	农业保护	农业保护
	离散元方法	地表径流	流域管理	水资源高效利用	水资源保护	水资源保护
	跨度比例法	黄土区	土地开垦	水资源保护	土地利用	农业发展
印度	氮平衡	环境信息披露	水资源保护	水资源保护	气候变化	农业保护
	轮作休耕	真菌生物量	耕地	农业发展	水资源保护	水资源保护
	有机肥料	能源保护	旱地农业	作物产量	保护	水土流失

续表

国家＼时间	1979—1985 年	1986—1992 年	1993—1999 年	2000—2006 年	2007—2013 年	2014—2018 年
澳大利亚	高发病	冬小麦	可持续发展	精准农业	气候变化	生物多样性
	个案研究	小麦	保护	水稻灌溉	生物多样性	气候变化
	—	—	磷	土地利用	农业保护	农业保护
意大利	—	钠钾协同运输	农业保护	生物量	农业发展	农业保护
	—	基因	差异	土壤水分	农业保护	生物多样性
	—	—	农业信息	数据库	生物多样性	农业管理

2. 专利统计分析

在 20 世纪 60 年代前全球农业工程科技领域专利申请数量相对较少，1960—2013 年，本领域专利申请数量呈快速增长趋势，中间偶有小幅度下降。2014 年之后，相关专利申请数量有所下降，但也保持了较高的规模，表明本领域的技术创新难度不断增加，社会和企业创新动力有所减弱。1961—2017 年全球农业工程科技领域年度专利申请数量变化情况如图 16-4 所示。

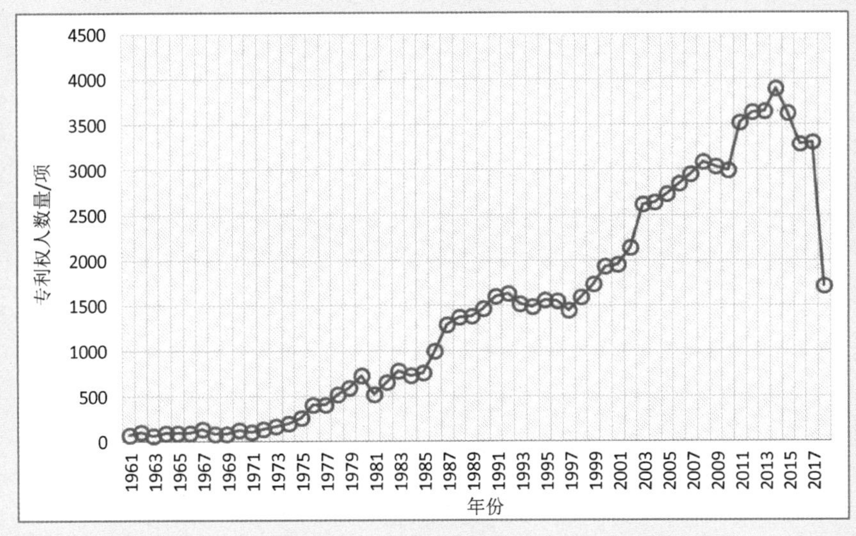

图 16-4　1961—2017 年全球农业工程科技领域年度专利申请数量变化情况[①]

从专利权人所属国家来看，美国、俄罗斯（苏联时期的数据单独列出）、日本、德国和英国在农业工程科技领域的专利申请数量排名相对靠前，分别拥有 21276 项、20835 项、8991

① 其中，最后一期数据因检索时间和数据库的滞后性，仅为部分数据，可不计。

项、5081 项和 3225 项专利，表明这些国家的专利申请人创新能力相对较强，具备一定的技术优势。其中，美国和英国在农业工程科技领域的专利申请起步较早，可以追溯到 1897 年；俄罗斯近年来在本领域发展迅猛，几乎可以与美国持平；日本在农业工程科技领域的专利申请始于 1960 年；德国在农业工程科技领域的专利申请数量从 1949 年起增长较为稳定，但 19 世纪初已有相关记录。各主要对标国家或组织在农业工程科技领域的专利申请数量变化趋势如图 16-5 所示，各主要对标国家或组织在农业工程科技领域的专利申请数量及排名见表 16-2。

表 16-2　各主要对标国家或组织在农业工程科技领域的专利申请数量及排名

排名	国家	专利申请数量/项	排名	国家	专利申请数量/项
1	美国	21276	10	西班牙	1578
2	俄罗斯	15687	11	巴西	1379
3	日本	8991	12	意大利	1184
4	苏联	5148	13	澳大利亚	1119
5	德国	4081	14	乌克兰	1114
6	英国	3225	15	以色列	958
7	法国	2970	16	印度	745
8	韩国	2785	17	中国	688
9	欧洲专利局	2491	18	荷兰	679

从国际专利分类（IPC 分类）来看（见表 16-3），农业工程科技领域中应用于浇灌、化学药品、栽培和废水处理等方面的专利申请数量较多，特别是用于花园、田地运动场等的浇水的专利超过 10000 项，远高于其他类别，表明这类专利申请人在本领域的应用创新相对活跃。

表 16-3　农业工程科技领域的 IPC 分类及专利申请数量

IPC 分类	专利申请数量/项
花园、田地、运动场等的浇水	10140
含有杂环化合物的杀菌剂、害虫驱避剂或引诱剂，或植物生长调节剂	3648
在容器、促成温床或温室里栽培花卉、蔬菜或稻	2864
医用吸引或汲送器械；抽取、处理或转移体液的器械；引流系统	2736
以其形态，或以其非有效成分，或以其使用方法为特征的杀菌剂、害虫驱避剂，或引诱剂，或植物生长调节剂；用于减低有效成分对害虫以外生物体的有害影响的物质	1971
水、废水或污水的处理	1752
自动浇水装置，如用于花盆的	1717

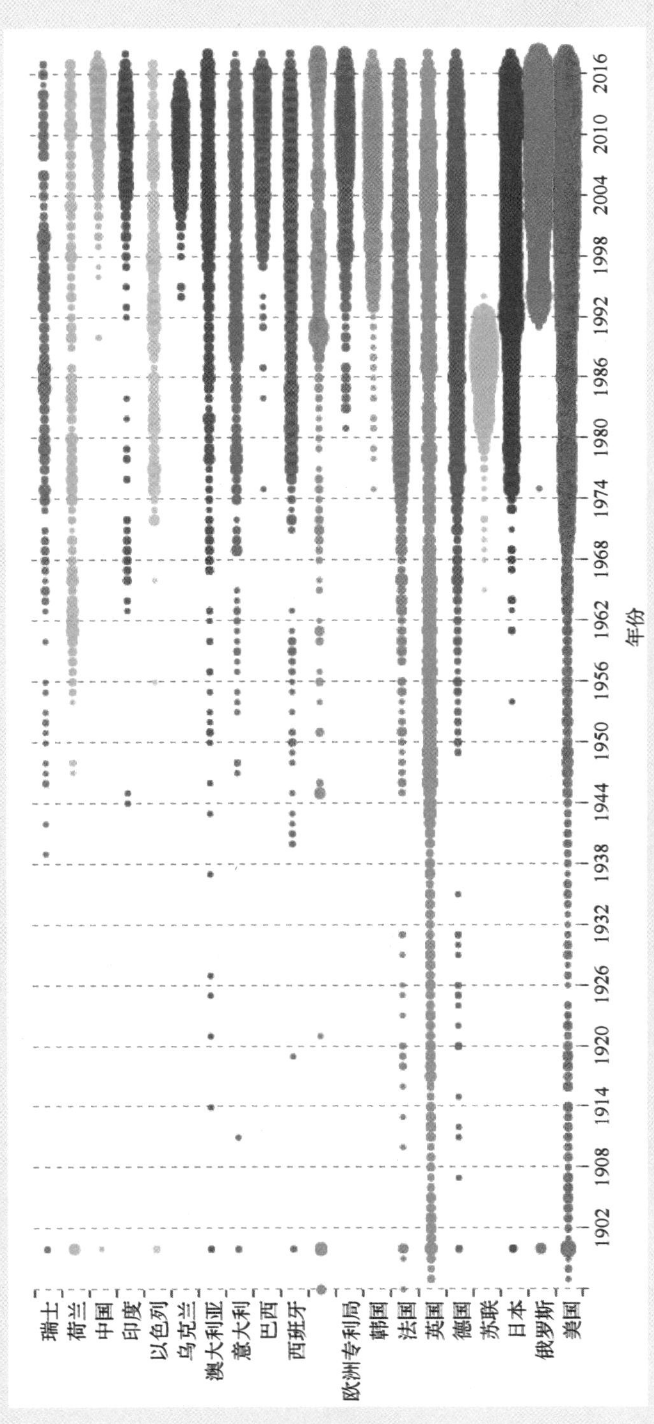

图 16-5 各主要对标国家或组织在农业工程科技领域的专利申请数量变化趋势

从重点专利权人分布情况看（见表 16-4），在农业工程科技领域拥有专利数量较多的是日本三菱农业机械有限公司、美国加州 Zaiger 公司、德国巴斯夫公司和瑞士先正达公司，专利类型主要涉及农机、育种和化工等方面。中国企业在该领域中的专利权拥有量相对较少，表明中国具有自主知识产权的农业工程技术相对有限，成果多以学术研究为主。

表 16-4　农业工程科技领域重点专利权人分布

重点专利权人	国家	专利申请数量/项	成立时间	主营业务
三菱农业机械有限公司	日本	861	1914 年	包括农机制造、农业相关设施建造等
加州 Zaiger 公司	美国	576	1865 年	包括化学品、材料、工业解决方案、表面技术、营养保健和农业整体解决方案等
巴斯夫公司	德国	295	1960 年	家族式果树育种企业，专注于利用远缘杂交技术培育果树新品种
先正达公司	瑞士	289	2000 年	提供围绕植物保护、种衣剂、种子性状的种业服务以及植物保护与环境卫生解决方案

16.3　关键前沿技术与发展趋势

16.3.1　农业生物环境控制与资源化利用技术

1. 植物废弃物资源化处理技术

植物纤维性废弃物是农业生产过程中主要的非产品性产出，对其进行资源化综合利用是当前的行业热点之一。中国是种植业大国，存在植物废弃物排放量大、资源浪费突出的现象，亟待利用现代植物废弃物资源化处理技术解决耕地土壤退化和农村能源短缺等问题。因此，未来应围绕农林生产过程中产生的植物残余物（作物秸秆、蔬菜残体、果树枝条、落叶或果实外壳等）开展能源化、饲料化、基料化、肥料化、原料化利用技术研发。

2. 动物废弃物无害化处理技术

动物废弃物主要包括畜牧业、渔业生产过程中产生的动物类残余物，如动物粪便、动物尸体等。近年来，中国在动物废弃物无害化处理的研究方面积累了较为丰富的经验，但在处理、管理信息化方面应用不足。因此，未来应重点研发动物废弃物的能源化、饲料化、基料化、肥料化、原料化利用技术，创新针对病死动物的无害化处理技术，实现病原菌等有害物质高效去除、畜禽舍空气净化，保证环境卫生与食物安全。

3. 动植物循环生态种养工艺及模式

动植物循环生态种养是促进现代生态农业发展的重要技术之一。发达国家通过生态种养的生产模式为本国的农业生产带来了巨大的经济、社会和生态效益。目前，动植物循环生态种养已经成为推动中国农业供给侧结构性改革的重要方式。因此，未来应重点研发生产因素互为条件、互为利用和循环永续的生态种养机制，以及封闭式或半封闭式生物链循环种养工艺模式，通过运用物质循环再生原理和物质多层次高效利用技术，实现农业资源高效、生态化利用。

4. 种植业污染物阻控减排技术

种植业污染物阻控减排技术是农业面源污染防控的重要一环。发达国家利用政策和技术措施并重的手段取得了良好的治理成效，减轻了种植业带来的农业面源污染，保护了土壤环境，保证了农产品质量安全。因此，未来将重点开展废弃农膜处理、土壤有机污染物与重金属去除等技术研发，如可降解农膜、绿色高效的土壤淋洗剂和生物修复等。

5. 农村生活垃圾与污水无害化处理技术

农村生活垃圾与污水处理是美丽宜居乡村建设的重要任务。国外通过焚烧供热供电、堆肥处理和卫生填埋等方式进行农村垃圾处理，并采用藻类塘系统、分散污水处理系统、生态滤池等多种方式实现农村污水处理。中国农村生活垃圾和污水体量较大，应重点突破农村生活垃圾的气化、肥料化、原料化利用以及污水无害化处理等技术，改善农村环境，减轻环境污染。

16.3.2 农业水土保持技术

1. 农业水土资源持续高效利用技术和设备

农业水土资源持续高效利用是发展资源节约型、环境友好型农业的必然趋势。目前中国节水技术现代化程度较低，缺少精准化、自动化管理系统，土地资源优化配置、土壤地力保持、土地整合复垦开发等土地资源高效利用技术也相对落后。因此，未来应重点围绕节水灌溉技术、土地资源高效利用技术及其相应的栽培等农艺技术进行研发，突出信息化的融合应用，实现农业生产过程中水土操持与资源的可持续和高效利用。

2. 水土环境监测与评价技术

水土环境监测与评价可以为水土保持提供重要的理论依据和现实参考，事关国家生态安全。发达国家对该技术的研发起步较早，形成了标准化程度高、具有法律效力的监测与评价技术体系。当前中国主要以区域监测、中小流域监测、开发项目监测为主，监测方法多采用遥感监测、地面观测、抽样调查、定位观测、实地调查等，监测的精度有待提升。未来，应重点对常规监测技术进行数字化转型，开发局部气候及水土环境变化、土壤次生盐渍化预测模型等，完善中国水土环境监测与评价技术体系。

3. 水、土、作物和环境关系优化调控理论

对水、土、作物和环境关系进行优化调控，可以促进农田水资源系统的有效利用。随着现代农业技术的发展，水、土、作物和环境逐渐紧密结合，作为完整体系发挥各自作用的趋势愈发明显。近年来，中国针对不同地域特征进行了大量实证研究，但在理论基础方面与发达国家相比仍有一定差距。未来，应围绕通用作物综合生产函数、产量转化效率模型和水土管理模式开展研究，协调水土关系、最优利用水土资源，提升农业可持续发展能力。

4. 农田土壤环境质量提升理论与工程技术

土壤环境质量提升是实现农田可持续利用的重要技术手段。与发达国家相比，中国较晚发展土壤修复技术，技术手段较简单。目前，中国比较成熟的土壤修复技术主要是异位修复技术，原位修复技术较少使用且修复技术单一、效率较低、成本较高。因此，未来应注重结合分子生物学、基因工程和生物工程开展土壤污染联合修复技术研发，通过改善农田土壤环境质量提升农业整体生产效率、保障农产品质量安全。

5. 农田系统物质迁移与能量转化规律及调控技术

农田系统物质迁移与能量转化过程对农业生产环境和水资源起着至关重要的作用。国外开展了大量农田系统物质迁移转化机理、模拟分析模型等理论研究。未来，中国应重点开展农田系统中水转化、水盐运移、溶质及污染物传输运移、水热耦合运移、水热转换、土壤侵蚀物质流失、农田能量转化、农田能量平衡、农田盐分平衡调控、农田养分平衡调控等方面的基础理论及技术研究，提高农业资源利用率，提升农田生态系统持续发展能力。

16.3.3 农业机械技术

1. 大载荷植保无人机

用于农林植物保护作业的无人机可以显著提高施药效率和质量，适用范围广，作业成本低，对突发性病虫害的应对效果强。近年来，发达国家围绕无人机设备智能化应用开展了大量研究。中国在无人机研究方面也投入了巨大力量，但仍存在载荷量不足、续航时间短等问

题。因此，未来应重点开展载荷达到 200kg 以上的植保无人机研发，围绕航时短、喷药效率低等问题进行技术攻关，提升病虫害防治效率，促进中国现代农业发展。

2. 联合收获机械技术

通过一次完成谷类作物的收割、脱粒、分离茎秆、清除杂物等工序从田间直接获取谷粒，是农业现代化的必然趋势。发达国家早在 20 世纪初期就开始了联合收获机械技术的应用推广，近年来这些国家基本实现了联合收获机的信息化升级。中国在该技术领域的起步较晚，部分产品和关键技术仍处于改造阶段，比发达国家至少落后 5 年。因此，未来应重点围绕组合挖掘、自适输送、清选装置、收获装置等联合收获机关键技术和部件进行研发，提高工作效率，降低收获的总损失率和籽粒破碎率。

3. 适应丘陵山地的专用/特种拖拉机

与传统拖拉机相比，丘陵山地专用/特种拖拉机具有自动调平功能，不会发生侧倾、翻车等安全事故，提高了作业效率和安全性。中国丘陵山地面积大，部分地区田块小、坡地多，不利于大型农业机械的发展。因此，未来应重点研发能够在丘陵山地等倾斜角度较大的作业环境正常工作的拖拉机，减轻丘陵山地地区的农业劳动强度、降低劳动力成本。

4. 打捆机集储装备技术

对秸秆、青贮饲料的收集打捆是实现生物质资源化利用的关键。当前中国打捆设备与发达国家相比差距较大，存在故障率高、打捆效率低等问题，并且在部分类型设备方面仍处于空白。因此，未来应重点开展一系列包括破碎型打捆机、捡拾型打捆机和联合收割机配套打捆机的技术研发，提高生物质资源的储运能力和经济效益。

5. 农用动力机械技术

农用动力机械技术是指为农业生产、农副产品加工、农田建设、农业运输和各种农业设施提供原动力的机械技术。中国在农用动力机械基础理论研究、材质材料选取和制造工艺等方面比发达国家落后 10 年以上。因此，未来应重点突破动力换挡技术、闭心式液压系统、发动机技术、高速轴承、低速动力输出轴等关键技术，提升中国农业机械质量。

6. 蔬菜高速精准移栽机

蔬菜高速精准移栽机指对蔬菜类作物进行精准移栽的机械高速、稳定、适应性好的移栽机可以使蔬菜类作物被移栽后有效利用光热资源、提升复种指数，提高幼苗成活率和提升作物品质。发达国家普遍采用该技术提升蔬菜种植速度，目前中国在该领域仍处于实验室研发阶段，比发达国家至少落后 10 年。因此，未来应重点开展通用蔬菜移栽机的研发应用，提升蔬菜生产机械的可选择性和可靠性，推动蔬菜产业规模化发展。

7. 高速精量直播机械技术

高速精量直播机械技术是使种植轻简化的重要技术。发达国家广泛采用该技术对粮食、蔬菜、棉花、大豆等作物进行自动精密播种，实现了自动成行成穴。近年来，中国引进该技术并扩大其在水稻、油菜等作物种植方面的应用，替代了传统的人工撒播，避免了种子浪费、覆土深度不一、分布不均和出苗不齐等问题。但中国在研发基础方面比领先国家落后 5～10 年。未来将继续开展高速精量直播机械关键技术的自主研发，解决无序种植问题，提高劳动生产效率。

16.3.4 农业信息技术

1. 农业遥感技术

农业遥感技术正逐步成为农业领域的基础关键技术。目前，发达国家瞄准农业定量遥感、无人机遥感和作物表型遥感等进行技术研发。中国在农情遥感、农业灾害遥感和农业资源环境遥感方面也取得了很多成果。未来，中国应重点完善天空地一体化的遥感大数据获取方式，在作物长势监测、灾害监测、质量监测、作物产量估测等方面加强遥感技术研发，满足现代农业的发展需求。

2. 农业自主控制系统

实现农业生产无人化（无人驾驶、无人农场、无人渔场、无人牧场、无人值守车间、无人值守设施、无人值守智能生产箱）是未来农业的发展方向。目前以英国为代表的发达国家已经开始了对无人农场的探索。未来，中国应重点研发农业机器人和农业自主控制系统，推动实现农业生产全过程的无人介入。

3. 农业大数据技术

农业大数据技术正与农业全产业链深度融合，成为现代农业的重要发展要素和战略性资源。发达国家通过政策引导推动大数据在农业领域的应用，中国也针对农业大数据的理论基础和场景应用展开了大量研究。未来，中国将围绕大数据在农业的应用场景重点开展数据获取、处理分析方法研究，开发农业大数据存储和管理新范式，研究数据挖掘结果可视化技术，深度挖掘大数据在农业领域的应用价值。

4. 农业传感器技术

传感器是农业物联网感知技术的重要部件，主要用于获取外部环境、动植物生长、农机具运行、农产品品质等农业全产业链体系中的各类信息，可将其转换为便于处理和传输的信号。发达国家的传感器技术参数指标、制造工艺和补偿工艺都相对精细，中国传感器实用化程度较低，功耗大、灵敏度差，自主研发的农业传感器数量不到世界的 10%，且稳定性差，在一定程度上阻碍了中国智慧农业的发展。因此，中国应重点突破传感器核心技术，研发微型化、智能化和可移动的农业传感器，研究传感器制作新原理和开发新材料，创新传感器产品类型，为本国的农业生产智能化、智慧化提供支撑。

5. 农业知识模型

农业知识模型是实现农业智能决策的理论基础。发达国家的农业知识模型正在向普适化、精确化方向发展，中国在动植物生长基础机理方面的研究不足，缺乏多元素耦合的农业定量描述方法。因此，中国应结合生物技术、信息技术，重点在动物生长模型、植物生长模型、精准投入模型、农业市场经济模型等方面进行技术攻关，发挥模型间协同作用，完善模型检验方法，推动现代农业向定量化、精准化发展。

6. 农产品采后处理与流通装备控制技术

农产品采后处理与流通装备控制技术是实现农产品保值增值、降低流通损耗的重要技术。发达国家在相关技术和装备的智能化研发方面进行了大量研究，中国的农产品采后处理技术和流通环节装备的智能化程度不足，作业质量相对较差。因此，应以提升农产品采后处理流通效率、降低农产品采后损耗为目标，重点围绕农产品采后加工、保鲜、储运等技术装备和控制系统的信息化改造开展技术攻关。

16.3.5 农产品加工技术

1. 肉制品加工全程质量安全控制技术

肉制品加工全程质量安全控制一直是全球性的焦点问题。发达国家为此建立了严密的行业监管和检验检疫流程，拥有高效的智能加工技术和质量追溯体系。当前，中国肉制品质量标准体系不健全，缺乏成本低、速度快的在线检测技术，不利于肉制品加工业的健康发展，尤其是新冠肺炎疫情的爆发，对食品安全提出了全新的挑战。因此，未来应重点研究肉制品加工过程中营养品质和质量安全因子变化规律，创制富营养化、添加剂减量化的新型肉制品，研发肉制品全程质量安全控制技术，构建特色肉制品原料标准化和加工适宜性评价，不断满足人民对健康肉制品的需求。

2. 果蔬采后商品化处理与储运关键技术

发达的果蔬采后商品化处理与储运技术是提高果蔬采后寿命和经济效益的有力保障。发达国家融合物理、化学、生物等手段进行果蔬采后商品化处理。中国的相关研究起步较晚，冰温保鲜、鲜切保鲜、一次性气调保鲜等前沿技术基本被国外垄断，在相关领域的研发基础落后美国、荷兰等国至少 10 年，果蔬储运耗损率远高于发达国家水平。因此，中国应围绕果蔬营养特性保持和果蔬安全控制开展采后品质劣变防控、果蔬节能省工商品化处理、鲜切果蔬保鲜以及智能冷链物流等关键技术研发，减少采后损失，提升果蔬商品化率。

3. 粮油食品储藏加工关键技术

粮油食品储藏加工技术事关粮油食品品质和使用价值，是国民经济平稳运行的基础保障。发达国家在粮油食品储藏加工设备制造和工艺方法方面拥有较多的核心技术，中国的粮油食品加工业整体技术水平不高，缺乏理论创新，在大型成套设备关键部件方面的自主研发能力薄弱，导致粮食加工转化率不高、粮食制造业附加值较低。因此，未来中国应重点研究粮油产品品质控制、储藏保质降耗、产品特征监测、功能性成分提取、营养富集加工等农产品储藏加工技术，突破储藏加工装备设备易损件、标准件制造等关键技术，提高粮油食品及其副产品的利用率，确保中国食品安全。

4. 农产品加工副产品和废弃物资源化利用技术

农产品加工副产品和废弃物利用技术可以缓解能源紧缺、减少环境污染、拓展食物资源、提高农产品加工副产品和废弃物的经济价值，还有利于工业元素的开发。发达国家在利用农产品加工副产品和废弃物培育生物菌肥、营养物提取精深加工方面开展了大量研究，精细利用技术相对领先。中国在农产品加工副产品和废弃物资源化利用和营养物综合提取等方面也有一定研究，但高值化利用技术相对落后。因此，未来中国应重点研究植物纤维的综合利用与植物纤维复合材料加工技术，研发生物质热解和生物质发酵技术，探索农产品高值化纳米加工技术，研制基于新能源的可再生能源与常规能源互补的节能加工装备等。

5. 微生态制剂加工关键技术

有益微生物经培养、复壮、发酵、包埋、干燥等工艺被制成活菌制剂，可用于维持和调节宿主或环境的微生态平衡。发达国家对菌种特性的评价相对系统，微生态制剂加工工艺稳定。中国在该领域起步较晚，对动植物营养和微生物营养的协同性认知有所不足，能够在实际生产过程中投放的活菌制剂不多。未来，中国应重点研究食用、饲用、农用高效活菌制剂基础理论，创制具有特定功能的系列菌株资源和微生态制剂产品，建立系列微生物制剂功效评价和利用体系，实现特色功能菌株筛选、功能明确和培养工艺的过程控制。

16.4 技术路线图

16.4.1 发展目标与需求

1. 发展目标

到 2025 年，攻克一批农业生产发展急需的关键技术难题，中国农业工程科技创新取得重要进展，中国特色农业工程科技创新体系更加健全，引领中国进入世界农业科技强国前列，农业现代化取得重要进展。农业科技进步贡献率达到 65%以上，农业水资源利用效率达到 0.6 以上，主要作物化肥、农药利用率明显提高，农作物秸秆资源化利用率达到 90%左右，农产品加工业与农业总产值比例提升至 2.8:1～3.0:1，主要农产品加工转化率达到 80%以上，畜禽饲料转化率提升 10%以上，农作物综合机械化率达到 75%以上，农业主要品种全产业链数字化覆盖率达到 40%，数字技术应用主体劳动生产率提高 20%以上。

到 2030 年，农业科技进步贡献率达到 70%以上，基本实现农业生产全程全面机械化，农业水资源利用效率达到 0.7 以上，农作物秸秆资源化利用率保持在 90%以上，农产品加工业与农业总产值比例提升至 3.5:1，主要农产品加工转化率达到 85%以上，农业主要品种全产业链数字化覆盖率达到 45%以上。

到 2035 年，中国农业工程科技创新取得决定性进展，农业现代化基本实现。国家粮食安全、生态安全与质量安全战略需求得到充分保障，农业劳动生产率、土地产出率、资源利用率与全要素生产率大幅度提升，基本达到发达国家平均水平，建成“信息化主导、智能装备支撑、生物技术引领、产业融合创新、绿色生态为本”的中国特色农业工程科技创新体系与生态体系，基本建成世界农业科技强国。

2. 需求

（1）持续创新农业水土保持技术、农业生物环境控制与资源化利用技术，全面提升农业资源利用率。至 2035 年，中国农业将面临更加严峻的人口资源和环境挑战，需要在稳步提高土地产出率同时，加快部署以绿色高质量发展为导向的农业水土资源持续高效利用技术、农业节水成套技术装备、动植物废弃物资源化利用技术、农业农村环境治理技术等，重点突破水-土-作物-环境优化调控技术，推动资源高效化、增值化利用，加快发展资源节约型、环境友好型、生态保育型农业，实现农业农村可持续发展。

（2）大力发展农产品加工技术，满足食品消费多元化、高品质需要。2019 年，中国城乡居民恩格尔系数已达 28.2%，这表明人民生活总体上已进入富裕阶段，居民对食品的消费需求已由“吃得饱”“吃得好”向“吃得更安全”“吃得更健康”转变，绿色化、品质化、个性化、多样化的食品需求升级正倒逼食品行业提质升级。针对当前中国高端优质专用农产品供给不足，现有品种难以满足市场多样化需求问题，迫切需要加强质量导向型的农产品采后处理、储藏加工技术体系建设，开发高效利用、节能减排和绿色低碳的农产品加工技术与装备，加强农产品储藏流通品质维持与质量控制，实现农业健康、可持续发展，满足城乡居民多元化高品质农产品需求。

（3）推动农业生产全程全面机械化与信息化，着力提升农业劳动生产率。到 2035 年，针对中国农业劳动力持续下降与食物需求增长的基本事实，亟须推进智能农机与智慧农业协同发展，重点突破农业传感器技术、农业大数据技术、农业机器人技术与农业自主无人控制系统等关键技术，加快推进大载荷植保无人机、无人驾驶农机、农业机器人等智能农机装备产品的规模化应用，加快研发高端农机装备、农业专用传感器、农业遥感技术、农业大数据、农业自主控制系统等农业机械化与信息化技术，积极发展智慧农业大数据智能服务平台，为提升农业劳动生产率与农业产业竞争力提供支撑。

16.4.2 重点任务

1. 提高动植物废弃物“五化”利用水平

优先发展规模养殖场动物废弃物无害化处理与高值化开发利用等关键技术，突破动植物循环生态种养工艺与模式结构，创建一批区域性动植物循环生态种养农业示范模式。推进秸秆高效收集饲料化利用技术应用，集成示范主要作物和畜禽的种养加一体化模式，提高植物废弃物的资源化、燃料化、肥料化、饲料化和基料化“五化”利用水平。

2. 深化技术交叉渗透，推进农业水土保持工程现代化

优先发展农业水土资源持续高效利用技术和设备、农田土壤环境质量提升理论与工程技术等共性关键技术，重点突破农业高效节水、农业土地资源高效利用、区域水土资源优化配置、土壤环境监测技术等前沿技术，提升农业水土资源利用率与水土保持能力。广泛应用新一代信息技术、生物技术、新材料技术、新能源技术、资源环境技术、先进制造技术，改造传统的农业水土保持工程学科，深化农业水土保持工程与新一代信息技术的交叉渗透，催生智能灌溉、智慧灌区等灌溉现代化新模式，推进实现农业水土保持工程的现代化。

3. 加快推动农用动力机械共性关键技术研发

优先发展农用动力机械共性关键技术，特别是非道路柴油发动机高压共轨喷射技术、动力换挡和无级变速技术等共性关键技术与相关基础零部件。重点研发载荷达到 200kg 以上的高端无人机的导航和仿形飞控平台、作业装备，集成推广大载荷自主控制农业植保无人机平台和精准施药技术装备。

4. 构建以天空地大数据驱动的智慧农业技术体系

优先发展农业遥感技术与传感器技术，突破天空地种养生产智能感知，重点部署农业专用传感器、农业无人机信息获取、农业高分遥感数据解析、作物表型信息高通量获取系统等技术。进一步加强农业大数据技术研发，突破知识计算与知识服务、农业农村跨媒体数据获取与挖掘分析、农业农村大数据采集存储挖掘及可视化技术、农业群体智能、混合增强智能等“人工智能+大数据”前沿技术。研发农业自主控制系统，研制一批能承担高劳动强度、适应恶劣作业环境、完成高质量作业要求的农业作业机器人。以国家现代农业产业园为载体，推进智慧农场（大田精准作业）、智能植物工厂、智慧牧场、智慧渔场、智慧果园、典型农业机器人的集成应用示范。

5. 提升农产品储藏加工与质量安全水平

优先发展农产品产地商品化处理和保鲜物流、鲜活农产品绿色运输与品质监控、农产品高品质加工等关键技术，自主研制一批智能化、规模化、连续化、成套化储运加工专用装备、核心装备和成套装备，保障农产品质量安全。攻克新型农产品采后加工储藏智能装备、农产品智能精深加工关键技术装备，研发农产品质量安全智能监管等智能装备和系统，推动农产品采后品质提升与价值增值。开展果蔬采后商品化处理与储运的技术评估和市场准入标准研究，鼓励农业产业化龙头企业和农产品流通企业积极发展果蔬采后商品化处理与储运，提升果蔬采后品质，降低流通损耗率。

16.4.3 技术路线图的绘制

面向 2035 年的中国农业工程科技发展技术路线图如图 16-6 所示。

时 间		2025年　2030年　2035年
需 求		确保国家粮食安全、食品安全与生态安全
		提高农业劳动生产率、土地产出率、资源利用率
		推动农业全产业链升级与价值链重构，促进农业可持续发展
目 标		进入世界农业科技强国行列 → 基本建成世界农业科技强国
		农业现代化取得重要进展 → 农业现代化基本实现
重点任务		提高动植物废弃物“五化”利用水平
		加快推动农用动力机械共性关键技术研发
		构建以天空地大数据驱动的智慧农业技术体系
		深化技术交叉渗透推进农业水土工程现代化
		提升农产品储藏加工与质量安全水平
关键技术	农业生物环境控制与资源化利用工程	植物废弃物资源化处理
		动物废弃物无害化处理
		动植物循环生态种养工艺及模式
		种植业污染物阻控减排技术
		农村生活垃圾与污水无害化处理技术
	农业水土保持技术	农业水土资源持续高效利用技术和设备
		水土环境监测与评价技术
		水、土、作物、环境关系优化调控理论
		农田土壤环境质量提升理论与工程技术
		农田系统物质迁移与能量转化规律及调控技术
	农业机械技术	大载荷无人机植保机
		联合收获机械化技术
		适应丘陵山地的专用/特种拖拉机
		打捆机集储装备技术
		农用动力机械技术
		蔬菜高速精准移栽机
		高速精量直播机械化技术
	农业信息技术	农业遥感技术
		农业自主控制系统
		农业大数据技术
		农业传感器技术
		农业知识模型
		农产品采后处理与流通装备控制技术
	农产品加工技术	肉制品加工及全程质量安全控制技术
		果蔬采后商品化处理与储运关键技术
		粮油食品储藏加工关键技术
		农产品加工副产品和废弃物利用技术
		微生态制剂加工关键技术
重大工程		动植物循环生态种养融合示范
		农业水土资源持续高效利用与配套装备研发应用
		智慧农业与农机智能装备
		农产品现代化加工关键技术研发与产业培育
战略支撑与保障		加强基础条件平台建设，提升自主创新水平
		强化标准规范体系建设，统一相关产业行业标准规范
		开展科技示范基地建设，以科技园、产业园为载体建设一批示范基地群
		创新科技成果转化机制，健全农业工程科技多元化创新投入机制
		加强学科体系与人才队伍建设，培养一批复合型、创新型人才

图 16-6　面向 2035 年的中国农业工程科技发展技术路线图

16.5 战略支撑与保障

1. 加强基础平台建设

围绕农业工程科技发展的前瞻性战略需求，重点在农业大数据、农业人工智能等前沿交叉学科布局一批国家重点实验室。整合不同单位、不同学科、不同领域的创新主体，建设农业工程科技创新战略联盟与技术创新中心，开展联合攻关与协同创新。建立涵盖科研仪器、科研设施、科学数据、科技文献、生物种质与实验材料等农业科技资源共享服务平台，提高农业工程学科的科研基础设施、科研数据、科研人才等资源的共享水平。

2. 强化标准规范体系建设

建立农业工程科技领域相关国家标准、行业标准和团体标准等各类标准，强化各级信息化平台建设及数据标准推广应用，统一数据接口，为农业工程信息互通共享提供支持。重点开展动植物循环生态种养工艺及模式评估和推广应用标准研究，加快制定农业大数据采集、存储、汇聚、共享和发布的标准规范，突破水土环境健康评价标准，加快建立国际领先的农产品质量安全标准体系。

3. 开展科技示范基地建设

加强农业工程科技示范基地顶层设计，将基地建设与发展纳入规范化和法制化轨道。立足存量整合现有基地资源，协同政策引导和市场机制，充分发挥市场配置资源的决定性作用，加强农业科技创新、技术集成示范、技术推广服务、高素质农民培育等工作的统筹衔接，建成以国家农业科技园区、国家现代农业产业园为载体的农业工程科技示范基地群，通过聚集科技创新资源支撑农业工程科技发展。

4. 健全科技创新投入机制

创新农业工程科技成果转化机制，制订有针对性的农业工程科技推广计划，在科技计划项目的立项上给予倾斜，在资金上给予保证。将农业工程科技创新体系建设、财政支持等纳入法治化轨道，继续拓宽农业工程市场化投资渠道，加强对农业工程科技专项的金融借贷、税收优惠和农业补贴，保障优先支持农业工程科技发展，持续提高投入力度。加强农业工程关键技术和颠覆技术的联合攻关，鼓励并引导企业和组织参与农业工程科技研发。强化对农业工程科技项目的组织制度创新及资金管理培训，加强农业工程项目资金使用监督，提高投入资金的投资回报率。

5. 加强农业工程学科建设与人才培养

完善农业工程学科布局，将农业人工智能、农业大数据等人才培养纳入高校研究生教育培养体系，落实在试点院校相关学科方向的博士研究生、硕士研究生招生名额，重视农学与数学、计算机科学、物理学、生物学等学科专业教育的交叉融合。加强培养高水平农业工程科技创新人才和团队，支持和培养具有发展潜力的领军人才，加强基础研究、应用研究、运行维护等方面专业技术人才培养，加强贯通理论、方法、技术、产品与应用等的纵向复合型人才培养，并不断完善农业工程人才激励机制。

小结

农业科技创新是推动农业高质量发展的重要手段。经过数十年的发展，中国在农业工程技术创新方面取得系列瞩目的成绩，国际影响力不断加大。然而，在部分领域，中国农业工程技术发展水平与发达国家相比仍有一定差距，尤其是个别关键技术亟待加强基础研究和技术攻关，为抢占行业制高点、提升农业国际竞争力提供保障支撑。在 2035 年基本实现农业农村现代化的战略目标指引下，中国农业工程科技应围绕“保障粮食安全、食品安全和生态安全”“提高劳动生产率、土地产出率、资源利用率”以及“推动农业全产业链升级与价值链重构”为战略需求，立足农业生物环境控制与资源化利用、农业水土保持、农业机械化、农业信息化与农产品加工五大领域部署农业工程重大科技战略，依靠技术革新补短板，推动中国农业高质量发展，助推乡村全面振兴。

第 16 章编写组成员名单

组　长：赵春江

成　员：李　瑾　冯　献　马　晨　曹冰雪　王洁琼　郭美荣
张　骞　孙　宁　宋太春　揭晓婧　王艾萌　高亮亮
贾　娜

执笔人：李　瑾　冯　献　马　晨　曹冰雪　王洁琼　郭美荣

17

面向 2035 年的中国水产种业发展技术路线图

17.1 概述

世界人口增长和生活水平的提高对全球食物供给提出了更高的要求，水产养殖在保障人类营养和食物安全中的作用日益凸显。农以种为先，良种是推动养殖业健康可持续发展的核心要素。中国是水产养殖大国，水产养殖产量约占世界总产量的 70%，种业和相关学科与技术的快速进步为中国水产养殖业的快速增长提供了有力的支撑。但水产种业起步晚、基础薄，是大农业中最年轻的产业之一，水产良种的覆盖率及其对产业的贡献率与种植业和畜牧业相比还存在较大差距，与国际水产种业巨头相比尚缺乏核心竞争力。当前，中国正在推进渔业供给侧结构性改革和水产业绿色发展，种业创新是实现绿色养殖的关键。因此，打造现代种业对水产养殖业的发展至关重要。本项目面向中国水产养殖业和种业发展的中长期战略需求，通过文献和专利统计分析、技术清单制定、德尔菲法问卷调查、专家咨询等途径，结合产业基础和现状，对中国水产种业进行了技术研判和中长期建设规划，绘制了面向 2035 年的中国水产种业发展技术路线图，为推动中国水产养殖业科技进步、建设现代种业提供参考。

17.1.1 研究背景

随着人口增长和人类对食物结构优化需求的不断提高，水产品成为人类获取蛋白质的重要来源。联合国粮食及农业组织（The Food and Agriculture Organization，FAO）相关数据显示，全球水产品供给的年均增长速度已超过世界人口的增速。中国是世界水产养殖大国，也是最大的水产品出口国，水产养殖产量长期居世界首位。水产养殖业在保障国家食物安全和增加农民收入方面发挥了重要作用，是决胜脱贫攻坚、实施乡村振兴战略的重要产业之一。

农以种为先，优良品种是水产养殖业健康可持续发展的关键要素。与陆地种植业和养殖业相比，中国水产养殖业的育种起步较晚，但发展快速。目前，已建立了包括鱼、虾、贝、藻、参等在内的主要养殖种类的良种培育技术，开展了超过 50 种水产生物的基因组精细图谱构建，在分子选育、细胞工程育种、杂交育种等方面获得了重要进展，培育出 240 个水产新品种，产业推广效益显著。这些成绩的取得都为水产种业的发展奠定了良好的基础。

整体而言，中国水产育种在国际上处于先进地位，在一些国际前沿的育种技术领域，如杂交育种、性控育种、全基因组选择、分子设计育种等方向取得了技术突破，但原创性技术和颠覆性技术缺乏、种业技术的系统集成不足、种业工程建设薄弱、重大水产优良品种缺少等问题依然突出。此外，水产企业的种质创新能力不强，水产良种覆盖率不高，具有国际竞争力的水产种业企业尚未形成，这与中国第一水产养殖大国的地位不符，制约了水产业的健康发展。

随着现代科学技术的日新月异，特别是高通量组学、生物信息、基因编辑、干细胞和人工智能等技术的迅猛发展，水产种业也必将在技术研发和产业形态等方面有新概念、新技术、新途径不断涌现。开展未来 15 年中国水产种业发展技术路线图研究，可为中国水产种业及养殖业发展提供技术战略借鉴。

17.1.2 研究方法

本项目基于 Web of Science（WoS）数据库，对水产种业相关研究开展文献和专利检索，并依托中国工程院战略咨询智能支持系统（intelligent Support System，iSS）针对文献和专利发布的国家、机构、时间、学科等信息开展研究，对全球本领域的研发态势、主要研究国家、主要研究机构、热点领域等进行分析，全面论述水产种业研究的发展趋势，为技术清单的遴选和技术路线图的绘制打下基础。

在文献和专利统计分析的基础上，发挥和汇聚水产种业领域院士、专家的智慧，通过会议咨询、国内外科研和产业机构调研、专家研讨等方式，辨识水产种业科技未来发展的热点方向与前沿领域，提炼本领域技术预见清单。根据技术预见清单设计调查问卷，向本领域专家进行咨询，对技术预见清单进行调整和完善。最后，通过专家对技术的重要性、中国与技术领先国家的研发水平比较、技术预期研发和应用进程、技术发展制约因素等方面的研判，明确中国水产种业和国际前沿水平的差距，并提出中国水产种业科技发展的战略目标、重点任务以及政策措施等，为本领域技术路线图的绘制提供依据。

17.1.3 研究结论

经过前期调研、文献和专利统计分析、专家咨询研讨等，项目组根据国家和产业发展需求，结合国内外科技和产业发展态势，制定面向 2035 年的中国水产种业发展技术路线图。具体如下：精细解析水产生物重要经济性状形成的生物学和遗传学基础，以及性状的调控机制，提高水产遗传育种基础研究水平，为种质创制奠定理论基础；突破高效全基因组选择、基因编辑、分子设计育种、细胞工程与性控育种等技术，占领国际水产种业技术发展的制高点，为水产种业跨越式发展提供技术支撑；研发表型性状高通量测定、苗种高效培育、种业信息化与标准化、种质资源保护等共性关键技术，支撑水产种业持续创新；构建以市场为导向、以企业为主体、“产、学、研”联合、育繁推一体化的现代水产种业体系，打造现代水产种业企业，形成资源集中、运行高效的种业新机制，全面提升中国水产种业科技水平；培育有重大应用前景的突破性优良品种，提升水产种业国际竞争力，推动水产养殖业健康发展；部署水产种业基础研究和关键技术研发、水产种业体系建设等重点工程与重大专项，促进种业科技进步。

17.2 全球技术发展态势

17.2.1 全球政策与行动计划概况

在全球渔业过度捕捞的背景下，水产养殖产量占世界渔业总产量的比重已从 1971 年的 7%上升到 2018 年的 46%，而有限的养殖水域和饵料/饲料资源也促使遗传改良成为水产养殖产量增长的关键。美国国家海洋大气局（National Oceanic and Atmospheric Administration，NOAA）发布的 2016—2020 财年海洋水产战略计划指出，水产科学与技术创新是水产业持续发展的强大驱动力，产业发展需要先进的遗传学、基因组学技术和育种规划。欧盟委员会在《食品 2030》中提出，支持欧洲发展可持续的水产养殖业，并设立 FISHBOOST 研究计划，开展经济鱼的分子育种以提高水产产量。2019 年 10 月韩国政府发布了《海洋水产新产业创新战略》，将海洋生物产业列为重点培育的五大海洋生物产业之一，通过融合第 4 次产业革命技术，将水产养殖业提升为智能产业；韩国政府计划到 2030 年培育规模为 11.3 万亿韩元的海洋水产新市场，扶持 20 家“海洋之星”企业，使海洋水产技术接近世界最先进技术国家的水平。澳大利亚在《国家水产战略（2017—2027 年）》中指出，通过研发育种和苗种生产技术等途径，使每年的水产养殖产量增速达到 7%，到 2027 年全国水产养殖业产值将较 2013—2014 年度翻一番，达到 20 亿美元。

17.2.2 基于文献和专利统计分析的研发态势

以 WoS 数据库作为分析数据源，对 2000—2019 年水产种业领域的文献进行了检索分析，共检索到 443 579 篇相关论文。图 17-1 所示为 2000—2019 年全球水产种业领域的论文发表数量变化趋势，从图 17-1 可以看出，在过去 20 年，全球水产种业领域的论文发表数量一直处于上升趋势，从 2000 年的 11 135 篇增加到 2019 年的 36 307 篇，增长了 2 倍多。其中，2015—2019 年全球水产种业领域的论文发表数量为 163 844 篇，占过去 20 年水产种业研究论文总数的 36.9%。

美国是过去 20 年发表水产种业相关论文数量最多的国家（见图 17-2），占全球本领域论文发表总数的 26.7%，表明美国在该领域的研究最为活跃，具备较强的创新能力。中国在本领域的论文发表数量排名第 2，占全球本领域论文发表总数的 12.8%，接近美国的一半。论文数量排名第 3 的国家是加拿大，约为中国的一半，占本领域论文发表总数的 6.4%。德国、澳大利亚、日本、法国、英国、西班牙、巴西在本领域的论文发表数量分别排名第 4、5、6、7、8、9、10 位，占比为 4.1%～5.9%，各国间的差别不大。

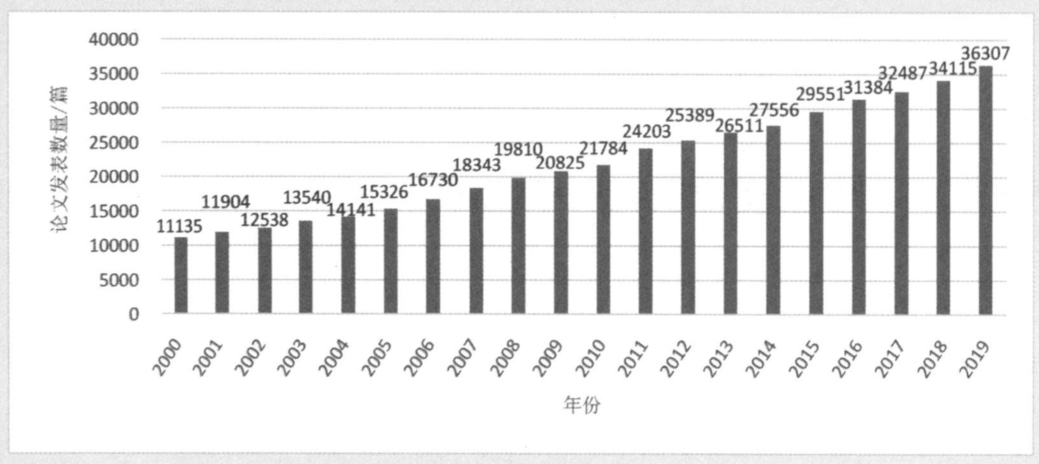

图 17-1　2000—2019 年全球水产种业领域的论文发表数量变化趋势

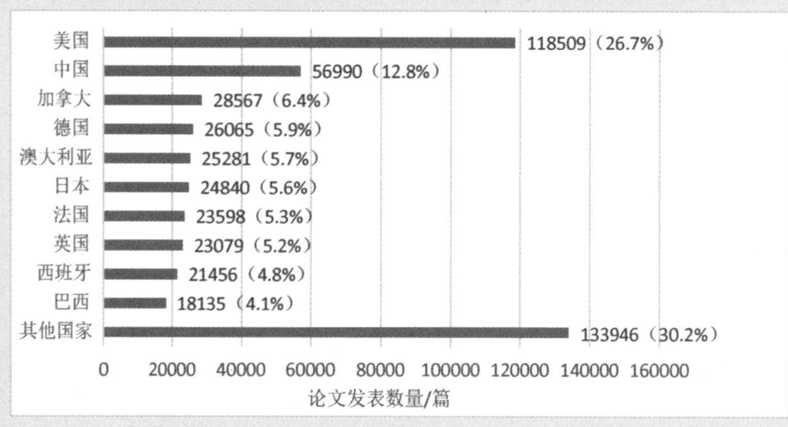

图 17-2　2000—2019 年主要对标国家在水产种业领域的论文发表数量及其占比

进一步对 2015—2019 年主要对标国家在水产种业领域的论文发表数量及其占比（见图 17-3）进行分析后发现，排名前 10 位的国家没有发生变化，美国和中国依然是本领域发表论文数量最多的两个国家，占全球本领域论文发表总数的比例分别为 23.6%和 19.2%。相比 2000—2019 年的统计结果，近 5 年美国的论文发表数量占比稍有下降，但中国论文发表数量占比上升明显，说明美国仍然是水产种业领域科研实力最强的国家，中国在本领域的科研竞争力在近 5 年有明显提高。其他对标国家在本领域的论文发表数量占比变化不大。

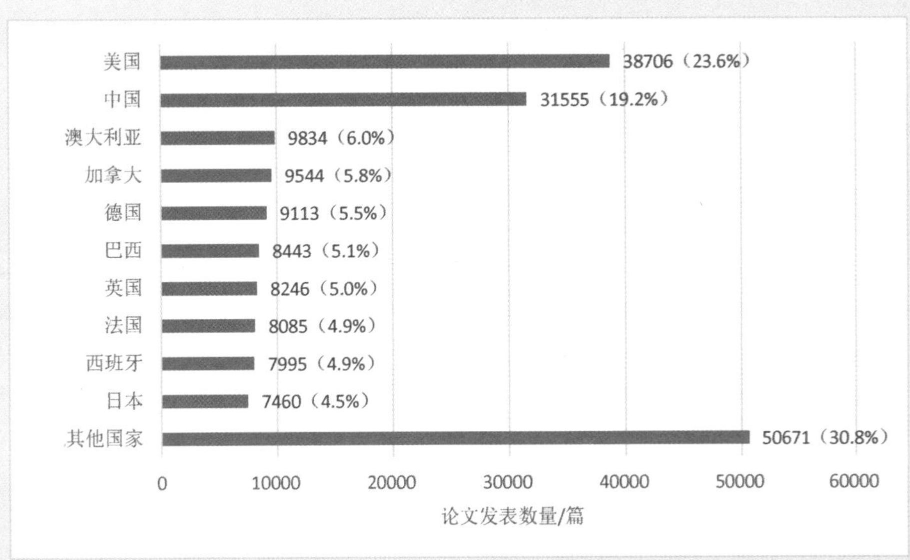

图 17-3　2015—2019 年水产种业研究主要国家论文发表数量及其占比

对全球相关高等院校和科研机构在 2000—2019 年发表的水产种业领域论文数量进行统计分析后发现，法国国家科学研究中心、加利福尼亚大学系统、中国科学院、美国国家海洋大气管理局、美国内政部、西班牙国家研究委员会、美国地质调查所、佛罗里达州立大学系统、赫尔姆霍兹协会、俄罗斯科学院的论文发表数量排名世界前 10 位（见表 17-1）。其中，法国国家科学研究中心、加利福尼亚大学系统、中国科学院的论文发表数量相当，均为 11 万余篇，占本领域论文发表总数的比例分别为 2.7%、2.6%、2.6%。在排名前 10 位的高等院校和科研机构中，美国占了 6 席，这在一定程度上反映美国在水产种业领域的高竞争力。中国只有中国科学院进入水产种业领域论文发表数量全球前 10 名单，另外，中国科学院大学在本领域的论文发表数量为 3 766 篇，全球排名第 15 位。

表 17-1　2000—2019 年全球水产种业领域论文发表数量排名前 20 位的机构

序号	高等院校和科研机构名称	论文发表数量/篇
1	法国国家科学研究中心	11756
2	加利福尼亚大学系统	11516
3	中国科学院	11457
4	美国国家海洋大气管理局	8055
5	美国内政部	7540
6	西班牙国家研究委员会	6408
7	美国地质调查所	6051
8	佛罗里达州立大学系统	5443

续表

序号	高等院校和科研机构名称	论文发表数量/篇
9	赫尔姆霍兹协会	4407
10	俄罗斯科学院	4371
11	华盛顿大学	4108
12	加拿大海洋渔业局	4071
13	华盛顿大学西雅图分校	3963
14	中国科学院大学	3766
15	法国海洋开发研究院	3759
16	法国国家农业食品与环境研究院	3738
17	北卡罗来纳大学	3711
18	美国农业部	3702
19	美国能源部	3684
20	法国发展研究所	3611

2015—2019 年全球水产种业领域论文发表数量排名前 20 的研究机构见表 17-2，其中，中国科学院在水产种业领域的论文发表数量为 5541 篇，占同期全球本领域论文发表总数的 3.4%，排名第 1。法国国家科学研究中心和加利福尼亚大学系统分别排第 2、3 位，论文发表数量分别为 4642 篇和 4089 篇，占比分别为 2.8%和 2.5%。在排名前 10 的高等院校和科研究机构中，美国占了 5 个，依然是全球本领域论文发表数量最多的国家。中国水产科学研究院和中国科学院大学在水产种业领域的论文发表数量在近 5 年进入全球前 10 位，论文发表数量分别为 2138 篇和 2084 篇，中国海洋大学进入全球水产种业领域论文发表数量前 20 位（1556 篇），排名第 14，表明中国相关高等院校和科研机构在本领域的创新能力快速提升。

表 17-2　2015—2019 年全球水产种业领域的论文发表数量排名前 20 位的研究机构

序号	高等院校和科研机构名称	论文发表数量/篇
1	中国科学院	5541
2	法国国家科研中心	4642
3	加利福尼亚大学	4089
4	美国国家海洋与大气管理局	2681
5	美国内政部	2599
6	西班牙国家研究委员会	2237
7	佛罗里达州立大学	2167
8	中国水产科学研究院	2138
9	中国科学院大学	2084

续表

序号	高等院校和科研机构名称	论文发表数量/篇
10	美国地质调查所	2036
11	俄罗斯科学院	1756
12	法国发展研究所	1623
13	赫尔姆霍兹协会	1615
14	中国海洋大学	1556
15	印度农业研究理事会	1551
16	华盛顿大学	1402
17	阿根廷科学技术研究委员会	1381
18	法国索邦大学	1362
19	华盛顿大学西雅图分校	1347
20	美国能源部	1318

基于 iSS 的关键词分析结果显示，2015—2019 年全球水产种业领域论文关键词中最受关注的 3 个分别为鱼、水产、生长，出现的频次分别为 3063 次、2475 次、2338 次，表明目前水产种业研究注重养殖产量的提高。另外，气候变化、水质、基因表达、渔业、藻类、脂肪酸、温度、食物/饵料、生殖、氧化胁迫和免疫响应、遗传多样性等，也是本领域较受关注的关键词，反映出当前水产环境变化、水产种质资源保护、重要经济性状（生长、繁殖、抗性、品质）等也是水产种业领域的研发重点。

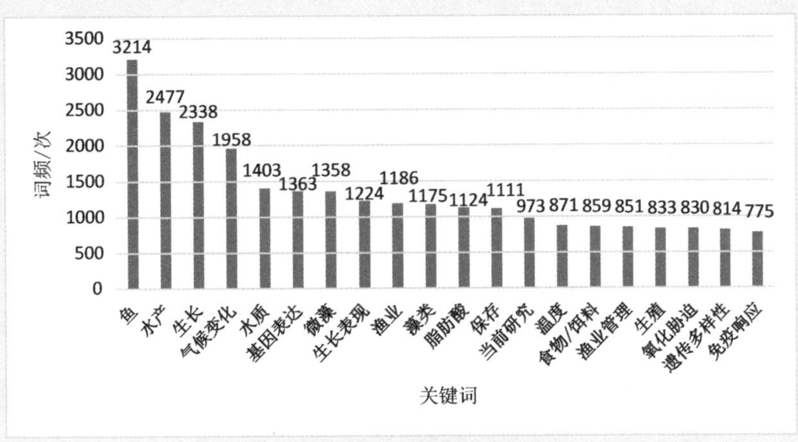

图 17-4　2015—2019 年全球水产种业领域论文关键词及词频

利用 iSS 对 1999—2018 年全球水产种业领域的专利进行了检索，共检索到 10103 件专利，数量整体呈逐年增加的趋势，如图 17-5 所示。由图 17-5 可知，2016—2018 年本领域的专利申请数量明显增多，2017 年和 2018 年本领域的专利申请数量分别达到 773 项和 1571 项，分别较 2016 年增加 30%和 100%以上，表明全球水产种业领域技术研发活跃度和创新能力正在快速提升。根据专利申请人所属国家或机构分布情况来看（见图 17-6），韩国、中国、日本 3 个亚洲国家申请人发布的专利数量较多，数量分别为 1994 项、1819 项、1398 项，总数占全球的 52%。2016—2018 年水产种业领域主要专利申请人所属国家或组织及其专利申请数量见表 17-3。其中，中国专利数量最多，其次是韩国和日本。从表 17-3 可知，中国在本领域的专利申请数量（1318 项）约占总数的 45%，是韩国和日本总数的 2 倍多，表明目前中国在水产种业领域的创新活动有明显优势。从全球水产种业领域专利主题情况来看，养殖系统和设施、育种技术、饲养、水质是颇受关注的主题。相对于论文发表数量，本领域专利申请数量明显偏少。

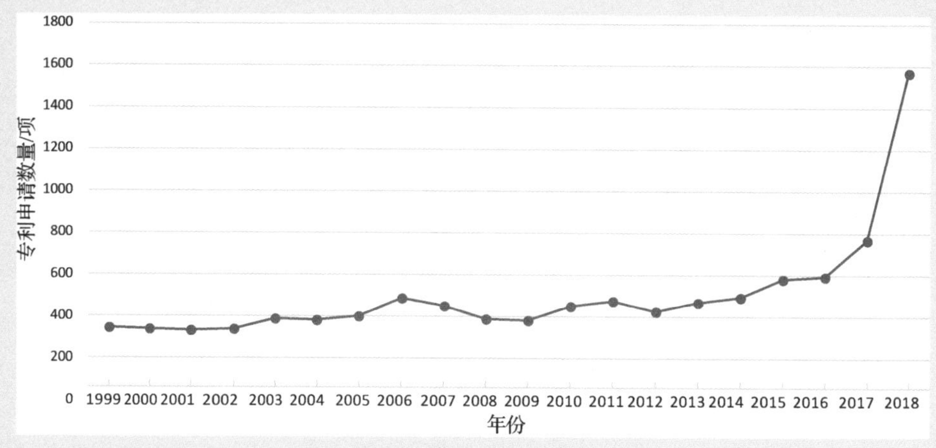

图 17-5　1999—2018 年全球水产种业领域专利申请数量变化趋势

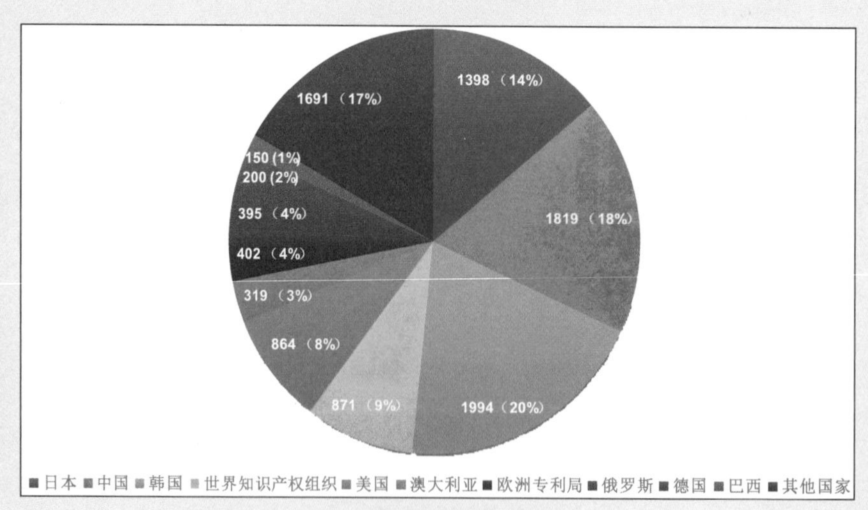

图 17-6　1999—2018 年全球水产种业领域专利申请人所属国家或机构分布情况

表 17-3 2016—2018 年水产种业领域主要专利申请人所属国家或机构及其专利申请数量

申请人所属国家或机构	专利申请数量/项
中国	1318
韩国	383
日本	243
世界知识产权组织	174
美国	140
欧洲专利局	95
俄罗斯	85
印度	56
巴西	48
智利	45
其他国家	351
合计	2938

17.3 关键前沿技术与发展趋势

通过对国内外水产、种植和畜牧种业以及生命科学技术领域相关文献检索、机构调研、专家咨询等，分析国际生物学及先进种业科技发展态势，预测国际水产种业科技发展方向，提出中国水产种业领域关键前沿技术。

17.3.1 水产生物全基因组选择育种技术

以“分子育种”为核心的动植物繁育技术是 21 世纪分子农业发展的主流。全基因组选择的概念由 Meuwissen 等人于 2001 年提出，其含义是基于基因组育种值（GEBV）的选择方法，通过检测覆盖全基因组的分子标记，利用基因组水平的遗传信息对个体进行遗传评估，以期获得更高的育种值估计准确度。随着测序技术和基因分型技术的快速发展，实施基因组选择的成本越来越低，并且对于较难实施选择的性状具有较大优势，能更有效地平衡不同性状的遗传进展。由于具有高遗传评定准确性、可缩短育种周期、适合低遗传力性状选择等特点，因此全基因组选育技术的发展和应用成为国际育种领域新的研究热点，已被广泛应用于奶牛、鸡、猪等家畜以及玉米、小麦等农作物，并取得了突破性进展。随着近年来高通量测序技术的快速发展，一大批水生生物的基因组测序工作已经完成，水产遗传育种已经进入了基因组学研究的时代，这些数据为水产育种研究者批量发掘与生长、抗逆、抗病等性状相关的功能基因奠定了基础，而研发基于基因组信息的育种技术成为育种工作亟待解决的问题。目前，全基因组选择在水产生物上的应用已取得初步成效，中国在本领域处于国际领先水平，例如，已育成多个扇贝新品种，并在大黄鱼、鲆鲽鱼的选育中得到应用，但相应技术方法和应用途径仍有待创新和完善。针对水产生物全基因组选择育种开展技术攻关和前沿科学研究，将有助于提升中国在海洋水产种业的原始科技创新能力，加速新品种的培育和研发进程，确立中国在世界水产种业科技竞争中的优势乃至领先地位。

17.3.2 水产生物基因组编辑育种技术

基因组编辑技术是 21 世纪最具颠覆性的前沿生物技术之一。该技术利用靶向核酸酶高效、特异地对内源基因组进行精细编辑，实现靶向特定 DNA 序列的删除、插入或替换，进而从根本上改变物种的遗传特性。靶向基因组编辑工具包括锌指核酸酶（Zinc Finger Nucleases, ZFNs）、转录激活子样效应因子核酸酶（Transcription Activator-like（TAL）Effector Nucleases, TALENs）和规律成簇间隔短回文重复（Clustered Regularly Interspaced Short Palindromic Repeats, CRISPR/Cas，主要包括 CRISPR/Cas9）系统。目前，CRISPR/Cas9 基因组编辑技术成为研发的热点，多次被 *Science* 列入世界年度十大科学进展和重要突破之一。

基因组编辑育种技术具有广泛的适用性，已在哺乳类、鸟类、两栖类、鱼类等物种中获得成功。与转基因不同，基因组编辑育种技术不引入外源基因，且仅涉及目标基因的少数碱基改变，甚至单个碱基替换，因此，在科学上可以完全将其视作与自然界广泛存在的基因突变或单核苷酸多态性（Single Nucleotide Polymorphism，SNP）等效。美国、日本等发达国家都将基因组编辑新品种视作常规育种，不纳入基因改良物种的监管范围，无须对基因组编辑育种进行特别的监管和安全评估。该技术正在引领生命科学领域新一轮技术革命，也必将掀起水产养殖动物基因功能解析、经济性状调控和分子精准设计育种的科技革命，重塑国际水产业格局，催生新型产业集群，赋予未来社会经济发展新动能，在保障和提升食物蛋白品质、水产品安全、水域生态和谐和国家产业地位等方面发挥不可替代的作用。发展水产生物基因组编辑育种技术已成为世界各国抢占的水产种业制高点，是提高水产种业国际竞争力的战略选择。近期我国学者利用基因编辑获得无/少肌间刺的鲫突变体，推动了基因编辑技术在水产育种中的应用。

17.3.3 水产生物表型性状高通量测定技术

表型性状高通量测定是对动植物产量、品质、抗逆等重要性状及相关指标的量化信息进行精准、高通量、低成本获取的技术。提高经济性状育种值估计的准确度是动植物育种的首要任务，精准的高通量基因分型和性状测定是其重要保障。基因组学和高通量测序的发展推动了基因组选择等分子育种技术的发展，也对性状测定技术提出更高的要求。传统的性状测定需要投入大量的人力、物力及时间，且测量结果易受测量人员、测量工具及环境等因素影响，也会给动植物造成一定程度的损伤。建立高效、准确、可重复、高通量的性状测定技术对性状基因准确鉴别、育种效率提高以及养殖管理技术进步均至关重要。相较于传统性状测定方法，表型性状高通量测定技术涵盖传感器技术、自动化设施、数据科学、信息技术等领域，为充分利用基因组信息构建精准的基因型-表型关联，实现精准高效育种奠定基础。与基因组和标记分型技术相比，水产生物性状高通量测定技术研发相对滞后。近期在贝类肌肉和品质性状测定方面取得技术突破，并在育种中应用。加快研发水产养殖生物经济性状的高通量测定技术和表型组技术，实现性状的快速检测、实时反馈、多性状整合、性状与环境和养殖条件数据整合等，为水产精准育种提供精准表型信息，不仅是常规育种的基础，也是开展水产分子育种、提升育种效率的关键。

17.3.4 水产育种信息与数据库技术

种业信息化是农业信息化的基础和重要组成部分，也是现代水产种业发展的必然要求和紧迫任务。没有水产种业信息化就没有水产种业现代化。加快种业信息化，对于推进现代水产种业发展、建设国际先进的现代水产养殖业具有重大意义。生物信息与数据库技术是实现信息化时代高效育种的重要技术支撑，其综合运用数学、计算机科学和生物学等多学科工具，来阐释大数据背后所蕴含的生物学规律及育种信息；通过构建生物育种信息数据库及数据分析平台，实现数据存储、分析的贯穿，为信息化种业建设提供大数据源头保障。目前，水产遗传育种学研究已经进入基因组时代。对具有重要经济价值的物种进行全基因组测序，发掘基因组内蕴含的海量遗传信息，破解决定水产品品质、产量、生长速度、抗病害能力等生产性状的遗传奥秘，已不再是水产科研工作者遥不可及的梦想。随着基因组技术的发展，以水产基因组信息为核心的水产生物技术在水产良种培育、苗种繁育、种质保存及病害防控等方面，展现出巨大的应用潜力和广阔的应用前景。大数据技术、区块链技术等现代信息网络技术在整合产地品种养殖信息，跨区联合育种，构建覆盖养殖区、育种中心、企业和养殖户之间的种业信息平台方面具有重要价值。开展水产种业生物信息与数据库技术研究，阐明并挖掘重要经济性状的基因组学基础和遗传调控机制，研发先进的基因型筛选鉴定系统与信息化表型测试系统，构建大规模、高通量、专业化、流水线的商业化育种平台体系，推动水产种业现代化和信息化，将极大地提升中国水产种业科技创新能力。

17.3.5 水产动物干细胞技术

干细胞指具有多项分化潜能和自我更新能力的细胞，在一定条件下，它可以分化成具有不同功能的细胞，具有生成各种组织器官和生物体的潜在能力。根据所处的发育阶段，干细胞分为胚胎干细胞和成体干细胞；根据发育潜能，干细胞分为全能干细胞、多能干细胞和单能干细胞。干细胞技术是指在体外人工分离、培养干细胞，利用干细胞分化出多种功能细胞、组织和器官的技术。干细胞一方面具有体内发育和分化的潜能性，另一方面又可以在体外进行各种遗传操作。因此，干细胞技术是连接水产生物体内和体外遗传操作的重要桥梁。干细胞技术在研究细胞分化和去分化机制、遗传改良及濒危物种拯救研究、重要基因的功能分析及定向改造方面具有重要意义和应用潜力。在水产领域，日本学者将虹鳟原始生殖细胞（PGC）注射到刚孵化的马苏大马哈鱼腹腔，成功获得由性成熟马苏大马哈鱼产出的虹鳟后代，将金枪鱼原始生殖细胞注射到鲐鱼的体内也获得同样的结果。中国科学家在鱼类生殖干细胞体外人工诱导成精子方面也取得重要进展。研发水产动物干细胞技术，突破胚胎干细胞和生殖干细胞的鉴定、培养、诱导、分化、基因编辑等技术，将对中国在水产种质资源保护和种质改良技术领域引领国际前沿起到重要推动作用。

17.3.6 水产分子设计育种技术

分子设计育种技术是综合性的前沿育种技术，能够大幅度提高动植物育种的理论和技术水平，从而带动传统育种向高效、定向化发展，推动动植物种业跨越式发展。传统育种大多是直接针对表型的选育，并不知道控制表型的基因和位点，因此需要经历多个世代的选择，育种周期长、效率低。随着分子技术的出现，通过数量性状基因座（Quantitative Trait Locus，QTL）定位性状基因和位点并开展分子标记辅助选育，使育种效率得到明显提升。21 世纪初，人类基因组的成功破译推动了经济物种的基因组学研究和基因组学工具的开发，使经济性状调控基因的规模筛查和精准鉴别成为可能，极大地促进了分子育种技术的发展。分子设计育种的概念是在人类基因组图谱完成的背景下，由荷兰科学家 Peleman 和 van der Voort 于 2003 年提出的。与传统育种方法相比，分子设计育种利用全基因组选择、基因修饰等先进的育种和生物学技术手段，并整合遗传、生理、生化、环境等信息，利用计算机进行品种设计和模拟实施，从而使选用的亲本组合、选择途径等更加有效，更能满足育种的需要，可以极大地提高育种效率。在水产育种领域，中国先后启动了多种水产生物的基因组精细图谱构建，精细定位生长、品质、抗性等性状基因，解析了性状的基因调控网络和调控机理，开展了基于全基因组信息的选种选配和良种培育，为开展水产分子设计育种奠定了基础。随着对性状遗传基础和调控机制的深入解析，大量性状调控基因和元件被发掘，以及组学、生物信息学、干细胞技术、基因编辑技术的不断创新，分子设计育种技术将在水产种业中得到广泛应用并推动产业快速发展。

17.3.7 水产远缘杂交育种技术

杂交优势利用是重要的育种手段，杂交育种也是中国水产养殖业广泛采用的育种技术之一。在目前通过审定的 240 个水产新品种中，超过 60 个是杂交种。远缘杂交是指亲缘关系在种间及种间以上生物之间的杂交。通过远缘杂交突破生殖隔离，形成可育的新品系，可以增加新的种质资源，也可直接形成有优势的杂交后代，再进一步把它们培育成新的优良品种和品系。因此，远缘杂交在水产育种中有非常广阔的应用前景。相较于同物种内不同群体、品种/品系之间的杂交，远缘杂交难度较大，主要体现在亲本的生殖隔离难以突破、杂种后代也难以繁殖。目前，中国在淡水鱼杂交育种领域居国际领先水平，发展出一步法和多步法的远缘杂交育种技术，培育出系列来自属间或种间杂交的鲤、鲫、罗非鱼等的良种，为水产远缘杂交育种技术的进一步完善和推广奠定了基础。另外，在海水鱼中，也建立了石斑鱼远缘杂交方法。水产生物远缘杂交尚需在生殖隔离突破、杂交后代配子形成、可育品系延续和利用、杂交优势的生物学机制等方面开展技术研发和基础研究。

17.3.8 水产动物配子和胚胎冷冻保存技术

水产动物配子和胚胎冷冻保存是指将水产动物的配子（如精子）或胚胎在抗冻剂的保护下，以一定的降温速率放入液氮（-196℃）中保存一段时间后，再以一定的复温速率进行解冻，恢复配子或胚胎的活力与生命的过程。通常来说，在-196℃的超低温状态下，配子或胚胎的代谢停止，生命进入休眠状态。因此，从理论上说，其生命可以进行无限期保存。关键是在降温和复温过程中要使用抗冻保护剂并采用适宜的降温或复温速率，以减少降温和复温过程中细胞内冰晶形成或过度脱水等现象对配子或胚胎细胞造成的损伤，从而最大限度地保存细胞的生命力。水产动物配子和胚胎冷冻保存将在种质资源保存、优质种苗的灵活和持续生产方面具有重要意义，可大大节约保种的费用。水产动物配子（精子、卵子）冷冻保存技术目前只在精子保存中实现，在胚胎玻璃化冷冻保存技术方面也有突破，但尚未达到产业化应用水平，最近中国在贝类幼体的冷冻保存方面取得重要突破。在该技术领域将重点突破水产动物良种精子库建立和标准化应用技术、珍稀濒危水生动物精子冷冻保存技术与精子库建立、水生动物胚胎冷冻保存实用化技术研究、珍稀濒危水生动物胚胎冷冻库构建技术。

17.3.9 水产动物性控育种与倍性育种技术

性控育种与倍性育种技术是指调控水产生物性别或改变染色体倍性的育种技术。性控育种是采用性别控制的方法实现单性群体养殖，如全雌养殖或全雄养殖。目前较为常用的鱼类性控育种方法主要包括分子标记辅助性控、人工雌核发育、人工雄核发育、性激素诱导等。按照技术手段，该技术可分为细胞水平的性控与倍性育种技术以及分子水平的性控育种技术。细胞水平的性控与倍性育种技术包括人工雌核发育、人工雄核发育、染色体操作等技术；分子水平的性控育种技术包括分子标记辅助性控技术和基因编辑性控育种技术。水产动物性控育种与倍性育种技术具有重要的研究价值和应用潜力，已在银鲫、黄颡鱼、罗非鱼、鲆鲽鱼的性控育种和三倍体牡蛎培育方面取得系列成果。该技术领域将重点突破水产动物性别特异分子标记筛选与遗传性别鉴定技术、基因编辑性控育种技术、水产动物三倍体批量化诱导技术、水产动物四倍体诱导和培育及其与二倍体交配批量化生产三倍体技术、水产动物高效雄核发育诱导技术。

17.4 技术路线图

种业作为农业生产的源头，是国家战略性基础性核心产业。中国水产养殖产量连续多年居世界首位，种业科技的快速进步是重要的推动力量。近 50 年来，中国水产遗传育种手段已从传统选择育种和杂交育种发展到细胞工程育种、性别控制育种、分子标记辅助选择育种、全基因组选择育种、分子设计育种等高效的育种技术，推动中国水产种业进入蓬勃发展时期。截至 2018 年底，中国已有 215 个水产新品种通过审定，奠定了水产养殖业可持续发展的基础。当前，中国正在推进渔业供给侧结构性改革和发展水产绿色健康养殖。2019 年 1 月，农业农村部等国家十部委联合发布了《关于加快推进水产养殖业绿色发展的若干意见》，水环境保护和生态文明建设将驱动水产养殖业发展模式发生重大变革。未来，水产种业也必将向绿色、高效、优质、增产等方向发展。

17.4.1 发展目标与需求

根据中国水产养殖业发展规划与社会经济发展需求，水产种业领域的中长期发展目标主要包括大幅度提高水产种业理论、技术水平及其对产业科技进步贡献率，构建国际先进的现代化水产种业工程体系，育成一批有重大产业影响的突破性水产良种。创新水产种业理论技术和工程体系、提升重大水产良种创新能力将是本领域中长期的发展需求。

1. 2025 年目标与需求

1）在水产种业科技方面

重点开展全基因组选择技术的完善和产业规模应用，以及基因编辑育种、分子设计育种、细胞工程育种等前沿技术突破；建立主要经济性状高通量精准测定与标准化育种、优质苗种繁育与制种扩繁等共性关键技术；解析重要经济性状的遗传与调控规律，在育种基础理论方面取得重要突破；筛选水产模式生物，构建性状解析、基因发掘、育种模拟的研究平台；建立水产种质评价信息数据库，构建重要养殖种类种质资源保存和评价技术体系；搭建联合育种网络系统，推动育种管理标准化、信息化，提升水产种业科技水平和创新能力。

2）在产业发展方面

创新种业发展模式与机制，推动建立商业化育种体系，强化以企业为主体的种业创新机制；提升全产业链创新能力，扶持一批“育繁推一体化”种业企业，培育具有国际竞争力的现代种业企业；培育一批优质、高产、抗逆良种，主要养殖种类的良种覆盖率达到 65%以上，良种对水产养殖业增产的贡献率达到 50%以上。

2. 2035 年目标与需求

1）在水产种业科技方面

建立全基因组选择育种、基因编辑育种、分子设计育种等技术体系，实现规模应用；在干细胞、借腹怀胎、无脊椎动物细胞系建立等细胞工程技术领域取得重大突破；建立重要水产种类的模式生物研究系统，支撑和加速种业科技创新；建立完善标准化、智能化水产育种性状测定和苗种繁育技术系统；建成水产种质资源保存和评价技术系统与公共服务体系；应用大数据、人工智能、物联网、区块链等信息技术推动水产种业生产的精细化、精准化、无人化进程，建成联合育种网络系统；全面提升水产种业科技水平和创新能力，使中国成为水产种业科技创新强国。

2）在产业发展方面

基本建成技术领先、管理先进、产出高效的水产种业体系，建立以企业为主体的种业创新机制；打造具有国际竞争优势的现代种业龙头企业；育成有产业影响力和竞争力的水产良种，主要养殖种类的良种覆盖率达到 95%以上，水产遗传改良率达到 75%以上。

17.4.2 重点任务

1. 水产种业基础理论创新

1）性状遗传机制与育种应用途径

利用多组学与基因功能验证手段，研究水产生物生长、品质、抗病、抗逆等重要经济性状的遗传规律，精细解析性状形成的遗传基础和调控机制，阐明各经济性状间的互作机制及其对环境响应的机理；高通量发掘性状关键基因和位点，为精准分子育种和细胞工程育种提供调控基因和元件；筛选水产模式生物，构建模式生物研究系统。

2）生殖调控与苗种繁育机理

深入研究水产生物性别决定、性腺发育、苗种繁育等的遗传调控机理及其与环境因子的互作响应机制，解析繁殖调控、苗种发育等与生产性状间的相互关系，奠定优质苗种繁育技术创新的理论基础。

3）杂交优势与近交衰退机理

针对水产生物后裔量大、养殖过程中容易产生近交，同时很多物种基因组杂合度高、种间和群体间杂交可产生具有杂交优势后代的特点，开展水产生物杂交优势与近交衰退机理研究，推动性状形成和调控机制解析，为水产杂交良种培育和近交控制提供理论依据。

4）高效育种与种业管理基础理论

基于水产生物生长繁殖、性状遗传、养殖管理等特征，研究和发展可实现水产高效育种的基础理论，并提出适于水产生物的种业管理理论。

2. 水产种业技术与装备创新

1）高效全基因组选择技术

建立重要水生生物基因组、转录组、蛋白质组、代谢组等多组学信息高效获取和联合分析技术，以及高效、低成本多组学标记分型技术；研发适用于水生生物的、能够整合多组学信息的全基因组选择算法模型，开展育种值精准估计，指导实际育种。

2）基因编辑技术

建立水产生物基因操作和基因功能验证技术，重点突破高效、精准基因编辑技术，建立编辑效率评价检测技术，并进一步实现基因的高通量、大规模编辑，从而减少育种成本、加速育种进程。

3）分子设计育种技术

在全基因组选择技术基础上，开展性状位点的遗传效应评估，建立位点基因型与性状间的链接模型和数据库；根据育种目标，设计亲本组合和育种途径，综合运用杂交育种、选择育种、基因编辑育种和细胞工程技术等，聚合目标性状基因，实现高效、精准的分子设计育种。

4）细胞工程与性控育种技术

构建水产无脊椎动物细胞系，突破水产生物干细胞培养技术，研发生殖细胞定向分化诱导技术及异种生殖干细胞移植技术；建立高效染色体组操作技术、多倍体育种技术，以及雌核发育、雄核发育和性控技术；研发分子育种技术与细胞工程和性控育种技术相结合的育种新技术。

5）性状测定与标准化育种技术

研发水产生物主要经济性状的高通量、无损测定技术，开发性状测定装备，为性状的精细遗传解析，以及全基因组选择育种和分子设计育种提供精准性状数据；开发标准化的性状测定、育种工艺流程、设施设备等技术体系，开展育种集成技术和工艺研发，建立自动化、标准化育种技术。

6）苗种高效培育技术

建立高效的水产生物幼体健康培养技术，优化幼体培养、变态调控、饵料培养和投喂技术工艺，开发配套设施装备；优化苗种保育和生态调控技术，构建生态化、集约化和工程化保育技术体系。

7）种业信息化技术

应用大数据、物联网和区块链等信息技术，构建水产生物种业服务信息化体系，形成覆盖全产业链的整合育种方案，开展性状与基因型测定、遗传评估、亲本管理、苗种繁育与推广等过程和数据的规范化、智能化管理，构建联合育种网络。

8）种质资源保护

开展水产种质资源个体识别、家系鉴定、祖系溯源和遗传多样性评估；建立配子和胚胎超低温冷冻保存、复苏以及质量评价系统，构建种质资源收集、鉴定、保护技术体系，建设水产生物种质资源库；加强原种场、水产种质资源保护区建设。

3. 水产现代种业工程体系构建与重大水产品种培育

构建以市场为导向、以企业为主体、“产、学、研”联合、“育、繁、推”一体化的现代水产种业体系，使先进育种技术与产业应用有机结合，形成资源集中、运行高效的育种新机制；实施水产种业创新工程，建成一批标准化、规模化、集约化、机械化、信息化的种子生产基地和现代种业企业；培育一批有重大应用前景的突破性优良品种；全面提升中国水产种业自主创新能力、成果转化能力、持续发展能力和国际竞争力。

4. 重大科技专项

根据水产种业科技创新和种业工程体系建设与种质创制的目标需求，规划和实施水产生物重要经济性状的遗传基础与分子设计育种研究、水产种业技术创新与重大新种质创制计划、水产种业绿色发展跨越计划、水产重大新品种推广丰收专项。

17.4.3 技术路线图

面向 2035 年的中国水产种业发展技术路线图如图 17-7 所示。

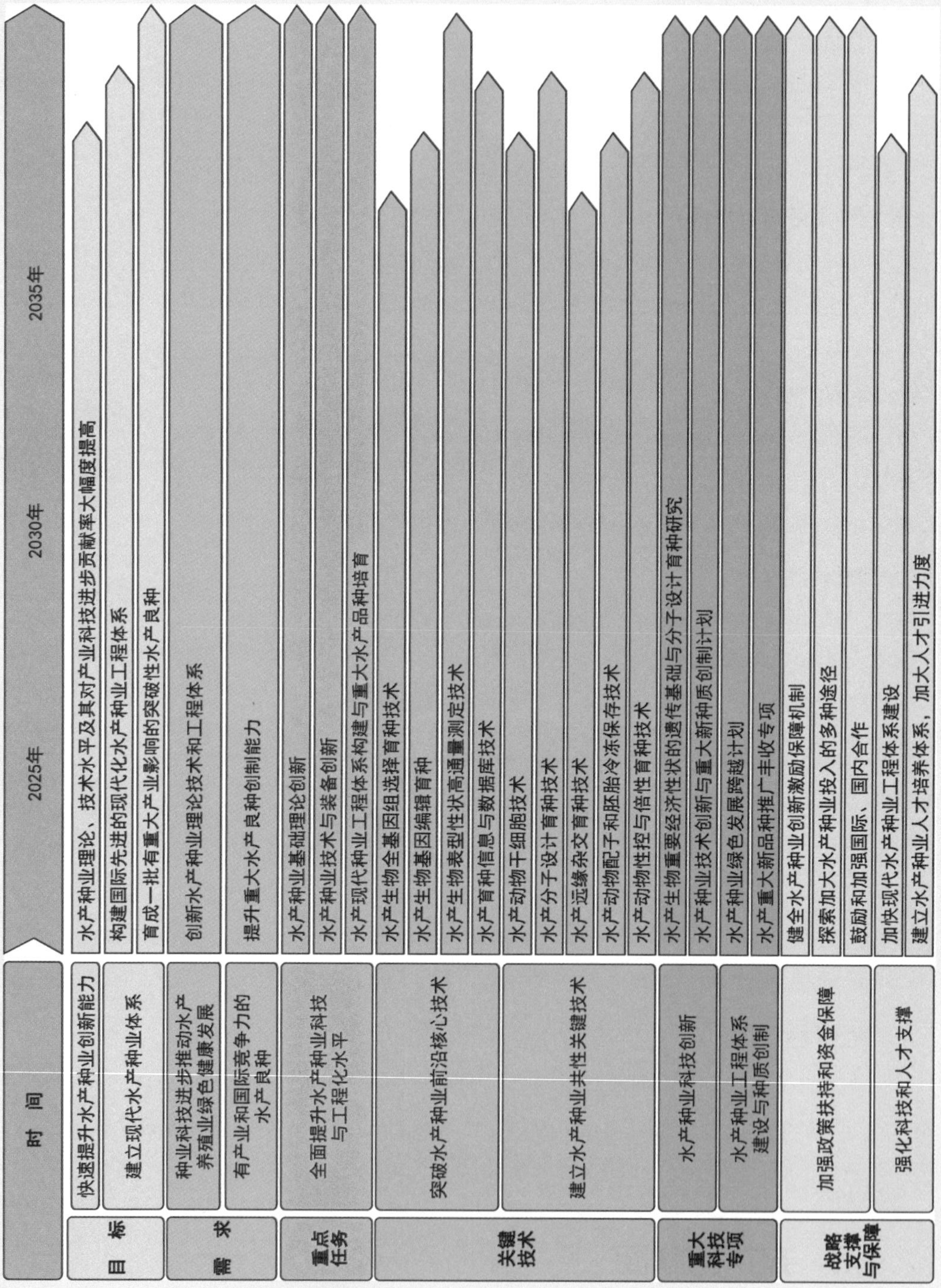

时间		2025年 2030年 2035年
目标	快速提升水产种业创新能力	水产种业理论、技术水平及其对产业科技进步贡献率大幅度提高
	建立现代水产种业体系	构建国际先进的现代化水产种业工程体系
		育成一批有重大产业影响的突破性水产良种
需求	种业科技进步推动水产养殖业绿色健康发展	创新水产种业理论技术和工程体系
	有产业和国际竞争力的水产良种	提升重大水产良种创制能力
重点任务	全面提升水产种业科技与工程化水平	水产种业基础理论创新
		水产种业技术与装备创新
		水产现代种业工程体系构建与重大水产品种培育
关键技术	突破水产种业前沿核心技术	水产生物全基因组选择育种技术
		水产生物基因编辑育种
		水产生物表型性状高通量测定技术
		水产育种信息与数据库技术
	建立水产种业共性关键技术	水产动物干细胞技术
		水产分子设计育种技术
		水产远缘杂交育种技术
		水产动物配子和胚胎冷冻保存技术
		水产动物性控与倍性育种技术
重大科技专项	水产种业科技创新	水产生物重要经济性状的遗传基础与分子设计育种研究
		水产种业技术创新与重大新种质创制计划
	水产种业工程体系建设与种质创制	水产种业绿色发展跨越计划
		水产重大新品种推广丰收专项
战略支撑与保障	加强政策扶持和资金保障	健全水产种业创新激励保障机制
		探索加大水产种业投入的多种途径
		鼓励和加强国际、国内合作
	强化科技和人才支撑	加快现代水产种业工程体系建设
		建立水产种业人才培养体系，加大人才引进力度

图 17-7　面向 2035 年的中国水产种业发展技术路线图

17.5 战略支撑与保障

17.5.1 健全水产种业创新激励保障机制

加大支持水产种业原创和重要理论、技术研究，鼓励科研机构与企业联合创新，促进理论与技术成果的快速应用转化；完善水产种业的法律法规和管理体系，加强良种、种业技术等知识产权的保护，促进商业化育种体系的建立与发展；建立公平、科学的评价与奖励机制，提高种业创新积极性，推动有产业影响力和竞争力的重大成果产出。

17.5.2 探索多元投入的水产种业投资体系建设

完善政策法规、优化投入结构，加大国家财政对现代水产种业科技工作的支持力度，重点支持水产种业基础理论和关键技术、装备研发等基础性、公益性研究，提升科技创新能力；充分发挥市场投融资机制作用，加大社会资金吸引力度，逐步形成以国家财政为主体的多元化水产种业科技投资体系，推动商业化育种新机制建立；建立健全科学、有效的种业资金管理机制，推进信息公开和风险、绩效评价，提高资金利用效率。考虑到种业科学研究周期长、连贯性强的特点，如何建立长期的可持续投入与考核评价机制尤为重要。

17.5.3 鼓励和加强国际、国内合作

鼓励和加强国际、国内合作。推进水产种业国际交流与合作，积极主办和参与重要国际水产种业科技和产业活动，巩固和扩大与水产种业发达国家、重要国际组织间双边及多边科技合作，充分学习借鉴国外种业发展先进经验；鼓励水产种业企业实施“走出去”战略，提高中国水产种业的国际竞争力。加强国内科研机构、种业企业间的合作交流，建立高效合作运行机制，提高种质资源、信息数据、资金利用和成果转化效率。实施水产种质资源交流与共享机制和知识产权保护制度，健全长效合作机制。

17.5.4 加快现代水产种业工程体系建设

做好水产种业工程体系建设的顶层设计，建立和完善现代种业创新机制。提高水产种业工业化、规范化、信息化水平，加速现代种业体系建设进程。打造水产种业龙头企业，建设种业创新基地，加快构建以市场为导向、企业为主体的商业化育种体系，充分发挥种子企业

在商业化育种、成果转化与应用等方面的主导作用。强化“产、学、研”紧密结合，以优良品种为突破口，推动形成“育、繁、推、营”一体化产业体系，促进科研、生产、加工、经营、管理等各环节的协调联动、有机结合和有序发展，从而全面提升中国水产种业的国际竞争力。

17.5.5 加强水产种业人才队伍建设

制定中国水产种业人才长远发展规划，建立与现代种业体系运行相适应的人才培养机制，加大优秀人才引进力度。加快种子科技、制种生产、市场营销、企业管理、国际贸易等方面的人才队伍建设，加快培养既掌握现代育种理论和技术，又具有丰富育种经验的年轻育种人才，打造水产优良品种研发的前沿创新团队，培养造就一批水产种业科技战略科学家、领军人才和基层水产种业科技骨干。

小结

当前，中国水产养殖业已迈入提质增效、绿色发展的新阶段，对种业科技和现代化水平提出新的要求。同时，生命科学和工程技术领域的科技快速发展也为水产种业全面提升带来契机。展望 2035 年，应重点突破基因编辑、干细胞与细胞工程、分子设计育种等种业领域颠覆性技术，快速提升全基因组选择育种技术水平和应用规模，研发性状高通量测定、苗种高效培育、种业信息化与标准化、种质资源保护等种业共性关键技术，抢占水产种业科技竞争先机；加强水产种业基础研究，精细解析重要经济性状的遗传规律和调控机制，为精准分子育种和细胞工程育种奠定理论基础；同时，应构建以市场为导向、以企业为主体、“产、学、研”联合、“育、繁、推”一体化的现代水产种业体系，打造有国际竞争力的现代水产种业企业，培育有重大应用前景和产业影响力的突破性优良品种，推动水产养殖业健康发展。围绕上述目标和研发内容，相关部门应部署水产种业基础研究和关键技术研发、水产种业体系建设等重点工程与重大专项，促进种业科技进步；建立健全水产种业创新激励机制、种业工程体系和人才体系，加大科技和产业投入，加强国际、国内合作是种业科技发展和建立现代种业的重要保障。

第 17 章编写组成员名单

组　长：包振民

成　员：桂建芳　麦康森　刘少军　刘英杰　胡红浪　庄志猛　张国范
　　　　陈松林　胡　炜　孔　杰　刘晓春　刘保忠　张全启　茅云翔

执笔人：胡晓丽　刘少军　陈松林　胡　炜　胡红浪　刘英杰　孔　杰
　　　　王　师　周　莉　王　青　史姣霞

18

面向2035年的中国生殖健康维护与生殖医学发展技术路线图

18.1 概述

人口问题是最主要的社会问题之一，是影响中国全面协调可持续发展的重要因素。世界范围内主要发达经济体人口出生率下降、人口老龄化、劳动人口减少，造成严重的社会问题。党中央、国务院历来高度重视人口和生育问题，积极探索符合中国实际的人口发展道路。然而，中国育龄人群生殖健康正面临着前所未有的挑战，育龄人口规模见顶下滑，不孕不育、高危妊娠、出生缺陷等诸多生殖健康问题影响着中国出生人口数量和质量。因此，全方位、多维度解析影响生殖健康、造成不良生育结局的致病因素和发病机制，深入理解生育力建立和维持的调控机制，构建推进人类生殖健康研究的新型模型和研究体系，开发用于生育力维护、逆转生育力衰减的具有颠覆性的新技术和新产品，对创新发展中国生殖医学领域科学技术、提高中国人口素质和生命质量、支撑"健康中国 2030"建设具有重大战略意义。

18.1.1 研究背景

"提高生殖健康水平，改善出生人口素质"是中国人口与健康战略的核心内容。然而，目前中国人口生殖健康现状面临严重挑战:

（1）根据国家卫生健康委员会每年公布的出生人口数据，"十三五"期间中国的总和生育率基本维持在 1.6 左右。最新数据显示，2020 年中国的总和生育率下滑至 1.3，远低于人口世代更替水平 2.1，无法满足世代更替的基本要求。尽管国家近年来根据人口形势不断调整优化生育政策，并于 2021 年 5 月 31 日放开"三孩生育政策"，但受育龄妇女规模、生育观念转变以及相关成本增加（如养育、照顾、职业发展）等因素影响，中国人口生育率和出生人口数量的下降趋势短期内难与逆转。

（2）中国育龄人口生育力下降形势严峻。北京大学第三医院国家妇产疾病临床医学研究中心开展的历次全国育龄人群生殖健康调查结果显示，中国育龄人群的不孕不育率已由 2007 年的 12%上升至 2020 年的 18%左右，表明不孕不育患者数量快速增长。

（3）中国人口老龄化问题凸显，育龄人口数量逐年下降。联合国发布的《世界人口展望: 2017 修订版》预计，中国 60 岁以上老年人口比例到 2035 年接近 30%，在 2050 年前后将进入增长平台期，稳定在 36%左右，占人口总数的 1/3 以上。育龄人群生育力下降，同时可生育的育龄人群数量降低，这将在未来较长时期内严重影响中国出生人口规模。

（4）新生育形势下高危妊娠比例增加，母胎健康问题凸显。最新发表的全国生育政策效应研究数据显示，在全面"二孩"政策实施后（基线期: 2015 年 10 月—2016 年 6 月，政策生效期: 2016 年 7 月—2017 年 12 月），35 岁及以上产妇的平均比例由 8.5%升至 14.3%。高龄孕产妇死亡率以及发生胎儿染色体异常、流产、妊娠高血压、妊娠糖尿病等疾病的风险都大大高于年轻孕产妇。这给中国现有医疗卫生和保健系统带来新挑战，涉及高龄妇女助孕策略、既往剖宫产导致瘢痕子宫妊娠、胎盘植入、产后出血等妊娠并发症的预防管理、孕产妇与新生儿危急重症救治、出生缺陷防治和子代远期健康风险评估等诸多关键环节。

（5）中国出生缺陷防控形势严峻，出生缺陷是导致早期流产、死胎、婴幼儿死亡和先天残疾的主因。2012 年中国发布的《中国出生缺陷防治报告》显示，中国每年出生缺陷率约 5.6%，每年新增出生缺陷患儿约 90 万例，出生缺陷基数大；并且随着生育政策的调整，高龄产妇增多，孕妇发生胎儿非整倍体异常的概率显著升高，出生缺陷发生风险增加。此外，胎儿宫内生长受限、代谢性疾病、智力发育障碍等发育源性疾病在中国也有相当比例的发病率，严重影响个体近远期健康和生命质量。

生殖医学的发展为解决以上问题提供了重要手段，为提升中国生殖健康相关疾病包括出生缺陷的防控水平发挥核心作用。然而，目前生殖医学的发展亟待解决若干重大科学问题，亟待突破与生殖相关疾病预防、诊断和治疗相关联的若干关键技术瓶颈，亟须进一步拓展学科交叉，推动新兴理论和技术在生殖医学研究中的应用。因此，当务之急是细化生殖健康维护以及生殖医学治疗的需求层次，系统地梳理生殖医学关键技术和产品研发方向，前瞻性布局生殖医学前沿领域及关键技术重大工程，以发展生殖领域科学技术、提高人民生殖健康水平、提升国际战略地位。

18.1.2 研究方法

本项目主要通过文献和专利统计分析、专家研讨、德尔菲法等研究方法，明确中国当前生殖健康领域的科技现状，分析国内外科技发展态势，研判中国面向 2035 年的生殖医学发展图景，提出未来优先发展的主题和方向，聚焦亟待解决的重要问题和关键技术，并绘制相应的技术路线图，提出科学对策和建议。

18.1.3 研究结论

生殖健康保健关口前移，建立预防、保健、诊疗、管理、康复的生殖医学生态链，以及生殖医学技术和医药试剂的自主研发与国产化是中国人口生殖健康领域亟待发展的重要方向。具体包括解析生育力建立和维持的分子基础，阐释生殖障碍性疾病与出生缺陷的病因及发生机制，建立有效改善生殖障碍的临床实践指南和创新技术，实现孕前、胚胎植入前到胎儿期全方位的出生缺陷与遗传疾病的预防、早期诊断与阻断以及适宜的宫内治疗，以及风险的预测预警，开发国产化高质量的生殖医学产品，并将人工智能技术应用于生殖疾病及遗传病的智能化辅助诊疗和高危妊娠预警管理、风险防控管理等。此外，政策建议还包括成立国家生殖医学伦理委员会，多部门联动加强生育力低下和出生缺陷的一级预防，完善相关政策促进质控管理和成果转化等。

18.2 全球技术发展态势

18.2.1 全球政策与行动计划概况

近年来，各类生殖健康问题严峻，世界各国政府对生殖健康研究给予了重点关注并出台了系列政策和行动计划，加大对生殖医学领域的研究投入。美国国立卫生研究院（NIH）自 2015 年起设立了“人类胎盘研究计划（HPP）”，旨在阐明人类胎盘在妊娠全过程中的功能及其结构变化，并以此为基础开发安全有效的方法，以便动态监测胎盘发育。截至 2019 年，NIH 已投入 5000 多万美元经费，用于该计划的实施。2016 年，NIH 针对出生队列建设，发起“环境对儿童健康结局影响（ECHO）”研究计划，整合了全美 20 余家儿科、环境与健康以及流行病学研究机构已有的出生队列研究资源。2020 年，NIH 下属的国家儿童健康和人类发展研究所（NICHD）财政预算额最大的领域是生殖健康、妊娠及围产医学/儿童健康这两大领域，都达到 3 亿美元左右。加拿大卫生研究院（CIHR）下属的人类发展、儿童和青少年健康研究所（IHDCYH）发布了《2018—2020 年战略规划》，其中涵盖的生殖医学相关的重点资助领域包括出生缺陷病因及预防、胎儿生长及早产、理化环境对生殖及胎儿的影响、母体健康及生活方式、母胎健康检测及评估孕期医疗措施、辅助生殖技术致子代畸形风险、环境污染物对胚胎和子代健康的影响及对卵细胞和胚胎 DNA 甲基化的影响相关研究。英国医学研究理事会（MRC）支持对内分泌和生殖健康、母源健康和疾病的研究。英国国民健康服务体系设立“破译发育障碍（DMDD）”研究计划，由英国和爱尔兰共 24 个地区的遗传学机构合作，旨在从基因层面研究罕见发育障碍的成因。

生殖健康维护是保障中国人口与健康发展的核心战略。国家先后发布了《“健康中国 2030”规划纲要》《“十三五”卫生与健康规划》《“十三五”国家科技创新规划》《国家人口发展规划（2016—2030 年）》等一系列战略规划，均将促进生殖健康列为核心内容之一。在“十三五”国家重点研发计划中，首批启动的是“生殖健康及重大出生缺陷防控研究”重点专项。该专项开展以揭示影响人类生殖、胚胎/胎儿发育、妊娠结局的主要因素为目的的科学研究，实现遗传缺陷性疾病筛查、阻断等一批重点技术的突破，建立适合中国人群的生殖健康相关疾病预警、筛查、诊断、治疗的综合防治平台。中国还将生殖健康及母婴保健纳入国家基本公共卫生服务，先后出台了《孕产期保健工作管理办法》《早产儿保健工作规范》《孕产妇妊娠风险评估与管理工作规范》《全国出生缺陷综合防治方案》《危重孕产妇救治中心建设与管理指南》《危重新生儿救治中心建设与管理指南》《母婴安全行动计划（2018—2020 年）》《健康儿童行动计划（2018—2020）》等管理办法与指南规范。此外，针对农村、贫困等重点地区或人群，开展了系列生殖健康相关的国家重大公共卫生服务项目。2018 年印发的《健康扶贫三年攻坚行动实施方案》，将儿童先天性心脏病、妇女两癌（宫颈癌、乳腺癌）纳入专项救治范围；在艾滋病高发的重点地区全面落实免费筛查、治疗、母婴阻断等措施；针对贫困家庭出生缺陷患者，实施出生缺陷救助项目等。

18.2.2 基于文献和专利统计分析的研发态势

1. 全球生殖健康维护与生殖医学领域论文统计分析

应用中国工程院战略咨询智能支持系统，分析了 1998—2018 年全球生殖健康维护与生殖医学领域的论文发表数量变化趋势，如图 18-1 所示。从图 18-1 可知，2004 年后全球生殖健康维护与生殖医学领域的论文发表数量逐年增加，表明本领域研究热度逐渐提升，生殖健康维护与生殖医学领域研究开启高速发展模式。

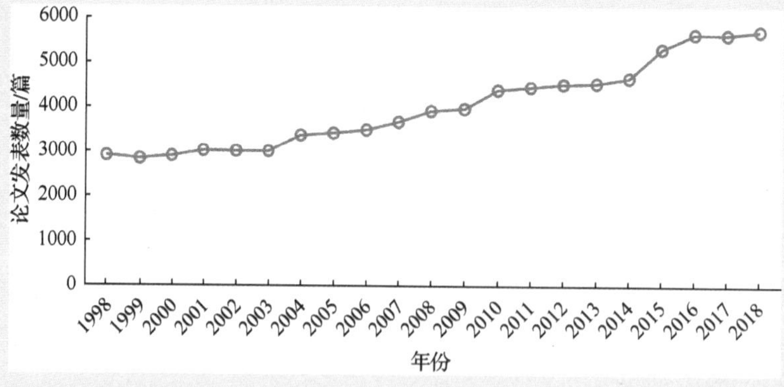

图 18-1　1998—2018 年全球生殖健康维护与生殖医学领域的论文发表数量变化趋势

主要对标国家在生殖健康维护与生殖医学领域的论文发表数量对比如图 18-2 所示。从图 18-2 可以看出，美国和中国在生殖健康维护与生殖医学领域的论文发表数量领先其他国家，分别是 26386 篇、7585 篇，日本、英国、意大利、德国等国家紧随其后，表明这些国家重视生殖健康维护与生殖医学研究，支持力度也较大。在本领域，中国与美国相比尚存较大差距。本领域论文发表数量排名前 9 的科研机构和高等院校名单如图 18-3 所示。从图 18-3 可知，美国的哈佛大学、加拿大的麦吉尔大学、澳大利亚的莫纳什大学和阿德莱德大学、中国科学院等科研机构和高等院校位居前列，表明这些科研机构和高等院校在生殖健康维护与生殖医学领域整体水平处于领先地位并占据研究前沿。

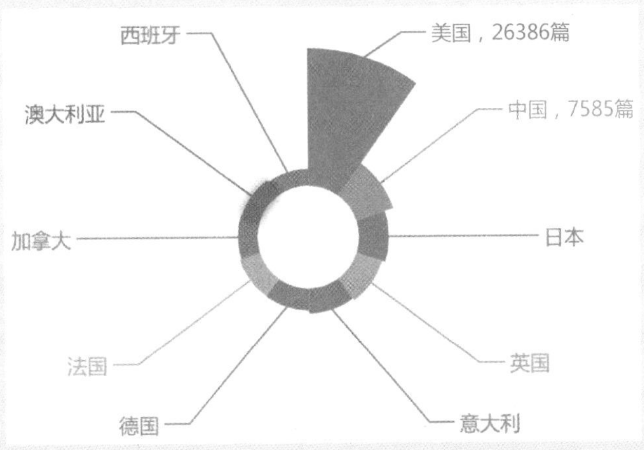

图 18-2　主要对标国家在生殖健康维护与生殖医学领域的论文发表数量对比

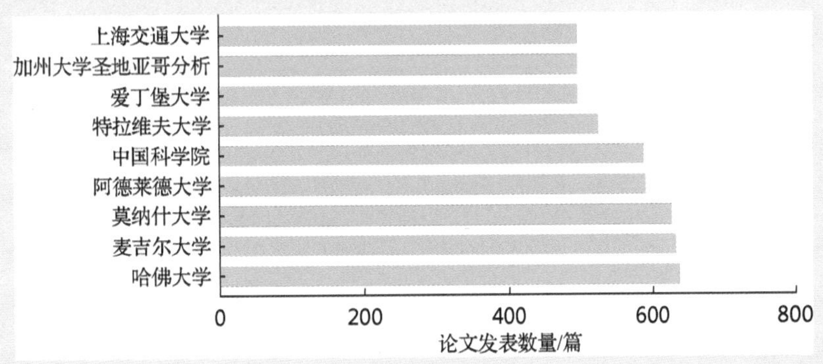

图 18-3　在生殖健康维护与生殖医学领域的论文发表数量排名前 9 的科研机构和高等院校

随着科技的发展，单一领域不再是单纯的独立学科方向，领域之间会交叉融合，衍生出若干跨学科主题，形成新的创新方向。本领域相关学科论文发表数量对比情况可以揭示学科相关程度，在图 18-4 中每个学科对应的论文发表数量越多，说明该学科与本领域的相关程度越高；反之，则相关程度较低。根据系统计算，生殖健康领域论文发表数量排名前 3 的学科依次是“生殖生物学”“妇科与产科”“内分泌和代谢”，均为直接相关学科，说明生殖健康维护与生殖医学领域的学科交叉融合程度有待提高。

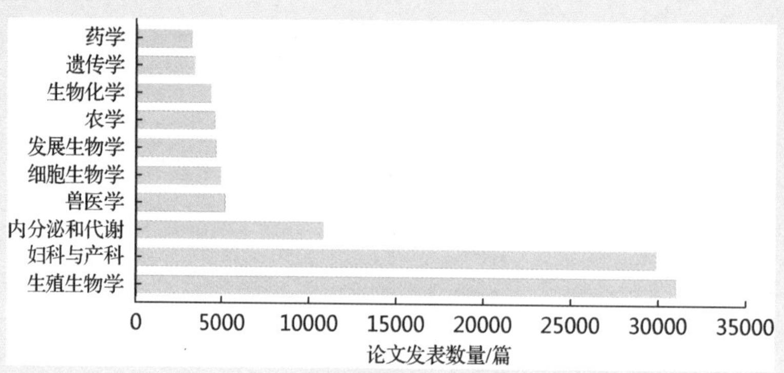

图 18-4 生殖健康维护与生殖医学领域相关学科论文发表数量对比

2. 全球生殖健康维护与生殖医学领域专利态势分析

专利所代表的知识产权是科技创新的沉淀和体现，是衡量一个国家技术创新与进步的指标之一，也是科学研究活动最重要的成果表现形式。随着综合国力的不断提升，中国对科技发展的投入力度不断加大，中国医疗产业的整体科研实力也不断增强。本项目应用中国工程院战略咨询智能支持系统，分析了 1998—2018 年全球和中国在生殖健康维护与生殖医学领域的专利申请数量变化趋势，分别如图 18-5 和图 18-6 所示。从 1998 年起中国及全球在生殖健康维护与生殖医学领域的专利申请数量呈上升趋势，2015—2017 年这一数量达到峰值，表明进入 21 世纪后生殖健康维护与生殖医学领域的技术研发、技术创新趋向活跃。2018 年中国及全球生殖健康维护与生殖医学领域的专利申请数量较 2017 年均下降，可能与技术创新研究难度增大、信息收录不全有关。预计今后几年，受国际新冠肺炎疫情及经济的影响，专利申请数量可能短期会有进一步下降，但长期来看，随着科学技术的发展，专利申请数量会有所回升。

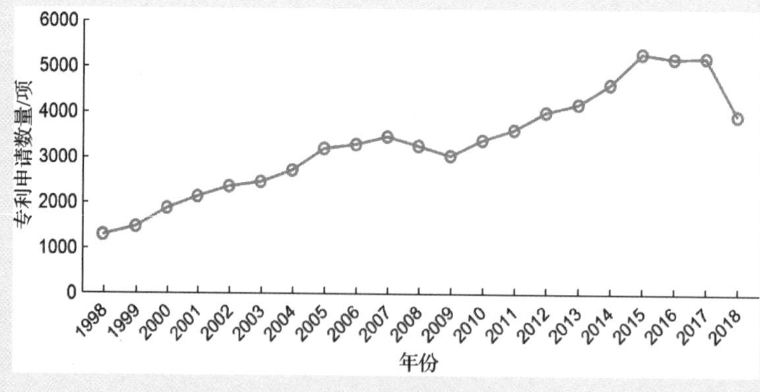

图 18-5 1998—2018 年全球在生殖健康维护与生殖医学领域的专利申请数量变化趋势

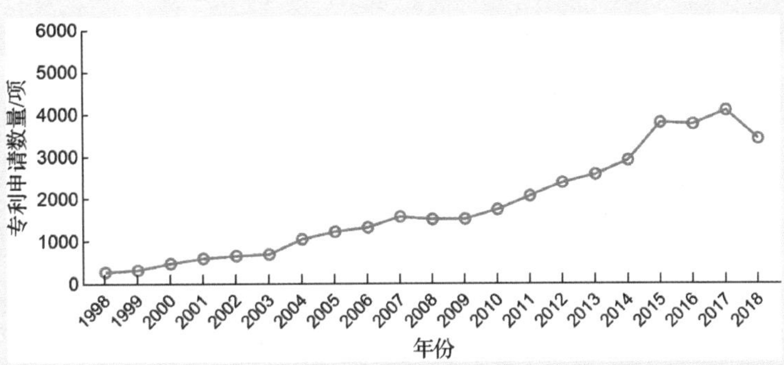

图 18-6　1998—2018 年中国在生殖健康维护与生殖医学领域的专利申请数量变化趋势

主要对标国家和组织在生殖健康维护与生殖医学领域的专利申请数量对比如图 18-7 所示。从图 18-7 可知，中国在本领域的专利申请数量领先其他国家，为 37844 项，美国、日本紧随其后。根据生殖健康维护与生殖医学领域国际专利分类法（IPC）统计的专利申请数量（见图 18-8），“妇产科器械或方法”“避孕套、鞘膜或类似物”“医用、牙科用或梳妆用的制剂”这 3 个 IPC 四级分类专利数量较多，表明这几个方面的技术研发较活跃。还可以从专利申请时间+专利申请国家和组织两个维度反映本领域研究趋势，生殖健康维护与生殖医学领域专利申请时间+专利申请国家和组织二维分析情况如图 18-9 所示。从图 18-9 可以看出，中国、美国、日本在本领域的专利申请数量方面优势明显，表明这些国家对本领域重视程度高，支持力度大，处于世界领先水平。

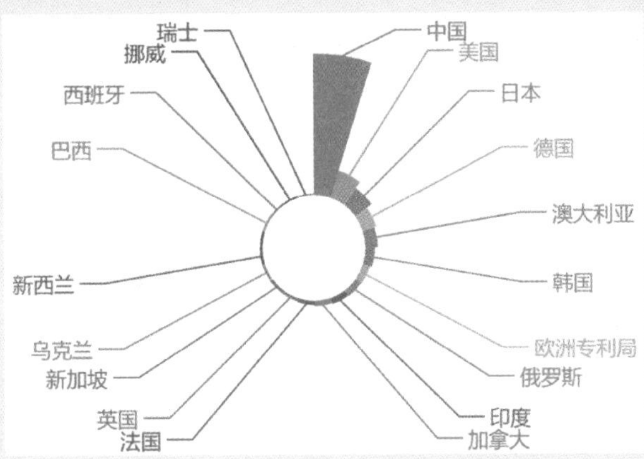

图 18-7　主要对标国家和组织在生殖健康维护与生殖医学领域的专利申请数量对比

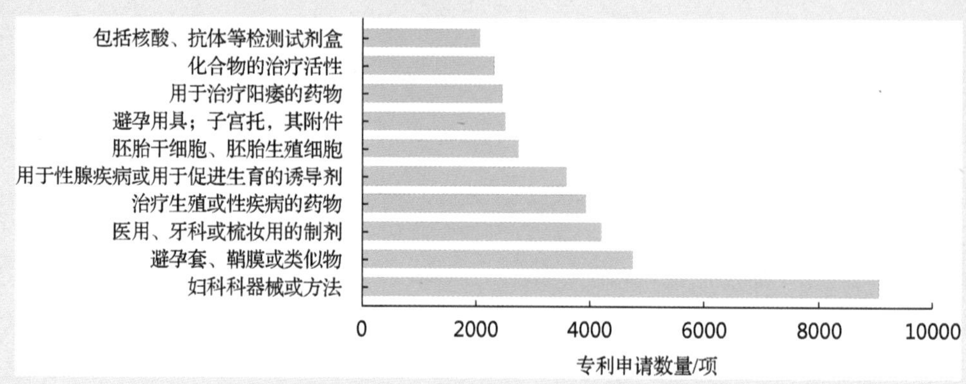

图 18-8　生殖健康维护与生殖医学领域根据国际专利分类法统计的专利申请数量

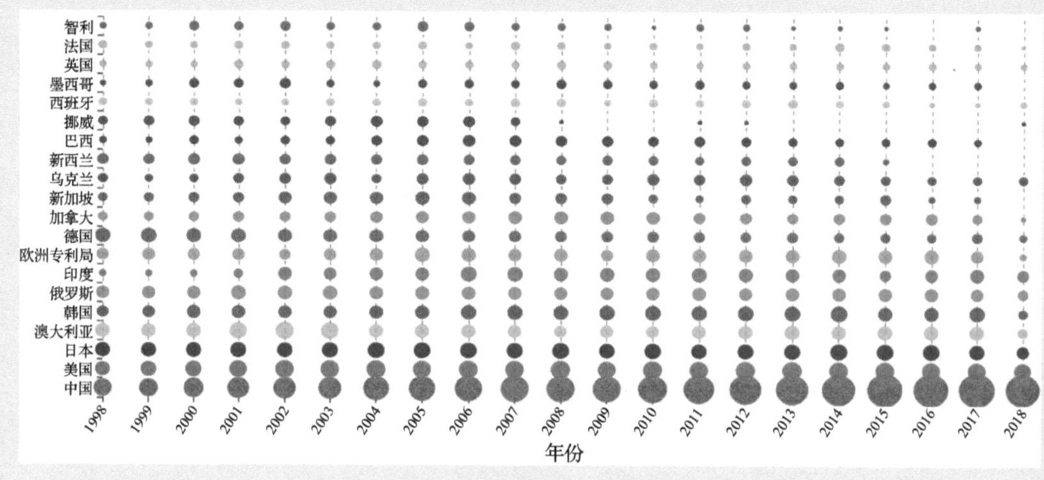

图 18-9　生殖健康维护与生殖医学领域专利申请时间+专利申请国家和组织二维分析情况

综上所述，随着对生殖健康维护与生殖医学领域科技创新关注程度的不断提高，近年来中国不断加大科技投入，论文和专利数量快速增长，总量均位居世界前列，但与美国相比还存在一定差距。在科技成果转化方面，因目前没有确切的科技成果转化率数据来源，故粗略估计中国科技成果转化率不足 10%，整体处于较低水平。2016 年，国务院发布了《中华人民共和国促进科技成果转化法》，以完善科技成果转化机制，激励科技成果转化，期待在“十四五”及中长期发展阶段本领域的科技成果转化水平有明显提升。

18.3 关键前沿技术与发展趋势

在本领域技术发展态势分析和专家研讨、函询意见的基础上，制定了面向 2035 年的中国生殖健康维护与生殖医学发展的备选技术清单，并开展德尔菲法问卷调查对备选技术清单进行评价和遴选，最终保留了 13 项关键前沿技术。

1. 胚胎植入前精准筛查及检测技术

胚胎筛选是体外受精胚胎移植技术的关键步骤，目前多利用传统胚胎形态学评分方法对胚胎进行评级和选择。近年来，又兴起了利用胚胎实时观测技术对胚胎进行动态监测，以获得胚胎连续动态发育图，以及发育过程中的非正常发育行为，如多核、异常分裂、碎片混乱分裂、逆分裂等，为胚胎筛选提供更多参考信息。随着大数据及人工智能、多组学生物信息分析、生物芯片等相关技术的发展，未来，需要开发新的针对胚胎质量评估的单细胞测序与分析技术，制备针对不同发育阶段的多种配子、胚胎质量鉴定的芯片，实现优质配子、胚胎筛选与鉴定。此外，还要发展并应用拉曼光谱技术进行胚胎监测、胚胎培养液中微量游离核酸高通量测序及微量样本蛋白质组/代谢组学质谱分析，发展无创胚胎检测及发育质量评估技术体系。

2. 胎儿出生缺陷监测及诊治技术

胎儿出生缺陷监测及诊治技术旨在建立无创的染色体筛查和单基因病的产前诊断体系，保护母胎安全、降低出生缺陷率；综合应用血液检测、影像诊断等技术，探寻具有早期预测作用的多种临床指标和生物标志物；开展出生缺陷风险预测预警技术研发与应用；利用大数据分析构建基因变异分子模块及互作网络，预测致畸危险因素；建立人工智能的辅助诊断系统和专家指导系统，并结合微创手术和手术机器人等技术，实现孕产期常见重大出生缺陷宫内诊断与纠正，攻克胎儿宫内疾病的诊治难题。

3. 母婴安全保障体系技术优化

综合利用数字影像、大数据分析、生物信息分析等前沿技术，优化孕产妇危险度评估方法，准确评估胎盘发育情况和功能，人工智能判读电子胎心监护图形等，并与出生后信息关联，扩展母婴安全保障范围，从医院的产前监护扩展到家庭可穿戴监护设备的优化、险情预警，弥补医院人力资源短缺的问题。

4. 人类生殖细胞体外重构技术

深入研发体外获取功能配子的技术，提高配子质量；建立体外培养体系，实现体外维持人类卵泡生长发育和精子发生的技术；获得具有受精和发育潜能的功能性生殖细胞用于临床助孕治疗。目前，国内外已有数个研究团队掌握了小鼠及人类干细胞分化为生殖细胞及配子的初步技术，预期未来能够结合单细胞测序、多组学分析、生物工程材料、高通量筛选等手段与技术，使人类干细胞体外分化为有功能、安全性高的配子，突破数量及取样的限制，为深入全面研究配子发生、成熟提供新的系统平台。

5. 人类生殖类器官构建技术

研究人类生殖器官前体细胞的谱系发生和命运决定，基于对人类生殖器官结构、功能、协调发育机制及其不同类型、不同发育阶段细胞分子特征的深入了解，模拟体内生理环境，结合干细胞、生物材料、高分辨成像、生物力学、人工智能辅助培养系统等关键技术，开展新型细胞培养系统的研发；建立人类生殖器官三维培养系列技术和标准，进行体内外功能验证和评估；构建睾丸、卵巢、子宫、胎盘等人类重要生殖类器官并探索其临床应用。

6. 婚前孕前生育力评估技术

目前，中国育龄男女约 7 亿人，每年有超过 5000 万对育龄夫妇遇到不孕不育问题。婚前孕前生育力评估技术旨在对女性卵巢功能、输卵管状态和子宫内膜容受性，以及男性睾丸、附睾和输精管等进行更加精准的系统性评估，建立可准确评估女性卵巢储备功能的预测系统，建立输卵管状态、子宫内膜容受性，以及男性睾丸、附睾功能无创评估新方法，整合建立全链条的生育力动态评估体系。婚前孕前生育力评估技术有助于对生育力低下进行早期预警和诊断，并准确指导不孕不育患者对助孕方式的选用，以实现孕育健康后代的目的。

7. 生育力保存的仿生技术

生殖细胞与胚胎的冷冻保存技术虽已广泛应用于辅助生殖领域，但目前使用的冷冻保存材料既不能有效控制冰晶生长，多数材料还含有细胞毒性成分，导致冷冻保存的生殖细胞出现不同程度损伤，影响解冻后的存活率、临床妊娠率和子代安全性，并且目前临床常用的冷冻保存材料大多受到国外技术垄断。因此，生育力保存的仿生技术旨在打破国外技术和产品垄断，寻找天然或生理性的冷冻保护剂，并批量生产；自主研发新一代生殖细胞冷冻保存技术，建立新型高效、低毒的生殖细胞和胚胎冷冻方案，评估其有效性和安全性，制定产品质量国家标准和临床应用标准。

8. 延缓或逆转生殖衰老的生殖全周期调节技术

育龄期生殖衰老，尤其是卵巢和子宫内膜功能减退是不孕不育治疗面临的难点，在生殖衰老诊断方面亟须开发简便可靠的生殖衰老早期预警方法，包括卵巢早衰分子检查方法等，在此基础上开展早期干预。在临床治疗策略方面，原始卵泡激活技术是治疗卵巢早衰的新型技术，在治疗卵巢早衰方面已有成功的个案报道，但其安全性和有效性还有待改进。另外，多项研究表明，成体干细胞尤其是间充质干细胞在治疗卵巢功能减退和子宫内膜功能异常具有重要作用。间充质干细胞的免疫原性较低且容易获得，易于体外培养扩增，是治疗生殖衰老的首选潜在生物材料。但其抗氧化、抗炎以及免疫调节的分子机制尚不确切，有待进一步的机制探讨和临床验证。同时，薄性内膜或子宫内膜异常衰老是妊娠失败的重要病因，子宫内膜干细胞/前体细胞的筛选、鉴定和应用仍待进一步深入研究。此外，男性生精功能障碍是不孕不育治疗的难点，而干细胞治疗生精功能障碍有较好的应用前景，但目前仍处于基础研究阶段，亟待突破技术瓶颈，提高其成功率、有效性和安全性。

9. 线粒体移植技术

线粒体是细胞能量代谢的场所，其 DNA 突变会造成线粒体遗传病，线粒体移植是解决此类疾病的潜在技术之一。目前，国际上仅有一例利用该技术出生胎儿的报道，但是由于线粒体本身具有自主复制的功能，线粒体移植技术会引入第三方的遗传物质，因此其安全性仍未有明确结论，目前各国仍然对该技术持谨慎态度。未来，中国应在现有技术的基础上，进一步发展更加安全可靠的线粒体移植技术，建立起一整套完善的线粒体移植技术体系和辅助的检测手段，采用新型线粒体置换方法和技术手段，彻底阻断线粒体遗传病向子代的传递，并加强该技术的伦理审查规定，制定相应的适应证等临床规范，为后续该技术的临床应用提供可靠依据。

10. 干细胞联合基因编辑技术治疗遗传疾病

目前，全球已发现单基因遗传病 7000 余种，绝大部分遗传病缺乏有效的治疗药物和方法。欧美多个国家已经或即将利用基因编辑技术开展成人体细胞基因治疗临床研究，中国多家研究单位也已开展基因编辑治疗遗传病的相关研究，但仍处于起步阶段，该技术有效性及远期安全性有待进一步评估。因此，突破基因编辑技术脱靶风险、干细胞高效安全定向分化等技术瓶颈，开展干细胞联合基因编辑技术治疗遗传疾病的研究与应用，将为严重遗传病患者带来治愈或缓解病痛的希望。同时，加深对基因、染色体功能的了解，促进对新发致病突变的早期发现并开发针对性的治疗方法。

11. 建立人类配子发生障碍大动物模型及治疗关键技术

配子发生障碍是导致人类不孕不育的主要原因，其中多囊卵巢综合征、卵巢早衰、无精子症和少精子症在育龄人群中均有较高的发病率，并呈逐年上升趋势。既往配子发生障碍动物模型多以小鼠或大鼠研制，但啮齿类与人类差别较大，个别配子发生关键基因是灵长类所特有的。近年来，国内外学者尝试以猪和猴等大动物为模式动物，通过遗传修饰建立代谢生理及发病机制与人类更为接近的大动物模型，研究发病机制，发现治疗新靶点，并在此基础上采用经过遗传修正的胚胎干细胞、间充质干细胞或精原干细胞对相应的疾病大动物模型进行干细胞移植，探索基于基因治疗（分子靶向治疗）和干细胞移植的新型、有效的配子发生障碍治疗方案。

12. 治疗重大出生缺陷的新型生物材料研发及应用

目前，国内最高发的 4 种组织器官缺损型出生缺陷是唇腭裂、神经管缺陷、先天性心脏病和尿道下裂。在既往研究的基础上，进一步研发组织相容性好、可降解、适宜于儿童生长发育需求的、安全有效的出生缺陷修复产品及制备核心技术，以包括临床影像学、生理学、动力学及功能形态学等多种检测数据在内的临床数据库为基础，建立能满足儿童生长发育动态变化需求的修复产品及其临床应用评估体系，重点解决现有医学影像数据与组织器官形态之间的关联关系，开发合理评估患儿中长期对修复技术及材料需求的算法，提高术前评估的准确性和精度，全面、系统地评估修复产品的中远期修复效果，并积极推动其临床应用。

13. 新型避孕节育药具研发

研发安全长效避孕药物和非激素类男性避孕药物，以及针对青少年、妇科疾病患者等特殊人群的新型避孕药及器具。例如，具备双重功能（杀菌/病毒、避孕）、可逆的避孕产品，以及长效的、具有其他健康益处的避孕节育新产品。

18.4 技术路线图

18.4.1 发展目标与需求

建立全链条生育力动态评估体系，指导人群在适宜年龄生育并选择适宜的生育调控措施，自主研发辅助生殖的新技术新产品，提高生殖障碍疾病诊疗水平；建立精准、有效的孕前/产前诊断和宫内干预治疗体系和风险防控体系，实现全国主要地区婚前/孕前检查、胚胎植入前/产前筛查及诊断、新生儿筛查及诊治，降低出生缺陷发生率和致残率；建立生殖健康医疗大数据平台，结合人工智能技术，全面提升疾病预防、预警、管理和综合诊治水平，降低孕产妇和新生儿的死亡率。

18.4.2 重点任务

1. 深入解析生育力建立和维持的分子基础

1）意义与必要性

配子（精子和卵）发生、成熟、受精、胚胎早期发育和胚胎着床过程由一系列有序发生的事件组成，并且受严格的遗传、表观遗传、基因表达调控，其中任何关键事件和调控环节出现异常，都会导致配子无法形成或配子质量低下、胚胎发育异常或停育，继而引发不孕不育、自发流产和出生缺陷等。因此，深入研究哺乳动物特别是人类生殖细胞发生、成熟，以及胚胎发育、着床、胎盘功能等方面的调控规律，阐明其关键分子机制，是生殖领域中最重要的研究方向之一，也是人类种族存续、健康维持和社会可持续发展的重大基础科学问题。

2）研究重点

从整体、细胞、亚细胞直至分子水平，明确生育力建立和维持的核心事件以及关键调控因子，阐释其功能及作用机制；建立高效的胚胎细胞发育轨迹示踪技术，揭示胚胎细胞向配子分化、组织器官发育调控机制，提出新的理论，解析疾病与生殖细胞发生缺陷的相关机制；精准确立遗传、代谢、表观遗传和环境因素在配子与胚胎发育过程中的作用，揭示人类个体早期发育和宫内关键影响妊娠结局的关键分子事件；建立人类减数分裂研究模型及胚胎着床模型，实现人类干细胞和体细胞体外、高效的减数分裂，获得人类生殖干细胞和体细胞来源的高质量功能配子，并在体外获得胚胎、完成其早期发育，进而深入开展植入后胚胎发育调控的相关研究。

2. 生殖障碍疾病研究与生育力保护保存

1）意义与必要性

近年来，人类生育力面临前所未有的挑战，不孕不育发生率逐年上升。此外，随着中国人口老龄化和生育力下降问题的凸显，高龄生育比例增加；随着癌症年轻化和治疗存活率的提高，年轻肿瘤患者的生育力保护保存需求增加，然而放化疗易导致生殖器官早衰，降低生育力。因此，开展基于大样本、高质量队列的生殖障碍疾病病因及发病机制研究是有效改善生育力低下、提高人口质量的重要途径，保护保存育龄期人群的生育力是保障中国人口健康、社会可持续发展的前提条件。

2）研究重点

有效整合及完善已有的出生人口队列、临床专病队列，进一步形成大样本、高质量生殖队列研究平台，实现队列的长期高质量随访；整合多渠道暴露与结局数据，从多维度明确环境等因素对子代健康和出生缺陷的影响；统筹多组学研究，明确更多的参与发病的基因、分子和表观遗传修饰，揭示生殖障碍、不良妊娠结局的发生机制，为疾病的早期预防和诊治提供靶点；形成有效改善生殖障碍的人群干预措施和临床实践指南；发现生育力改变的关键调节因素，阐明生育力保护保存的调节机制，并在此基础上改进或研发新的生育力保护保存技术。

3. 高危妊娠与胎源性疾病研究

1）意义与必要性

重大的妊娠相关疾病主要包括早产（发病率为 5%～15%）、子痫前期（发病率为 7%～10%）、妊娠糖尿病（发病率为 15%）、胎儿生长受限（发病率为 3%）以及自发流产（发病率为 15%）等。近年来，中国高危妊娠与剖宫产率居高不下，二胎政策实施后高龄妊娠增加，使与高危妊娠相关的凶险性分娩和产后大出血等临床问题愈发凸显。虽然针对妊娠疾病的研究较多，但是缺乏基于大数据的临床亚型的深入分析，缺乏对相关疾病的异质性和复杂性的认识，严重影响了发病机制研究、疾病预警预测工作和干预策略的制定。此外，大量证据表明，胎儿和生命早期的负性暴露不仅影响子代健康，也与成人期疾病的发生发展密切关联。负性暴露包括孕产期疾病、药物、行为、营养及其他环境暴露，亟待了解胎源性疾病发生情况、阐明发病机制，为防控策略提供科技支撑。

2）研究重点

针对重大妊娠疾病和胎源性疾病，开展深入的流行病学分析，明确临床亚型和预警因素，多组学分析揭示疾病亚型的精确分子标记；发展疾病亚型特异性的靶向预测和干预策略，实现重大妊娠疾病的精准治疗；探索配子表观遗传修饰变化和宫内环境对后代健康的影响；建立合适的动物模型，探索胎源性疾病发病的主要机制和关键信号通路，确定胎源性疾病发生的级联“开关”，研发相应靶向治疗药物。

4. 出生缺陷防治研究

1）意义与必要性

出生缺陷是全球和中国新生儿死亡和致残的主要原因之一，出生缺陷防治是保障和促进中国儿童健康的优先策略之一。亟待聚焦高发、严重、社会关注度高的出生缺陷，开展高质量的基础研究、流行病学研究、临床试验、循证医学研究和多学科交叉转化研究，创新、验证针对出生缺陷的临床诊疗新技术和新方法，开发和推广适合基层的出生缺陷筛查与防控适宜技术。

2）研究重点

完善国家出生人口队列，揭示重大出生缺陷发生机制以及危险因素对儿童短期和长期影响；研发无创、精准、高效的孕前/产前筛查诊断技术、宫内治疗技术、出生后早期诊断和治疗方案；制定符合中国国情的统一的诊疗流程，规范产前和胚胎植入前遗传学诊断技术的应用；完善相关法律法规和伦理制度。

5. 生殖医学自主知识产权产品研发与安全性、有效性评价

1）意义与必要性

经过30多年的发展，中国生殖医学临床技术水平已位居国际前列，但是相应的产业发展主要集中在中下游，即技术开发和临床应用阶段。相关中上游产品很大程度上依靠国外进口，包括辅助生殖促排卵治疗药物、培养液、冷冻保存剂等产品，以及相关手术器械等器具耗材和专用设备，这使得中国的生殖医学产业链存在脱节问题。目前，辅助生殖治疗费用较高，使用进口医疗设备、耗材和培养液等显著增加成本。因此，加速推动具有自主知识产权的生殖医学相关产品开发，保障相关技术有效性和安全性，降低生殖疾病患者治疗负担，建立适合中国国情的生殖医学产业群，势在必行。

2）研究重点

多学科交叉，科研机构、高等院校、医院等研究主体深度合作，自主研发生殖医学设备、耗材、培养液和药品，建立科研成果转化基金，引入市场机制，将辅助生殖产品研发成果与市场结合，最大限度地发挥高科技成果的利用率；紧密结合中国生殖临床需求和技术特点，探索将国外先进技术吸收改进形成国产化的新设备的途径，将国产化成果积极转化；在辅助生殖新产品研发上，实现对海外先进技术的“弯道超车”：重点方向包括无创快速配子胚胎发育监测技术、优质配子和胚胎筛选系统、新型无毒绿色生育力低温保护剂和载体等。

6. 生殖医学领域的人工智能平台建设

1）意义和必要性

人类正面临着以人工智能技术为主导的第四次工业革命。2017年，中国将人工智能写入政府工作报告；同年，国务院首次发布以人工智能为核心的《新一代人工智能发展规划》。该规划指出，到2030年，中国人工智能理论、技术与应用总体上要达到世界领先水平。随着经济社会的快速发展，人民的健康需求与实际医疗水平的矛盾也日益突出，包括医疗资源相对匮乏、医疗成本高昂、医生培养周期长、主观因素导致的漏诊、误诊制约因素等，而人工智能平台或许能有效解决上述问题。

2）研究重点

完善国家级生殖资源库和数据库，结合人工智能、机器学习等先进信息技术，实现生殖疾病、遗传病智能化辅助诊疗，高危妊娠预警、管理，胎心监护和胎儿畸形的人工智能判别等，最终形成符合中国国情的生殖健康和优生优育临床方案。

18.4.3 技术路线图的绘制

面向2035年的中国生殖健康维护与生殖医学发展技术路线图如图18-10所示。

时间	2025年	2030年	2035年
需求	建立生育力评估体系，指导人群选择适宜生育年龄和生育调控措施，自主研发辅助生殖新技术新产品		
	实现全国主要地区婚前/孕前检查、胚胎植入前/产前筛查及诊断、新生儿筛查及诊治		
	建立生殖健康大数据平台，结合人工智能技术，实现疾病预防、预警、管理和综合诊治水平		
目标	提高生殖障碍疾病诊疗水平、降低孕产妇和新生儿死亡率、降低出生缺陷发生率和致残率		
关键技术	植入前精准筛查及检测技术；出生缺陷监测及诊治技术；母婴安全保障体系技术；生殖细胞体外重构技术；配子发生障碍大动物模型；治疗出生缺陷的新型材料		
	生育力保存仿生技术体系；生殖衰老全周期调节技术；线粒体移植技术；干细胞联合基因编辑技术；生殖类器官构建技术；婚前孕前生育力评估技术；新型避孕节育药具		
重点任务：深入解析生育力建立和维持的分子基础	解析生殖细胞发生成熟、胚胎发育、着床、胎盘发育、妊娠维持等的核心事件以及关键调控因子		生殖细胞和早期胚胎发育调控新理论
	解析环境、遗传、代谢、表观遗传因素在配子胚胎发育中的作用		发现新的诊断和治疗靶点
	建立人类减数分裂研究模型及胚胎着床模型	攻克人类生殖细胞体外重构技术	完成体外重构胚胎早期发育
重点任务：生殖障碍疾病研究与生育力保护保存	整合覆盖育龄人群和出生人口的大型队列及数据资源、实现疾病的早期预警及干预		
	研制配子发生障碍大动物模型	明确生殖障碍、不良妊娠结局的发生机制	建立有效改善生殖障碍的临床实践指南
	开发胚胎植入前精准筛查及检测技术		
	研究生育力改变的关键调节因素	研发生育力评估、保持、逆转技术	

图 18-10　面向 2035 年的中国生殖健康维护与生殖医学发展技术路线图

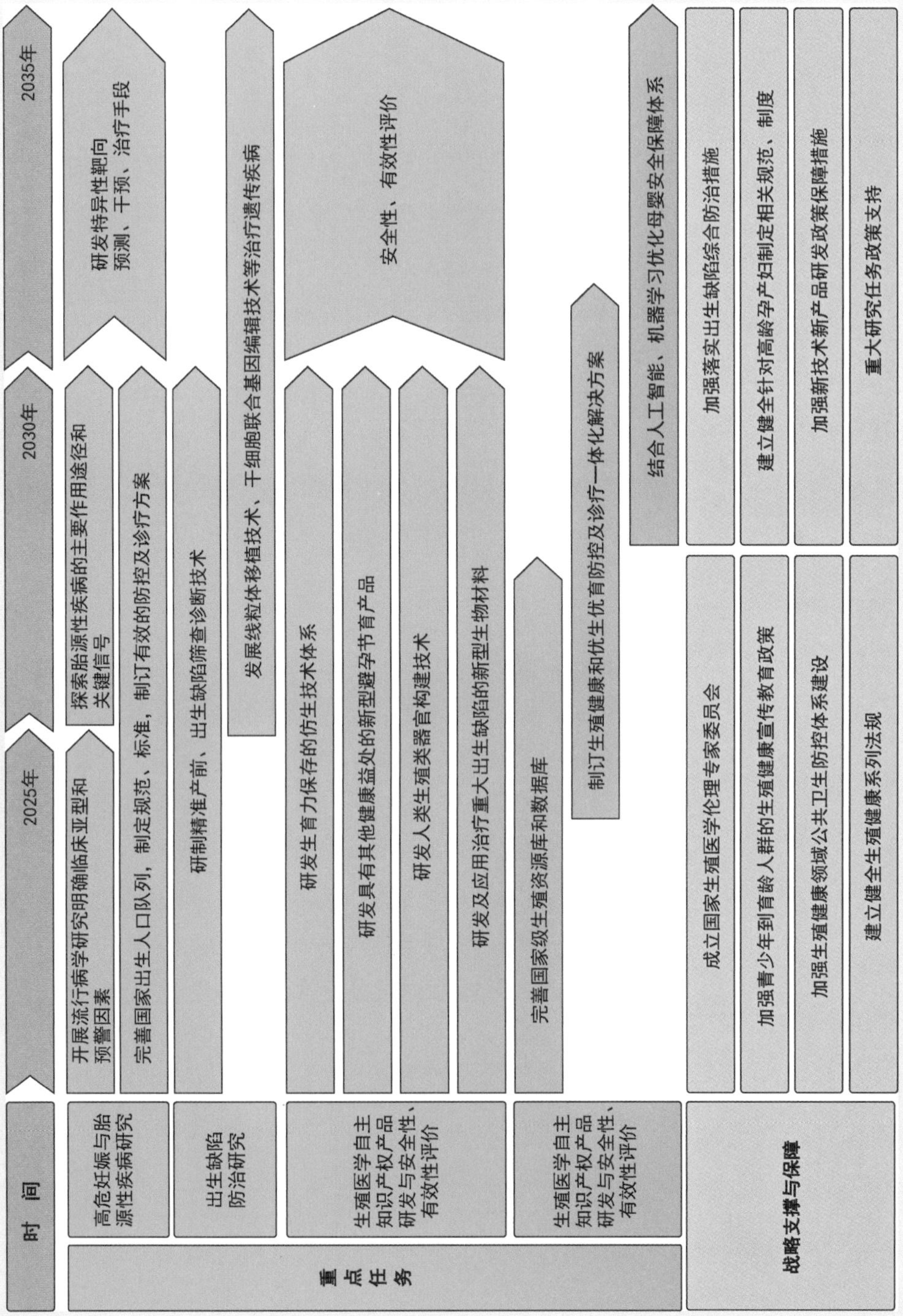

时间		2025年	2030年	2035年
重点任务	高危妊娠与胎源性疾病研究	开展流行病学研究明确临床亚型和预警因素	探索胎源性疾病的主要作用途径和关键信号	研发特异性靶向预测、干预、治疗手段
		完善国家出生人口队列，制定规范、标准，制订有效的防控及诊疗方案		
	出生缺陷防治研究	研制精准产前、出生缺陷筛查诊断技术		
			发展线粒体移植技术、干细胞联合基因编辑技术等治疗遗传疾病	
	生殖医学自主知识产权产品研发与安全性、有效性评价	研发生育力保存的仿生技术体系		安全性、有效性评价
		研发具有其他健康益处的新型避孕节育产品		
		研发人类生殖类器官构建技术		
		研发及应用治疗重大出生缺陷的新型生物材料		
	生殖医学自主知识产权产品研发与安全性、有效性评价	完善国家级生殖资源库和数据库		
		制订生殖健康和优生优育防控及诊疗一体化解决方案		
			结合人工智能、机器学习优化母婴安全保障体系	
战略支撑与保障		成立国家生殖医学伦理专家委员会	加强落实出生缺陷综合防治措施	
		加强青少年到育龄人群的生殖健康宣传教育政策	建立健全针对高龄孕产妇制定相关规范、制度	
		加强生殖健康领域公共卫生防控体系建设	加强新技术新产品研发政策保障措施	
		建立健全生殖健康系列法规	重大研究任务政策支持	

图 18-10　面向 2035 年的中国生殖健康维护与生殖医学发展技术路线图（续）

18.5 战略支撑与保障

（1）成立国家生殖医学伦理专家委员会，加强伦理监督审核。构建科学的生殖伦理规范和监管体系，对国家生殖疾病和出生缺陷防控领域中的相关伦理敏感问题提供政策指导和管理咨询。

（2）多部门联动加强从青少年到育龄人群的生殖健康宣传教育，促进生育力低下的一级预防。保障青少年的性与生殖健康，生育力保护关口前移，从源头预防育龄人群生育力下降。政府相关部门和社会各界协作建立健全从青春期至育龄期的生殖健康教育体系，加强科普宣教，同时提高青少年生殖健康保健的可及性。制定政策加强适龄生育、婚前检查、孕前保健的宣传力度，帮助群众树立健康的婚育观，提高婚检率，降低出生缺陷，减少不孕不育概率。针对育龄人群，提倡适龄婚育，落实鼓励生育的相关政策与保障措施，激励生育意愿、保障妇幼健康。

（3）加强生殖健康维护与生殖医学领域公共卫生防控体系建设。开展生育力低下筛查、建立监测系统，提出预防生殖障碍及不良妊娠结局的公共卫生政策。推动辅助生殖治疗的部分费用纳入医保报销范围，消除不孕不育夫妇无法进行诊疗的经济屏障。此外，近年来，由新发现的新种或新型病原微生物引起的新发重大传染病已成为全球卫生领域的重大威胁之一，这些新种或新型病原微生物以及因疫情防控或疾病治疗而导致的生殖健康风险尚不明确。因此，有必要建立针对新发重大传染病的生殖健康相关公共卫生保障措施。

（4）建立和健全生殖健康系列法规。修订旧的辅助生殖技术管理办法及规范，建立适合国情的行业规范或法规；建立中国人类辅助生殖技术质量控制和管理规范平台，完善行业标准，加强与规范辅助生殖领域专业人员的技术培训和考核标准；构建科学规范的生育力保护保存监管体系、技术准入及实施标准（如冻卵等）、生育力保护保存指南和规范等；建立健全辅助生殖技术的法律法规，严厉打击以商业盈利为目的的违规行为，包括非法运行卵子库、非法买卖配子等。

（5）加强落实出生缺陷综合防治措施。建立由政府主导、部门协作、社会参与的出生缺陷防治工作机制，进一步完善出生缺陷防治三级网络。

① 建立和推广针对育龄期夫妇的严重遗传病携带者筛查工作。

② 构建和完善由多种技术共同组成的胎儿染色体异常产前筛查技术网络。

③ 积极构建基于细胞和分子遗传学技术的产前遗传病综合诊断体系。

④ 通过高通量测序技术和现有技术的融合，积极推进中国常见遗传病、代谢病的筛查和诊断工作。

⑤ 建立出生缺陷患儿康复体系，对智障、代谢病、耳聋病等患儿进行综合康复维护。

（6）针对高龄孕/产妇制定相关规范、制度。在当前新生育形势下，针对高龄孕/产妇建立中国临床数据系统，制定适宜的妊娠并发症诊治管理规范。完善高龄产妇基本公共服务，建议对高龄产妇给予适当的政策倾斜，包括产假、生育津贴、哺乳假等。针对高龄妇女助孕，建议设置最高年龄限制，同时增加多学科会诊，评估高危妊娠风险、明确是否适宜再生育与助孕策略。此外，建议建立“高龄产妇无过错医疗意外保险”，对因意外或不可抗力导致的不良妊娠结局事件，依据无过错责任原则给予适当的救济帮扶。

（7）加强新技术和新产品研发政策保障措施。布局生殖健康交叉学科的建设，包括生殖免疫、环境与生殖、生殖与代谢、生殖肿瘤学、生殖低温生物学等交叉学科的融合发展，促进技术突破与创新。针对生育力保护保存及逆转生育力衰减相关新技术、辅助生殖相关新产品，完善政策保障措施，改革临床试验管理，加快上市审评审批进度，促进药品创新，加强药品、试剂、医疗器械全生命周期管理，加快科技成果转化，加强组织实施新技术和新产品的示范推广应用。

（8）重大研究任务政策支持。统筹育龄人群和出生人口队列，形成标准统一、共享的国家级生殖健康与出生缺陷的数据库和资源库平台，对于全国不同省市的资源数据进行整合和规范化管理。大型人群队列、国家级数据库和资源库、人工智能平台的建设不同于常规研究项目，不仅实施周期长，而且对研究团队的规模和水平都有较高要求，需给予稳定的经费和人力支持。

小结

当前，中国人口形势和生育形势严峻，生殖健康维护与生殖医学领域面临以下挑战：

（1）公共卫生防控体系建设滞后，尚未形成从儿童期—青春期—育龄期—孕产期到子代覆盖全生命周期的生殖健康促进和保健服务体系。

（2）在基础研究层面，尽管中国科学家在生殖细胞与早期胚胎发育、出生缺陷遗传学诊断等部分领域取得了突破性进展，但还需要“以点带面”促进本领域基础研究全面、可持续性发展。

（3）生殖医学成果存在临床转化率低、周期长等诸多不足，亟待补齐健全科研转化基金、完善科技成果转化机制等短板。

因此，面向 2035 年的中国生殖健康维护与生殖医学发展的战略布局应侧重生殖健康保健关口前移，加强全生命周期生殖健康宣教和预防保健服务；结合前沿生物技术，多维度解析生育力建立和维持的分子基础，明确造成不良生育结局的致病因素和发病机制；自主研发生育力保护保存、逆转生育力衰减、出生缺陷防治、高危妊娠预警管理等方面的新技术、新产品、新模式；整合大型人群队列、完善国家级生殖资源库和数据库，结合大数据及人工智能平台，实现生殖健康现况监测、生殖疾病和遗传病的智能化辅助诊疗、高危妊娠管理、辅助生殖技术质控等；降低孕/产妇和围产儿死亡率，提高辅助生殖成功率，降低出生缺陷发生率，实现“提高生殖健康水平，改善出生人口素质”的战略目标。

第 18 章编写组成员名单

组　长：乔　杰

成　员：程　京　马　丁　黄荷凤　陈子江　沙家豪　孙青原　史庆华
刘嘉茵　曹云霞　王树玉　梁晓燕　王海滨　王红梅　王雁玲
漆洪波　熊承良　孙　斐　胡志斌　朱　军　邬玲仟　刘建蒙
李　蓉　赵扬玉　姜　辉　刘　平　闫丽盈　严　杰　孔　菲

执笔人：赵　越　王媛媛　李　钦　齐新宇　郑丹妮

参 考 文 献

第1章

[1] 王崑声，周晓纪，龚旭，等. 中国工程科技2035技术预见研究[J]. 中国工程科学，2017，19(1)：34-42.

[2] “中国工程科技2035发展战略研究”项目组. 中国工程科技2035发展战略综合报告[M]. 北京：科学出版社，2019.

[3] 新华网：《习近平：实施国家大数据战略加快建设数字中国》，2017年12月9日，见 http://www.xinhuanet.com/2017-12/09/c_1122084706.htm

[4] 中国工程科技2035发展战略研究项目组等.中国工程科技2035发展战略研究——技术路线图卷（一）[M]. 北京：电子工业出版社，2020.

[5] CLIVE K, ROBERT P. Technology roadmapping: Industrial roots, forgotten history and unknown origins[J]. Technological Forecasting & Social Change, 2020: 155.

[6] 李福林. 基于案例比较的技术路线图研究[D]. 杭州：浙江大学，2011.

[7] Institute for Manufacturing in University of Cambridge.Fast-start Roadmapping[EB/OL]. [2020-07-15]. https://www.ifm.eng.cam.ac.uk/ifmecs/business-tools/roadmapping/fast-start-roadmapping/

[8] 工程科技战略咨询研究智能支持系统项目组等. 中国工程科技2035发展战略研究——技术路线图卷（二）[M]. 北京：电子工业出版社，2020.

[9] Semiconductor Industry Association. International Technology Roadmap for Semiconductors Examines Next 15 Years of Chip Innovation[EB/OL]. (2016-7-8)[2020-8-3]. https://www.semiconductors.org/international-technology-roadmap-for-semiconductors-examines-next-15-years-of-chip-innovation/

[10] International Roadmap Committee. 2001 International Technology Roadmap For Semiconductors [R]. https://www.semiconductors.org/resources/2001-international-technology-roadmap-for-semiconductors-itrs/.

[11] International Roadmap Committee. 2015 International Technology Roadmap For Semiconductors [R]. https://www.semiconductors.org/resources/2015-international-technology-roadmap-for-semiconductors-itrs/.

[12] 孟海华. 日韩国家技术路线图的发展及其对我国的启示[A]. 中国科学技术发展战略研究院，中国科学院科技政策与管理科学研究所，中国科学学与科技政策研究会技术预见专业委员会.第五届全国技术预见学术交流会暨全国技术预见与科技规划理论与实践研讨会会议论文集[C].中国科学技术发展战略研究院，中国科学院科技政策与管理科学研究所，中国科学学与科技政策研究会技术预见专业委员会:天津市科学学研究所，2009:4.

[13] 加藤二子. 技術戦略マップ 1）国の事業としてのロードマップ作り[J]. JOHO KANRI, 2011, 54(1): 42-45.

[14] 张凤. 科技路线图研究的方法与实例[C]. 科学与现代化，2011，3：56-60.

第2章

[1] 王田苗，等.全力推进我国机器人技术[J]. 机器人技术与应用，2007(2)：17-18.

[2] 陶永，王田苗，刘辉，等. 智能机器人研究现状及发展趋势的思考与建议[J]. 高技术通讯，2019, 29(2)：149-163.

[3] 张新钰. 中国智能机器人产业发展研究报告2015[M]. 北京：北京邮电大学出版社，2016：90-93.

第3章

[1] 梁芷铭，吴雪平. 欧盟共同农业政策分析[J]. 世界农业，2014，11：66-68.

[2] 刘文博. 欧盟共同农业政策改革和科技创新机制研究[J]. 北京：中国农业科学院，2016.

[3] 傅廷栋. 经济作物产业可持续发展战略研究[M]. 北京：科学出版社，2017.

[4] 平力群. 日本农业政策的转向:从社会政策到产业政策[J]. 现代日本经济，2018，2：1-12.

[5] 陈绍江. 作物育种工程化与育种学科创新探讨[J]. 2017 年中国作物学会学术年会摘要集，2017.

[6] 王亚琦，孙子淇，郑峥，等. 作物分子标记辅助选择育种的现状与展望[J]. 江苏农业科学，2018，46：6-12.

[7] CHEN Z, WANG B N. A simple allele-specific PCR assay for detecting FAD2 alleles in both A and B genomes of the cultivated peanut for high-oleate trait selection. Plant Molecular Biology Reporter, 2010, 28:542.

[8] 杨阳. 棉花耐盐材料的筛选及耐盐相关功能标记的开发[D]. 南京：南京农业大学，2015.

[9] 张天真. 作物育种学总论[M]. 北京：中国农业出版社，2003.

[10] 徐九文，李天富，韩正姝，等. 作物转基因育种技术的应用及安全性探讨[J]. 安徽农业科学，2016，44：97-100.

[11] 王艳芳，苏婉玉，曹绍玉，等. 新型基因编辑技术发展及在植物育种中的应用[J]. 西北农业学报，2018，27：617-625.

[12] 中华人民共和国农业农村部：《促进生产需求结合 加快农机农艺融合 推动经济作物高质量发展》，2019 年 12 月 10 日，见 http://www.moa.gov.cn/xw/zwdt/201912/t20191210_6333047.htm

第5章

[1] 陈其慎，张艳飞，贾德龙，等. 全球矿业发展报告 2019[R]. 中国地质调查局国际矿业研究中心，中国矿业报社，2019.

[2] 毛景文，杨宗喜，谢桂青，等. 关键矿产——国际动向与思考[J]. 矿床地质，2019，38(4)：689-698.

[3] 毛景文，袁顺达，谢桂青，等. 21 世纪以来中国关键金属矿产找矿勘查与研究新进展[J]. 矿床地质，2019，38(05)：935-969.

[4] 袁桂琴，熊盛青，孟庆敏，等. 地球物理勘查技术与应用研究[J]. 地质学报，2011，85(11)：1744-1805.

第6章

[1] 刘可为，奥利弗·弗里斯. 全球竹建筑概述——趋势和挑战[J]. 世界建筑, 2013(12):27-34.

[2] LIU K W, YANG J, KAAM R, et al. An overview of global modern bamboo construction industry: A summary report of ICBS2018 [C]. In: Xiao Y, Li Z, Liu K W. (Editors): Modern Engineered Bamboo Structures, by CRC press, Taylor & Francis Group, Sustainable Bamboo Building Materials Symposium of BARC 2018 & 3rd International Conference on Modern Bamboo Structures (3-ICBS-2018), June 25-27, 2018, Beijing, China. 2019:33-50.

[3] 刘可为，许清风，王戈，等. 中国现代竹建筑[M]. 北京：中国建筑工业出版社，2019.

[4] PHAAL R, FARRUKH C J P, PROBERT D R. Technology roadmapping-a planning framework for evolution and revolution. Technology[J]. Forecasting & Social Change, 2004 (71): 5–26.

[5] LI X, ZHOU T, XUE L, HUANG L. Roadmapping for industrial emergence and innovation gaps to catch-up: a patent-based analysis of OLED industry in China[J]. International Journal of Technology Management, 2016 (72): 105–143.

[6] WANG B, LIU Y, ZHOU Y, WEN Z. Emerging nanogenerator technology in China: A review and forecast using integrating bibliometrics, patent analysis and technology roadmapping methods[J]. Nano Energy，2018 (46): 322 - 330.

[7] 夏秋羚. 胶合竹高温下基本性能试验研究[D]. 南京：东南大学，2017.

[8] 仝运佳，肖岩，单波，等. 胶合竹结构墙体的抗火试验及分析[J]. 工业建筑，2015，45(4)：42-47.

[9] 陈玲珠，许清风，王欣. 三面受火胶合木梁耐火极限的试验研究[J]. 结构工程师，2018，34(4)：113-120.

[10] 崔贺帅，靳肖贝，杨淑敏，等. 竹质材料阻燃技术研究[J]. 世界林业研究，2016，29(4)：47-50.

[11] HONG C, LI H, XIONG Z, et al. Review of connections for engineered bamboo structures[J]. Journal of Building Engineering, 2020 (30)：101324.

[12] HITCHCOCK BECKER H. Laminated Bamboo Structures for a Changing World [C]. Proceedings of Subtropical Cities 2013, Braving A New World: Design Interventions for Changing Climates.

[13] 邵长专，熊俊锋，罗智，等. 2019 北京世园会国际竹藤组织园大跨竹结构设计[J]. 建筑结构，2019，49(17)：43-50.

[14] PHAAL R, FARRUKH C J P, MITCHELL R, PROBERT D R. Starting-up roadmapping fast. Research Technology Management, 2003(46): 52–58.

[15] DE ALCANTARA P D, MARTENS M L. Technology Roadmapping (TRM): a systematic review of the literature focusing on models[J]. Technological Forecasting & Social Change, 2019 (138): 127–138.

[16] PHAAL R, FARRUKH C J P, PROBERT D R. Technology management process assessment: a case study[J]. International Journal Operation & Production Management, 2001 (21): 1116–1132.

[17] KHALIL H P S A, BHAT I U H, JAWAID M, et al. Bamboo fibre reinforced biocomposites: A review[J]. Materials and Design, 2012 (42): 353–368.

[18] LILIEFNA L D, NUGROHO N, KARLINASARI L, et al. Development of low-tech laminated bamboo esterilla sheet made of thin-wall bamboo culm[J]. Construction and Building Materials, 2020 (242): 118181.

[19] SUN X, HE M, LI Z. Novel engineered wood and bamboo composites for structural applications: State-of-art of manufacturing technology and mechanical performance evaluation[J]. Construction and Building Materials, 2020 (249): 118751.

[20] HUANG Z, SUN Y, MUSSO F. Assessment of bamboo application in building envelope by comparison with reference timber[J]. Construction and Building Materials, 2017 (156): 844–860.

[21] SHARMA B, GATÓO A, BOCK M, et al. Engineered bamboo for structural applications[J]. Construction and Building Materials, 2015 (81):66–73.

[22] 杨瑞珍. Glubam 材料的性能研究与应用[D]. 长沙：湖南大学，2013：34-55.

第 7 章

[1] 中国工程科技 2035 发展战略研究项目组. 中国工程科技 2035 发展战略技术预见报告[M]. 北京：科学出版社，2019.

[2] 中国工程科技 2035 发展战略研究项目组. 中国工程科技 2035 发展战略航天与海洋领域报告[M]. 北京：科学出版社，2020.

[3] “十三五”海洋卫星与卫星海洋应用发展规划（2016—2020 年），国家海洋局，2017.

[4] DOUG ALSDORF, DENNIS LETTENMAIER, CHARLES VÖRÖSMARTY. The need for global, satellite-based obervations of terrestrial surface waters. EOS Trans Am Geophys Union 84(29):269-276.868 doi:10.1029/2003EO29000

[5] National Research Council (2007) Earth Science and Applications From Space: National Imperatives for the Next Decade and Beyond. National Academies Press, Washington DC.

[6] ERIC F. WOOD, JOSHUA K. ROUNDY, TARA J. TROY, et al. Hyperresolution global land surface modeling: Meeting a grand challenge for monitoring Earth’s terrestrial water. Water Resour Res 47(5).

[7] LEE-LUENG FU, DOUGLAS ALSDORF, ROSEMARY MORROW, et al.SWOT: the Surface Water and Ocean Topography Mission. JPL Publication 12-05. http://swot.jpl.nasa.gov/files/swot/SWOT_MSD_1202012.pdf.5

[8] PAUL D. BATES, JEFFEREY C. NEAL, DOUGLAS ALSDORF, et al. Observing global surface water flood dynamics. Surv Geophys 35(3):839-852.

[9] Prospectus: Ocean Research in the Coming Decade. (October 2016) https://www.nsf.gov/geo/oce/orp/orp-prospectus.pdf (accessed April 17, 2018).

[10] National Research Council. (2015) Sea Change: 2015-2025 Decadal Survey of Ocean Sciences. Washington, DC: The National Academies Press, p. 86. https://doi.org/10.17226/21655 (accessed September 29, 2018).

[11] NSTC Joint Subcommittee on Ocean Science and Technology. (2007) Charting the Course for Ocean Science in the United States for the Next Decade. An ocean research priorities plan and implementation strategy, p. 85. https://obamawhitehouse.archives.gov/sites/default/files/microsites/ostp/nstc-orppis.pdf (accessed April 17, 2018).

[12] ELAHE AKBARI, SEYED KAZEM ALAVIPANAH, MEHRDAD JEIHOUNI, et al. A review of ocean/sea subsurface water temperature studies from remote sensing and non-remote sensing methods. Water 9(12):936 https://www.mdpi.com/2073-4441/9/12/936 (accessed November 8, 2018).

[13] Interagency Arctic Research Policy Committee. (2016) Arctic Research Plan FY2017-2021. Washington D.C. p. 84. https://www.iarpccollaborations.org/plan/ (accessed April 17, 2018).

[14] The National Ocean Service. (2018) How important is our ocean economy? https://oceanservice.noaa.gov/facts/oceaneconomy.html (accessed April 15, 2018).

[15] Environmental Protection Agency. (2017) Nutrient Pollution: Harmful Algal Blooms. https://www.epa.gov/nutrientpollution/harmful-algal-blooms (accessed June 12, 2018).

[16] National Centers for Environmental Information. (2018) U.S. Billion-Dollar Weather and Climate Disasters. https://www.ncdc.noaa.gov/billions/ (accessed April 17, 2018).

[17] NOAA FY20 Blue Book.https://www.noaa.gov/sites/default/files/atoms/files/FY2020-BlueBook.pdf

第8章

[1] 傅志寰. 推动高质量发展 推动一体化发展 推动创新发展——贯彻落实《交通强国建设纲要》[J]. 中国水运，2019(12)：1.

[2] 朱世东，周红. 国内外智能轨道交通发展态势及前沿技术动向研究[J]. 机械制造，2017，55(10)：1-4.

[3] 林鸿，王林美，魏艳萍. 关于欧盟 Shift2Rail 计划的研究[J]. 国外铁道车辆，2019，56(1)：11-16.

[4] 曹庆锋，常文军. 日本轨道交通发展历程及经验启示[J]. 交通运输研究，2019，5(3)：10-17.

[5] 付美榕. 美国铁路业的兴衰及其影响因素[J]. 美国研究，2018，32(1)：127-142+7.

[6] 李磊. 中国轨道交通装备行业智能制造发展方向研究与探索[J]. 科技创新导报，2019，16(8)：77-78.

[7] 刘可安，李诚瞻，李彦涌，等. SiC 器件技术特点及其在轨道交通中的应用[J]. 大功率变流技术，2016(5)：2-2.

[8] 赵炫，蒋栋，刘自程，等. SiC 功率器件在轨道交通行业中的应用[J]. 机车电传动，2020(1)：38-44.

[9] 丁荣军，刘国友. 轨道交通用高压 IGBT 技术特点及其发展趋势[J]. 机车电传动，2014(1)：1-6.

[10] 刘国友，罗海辉，李群锋，等. 轨道交通用 750A/6500V 高功率密度 IGBT 模块[J]. 机车电传动，2016(6)：21-26.

[11] 王愈轩. 压接式 IGBT 封装技术研究[D]. 北京：华北电力大学，2017.

[12] 井云鹏，范基胤，王亚男，等. 智能传感器的应用与发展趋势展望[J]. 黑龙江科技信息，2013(21)：111-112.

[13] 黄明. 有轨电车用动力电池热管理系统设计[D]. 重庆：西南交通大学，2017.

[14] 文艳晖，杨鑫，龙志强，等. 非接触供电技术及其在轨道交通上的应用[J]. 机车电传动，2016(6)：14-20.

[15] 丁荣军，张志学，李红波. 轨道交通能源互联网的思考[J]. 机车电传动，2016(1)：1-5.

[16] 徐飞，罗世辉，邓自刚. 磁悬浮轨道交通关键技术及全速度域应用研究[J]. 铁道学报，2019，41(3)：40-49.

[17] 单勇，谭艳. 复合材料在轨道交通领域的应用[J]. 电力机车与城轨车辆，2011，34(2)：9-12.

[18] 贺冠强，刘永江，李华，等. 轨道交通装备碳纤维复合材料的应用[J]. 机车电传动，2017(2)：5-8.

[19] 李绿山，张博利. 稀土永磁电机应用现状与发展[J]. 机电产品开发与创新，2013，26(3)：30-31.

[20] 章潇慧. 先进复合材料轨道交通车辆轻量化发展与思考[J]. 新材料产业，2019(1)：51-58.

[21] 程祖国，俞路漫，周芸芸，等. 城市轨道交通设施设备若干寿命称谓辨析[C]. 中国城市科学研究会数字城市专业委员会轨道交通学组，中铁电气化局集团有限公司，中城科数智慧城市规划设计研究中心. 智慧城市与轨道交通，2019：9-12.

[22] 王之龙. 城市轨道交通噪声控制技术研究[J]. 环境与发展，2018，30(9)：87-90.

[23] 王冬海，黄柒光. 列车灵活编组在城市轨道交通全自动运行线路中的应用[J]. 城市轨道交通研究，2019，22(S2)：102-105.

[24] 刘莉蓉，李剑. 轨道交通互联互通中牵引供电关键技术探讨[J]. 建筑电气，2016，35(2)：36-39.

[25] 杨健，梁镇中，常健，等. 重载铁路 FX_D2B 型 30t 大轴重交流传动电力机车 ECP 制动技术研究与应用[J]. 铁道机车与动车，2019(11)：25-27+6.

[26] 吴昊. 电气化铁路再生制动能量回馈系统控制技术研究[D]. 重庆：西南交通大学，2017.

[27] 谭皓尹. 铰接式动车组动力学特性研究[D]. 重庆：西南交通大学，2017.

[28] 艾永军. 基于轮轨相对位移的列车脱轨监测算法研究[D]. 重庆：西南交通大学，2019.

[29] 冯江华. 轨道交通永磁电机牵引系统关键技术及发展趋势[J]. 机车电传动，2018(6)：9-17.

[30] 李莉，张瑞华，杜玉梅，等. 直线电机轨道交通牵引系统研究与试验[J]. 机车电传动，2016(6)：88-91.

[31] 秦勇，马慧，贾利民. 先进轨道交通系统发展趋势与主动安全保障技术[J]. 中国铁路，2015(12)：77-81.

[32] 吴涛. 关于建立中国轨道交通安全评估体系的思考[J]. 中国铁路，2009(1)：52-54.

[33] 陈红霞，孙强. 国内外轨道交通 RAMS 标准规范的现状与比较研究[J]. 科技创新与应用，2016(11)：26-27.

第 9 章

[1] 于汉超，刘慧晖，魏秀，等. 人工智能政策解析及建议[J]. 科技导报，2018，36(17)：75-82.

[2] 徐惠喜. 法国致力成为人工智能强国[N]. 经济日报，2018-10-24(04).

[3] 丁壮. 日本近 7 成医生认为 20 年内将迎来人工智能诊疗时代[A]. 科学与现代化，2017：2.

[4] 马菲. 韩国公布“人工智能国家战略”[N]. 人民日报，2019-12-19(16).

[5] 中华人民共和国中央人民政府：《国务院关于印发新一代人工智能发展规划的通知》（国发〔2017〕35 号），2017 年 7 月 20 日，见 http://www.gov.cn/zhengce/content/2017-07/20/content_5211996. htm

[6] 成青青. 人工智能与实体经济融合路径研究[J]. 北京经济管理职业学院学报，2018，04：3-9.

[7] 人工智能为智慧医疗插上腾飞的翅膀[N]. 徐州日报，2019-10-22(03).

[8] 成青青. 人工智能与实体经济融合路径研究[J]. 北京经济管理职业学院学报，2018，04：3-9.

[9] 高军. 医疗健康业是促进国家战略转型的重要领域——专访全国政协委员、北京同仁医院副院长徐亮[J]. 首都医药，2010，07：18-19.

[10] 赖晓敏，张俊飚，李兆亮. 中国农业专利的分布及影响因素[J]. 科技管理研究，2019(15)： 160-169.

[11] 张振刚，黄洁明，陈一华. 基于专利计量的AI技术前沿识别及趋势分析[J]. 科技管理研究，2018，38(5)：36-42.

[12] 《中国日报》上海分社：《为中国 AI 医疗出谋划策上海交大发布<人工智能医疗白皮书>》，2019 年 1 月 9 日，见 https://baijiahao.baidu.com/s?id=1622163417261698116&wfr=spider&for=p

[13] 成青青. 人工智能与实体经济融合路径研究[J]. 北京经济管理职业学院学报，2018，04：3-9.

[14] 李璐. 信息资源产业与文化产业融合的实证分析——基于中国上市公司 1997 年-2012 年数据[J]. 情报科学，2016，03：122-126.

[15] 融合医疗科技推动成长共赢——2007ARBOR 嵌入式技术论坛诠释“数字企业、数字生活”[J]. 中国医疗器械信息，2007，07：82-83.

[16] 陈梁华，刘宇平，幸雯靖. 基于移动互联网的医患远程管理系统建设[J]. 中国医疗设备，2020，01：89-91+110.

[17] 刘炜，李润知，林予松. 智慧医疗交叉学科研究生培养模式研究[J]. 河南教育(高教)，2019，03：103-105.

[18] 刘媛，刘国祥. 临床医生职业倦怠现状及相关因素研究[J]. 第三军医大学学报，2020，03：288-293.

[19] 尹梓名，郑建立. 医学信息工程专业发展及课程设置探讨[J]. 教育教学论坛，2017，26：214-215.

[20] 滕树凝. 对医学信息学人才培养的思考[J]. 卫生职业教育，2012，10：11-13.

[21] 孟雪，陈月明，钟亚鼎，等. 医科院校工程类专业医学数据处理课程体系建设探讨[J]. 科教文汇(下旬刊)，2018，10：75-77.

[22] 高汉松，肖凌，许德玮，等. 基于云计算的医疗大数据挖掘平台[J]. 医学信息学杂志，2013，05：7-12.

[23] 潘若琳，郑秋莹. 人工智能在健康产业应用中的伦理问题分析[J]. 中国医学伦理学，2019，12：1541-1546.

[24] 谢洪明，陈亮，杨英楠. 如何认识人工智能的伦理冲突?——研究回顾与展望[J]. 外国经济与管理，2019，10：109-124.

[25] 蒋昆，冯娟，田玉兔，等. 医院信息化中医疗数据平台的现实应用探讨[J]. 现代生物医学进展，2012，19：3728-3730.

[26] 郑小燕，于明雪，崇雨田，等. 医院后勤保障系统应对公共卫生事件的思考及策略[J]. 中国医院管理，2020，40(3)：1-6.

[27] 汪红志，赵地，杨丽琴，等. 基于 AI+MRI 的影像诊断的样本增广与批量标注方法[J]. 波谱学杂志，2018，04：447-456.

[28] 谷业凯. 我国人工智能论文发文量全球领先[N]. 人民日报，2019-05-26(01).

[29] 郑砚璐，黄有霖. 互联网医疗的法律规制[J]. 福建医科大学学报(社会科学版)，2016，02：19-23+63.

第 10 章

[1] 何小龙. 世界军事电子发展年度报告 2016[M]. 北京：国防工业出版社，2018.

[2] 年夫顺. 现代测量技术发展及面临的挑战[J]. 测控技术，2019，38(2)：3-7.

[3] 王敏力，张倩倩，王晖，等. 超高效液相色谱-行波离子淌度串联四极杆飞行时间质谱仪高分辨质谱技术在重组人血白蛋白质量控制上的应用研究[J]. 中国药学杂志，2018，53(9)：729-738.

[4] 李坤，韩焱，王鉴，等. 国外科学仪器的资助政策及特点分析[J]. 中国科技论坛，2019(11)：172-179.

[5] 李昌厚. 现代科学仪器发展现状和趋势[J]. 分析仪器，2014(1)：119-122.

[6] 李彤. 高效液相色谱和超高效液相色谱仪器的一些最新发展[J]. 色谱，2015，33(10)：1017-1018.

[7] 易龙涛，孙天希，王锴，等. 一种基于方形多毛细管透镜的 X 射线探测系统设计[J]. 红外与激光工程，2016，45(S1)：153-158.

[8] 陶长路，张兴，韩华，等. 前沿生物医学电子显微技术的发展态势与战略分析[J]. 中国科学：生命科学，2020，50(11)：1-16.

[9] 年夫顺. 关于微波毫米波测试仪器技术的几点认识[J]. 微波学报，2013，29(Z1)：168-171.

[10] 姜万顺，邓建钦. 太赫兹测试测量技术与仪器研究进展[J]. 国外电子测量技术，2014(5)：20-23.

[11] 严洁，刘建，王云霞，等. 红外光谱仪模拟空间原位分析表征系统的研制[J]. 分析测试技术与仪器，2019，25(2): 106-110.

[12] 戴邵武，王朕，张文广，等. 网络化测试系统关键技术及发展前景[J]. 仪表技术，2015(9)：44-46+50.

[13] 孙昊. 5G通信测试技术发展分析[J]. 国外电子测量技术，2019，38(7)：17-21.

[14] 吴德伟，李响，杨春燕，等. 基于超导约瑟夫森结的双路径量子纠缠微波信号研究进展[J]. 量子电子学报，2017，34(1)：1-8.

[15] 吴青林，刘云，陈巍，等. 单光子探测技术[J]. 物理学进展，2010，30(3)：296-306.

[16] 李涛，张斌，赵冬娥，等. 高速密集数据采集与传输技术研究[J]. 国外电子测量技术，2018，37(3)：103-107.

[17] 张萍，彭西甜，冯钰锜. 食品中黄曲霉毒素检测的样品前处理技术研究进展[J]. 分析科学学报，2018，34(2)：274-280.

[18] JIAN L Z, ZE L J, QIONG W Y, et al. Introduction to theories of several super-resolution fluorescence microscopy methods and recent advance in the field[J]. Progress in Biochemistry & Biophysics, 2009, 36(12): 1626-1634.

[19] FA NG N, LEE H, CHENG S, et al. Sub-diffraction-limited optical imaging with a silver superlens[J]. Science, 2005, 308(5721): 534-537.

[20] HUI G, PU M, XIONG L, et al. Super-resolution imaging with a Bessel lens realized by a geometric metasurface[J]. Optics Express, 2017, 25(12): 13933-13943.

[21] LUO X, ISHIHARA T. Surface plasmon resonant interference nanolithography technique[J]. Applied Physics Letters, 2004, 84(23): 4780-4782.

[22] HOJMAN E, CHAIGNE T, SOLOMON O, et al. Photoacoustic imaging beyond the acoustic diffraction-limit with dynamic speckle illumination and sparse joint support recovery[J]. Optics Ex-press, 2017, 25(5): 4875-4886.

[23] CHAIGNE T, GATEAU J, ALLAIN M, et al. Super-resolution photoacoustic fluctuation imaging with multiple speckle illumination[J]. Optica, 2016, 3(1): 54-57.

[24] DERTINGER T, COLYER R, IYER G, et al. Fast, background-free,3D super-resolution optical fluctuation imaging(SOFI)[J]. Proceedings of the National Academy of Sciences of the United States of America, 2009, 106(52): 22287-22292.

[25] DRESCHER M, HENTSCHEL M, KIENBERGER R, et al. X-ray pulses approaching the attosecond frontier[J]. Science, 2001, 291(5510): 1923-1927.

[26] DHILLON S S, VITIELLO M S, LINFIELD E H, et al. The 2017 terahertz science and technology roadmap[J]. Journal of Physics D: Applied Physics, 2017, 50(4): 043001.

[27] LAM S C, COATES L J, HEMIDA M, et al. Miniature and fully portable gradient capillary liquid chromatograph[J]. Analytica Chimica Acta, 2020（1101）: 199-210.

[28] LIANG Y F, YANG C W, XU J Y, et al. Applications in energy spectrum measurement based on pulse fitting[J]. Radiation Detection Technology and Methods, 2019, 3(3): 24.

[29] WEISSHAUPT J, JUVÉ V, HOLTZ M, et al. High-brightness table-top hard X-ray source driven by sub-100-femtosecond mid-infrared pulses[J]. Nature Photonics, 2014, 8(12): 927.

第11章

[1] 黄宁博. 孙亨利. 张安旭. 微波光子滤波器在卫星通信信号处理中的应用[J]. 无线电工程. 2016.

[2] 产业信息网：《2017年中国激光行业市场分析预测》，2017年9月2日，见 https://www.chyxx.com/industry/201709/557133.html

[3] OFweek光通讯网：《市场行情分析：自由空间光通信和可见光通信》，2017年9月9日，见 https://fiber.ofweek.com/2017-09/ART-8420-2100-30165506.html

[4] 姜会林，付强，赵义武，等. 空间信息网络与激光通信发展现状及趋势[J]. 物联网学报，2019，3(2)：1-8.

[5] 陈萱，陈建光. 美国新型军事通信卫星发展与未来战场应用[J]. 中国航天，2008(7)：29-35.

[6] STOTTS L B, STADLER B, KOLODZY P. Optical RF Communications Adjunct: Coming of Age[C]//Proceedings of 2009 IEEE Avionics, Fiber-Optics and Phototonics Technology Conference. San Antonio, TX: IEEE, 2009: 74-75.

[7] STOTTS L B, PLASSON N, MARTIN T W. Progress Towards Reliable Free-Space Optical Networks[C]// Proceedings of 2011 IEEE Military Communications Conference. Baltimore, MD: IEEE, 2011: 1720-1726.

[8] HORWATH J, KNAPEK M, EPPLE B, et al. Broadband backhaul communication for stratospheric platforms: The stratospheric optical payload experiment (STROPEX)[J]. Proceedings of SPIE, 2006.

[9] GREIN M E, KERMAN A J, DAULER E A, et al. Design of a ground-based optical receiver for the lunar laser communications demonstration[C]//2011 International Conference on Space Optical Systems and Applications (ICSOS). IEEE, 2011: 78-82

[10] EDWARD B L, ISRAEL D, WILSON K. Overview of the Laser Communication Relay Demonstration Project[C]//12th International Conference on Space Operations, Stockholm, 2012: 1-11.

[11] Update on Optical Communications and Sensor Demonstration (OCSD) [EB]. https://www.nasa.gov/feature/ocsd.

[12] MOISION B，PIAZZOLLA S，HAMKINS J. Fading losses on the LCRD free-space optical link due to channel turbulence[J]. Proceedings of SPIE, 2013, 8610: 86100Z.

[13] JACKA N, WALTER R, LAUGHLIN D. Design of stabilized platforms for deep space optical communications (DSOC)[J]. proceedings of the SPIE, 2017, 96:100960P.

[14] 韩慧鹏. 国外卫星激光通信进展概况[J]. 卫星与网络，2018(8)：44-49.

[15] LAURENT B. SILEX: Overview on the European optical communications programme[J]. Acta Astronautica, 1995, 37: 417-423.

[16] SEEL, STEFAN, KAMPFNER, et al. Space to Ground bidirectional optical communication link at 5.6 Gbps and EDRS connectivity outlook[C]// Aerospace Conference. IEEE, 2011.

[17] CARRASCO-CASADO A, TAKENAKA H, KOLEV D, et al. LEO-to-ground optical communications using SOTA (Small Optical TrAnsponder)-Payload verification results and experiments on space quantum communications[J], Acta Astronautica, 2017, 139: 377-384.

[18] 王旭. 实践十三号卫星成功发射开启中国通信卫星高通量时代[J]，中国航天，2017(5)：13.

[19] 李培源，金文研，龚涌涛. WDM 网络中的动态路由波长分配[J]. 现代有线传输，2003(2)：4-7.

[16] 张鹏，阎阔，张文松. 波带交换中一种新型的多颗粒光交叉连接结构[J]. 光通信研究，2006(6)：14-16.

[17] 李勇军，赵尚弘，张冬梅，等. 空间编队卫星平台激光通信链路组网技术[J]. 光通信技术，2006(10)：47-49.

[18] 张雅琳，安岩，姜会林，等. 空间激光通信一点对多点光学原理与方法的比较研究[J]. 兵工学报，2016，37(1)：165-171.

第12章

[1] 文应来. 绿色化学工业技术在化学工程与工艺中的应用[J]. 化工设计通讯，2020，46：122-123.

[2] 郑启红. 化学工程工艺中绿色化工技术的开发与应用[J]. 化工设计通讯，2020，46：49-56.

[3] 柳浏. 基于绿色环保视角下的化工技术研究[J]. 科学技术创新，2020，24：184-185.

[4] 张锁江，张香平，王均凤，等. 绿色介质与过程工程[M]. 北京：科学出版社，2019.

[5] DAVIS M K. The rise and realization of molecular chemical engineering. AIChE Journal, 2009, 55: 1636-1640.

[6] DUDUKOVIC M P. Frontiers in reactor engineering. Science 2009, 325: 698-701.

[7] ZIMMERMAN J B, ANASTAS P T, ERYTHROPEL H C, et al. Designing for a green chemistry future. Science, 2020, 367: 397-400.

[8] 中国工程院战略咨询中心，科睿唯安. 全球工程前沿 2019[M]. 北京：高等教育出版社，2019.

[9] 朱容辉，刘树林，林军. 基于专利统计的绿色技术创新文献分析及趋势探究[J]. 科技管理研究，2018，4：260-266.

[10] 郭慕孙，李静海. 三传一反多尺度[J]. 自然科学进展：国家重点实验室通讯，2000，12：1078-1082.

[11] 李静海，郭慕孙. 过程工程量化的科学途径—多尺度法[J]，自然科学进展：国家重点实验室通讯，1999，12：1073-1078.

[12] 李静海，胡英，袁权. 探索介尺度科学：从新角度审视老问题[J]. 中国科学：化学，2014，44：277-281.

[13] 郭力，邬俊，李静海. 介尺度中的复杂性——人工智能发展中的共性挑战[J]. Engineering，2019，5：924-929.

[14] 梁坤，周军，吴雷等. 分子模拟技术在新型催化剂设计中的应用[J]. 化工新型材料，2020，2：41-44.

[15] 桓聪聪. 浅谈各学科领域中生物化学的发展与应用[J]. 现代盐化工，2019，6：149-150.

[16] 张海桐，王广炜，薛炳刚. 对分子炼油技术的认识和实践[J]. 化学工业，2016，34：16-23.

[17] 陈建峰，邹海魁，初广文，等. 超重力技术及其工业化应用[J]. 硫磷设计与粉体工程，2012，1：6-10.

[18] 邹海魁，邵磊，陈建峰. 超重力技术进展—从实验室到工业化[J]. 化工学报，2006，57：1810-1816.

[19] YANG C, LUO G S, YUAN X G, et al. Numerical simulation and experimental investigation of multiphase mass transfer process for industrial applications in China, Reviews in Chemical Engineering, 2020, 36(1): 187-214.

[20] MAO Z S, YANG C, Computational chemical engineering - Towards thorough understanding and precise application, Chinese Journal of Chemical Engineering, 2016, 24(8): 945-951.

[21] YUAN Z H, QIN W Z, ZHAO J S. Smart manufacturing for the oil refining and petrochemical industry. Engineering, 2017, 3(2): 179-182.

第 13 章

[1] HOLDREN J P. Materials genome initiative for global competitiveness[R]. Executive office of the president, National Science and Technology Council, Washington, D. C, 2011.

[2] HOLDREN J P. Report on the president on ensuring American leadership in advanced manufacturing[R]. Executive office of the president, National Science and Technology Council, Washington, D. C, 2011.

[3] HOLDREN J P. A national strategic plan for advanced manufacturing[R]. Executive office of the president, National Science and Technology Council, Washington, D. C, 2012.

[4] DOE Announces $133 Million to Accelerate Advanced Vehicle Technologies Research. JANUARY 23, 2020. https://www.energy.gov/eere/articles/doe-announces-133-million-accelerate-advanced-vehicle-technologies-research

[5] PERATHONER S, CENTI G. Science and Technology Roadmap on Catalysis for Europe[R]. ERI Caisbl, 2016

[6] 王喜文：《从德国工业 4.0 看未来智能制造业》，2016 年 5 月 13 日，见 http://www.gov.cn/zhuanti/2016-05/13/content_5072982.htm

[7] WANG J H, CHEN H, HU Z C, et al. (2015) A Review on the Pd-Based Three-Way Catalyst, Catalysis Reviews: Science and Engineering, 2015, 57: 79.

[8] JOHNSON T, JOSHI A. Review of Vehicle Engine Efficiency and Emissions, SAE Technical Paper, 2018-01-0329, 2018.

[9] JOSHI A. Review of Vehicle Engine Efficiency and Emissions, SAE Technical Paper 2019-01-0314, 2019.

[10] 崔梅生，徐旸，王琦，等.汽车尾气净化催化剂用铈锆储氧材料专利分析[J]，稀土，2018，39(6)：136.

[11] TANG C J, ZHANG H L, DONG L. Ceria-based catalysts for low-temperature selective catalytic reduction of NO with NH3 [J], Catalysis Science & Technology, 2016, 6(5):1248.

[12] 赵会民，潘美华，袁晓萍，等.薄壁蜂窝式 SCR 脱硝催化剂性能[J]，科技展望，2017，21：52.

[13] GRIFT C J G, WOLDHUIS, A F, MAASKANT O L. The Shell DENOX system for low temperature NOx removal [J], Catalysis Today, 1996, 27(1-2): 23.

[14] 于超，李长明，张喻升，等.典型陶瓷基体对催化滤芯中催化剂分散及脱硝活性的影响[J]，化工学报，2018,69(2):682.

[15] HE C, CHENG J, ZHANG X, et al. Recent Advances in the Catalytic Oxidation of Volatile Organic Compounds: A Review Based on Pollutant Sorts and Sources [J]. Chemical Reviews, 2019, 119(7):4471.

[16] HU Z, LIU X F, MENG D M, et al. Effect of Ceria Crystal Plane on the Physicochemical and Catalytic Properties of Pd/Ceria for CO and Propane Oxidation [J]. ACS Catalysis, 2016, 6: 2265.

[17] JONES J, XIONG H F, ANDREW T, et al. Thermally stable single-atom platinum-on-ceria catalysts via atom trapping [J]. Science, 2016, 353(6295): 150.

[18] DAI Q G, WU J Y, DENG W, et al. Comparative studies of Pt/CeO_2 and Ru/CeO_2 catalysts for catalytic combustion of dichloromethane: From effects of H_2O to distribution of chlorinated by-products [J]. Applied Catalysis B: Environmental, 2019, 249: 9.

[19] YANG P, XUE X M, MENG Z H, et al. Enhanced catalytic activity and stability of Ce doping on Cr supported HZSM-5 catalysts for deep oxidation of chlorinated volatile organic compounds [J]. Chemical Engineering Journal, 2013, 234: 203.

[20] HAN L P, CAI S X, GAO M, et al. Selective Catalytic Reduction of NOx with NH3 by Using Novel Catalysts: State of the Art and Future Prospects [J], Chemical Reviews, 2019, 119(19): 10916.

[21] DEVAIAH D, REDDY L H, PARK S E, et al. Ceria–zirconia mixed oxides: Synthetic methods and applications, Catalysis Reviews, 2018,60:177.

[22] DUSSELIER M, DAVIS M E. Small-Pore Zeolites: Synthesis and Catalysis. Chemical Reviews, 2018, 118(11):5265.

[23] LEEA J, THEISB J R, KYRIAKIDOU E A. Vehicle emissions trapping materials: Successes, challenges, and the path forward Applied Catalysis B: Environmental,2019, 243:397.

[24] DHAL G C, DEY S, MOHAN D, et al. Simultaneous abatement of diesel soot and NOx emissions by effective catalysts at low temperature: An overview, Catalysis Reviews,2018,60:437.

[25] KHOBRAGADE R, SINGH S K, SHUKLA P C, et al. Chemical composition of diesel particulate matter and its control, Catalysis Reviews, 2019,61:447.

[26] WANG B F, CHEN B X, SUN Y H, et al. Effects of dielectric barrier discharge plasma on the catalytic activity of Pt/CeO2 catalysts [J]. Applied Catalysis B: Environmental, 2018, 238: 328.

[27] VEERAPANDIAN S K P, GEYTER N D, GIRAUDON J M, et al. The Use of Zeolites for VOCs Abatement by Combining Non-Thermal Plasma, Adsorption, and/or Catalysis: A Review [J]. Catalysts 2019, 9(1): 98.

[28] ZHANG L, PENG Y X, ZHANG J, et al. Adsorptive and catalytic properties in the removal of volatile organic compounds over zeolite-based materials [J]. Chinese Journal of Catalysis, 2016, 37(6): 800.

第 14 章

[1] 韦四江，勾攀峰，马建宏. 深井巷道围岩应力场、应变场和温度场耦合作用研究[J]. 河南理工大学学报(自然科学版)，2005（05）：351-354.

[2] 黎明镜. 热力耦合作用下深井巷道围岩变形规律研究[D]. 合肥：安徽理工大学，2010.

[3] 何满潮. 深部的概念体系及工程评价指标[J]. 岩土力学与工程学报，2005，（16）：7.

[4] 韦四江，勾攀峰，何学科. 基于正交有限元的深井巷道三场耦合分析[J]. 黑龙江科技学院学报，2005，15（3）：171-173.

[5] 黎明镜. 热力耦合作用下深井巷道围岩变形规律研究[D]. 合肥：安徽理工大学，2010.

[6] WONG T E. Effects of temperature and pressure on failure and post-failure behavior of Westerley granite[J]. Mechanics of Materials, 1982, (1): 3-17.

[7] 许锡昌. 温度作用下三峡花岗岩力学性质及损伤特性初步研究[D]. 武汉：中国科学院武汉岩土力学研究所，1998.

[8] 许锡昌，刘泉声. 高温下花岗岩基本力学性能初步研究[J]. 岩土工程学报，2000，22（3）：332-335.

[9] 左建平，谢和平，周宏伟. 温度压力耦合作用下的岩石屈服破坏研究[J]. 岩石力学与工程学报，2005，24（16）：2917-2921.

[10] 赵洪宝，尹光志，谌伦建. 温度对砂岩损伤影响试验研究[J]. 岩石力学与工程学报，2009，28（S1）：2784-2788.

[11] 张晓敏，彭向和. 热力耦合问题的本构方程[J]. 重庆大学学报（自然科学版），2005，9（6）：111-114.

[12] 左建平，满轲，曹浩，等. 热力耦合作用下岩石流变模型的本构研究[J]. 岩石力学与工程学报，2008，27（S1）：2610-2616.

[13] 邵保平，赵阳升，万志军，等. 热力耦合作用下花岗岩流变模型的本构关系研究[J]. 岩石力学与工程学报，2009，28（5）：956-967.

[14] 韦四江，勾攀峰，马建宏. 深井巷道围岩应力场、应变场和温度场耦合作用研究[J]. 河南理工大学学报，2005，24（5）：351-354.

[15] 王永岩，曾春雷，卢灿东. 隧道围岩热力耦合的数值模拟研究[J]. 矿业研究与开发，2008，28（1）：16-18.

[16] 刘楠. 岩体热力耦合有限元模拟及其分析[J]. 咸阳师范学院学报，2009，24（4）：23-26.

[17] 黎明镜. 热力耦合作用下深井巷道围岩变形规律研究[D]. 合肥：安徽理工大学，2010.

[18] 刘锋珍，翟德元，樊克恭. 深部巷道在热应力场中稳定性分析[J]. 矿山压力与顶板管理，2005，（4）：58-59.

[19] 许富贵，蒋和洋，倪晓，等. 热-应力耦合作用下深部软岩隧洞大变形三维数值模拟分析[J]. 工程建设，2007，39（2）：5-9.

[20] 梁冰，孙可明，薛强. 地下工程中的流-固耦合问题的探讨[J]. 辽宁工程技术大学学报（自然科学版），2001，20（2）：129-134.

[21] TERZGHI K. Theoretical soil mechanics [M]. New. York: Tiho Wiley, 1943.

[22] BIOT M A. Theory of elasticity and consolidation for a porous isotropic solid[J]. Jour Appl Phys, 1954, 26: 182-191.

[23] BIOT M A. General theory of three-dimension consolidation[J]. Jour Appl Phys. 1942, 12: 155-164.

[24] BIOT M A. General solution of the equation of elasticity and consolidation for porous material [J]. Jour Appl Mech, 1956, 78: 91-96.

[25] BRUNO M S, NAKAGAW F M. Pore pressure influence on tensile fracture progagation in sedimentary rock[J]. Rock Mech. Min. Sci. Geomech Absti, 1991, 28 (4): 261-273.

[26] 吉小明. 隧道工程中水力耦合问题的探讨[J]. 地下空间与工程学报，2006，2（1）：149-154.

[27] 荣传新，程桦. 地下水渗流对巷道围岩稳定性影响的理论[J]. 岩石力学与工程学报，2004，23（5）：741-744.

[28] 吉小明，王宇会. 隧道开挖问题的水力耦合计算分析[J]. 地下空间与工程学报，2005，1（6）：848-852.

[29] 王水平，王强，周文厚，等. 矿体与巷道的渗流场与应力场分析[J]. 现代矿业，2011，（5）：14-17.

[30] 衣永亮. 金川深部巷道围岩稳定性数值模拟研究[J]. 企业科技与发展，2012，（15）：83-86.

[31] 杨天鸿，师文豪，于庆磊，等. 巷道围岩渗流场和应力场各向异性特征分析及应用[J]. 煤炭学报，2012，37（11）：1815-1822.

[32] 郑红，刘洪磊，石长岩，等. 深部断层下巷道围岩破坏诱发涌水的模拟研究[J]. 力学与实践，2009，31（2）：69-73.

[33] 唐延贵. 不同边界条件对孔隙介质渗流-应力耦合的影响[J]. 甘肃水利水电技术，2013，49（1）：18-21.

[34] 王超，赵自豪，陈世江. 深部巷道围岩变形失稳的数值分析[J]. 煤矿安全，2012，43（5）：154-156.

[35] 李宁，陈波，党发宁. 裂隙岩体介质温度、渗流、变形耦合模型与有限元解[J]. 自然科学进展，2000，10（8）：722-728.

[36] 黄涛. 裂隙岩体渗流-应力-温度耦合作用研究[J]. 岩石力学与工程学报，2002，21（1）：77-82.

[37] 柴军瑞. 岩体渗流-应力-温度三场耦合的连续介质模型[J]. 红河水，2003，22（2）：18-20.

[38] 梁卫国，徐素国，李志萍. 盐矿水溶开采固-液-热-传质耦合数学模型与数值模拟[J]. 自然科学进展，2004，18（4）：945-949.

[39] 盛金昌. 多孔介质流-固-热三场全耦合数学模型及数值模拟[J]. 若石力学与工程学报，2006，25（S1）：3028-3033.

[40] 王永岩，王艳春. 温度-应力-化学三场耦合作用下深部软岩巷道蠕变规律数值模拟[J]. 煤炭学报，2012，37（S2）：275-279.

第 15 章

[1] 国家发展改革委 外交部 商务部：推动共建丝绸之路经济带和 21 世纪海上丝绸之路的愿景与行动[N]，2015 年 3 月 29 日.

[2] Lin J. Role of "The Belt & Road" Model in Promoting Interregional Interconnectivity and Industrial Integration[J]. Agro Food Industry Hi-Tech, 2017, 28(3): 3356-3358.

[3] 申现杰，肖金成. 国际区域经济合作新形势与我国“一带一路”合作战略[J]. 宏观经济研究，2014，(11)：30-38.

[4] 刘慧，叶尔肯 • 吾扎提，王成龙. “一带一路”战略对中国国土开发空间格局的影响[J]. 地理科学进展，2015，34(5)：545-553.

[5] FANG C, LUO K, KONG Y, et al. Evaluating Performance and Elucidating the Mechanisms of Collaborative Development within the Beijing-Tianjin-Hebei Region, China[J]. Sustainability, 2018, 10(2).

[6] 赵民，孙忆敏，杜宁，等. 我国城市旧住区渐进式更新研究——理论、实践与策略[J]. 国际城市规划，2010，25(1)：24-32.

[7] TANG C, ZHENG L, ZHANG Z. Construction Controls for a Half-Through Tied Arch Bridge in China[J]. Structural Engineering International, 2014, 24(4): 557-561.

[8] STINGL V, EIDELSBURGER S, FRUEHAUF I, et al. Jin Shazhou tunnel on the high-speed railway line Wuhan-Guangzhou - one of the most challenging tunnel constructions in China[J]. Bauingenieur, 2010, 85: 105-111.

[9] 张梅. 采用先进技术和装备确保铁路隧道施工安全与质量[J]. 现代隧道技术，2009，46(3)：1-6.

[10] 洪开荣. 我国隧道及地下工程近两年的发展与展望[J]. 隧道建设，2017，37(2)：123-134.

[11] CHANG Y, LI X, MASANET E, et al. Unlocking the green opportunity for prefabricated buildings and construction in China[J]. Resources Conservation and Recycling, 2018, 139: 259-261.

[12] CHONG H Y, LOPEZ R, WANG J, et al. Comparative Analysis on the Adoption and Use of BIM in Road Infrastructure Projects[J]. Journal of Management in Engineering, 2016, 32(6).

[13] CHU B, Kim D, HONG D. Robotic automation technologies in construction: A review[J]. International Journal of Precision Engineering and Manufacturing, 2008, 9(3): 85-91.

[14] BILAL M, OYEDELE L O, QADIR J, et al. Big Data in the construction industry: A review of present status, opportunities, and future trends[J]. Advanced Engineering Informatics, 2016, 30(3): 500-521.

[15] 吴春林. 建筑业安全领导力的理论与实证研究[D]. 北京：清华大学，2016.

[16] XU S, ZHANG M G, HOU L. Formulating a learner model for evaluating construction workers' learning ability during safety

training[J]. Safety Science, 2019, 116: 97-107.

[17] NAMIAN M, ALBERT A, ZULUAGA C M, et al. Role of Safety Training: Impact on Hazard Recognition and Safety Risk Perception[J]. Journal of Construction Engineering and Management, 2016, 142(12).

[18] TONG R, ZHANG Y, YANG Y, et al. Evaluating Targeted Intervention on Coal Miners' Unsafe Behavior[J]. Int J Environ Res Public Health, 2019, 16(3).

[19] KIM Y G, KIM A R, KIM J H, et al. Approach for safety culture evaluation under accident situation at NPPs; an exploratory study using case studies[J]. Annals of Nuclear Energy, 2018, 121: 305-315.

[20] 罗云. 安全文化理论研究及建设实践探讨[J]. 劳动安全与健康, 1997, (5): 29-31.

第 16 章

[1] 王宝济，黄庆. 基于科技文献的农业工程学科发展报告(2018) [J]. 中国农业文摘-农业工程，2019，（2）：25-33, 48.

[2] 罗锡文. 对中国农机科技创新的思考[J]. 现代农机装备，2018，（6）：12-17.

[3] 康绍忠. 农业水土工程学科路在何方[J]. 灌溉排水学报，2020，39（1）：1-8.

[4] 赵春江，杨信廷，李斌，等. 中国农业信息技术发展回顾及展望[J]. 中国农业文摘-农业工程，2018，30（4）：3-7.

[5] 孙宝国，王静. 中国食品产业现状与发展战略[J]. 中国食品学报，2018，18（8）：1-7.

[6] 齐飞，魏晓明，张跃峰. 中国设施园艺装备技术发展现状与未来研究方向[J]. 农业工程学报，2017，33（24），1-9.

[7] 尚旭东，朱守银，段晋苑. 国家粮食安全保障的政策供给选择——基于水资源约束视角[J]. 经济问题，2019（12）：81-88.

[8] 朱明，隋斌，齐飞，等.论中国乡村振兴战略中的农业工程管理创新[J].农业工程学报，2019，35(2)：1-9.

第 17 章

[1] 张晓娟，周莉，桂建芳. 遗传育种生物技术创新与水产养殖绿色发展[J]. 中国科学：生命科学，2019，49(11)：1409-1429.

[2] 桂建芳，包振民，张晓娟. 水产遗传育种与水产种业发展战略研究[J]. 中国工程科学，2016，18(3)：8-14.

[3] 贾敬敦，蒋丹平，杨红生，等. 现代海洋农业科技创新战略研究[M]. 北京：中国农业科学技术出版社，2014.

[4] 包振民. 中国水产生物种质创新的新途径、新技术.中国工程院科技论坛水产种业技术创新与养殖业可持续发展论文集. 2013，27-34.

第 18 章

[1] LI H, XUE M, Hellerstein S, et al. Association of China's universal two child policy with changes in births and birth related health factors: national, descriptive comparative study [J]. BMJ. 2019; 366: l4680-14681.

[2] NOVE A, MATTHEWS Z, NEAL S, et al. Maternal mortality in adolescents compared with women of other ages: evidence from 144 countries [J]. Lancet Glob Health. 2014, 2(3): e155-164.

[3] 赵扬玉，原鹏波，陈练. 二孩时代高龄产妇面临的问题[J]. 中国实用妇科与产科杂志，2020，36(2)：97-100.

[4] 邓冉冉，李洁，李增彦. 发育源性成人疾病[J]. 国际生殖健康/计划生育杂志，2016，35(6)：483-485.